Dr.-Ing. Martin H. Virnich Baubiologische EMF-Messtechnik

de-FACHWISSEN

Die Fachbuchreihe
für Elektro- und Gebäudetechniker
in Handwerk und Industrie

Dr.-Ing. Martin H. Virnich

Baubiologische EMF-Messtechnik

Grundlagen der Feldtheorie
Praxis der Feldmesstechnik

Mit einem Beitrag von Dr. med. univ. Gerd Oberfeld

Hüthig & Pflaum Verlag · München/Heidelberg

Produktbezeichnungen sowie Firmennamen und Firmenlogos werden in diesem Buch ohne Gewährleistung der freien Verwendbarkeit benutzt.
Von den im Buch zitierten Vorschriften, Richtlinien und Gesetzen haben stets nur die jeweils letzten Ausgaben verbindliche Gültigkeit.
Autor und Verlag haben alle Texte und Abbildungen mit großer Sorgfalt erarbeitet bzw. überprüft. Dennoch können Fehler nicht ausgeschlossen werden. Deshalb übernehmen weder Autoren noch Verlag irgendwelche Garantien für die in diesem Buch gegebenen Informationen. In keinem Fall haften Autor oder Verlag für irgendwelche direkten oder indirekten Schäden, die aus der Anwendung dieser Informationen folgen.

Bibliografische Information Der Deutschen Bibliothek
Die Deutsche Bibliothek verzeichnet diese Publikation in der Deutschen Nationalbibliografie; detaillierte bibliografische Daten sind im Internet über http://dnb.ddb.de abrufbar.

!

Möchten Sie Ihre Meinung zu diesem Buch abgeben?
Dann schicken Sie eine E-Mail an das Lektorat
im Hüthig & Pflaum Verlag:
nina.gnaedig@huethig.de
Autor und Verlag freuen sich über Ihre Rückmeldung.

ISSN 1438-8707
ISBN 978-3-8101-0328-4

Printed in Germany
Titelbild, Layout, Satz: Schwesinger, galeo:design
Druck: Kessler Druck + Medien, Bobingen

Inhaltsverzeichnis

1 Moderne Technik und Komfort, Vorsorgeprinzip und Umweltschutz – kein notwendiger Widerspruch

1.1 Verändertes Konsumverhalten: Die Welt wird mehr und mehr „elektronisch"

Das Wohlbefinden und die Gesundheit des Menschen bis ins hohe Alter sind zu einem der wichtigsten Lebensziele in unserer Gesellschaft geworden. Andererseits vergeht aber kaum ein Tag, an dem nicht neue Meldungen über Belastungen der Bevölkerung durch Umweltgifte oder „Elektrosmog" in den Medien erscheinen. Die Anzahl der Veröffentlichungen zum Thema „Elektrosmog" nahm in den letzten Jahren ständig zu.

Etliche Randbedingungen des modernen Lebens haben sich innerhalb von nur wenigen Jahrzehnten entscheidend verändert: Zum einen verbringen heute viele Menschen bis zu 90 % und mehr ihrer Lebenszeit in umbauten Räumen. Die Beschaffenheit dieses Umfeldes spielt somit für das Wohlbefinden und die Gesundheit eine herausragende Rolle. Zum anderen hat die „Elektrifizierung" der Wohnungen durch wachsende Ansprüche an die Ausstattung mit elektrotechnischen Geräten und an die Elektroinstallation ständig zugenommen. Das führte zu stark veränderten Umweltbedingungen hinsichtlich elektrischer, magnetischer und elektromagnetischer Felder (EMF) oder, anders ausgedrückt, zu einer grundlegenden Veränderung des EMF-Spektrums, dem der Mensch in seiner Wohn- und Arbeitsumwelt ausgesetzt ist.

Elektronik- und Elektroindustrie sowie Elektrohandwerk warten ständig mit neuen Errungenschaften rund um den Haushalt, um Informationstechniken und Unterhaltungselektronik auf. Das moderne Wohngebäude für eine Familie verschlingt heute etwa 1000 m Leitungen zur Realisierung elektrotechnischer Anwendungen; DIN-Normen empfehlen eine möglichst hohe Anzahl von Installationskomponenten. Der „zeitgemäße" Haushalt zeigt sich heute so: Halogenleuchtensysteme werden durch Wohn- und Schlafzimmer gespannt und verteilen zum Greifen nahe Energie für die modern designten Leuchtkörper in alle Richtungen. Rollos und Jalousien bewegen sich ohne Muskelkraft automatisch auf und ab; für jeden Handgriff im Haushalt gibt es ein spezielles elektrisches Gerät. Hi-Fi-Anlagen, Fernsehapparate und Docking-Stations für den iPod stehen selbstverständlich auch in Kinderzimmern, ebenso wie eine steigende Fülle von Ladegeräten für Handys, Spielekonsolen, Digitalkameras und sonstige portable Geräte, die zur Grundausstattung der in Informations- und Unterhaltungselektronik geübten „Kids“ gehören. Das schnurgebundene Telefon ist längst auf dem Müll gelandet – hoffentlich im eigens dafür eingerichteten Elektroschrott-Container: drahtlos, sorry, „wireless“ ist angesagt – nicht nur beim flächendeckenden Mobilfunk und drahtloser Breitband-Versorgung, sondern auch für die Vernetzung der Heimcomputer und den Anschluss ans Internet per WLAN. Wärmeverbrauchserfassung an Heizkörpern per Funk funktioniert schon lange.

Haushaltsgeräte ans Internet ist der neueste Schrei: Ist die Butter aus, geht der Kühlschrank online und sorgt bequem für Nachschub. Modernste Gebäudesystemtechnik steuert und regelt Klima, Beleuchtung und mehr und übermittelt Daten aus der Wohnung nötigenfalls bis zum Urlaubsort. Und auch die Energieversorger rüsten auf: Mit den seit 2010 in Neubauten gesetzlich vorgeschriebenen „Smart Metern“ („Intelligente Stromzähler“) wird die Basis gelegt für das „Smart Grid“: nicht nur energietechnische, sondern auch umfassende informationstechnische Vernetzung für die stets aktuelle Auslastungskontrolle und -optimierung der elektrischen Stromversorgung.

Die fortwährende rasante technische Entwicklung wird vom Bürger allerdings auch zunehmend kritisch beurteilt. Die wiederkehrende Thematisierung in den Medien und die Frage möglicher gesundheitlicher Risiken durch EMF verunsichert die Menschen. Aber: elektrische, magnetische und elektromagnetische Felder entziehen sich weitestgehend der direkten Wahrnehmung durch die Sinnesorgane und können nur mit aufwändiger Messtechnik erfasst und beurteilt werden.

1.2 Feldmesstechnik stellt hohe Ansprüche an die fachliche Qualifikation

Nur ein begrenzter Personenkreis verfügt über diese Messgeräte und das erforderliche Fachwissen zu ihrer korrekten Anwendung. Kein Wunder, dass gerade bei diesem Thema die Reaktionen von Überbewertung und Panikmache bis zu Verharmlosung und Spöttelei reichen.

Doch gerade deswegen, weil man Feldimmissionen messtechnisch erfassen kann, können die elektrotechnischen Anwendungen im Wohn- und Arbeitsumfeld objektiv analysiert und einer sachlichen Untersuchung zugänglich gemacht werden.

Allerdings ist dies kein einfaches Unterfangen, denn schon von den Begrifflichkeiten her handelt es sich um ein verwirrendes und nur schwer zu durchschauendes Thema. Der umgangssprachliche und nur vordergründig anschauliche Begriff „Elektrosmog" vernebelt tatsächlich mehr, als er erhellt. Denn was im allgemeinen Sprachgebrauch als *ein* Phänomen erscheint, umfasst in der physikalischen Wirklichkeit mehrere unterschiedliche Arten von elektrischen, magnetischen und elektromagnetischen Feldern.

Für das wissenschaftlich korrekte, aber sprachlich äußerst umständliche Wortaggregat „elektrische, magnetische und elektromagnetische Felder" wird die Abkürzung „EMF" verwendet.

Berücksichtigt man das mögliche unterschiedliche Zeitverhalten dieser Felder, so ergeben sich fünf verschiedene „EMF-Arten", und zwar

- statische elektrische Felder,
- statische bzw. stationäre magnetische Felder,
- niederfrequente elektrische Wechselfelder,
- niederfrequente magnetische Wechselfelder,
- hochfrequente elektromagnetische Felder bzw. Wellen.

Diese fünf Feldarten haben unterschiedliche Quellen bzw. Entstehungsursachen und daraus resultierend unterschiedliche physikalische Eigenschaften und ein unterschiedliches Ausbreitungsverhalten. Dementsprechend müssen für jede Feldart eigene Messgeräte zur fachgerechten Messung von Immissionen bzw. Emissionen eingesetzt werden (das Universal-Einheitsmessgerät für alle Feldarten zugleich gibt es nicht!), und bei Feldern mit zeitlich schwankender Intensität sind z. B. oft Langzeitaufzeichnungen erforderlich.

Der fachgerechte Umgang mit diesen Messgeräten ist nicht einfach, er will gelernt, verstanden und geübt sein. Messfehlerfallen und Möglichkeiten zur Fehlinterpretation der Messergebnisse lauern an vielen Ecken. Feldmesstechnik ist wesentlich anspruchsvoller als das „einfache" und jedem Elektrotechniker geläufige Messen von Spannung und Strom. Und weil Feldmesstechnik in der beruflichen Ausbildung so gut wie nicht vorkommt, ist die „normale" Elektrofachkraft i.d.R. nicht der geeignete Ansprechpartner für Feldmessungen. Auf der anderen Seite kommt für Messungen in den Wohnungen von Privatpersonen das akkreditierte Fachinstitut meist schon aus Kostengründen kaum in Betracht. Diese Lücke wird von baubiologischen Messtechnikern gefüllt, die mittlerweile in der gesamten Bundesrepublik und auch in den deutschsprachigen Nachbarländern flächendeckend zur Verfügung stehen.

Da die Begriffe „Baubiologie“ und „Baubiologischer Messtechniker“ aber nicht geschützt sind und von jedermann frei benutzt werden können, ist es um so wichtiger, dass die betreffenden Messtechniker eine fachliche Qualifikation nachweisen können. Dazu gehören z. B. die Angabe einer entsprechenden Ausbildung mit Prüfungsabschluss, die regelmäßige Teilnahme an Fortbildungsveranstaltungen, Ringmessungen und Messgerätevergleichen, die Mitgliedschaft in einem Berufsverband, z. B. Berufsverband Deutscher Baubiologen VDB e.V. [85], und der Abschluss einer Berufshaftpflichtversicherung.

Eine qualifizierte messtechnische Untersuchung dauert ihre Zeit und kostet ihr Geld. Vorsicht ist immer geboten, wenn sehr billige Untersuchungen angeboten werden. Meist sind sie selbst dieses Geld nicht wert, und im Anschluss an die scheinbar preiswerte Messung werden dann meist noch an Ort und Stelle für hunderte oder tausende von Euro äußerst fragwürdige „Elektrosmog-Neutralisationsprodukte“ und „Schwingungsharmonisierer“ verkauft, die aus dem bösen „Elektrosmog“ positive und gesundheitsförderliche Schwingungen erzeugen sollen – also: je mehr „Elektrosmog“, um so mehr Wohlbefinden. Misst man einmal nach, so ändern diese Produkte an den vorhandenen EM-Feldern gar nichts.

Auch vom Kunden oft gewünschte Ferndiagnosen und -beratungen sind seriös nicht durchführbar und daher abzulehnen, da es keine Pauschalregeln, sondern eine Fülle von individuellen Einflussgrößen auf die EMF gibt, die ohne konkrete Messungen vor Ort nicht vorhersagbar sind.

Sind die fachgerecht gemessenen Immissionen unter dem Aspekt der Gesundheitsvorsorge und Expositionsminimierung – insbesondere am Schlaf- und Ruheplatz – nach den angesetzten Bewertungskriterien als kritisch anzusehen, so setzen Überlegungen hinsichtlich technischer Lösungen zur Reduzierung ein.

Aus den unterschiedlichen Eigenschaften der verschiedenen Feldarten ergeben sich völlig unterschiedliche Anforderungen an wirkungsvolle Maßnahmen zur Feldreduzierung, die hohes fachliches Know-how erfordern: Abschirmungen, die für niederfrequente und statische elektrische Felder hoch wirksam sind, haben z. B. keinerlei Effekt bei Magnetfeldern. Dabei dürfen auch die bestehenden elektrotechnischen Vorschriften und Regeln, insbesondere hinsichtlich des Personen- und Sachschutzes, nicht außer Acht gelassen werden. Bei der Umsetzung feldreduzierender Maßnahmen wird man daher in vielen Fällen eine Elektrofachkraft hinzuziehen müssen.

1.3 Baubiologische Elektrotechnik als Wirtschaftsfaktor

Mit der zunehmenden Verbreitung elektrotechnischer Anwendungen und dem steigenden Bewusstsein für eine vorsorgliche Expositionsminimierung ist auch die Nachfrage nach Maßnahmen zur Feldreduzierung gestiegen. Das Bundesamt für Strahlenschutz (BfS) weist ebenfalls in seinen Veröffentlichungen stets darauf hin, dass – wo immer möglich – das Vorsorgeprinzip angewendet und Expositionsminimierung betrieben werden sollte. Viele Menschen wünschen eine Verbesserung ihrer persönlichen Umweltsituation und veranlassen in Eigenverantwortung entsprechende Maßnahmen, weit unterhalb der offiziellen und immer wieder kritisch diskutierten Grenzwerte. Die Industrie bietet längst eine Fülle von Produkten an, mit denen sich dieses Ziel umsetzen lässt. Aber immer noch fehlt es häufig an kompetenten Handwerksbetrieben, die die Möglichkeiten dieser Produkte zur Feldreduzierung kennen und zielgerichtet nutzen können.

In einem sich ständig verändernden Markt erweist sich daher das Segment der „Baubiologischen Elektrotechnik“ mit dem Ziel der Feldreduzierung als ein weiteres Betätigungsfeld für den Elektrohandwerksbetrieb.

Im Gegensatz zu den „Normalaufträgen“, bei denen der Kunde insbesondere mit mehr Komfort umworben werden muss, werden handwerkliche Leistungen im Sinne der baubiologischen Elektrotechnik aus der besonderen Motivation des Kunden durchgeführt. Oft ist für den Kunden der professionelle baubiologische Messtechniker der erste Ansprechpartner, wenn es um das Erkennen und die fachmännische Analyse von möglichen Belastungen geht. Die auf der Basis der Messungen erarbeiteten Sanierungsvorschläge führen in vielen Fällen zu Eingriffen in die Elektroanlage, die nur von konzessionierten Elektrofachbetrieben durchgeführt werden dürfen. Daraus ergeben sich Kooperationsmöglichkeiten mit den baubiologischen Messtechnikern, vor allem für die Elektrobetriebe, welche sich die teilweise aufwändige Messtechnik und das dazugehörige Know-how nicht zulegen möchten.

Auf der anderen Seite ist der baubiologische Messtechniker für erfolgreiche Reduzierungsmaßnahmen auf die fachkompetente Ausführung von Eingriffen in die Elektroanlage durch den zugelassenen Fachbetrieb angewiesen. In einigen Fällen ist es bei baubiologischen Sanierungen notwendig, die Elektroanlage – z. B. durch den Einbau von Fehlerstromschutzeinrichtungen – auf den neuesten Stand der Technik zu bringen. Für den Kunden bedeutet dies neben der Verbesserung seines persönlichen Umfeldes durch die Feldreduzierungsmaßnahmen auch einen Gewinn an Personen- und Sachschutz.

1.4 Reduktion von EMF – ein Gewinn für alle

Bei der Reduzierung von elektrischen, magnetischen und elektromagnetischen Feldern gibt es viele Gewinner:

- Besorgnisse um das eigene gesundheitliche Wohlbefinden oder das der Kinder weichen der Gewissheit, die Möglichkeiten zur Minimierung der Belastung durch EMF ausgeschöpft zu haben und fundierte Vorsorge zu betreiben.
- Durch EMF beeinträchtigte Menschen erhalten ihre Vitalität zurück.
- Das öffentliche Gesundheitssystem wird mittel- und langfristig entlastet.
- Arbeitgeber freuen sich über weniger Krankenstände und leistungsfähige, motivierte Mitarbeiter.
- Qualifizierte Messtechniker ermitteln objektiv die EMF-Immissionen und beraten den Kunden neutral bei wirksamen Maßnahmen zur Feldreduzierung, schützen ihn vor physikalisch unwirksamen Werbeversprechungen.
- Industrie, Gewerbe und Handel erhalten Aufträge und können neue Produkte und Dienstleistungen anbieten.
- Durch qualifizierte Elektrofachbetriebe wird die Qualität der EMF-Reduzierungsmaßnahmen sichergestellt und der Kunde erhält ein Produkt, das auch tatsächlich seinen Ansprüchen und Erwartungen genügt.

Die empirische und wissenschaftliche Evidenz unerwünschter Wirkungen auf Wohlbefinden und Gesundheit durch EMF ist erdrückend. Historiker werden analysieren, wie es zu erklären ist, dass die Menschheit vor diesen offensichtlichen Tatsachen so lange Zeit die Augen verschließen konnte.

Die folgenden Kapitel erklären anschaulich die physikalischen Ursachen für das Entstehen von elektrischen, magnetischen und elektromagnetischen Feldern und vermitteln praxisorientiert das erforderliche Wissen zur fachgerechten Messung von EMF – quasi als „Diagnose“ der Feldsituation.

Das ebenfalls in der Reihe de-Fachwissen erschienene Fachbuch „Feldreduzierung in Gebäuden“[1] befasst sich mit der „Therapie“ und zeigt konkret

1 Schauer, Martin: Feldreduzierung in Gebäuden: Geschirmte Elektroinstallation, Abschirmung an Gebäuden und in Wohnungen; Hüthig & Pflaum Verlag GmbH & Co. Fachliteratur KG München/Heidelberg, 2012; ISBN 978-3-8101-0315-4

eine Fülle von möglichen Maßnahmen zur Feld- und damit zur Expositionsreduktion.

Moderne Technik, Komfort und minimierte EM-Feldexposition gemäß dem Vorsorgeprinzip sind kein Widerspruch, sondern machbar – nutzen wir die Chancen!

Feldstärkemessgerät FM 10
Innovative Technik - einfache Bedienung
• isotrope Feldmessung
• potentialbezogene und potentialfreie Messung elektrischer Felder
• Frequenzbereich von 10 Hz bis zu 400 kHz
• Messsonden für Elektrostatik und Magnetostatik
• Auflösung von 1 nT bzw. 0,1 V/m ohne Messbereichsumschaltung
• simultane Anzeige der elektrischen und magnetischen Feldstärke
• Datenlogger für Daueraufzeichnung und Einzelpunktmessung
Feldmeter FM10
Fauser
Fauser
Elektrotechnik
Ambacher Str. 4 • D-81476 München
Tel. 089/7459789 • Fax 089/7459272
www.fauser.biz • info@fauser.biz

2 Die Veränderung des EMF-Spektrums und ihre Folgen

Gerd Oberfeld

Das Leben auf unserem Planeten Erde hat sich im Laufe der Evolution über Jahrmillionen von den Blaualgen und Bakterien bis zum Menschen vor dem Hintergrund und unter der Einwirkung des natürlichen Spektrums elektrischer, magnetischer und elektromagnetischer Felder (EMF) entwickelt. Beispiele sind die Photosynthese, der Sehsinn, die Bräunung der Haut als Schutzmechanismus, die Orientierung der Zugvögel am Erdmagnetfeld, die Wetterfühligkeit und die Synchronisierung des Gehirns über die Schumannresonanzen [1]. Zellen, Gewebe, Organe und Organismen funktionieren nicht nur über chemische Reaktionen, sondern sind in ihrem funktionellen Ablauf in komplexen, nichtlinearen Prozessen eng mit internen und externen elektrischen, magnetischen und elektromagnetischen Vorgängen verbunden. Pflanzen, Tiere und Menschen sind „elektromagnetische Lebewesen".

Dieses Kapitel hat das Ziel, die Einflüsse der natürlichen und künstlichen EMF auf den Menschen exemplarisch darzustellen und Hinweise für ein vorsorgliches Handeln zu geben.

2.1 Das natürliche EMF-Spektrum

2.1.1 Grundlegendes

EMF, egal ob natürlichen oder künstlichen Ursprungs, werden über ihre *Frequenz* unterschieden. Die Frequenz ist die Anzahl von Schwingungen pro Zeiteinheit, wobei 1 Hertz (Hz) einer Schwingung pro Sekunde entspricht. Das natürliche EMF-Spektrum erstreckt sich von den elektrischen und magnetischen Gleichfeldern mit 0 Hz bis in den Bereich der sekundären Höhenstrahlung von 10^{24} Hz. Von diesem extrem breiten Spektrum sind in der Natur nur gewisse Anteile mit biologisch relevanten Intensitäten belegt. Dazu zählen im Wesentlichen das elektrische Gleichfeld der Erde, das Erdmagnetfeld (ebenfalls ein Gleichfeld), sehr niederfrequente geomagnetische Pulsationen, Schumannresonanzen, VLF-Atmospherics (kurz:

Sferics), Infrarotstrahlung (IR), sichtbares Licht, Ultraviolettstrahlung (UV) und radioaktive Strahlung, wie Gammastrahlung und Höhenstrahlung. Das **Bild 2.1** gibt einen Überblick über das natürliche EMV-Spektrum auf der Erde.

EM-Felder und Wellen mit Frequenzen von 0 bis etwa 10^{15} Hz – das ist von den Gleichfeldern bis zum Beginn des UV-Bereichs – werden als *nicht ionisierend* bezeichnet, da ihre Energie für eine Ionisierung, d. h. eine direkte Herauslösung eines Elektrons aus dem Atom- bzw. Molekülverband, nicht ausreicht. Elektromagnetische Strahlung mit Frequenzen über etwa 10^{15} Hz bzw. einer entsprechenden Photonenenergie von je nach Atom mind. 4 ... 25 eV (eV = Elektronenvolt) wird als *ionisierend* bezeichnet; dazu zählen etwa die höherfrequenten Bereiche der UV-Strahlung und die Gammastrahlung.

Neben der Schreibweise mit Zehnerpotenzen ist es üblich, die Größenordnung von physikalischen Einheiten durch einen entsprechenden Vorsatz zu kennzeichnen, z. B. 1 GHz statt 10^9 Hz. In **Tabelle 5.1** des Anhangs sind die Vorsätze für dezimale Vielfache und Teile von Einheiten mit ihren Kurzzeichen aufgelistet.

Frequenz f und Wellenlänge λ sind über die Lichtgeschwindigkeit c verknüpft. Je höher die Frequenz einer elektromagnetischen Welle, umso kleiner ist ihre Wellenlänge:

$$\lambda = c / f$$

$$c = 300\,000 \text{ km/s}$$

Tabelle 2.1 zeigt Beispiele aus dem natürlichen elektromagnetischen Spektrum mit den zugehörigen Frequenzen und Wellenlängen.

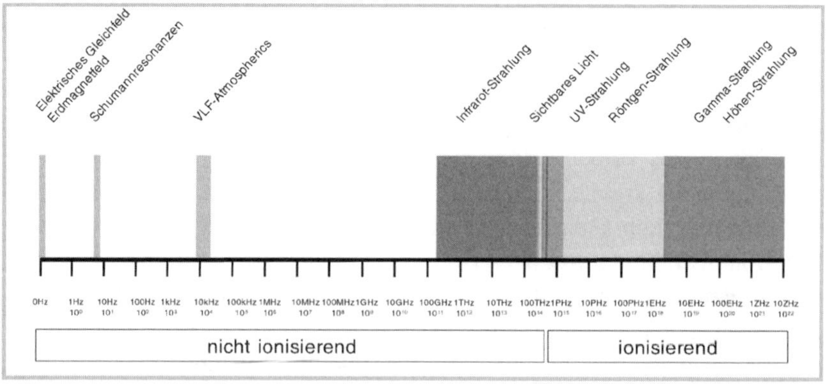

Bild 2.1 *Das natürliche EMV-Spektrum auf der Erde*

Tabelle 2.1 *Beispiele aus dem natürlichen elektromagnetischen Spektrum*

Natürliches Spektrum	Frequenz	Wellenlänge
Elektrisches Gleichfeld der Erde	0 Hz	unendlich
Erdmagnetfeld	0 Hz	unendlich
Geomagnetische Pulsationen	1 mHz bis 1 Hz	$3 \cdot 10^8$ bis $3 \cdot 10^5$ km
Schumannresonanzen	7,8 Hz und 7 weitere Resonanzfrequenzen	38 000 km
VLF-Atmospherics	4 bis 50 kHz	6 bis 75 km
Infrarotstrahlung	$3 \cdot 10^{11}$ bis $4{,}3 \cdot 10^{14}$ Hz	1 mm bis 780 nm
Sichtbares Licht	$4{,}3 \cdot 10^{14}$ bis $7{,}5 \cdot 10^{14}$ Hz	780 bis 380 nm
UV-Strahlung	$7{,}5 \cdot 10^{14}$ bis $3 \cdot 10^{15}$ Hz	380 bis 100 nm
Röntgenstrahlung	$3 \cdot 10^{15}$ bis $3 \cdot 10^{18}$ Hz	100 bis 0,1 nm
Gammastrahlung	$3 \cdot 10^{18}$ bis $3 \cdot 10^{20}$ Hz	0,1 nm bis 1 pm
Sekundäre Höhenstrahlung	$> 3 \cdot 10^{20}$ Hz	< 1 pm

In **Tabelle 5.2** des Anhangs ist die Frequenzaufteilung in Dekaden nach IEC (International Electrotechnical Commission) mit ihren Abkürzungen aufgeführt.

Im Folgenden werden ausgewählte Aspekte der komplexen Wirkungen Erde – Sonne sowie die VLF-Atmospherics und deren Auswirkungen auf die Gesundheit näher behandelt.

2.1.2 Ausgewählte Aspekte zu Wirkungen Sonne – Erde – Gesundheit

2.1.2.1 Erdmagnetfeld

Unsere Erde ist ein großer Stabmagnet, ein Dipol („Zweipol“) mit einem Nord- und einem Südpol – die Quelle dieses Magnetfeldes ist nach gängiger Theorie der rotierende flüssige Eisenkern im Erdinneren. Die Achse des Dipols ist gegenüber der Rotationsachse der Erde um rund 11° geneigt. Daher sind die geografischen und magnetischen Pole der Erde nicht deckungsgleich. Außerdem zeigt der magnetische Pol eine deutliche Wanderungsbewegung von etwa 40 km pro Jahr in Richtung Nordwesten. Die Intensität des Erdmagnetfeldes wird als *magnetische Flussdichte* in Tesla (T) bzw. Mikrotesla (µT) oder Nanotesla (nT) angegeben ($1\,\mu T = 10^{-6}\,T$, $1\,nT = 10^{-9}\,T$). Die Intensität des Erdmagnetfeldes liegt zwischen etwa 25 000 nT im Bereich des Äquators und 65 000 nT im Bereich der Pole und verändert sich in sehr langen Zeiträumen. Während der letzten 100 Millionen Jahre soll sich das Erdmagnetfeld im Mittel alle 200 000 Jahre umgepolt haben, wobei die Zeitintervalle beträchtliche Abweichungen zeigen. Die letzte Umpolung soll vor etwa 750 000 bis 780 000 Jahren stattgefunden haben. Einige Erdmagnetfeldforscher meinen, dass eine Umpolung jederzeit möglich sei, wobei sich diese über einen längeren Zeitraum erstrecken und mit einer Reduktion des Erdmagnetfeldes sowie dem Auftreten mehrerer zusätzlicher Pole einhergehen könne [2].

2.1.2.2 Sonnenaktivität

Am 1. September 1859 entdeckte der englische Astronom *Richard Christopher Carrington* [3] durch sein Teleskop eine der stärksten bisher vom Menschen beobachteten Explosionen mit coronalem Massenauswurf auf der Sonne. Diese als „Carrington-Ereignis" bezeichnete Sonneneruption führte neben dem Auftreten von Polarlichtern und Aufhellungen des Nachthimmels, – wodurch man auf der Straße Zeitung lesen konnte,– zum teilweisen Zusammenbruch des damals jungen Telegrafensystems.

Das Erdmagnetfeld wird durch externe Einflüsse, vor allem durch die *magnetische Aktivität der Sonne* (Sonnenwind), neben der Atmosphäre beeinflusst. Dies führt zu Schwankungen des Erdmagnetfeldes im Bereich von einigen 10 nT, im Extremfall eines geomagnetischen Sturmes, der durch heftige Sonnenaktivitäten (koronare Massenemissionen) verursacht wird, von mehreren 100 nT. Das Magnetfeld der Erde umgibt unseren Planeten neben der Atmosphäre wie eine zweite Hülle (Magnetosphäre) und ist Teil des lebenswichtigen Schutzschildes gegen die Einwirkung von Teilchen und Strahlung der Sonne und aus dem Weltall.

Die in Zeiten erhöhter Sonnenaktivität ebenfalls stärker abgegebene UV- und Röntgen-Strahlung führt zu Änderungen der Leitfähigkeit der *Ionosphäre,* einer leitfähigen Plasmaschicht in Höhen zwischen 40 und 600 km über dem Erdboden. Die Eigenschaften der Ionosphäre sind komplex und führen zu unterschiedlichen Absorptions- und Reflexionseigenschaften für elektromagnetische Wellen bestimmter Wellenlängen, z. B. der Schumannresonanzen und Kurzwellen.

Die von der Sonne ausgehenden, zeitlich stark schwankenden Emissionen können zu vielfältigen Auswirkungen auf der Erde bzw. im Weltraum führen, von denen hier einige kurz genannt werden:

- Transformatorstörungen durch induktive Ströme in Hochspannungsleitungen mit Stromausfällen in hohen Breitengraden,
- verstärkte Korrosion durch induzierte Ströme bei Öl- und Gaspipelines in hohen Breitengraden,

- beschleunigte Materialalterung und Störungen bei Satelliten und Raumschiffen,
- erhöhte Belastungen für den Menschen, insbesondere bei Weltraummissionen und Flügen in großen Höhen,
- Störung von Funknavigationssystemen,
- Störung von Kurzwellenanwendungen (Radio, Funk),
- Änderungen des Erdmagnetfeldes und der Schumannresonanz,
- Entstehung des Naturphänomens „Nordlichter".

Unsere Sonne unterliegt verschiedenen Aktivitätszyklen. Die beiden wichtigsten sind die Eigenrotation innerhalb von 27 Tagen und der 11-jährige Sonnenfleckenzyklus. Die Anzahl der Sonnenflecken ist ein Maß für die Aktivität der Sonne. Die Monatsmittelwerte der Sonnenflecken schwanken zwischen 0 und etwa 250 mit einem Maximum im Abstand von 11 Jahren.

2.1.2.3 Schumannresonanzen

Von den ersten Messungen der Schumannresonanzen berichtete *Schumann* in der Arbeit „Über die strahlungslosen Eigenschwingungen einer leitenden Kugel, die von einer Luftschicht und einer Ionosphärenhülle umgeben ist", publiziert in der Zeitschrift für Naturforschung 1952 [3a]. Im Jahr 1960 veröffentlichten *Balser* und *Wagner* in der Zeitschrift Nature den Beitrag „Observation of earth-ionosphere cavity resonances" und konnten die weiteren Resonanzordnungen (modes) nachweisen [4].

Insgesamt wurden neben der ersten Schumannwelle mit 7,8 Hz weitere Ordnungen bestimmt: 14, 20, 26, 33, 39, 45 und 51 Hz.

Die Schumannresonanzen resultieren aus der Anregung des Erde-Ionosphären-Hohlraumresonators durch die Gewittertätigkeit auf der Erde, insbesondere im Tropengürtel.

Das **Bild 2.2** zeigt die über die Zeit von Januar bis März 1990 gemittelten Amplitudenspektren von 2 bis 100 Hz für folgende Messorte: Arrival Heights, Südpol (AH), Sondrestromfjord, Grönland (SS), und Stanford, Kalifornien (SU). Acht Erde-Ionosphären-Hohlraumresonanzen können unterschieden werden (Ziffern 1 bis 8). Das Spektrum wird dominiert durch scharfe Spektralanteile des Stromnetzes bei 50 Hz bzw. 60 Hz. Alle drei Spektren zeigen eine Trägerfrequenz von 82 Hz, die vom Kommunikationssystem eines russischen U-Bootes stammt. Eine Vielzahl weiterer Spitzen unbekannter Herkunft traten im Spektrum unregelmäßig auf und veränderten es.

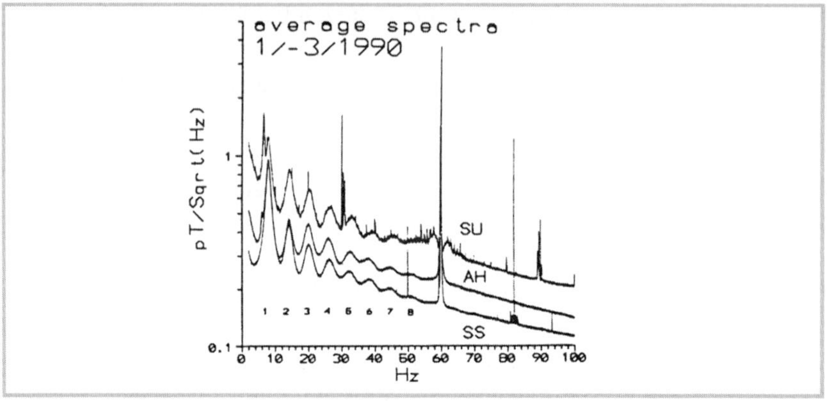

Bild 2.2 *Spektrum der Erde-Ionosphären-Hohlraumresonanzen* [5]

Die Aktivität der Sonne beeinflusst über die Veränderung der Leitfähigkeit der Ionosphäre (D-Schicht) die Amplitude der Schumannresonanzen.

Das **Bild 2.3** zeigt den Zusammenhang zwischen der Intensität der Schumannresonanz und der Anzahl der Sonnenflecken. Die oberen drei Kurvenpaare zeigen die Amplituden der ersten (1) und zweiten (2) Schumannresonanz an den Messstellen Arrival Heights (AH), Südpol, Sondrestromfjord (SS), Grönland, und Stanford (SU), Kalifornien, von Januar bis Ende April 1990. Die untere Kurve zeigt die Anzahl der Sonnenflecken als Maß der Sonnenaktivität. Je stärker die Sonnenfleckenaktivität, umso höher ist die Amplitude der Schumannresonanzen [5].

2.1.2.4 Auswirkungen der Änderungen des Erdmagnetfeldes bzw. der Schumannresonanz auf den Menschen

Eine Untersuchung unter Berücksichtigung der Lichtexposition zeigte signifikante Beziehungen zwischen der Intensität der geomagnetischen Aktivität der letzten 36 Stunden, ausgedrückt in nT, und der Höhe des Melatoninabbauprodukts 6-Hydroxymelatoninsulfat (6-OHMS) im Morgenurin [6]. Das **Bild 2.4** zeigt, dass eine Erhöhung der geomagnetischen Aktivität der letzen 36 Stunden um 30 nT zu einer Reduktion der 6-OHMS-Ausscheidung um etwa 25 % führt. Änderungen der geomagnetischen Aktivität waren in anderen Untersuchungen verbunden mit epileptischen Anfällen, Herzinfarkten, Schlaganfällen, plötzlichem Kindstod (SIDS = Sudden Infant Death Syndrome), Selbstmorden und Depressionen. Die Annahme, dass eine verminderte

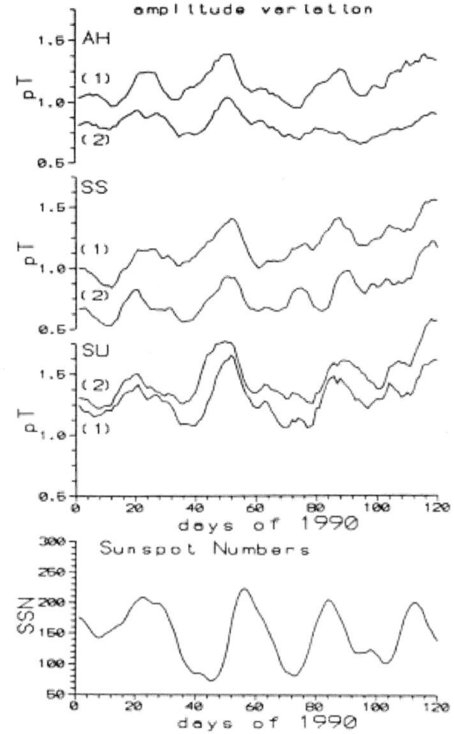

Bild 2.3 *Amplituden der Erde-Ionosphären-Hohlraumresonanzen (1. und 2. Schumannresonanz) in Beziehung zur Sonnenfleckenzahl (SSN = Sunspot Numbers)* [5]

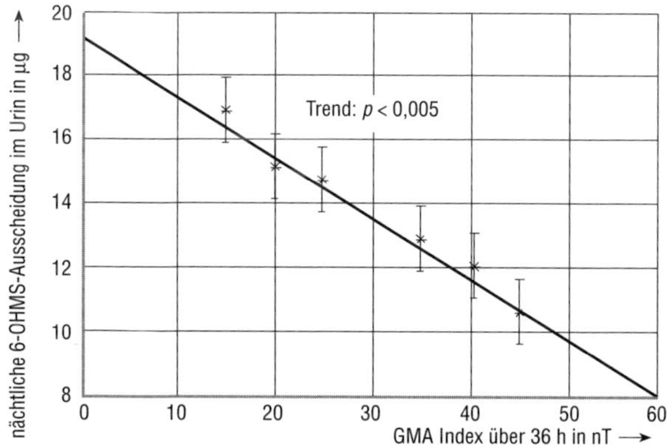

Bild 2.4 *Reduktion der Ausscheidung von Melatoninabbauprodukten in Abhängigkeit von der geomagnetischen Aktivität (GMA)* [6]

Melatoninausscheidung ein Indikator für einige dieser Effekte ist, wird durch Studien unterstützt, die eine verminderte Melatoninsekretion bei Epilepsie, SIDS, Herz-Kreislauf-Erkrankungen und Schlaganfällen fanden.

Eine Übersicht zur Frage gesundheitlicher Wirkungen der *solaren und geomagnetischen Aktivität* findet sich bei *Cherry* [7]. Er führt an, dass eine große Anzahl von Studien signifikante Beziehungen zwischen physikalischen und biologischen sowie gesundheitlichen Effekten mit der Änderung der solaren und geomagnetischen Aktivität (S-GMA) identifizieren konnten. Veränderungen der Sonnenaktivität, der geomagnetischen Aktivität und der Ionen-/Elektronenkonzentration der Ionosphäre sind hochgradig korreliert.

Ein lebenslang weltweit verfügbares natürliches ELF-Signal, das *Schumannresonanzsignal,* wurde von *Cherry* als der mögliche plausible biophysikalische Mechanismus für die beobachteten S-GMA-Effekte untersucht. Es zeigte sich, dass das Schumannresonanzsignal hochgradig mit den S-GMA-Indikatoren Sonnenfleckenzahl und dem Kp-Index (Index für die geomagnetische Aktivität) korreliert ist. Der physikalische Mechanismus ist die Ionen- bzw. Elektronendichte der D-Schicht der Ionosphäre, die mit der S-GMA variiert und die Obergrenze des Resonanzhohlraumes formt, in dem die Schumannresonanz entsteht. Dies unterstützt die Identifizierung des Schumannresonanzsignals als den biophysikalischen Mechanismus der S-GMA, primär über den Melatoninmechanismus. Es unterstützt die Klassifizierung der S-GMA als natürliche Gefahr.

Detaillierte Untersuchungen wurden von *Cherry* in Thailand vorgenommen [8]. Es zeigten sich hier, basierend auf Daten über einen Zeitraum von 19 Jahren, unter anderem signifikante Zusammenhänge mit der S-GMA unter Heranziehung der Sonnenfleckenanzahl mit folgenden Endpunkten: Todesrate, Selbstmord bei Männern, Schlaganfall bei Männern und Frauen, tödliche Verkehrsunfälle bei Männern und Frauen, Brustkrebs bei Frauen, alle Krebsformen bei Frauen und Männern, Bluthochdrucktodesfälle bei Männern und Frauen. Das **Bild 2.5** zeigt die Beziehung zwischen der Rate an Bluthochdruck-Todesfällen bei Männern (links) $p = 0{,}000012$ und Frauen (rechts) $p = 0{,}00329$ mit der mittleren jährlichen Sonnenfleckenanzahl in Thailand aus einem Datensatz von 19 Jahren. (Anmerkung: Der p-Wert ist der Wahrscheinlichkeitswert (probability) und gilt als signifikantes Ergebnis, wenn $p < 0{,}05$ ist.)

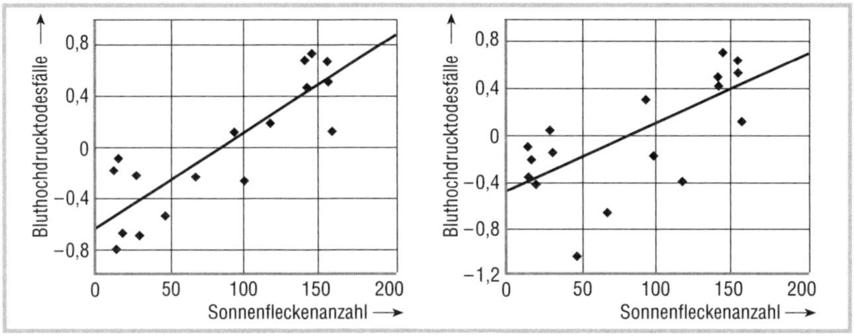

Bild 2.5 *Bluthochdruck-Todesfälle bei Männern (links) und Frauen (rechts) und mittlere jährliche Sonnenfleckenanzahl in Thailand* [8]

2.1.2.5 VLF-Atmospherics

Eine erste umfassende Übersicht zu VLF-Atmospherics (abgekürzt: Sferics) und gesundheitlichen Wirkungen gab *Reiter* in dem Buch „Meteorobiologie und Elektrizität der Atmosphäre", publiziert 1960 [9]. Er bezeichnete die VLF-Atmospherics als atmosphärische Längstwellen und schrieb einleitend: „Die Knack- und Prasselgeräusche im Kopfhörer oder Lautsprecher des Empfangsgerätes, die durch atmosphärische Längstwellen ausgelöst werden, hat man schon in den ersten Jahren der Radiotelegraphie bemerkt und richtig gedeutet".

Der Frequenzbereich der VLF-Atmospherics liegt etwa zwischen 4 und 50 kHz, die Wellenlänge entsprechend zwischen 75 und 6 km.

Die Ursache der VLF-Atmospherics (Sferics) sind elektrische Entladungen, wie sie bei atmosphärischen Turbulenzen, bei Gewittern und gewitterähnlichen Situationen entstehen. Von *Sönning* und *Baumer* wird den durch sogenannte stille Entladungen oder Dunkelfeldentladungen (d. h. ohne Blitzerscheinung) entstandenen VLF-Atmospherics besondere biophysikalische Bedeutung zugeschrieben; sie werden als *CD-Sferics according to Baumer (a. t. B.)* bezeichnet. CD steht dabei für Convective Discharge, also Entladung im Rahmen konvektiver Vorgänge der Luftmassen.

2.1.2.6 Auswirkungen der VLF-Atmospherics auf den Menschen

Reiter unterschied bei der Registrierung zwei Frequenzbänder der Infralangwellen: Bereich I: 10 bis 50 kHz und Bereich II: 4 bis 12 kHz. Mit Hilfe von Zählwerken wurden über mehrere Jahre die Impulssummen in diesen beiden Frequenzbereichen registriert. Sie waren die Basis für seine statistischen Untersuchungen mit verschiedenen Indikatoren. *Reiter* fand in seinen umfangreichen Untersuchungen u. a. signifikante Beziehungen zwischen den von ihm registrierten VLF-Atmospherics und nachfolgenden Indikatoren (in Klammern ist die Größe der Stichprobe angeführt):

- vermehrte Kopfschmerzen bei Hirnverletzten (n = 9000),
- vermehrte Phantomschmerzen bei Amputierten (n = 20 000),
- vermehrte Todesfälle (n = 52 000),
- Zunahme von Verkehrsunfällen (n = 114 000),
- Zunahme von Betriebsunfällen (n = 362 000).

So lag etwa der Unterschied zwischen Tagen mit minimaler und maximaler Aktivität im Frequenzbereich I (10 bis 50 kHz) bei den Verkehrsunfällen bei 60 %.

Das **Bild 2.6** zeigt die Abhängigkeit der Verkehrsunfallziffern für verschiedene Gebiete der Infralangwellen I (10 bis 50 kHz). Die erste Spalte verdeutlicht, dass eine Erhöhung der Sfericsaktivität mit einer Zunahme der Verkehrsunfälle verbunden ist. Die zweite Spalte ist die Gegenprobe und zeigt, dass eine verringerte Sfericsaktivität mit einer geringeren Anzahl von Verkehrsunfällen assoziiert ist. Deutlich ist auch die Ortsabhängigkeit der Assoziationsstärke zu sehen. Die Sfericsmessstelle befand sich von 1949 bis 1954 in München. Demzufolge finden sich die stärksten Beziehungen in München und nehmen mit zunehmender Entfernung zur Messstelle ab.

Baumer und *Sönning* [10] sehen in den Sferics a. t. B. das biologisch wirksame Agens der VLF-Sferics. Die Sferics a. t. B. sollen stille, dunkle Entladungen (d. h. ohne Blitzerscheinung) sein, die an den Grenzschichten von Luftmassen stattfinden. Der im Zuge der Entladung entstehende elektromagnetische Impuls breitet sich mit Lichtgeschwindigkeit im Raum aus und wird auf dem Weg durch die Atmosphäre zum einen in der Intensität abgeschwächt, zum anderen entwickelt er seine biologische Wirksamkeit erst, nachdem er eine gewisse Wegstrecke zurückgelegt hat. Dabei erfolgt die Umwandlung vom Urimpuls zum Sferic a.t.B. mit einem angehängten „Schwingungsschwanz“. Dies erklärt auch die Vorauswirkung von Wetterfronten mit ihrer vorzeitigen Registrierung durch Wetterfühlige und das Nachlassen der Beschwerden, wenn die Front eingetroffen ist.

Basierend auf den von *Baumer* durchgeführten Sfericsmessungen untersuchte *Ruhenstroth-Bauer* Zusammenhänge mit verschiedenen Krankheitsbildern. Dabei ergaben sich u. a. folgende Ergebnisse:

- vermehrtes Auftreten von Herzinfarkten an Tagen mit verstärkter Aktivität von CD-Sferics a. t. B. von 28 kHz [11],

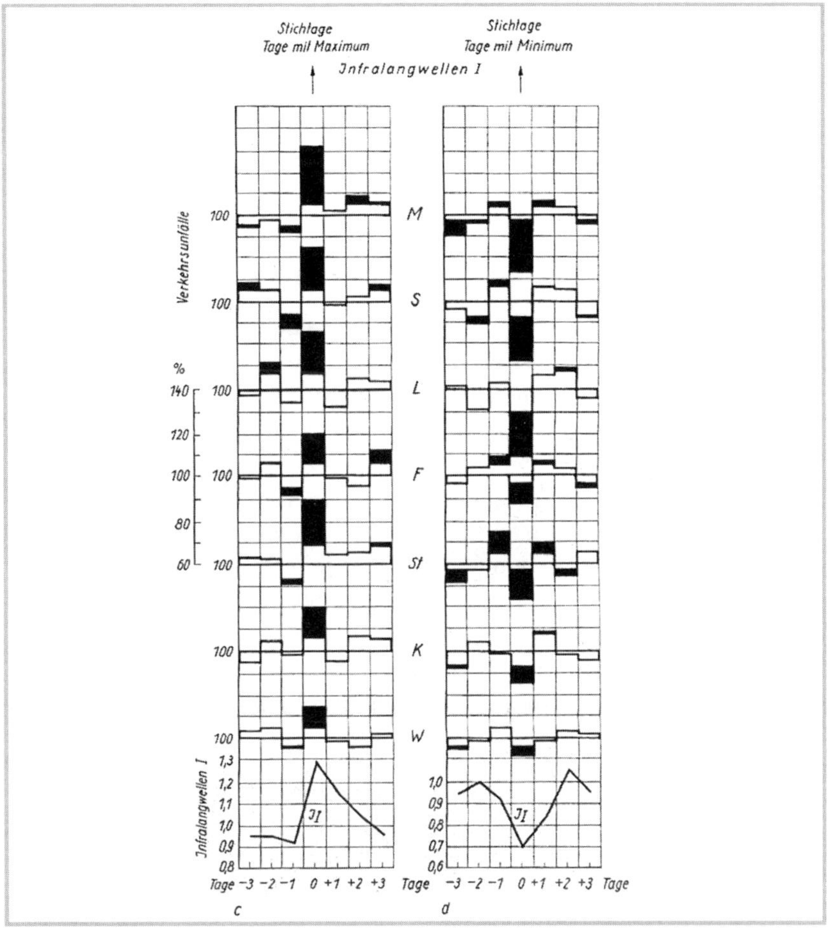

Bild 2.6 *Beziehung zwischen Sfericsaktivität und Anzahl der täglichen Verkehrsunfälle für verschiedene Städte* [9]
M = München, S = Salzburg, L = Linz an der Donau, F = Frankfurt am Main, St = Stuttgart, K = Köln, W = Wien

- vermehrtes Auftreten von epileptischen Anfällen an Tagen mit verstärkter Aktivität von CD-Sferics a. t. B. von 28 kHz sowie ein verringertes Auftreten an Tagen mit erhöhter CD-Sferics a.t.B. von 10 kHz [12].

Einen anderen Ansatz verfolgten *Schienle* und *Vaitl* durch ihre Versuche, künstlich generierte Sfericsignale in einem Labor verschiedenen Versuchspersonen anzubieten. In einer Untersuchung zeigte sich, dass nach der Exposition gegenüber dem magnetischen Anteil eines künstlichen Sfericpulses von 10 kHz (Amplitude max. 50 nT, Dauer 500 µs, Pulswiederholungsrate 7 ... 20 Hz) von 10 min eine Änderung des EEG-Spektrums erfolgte. Die Sfericsexposition führte zu einem Anstieg der Alpha- (8 ... 13 Hz) und Beta-aktiviät (13 ... 30 Hz) und hielt bis zu 10 min nach Expositionsende an. Bei Personen mit einem höheren Grad an Wetterfühligkeit oder körperlichen Beschwerden hielt der Effekt bis zu 20 min nach Expositionsende an [13].

2.2 Technische Nutzung des Frequenzspektrums

Noch nie in der etwa 7 Millionen Jahre währenden Geschichte der Menschheit gab es eine vergleichbare Entwicklung, wie sie seit etwa 100 Jahren mit zunehmender Geschwindigkeit und Durchdringung abläuft – die Exposition von immer mehr Menschen mit künstlich erzeugten, nieder- und hochfrequenten EMF verschiedenster Frequenzen und Signalmuster. Einen Überblick geben das **Bild 2.7** sowie die **Tabelle 5.2** im Anhang, welche die wichtigsten natürlichen und technischen Frequenzen gemeinsam darstellen. Der Autor geht in Anlehnung an die Lehren der Geschichte davon aus, dass sich die Exposition der Menschen gegenüber technischen EMF im Hinblick auf Intensität und Frequenzumfang weiter erhöhen wird und dass erst die sich in Folge noch deutlicher als bereits jetzt zeigenden gesundheitlichen Konsequenzen zu einem Umdenken führen werden.

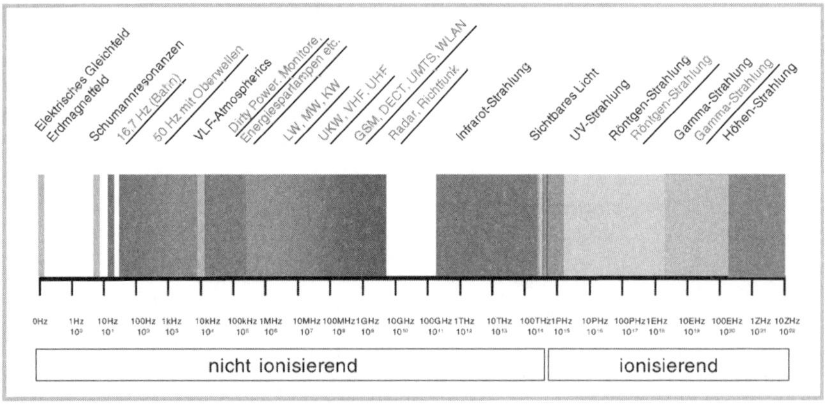

Bild 2.7 *Das natürliche und das technische (unterstrichen) EMV-Spektrum*

2.2.1 Niederfrequenz

Ausgehend von der Erfindung der elektrischen Telegrafie im Jahre 1753 durch einen unbekannten Erfinder beginnt die technische Nutzung des Frequenzspektrums sehr gemächlich. So wurde, nach vorausgegangenen Fehlschlägen, 1866 das erste Transatlantikkabel für die Telegrafie in Betrieb genommen.

1881 wurde in Berlin-Lichterfelde die erste elektrische Straßen(eisen)-bahn der Welt eröffnet.

1882 ging die erste deutsche Blockstation für den Betrieb von 30 Glühlampen in Stuttgart in Betrieb. Ebenfalls in diesem Jahr erleuchteten in Berlin die ersten elektrischen Straßenlampen die Leipziger Straße, den Potsdamer Platz und die Kochstraße.

In der Schweiz wurde 1899 die erste Drehstromlokomotive der Welt gebaut und eingesetzt.

In Österreich zwang der Verlust der großen Kohlenlager nach dem 1. Weltkrieg zur Elektrifizierung der Eisenbahnen. 1919–1930 wurden 620 km elektrifiziert, unter anderem die Linien Salzburg–Buchs bzw. Salzburg–Bregenz und die Brennerbahn, 1933–1935 die Tauernbahn, 1937–941 die Strecke Salzburg–Attnang–Puchheim. Nach 1945 wurde die Elektrifizierung vor allem der Westbahn bis Wien und der Südbahn fortgesetzt.

Die Frequenz des Bahnstromes beträgt in Deutschland, Österreich, der Schweiz, Schweden und Norwegen 16,7 Hz. In den Niederlanden, Belgien, Italien, Spanien, Polen und Teilen von Frankreich und Luxembourg werden dagegen Gleichspannungsnetze betrieben. In den übrigen Teilen Frankreichs und Luxembourgs, in Portugal, Dänemark und Großbritannien fahren die Eisenbahnen mit 50 Hz Wechselspannung.

In Deutschland wurde 1911 die erste 110-kV-Leitung von Lauchhammer nach Riesa (45 km) in Betrieb genommen. Der Stromverbrauch entwickelte sich in den ersten Jahrzehnten langsam, um dann in den 60er Jahren zügig anzusteigen (**Bild 2.8**).

Die Frequenz des *Netzstromes* beträgt in Europa 50 Hz bei einer Spannung auf der einphasigen Verbraucherebene von 230 V, in den USA 60 Hz bei überwiegend 110 V.

Die Versorgung mit elektrischer Energie führte zur einer Fülle an Nutzungen in allen Lebens- und Arbeitsbereichen des Menschen. Damit verbunden ist die technisch bedingte Exposition des Menschen gegenüber elektrischen und magnetischen Feldern unterschiedlicher Intensitäten und Frequenzen, die natürlicherweise nicht vorhanden sind.

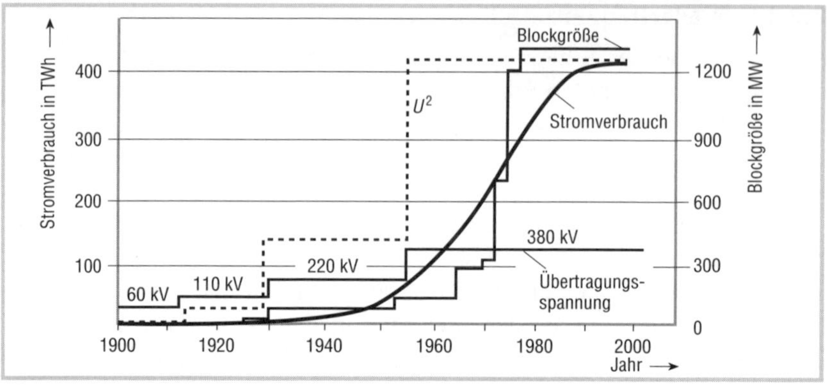

Bild 2.8 *Stromverbrauch in Deutschland von 1900 bis 2000* [13b]

Zusätzlich kam es durch die zunehmende Verwendung von Kunststoffen für Kleidung, Schuhsohlen, Vorhänge, Tapeten und Möbeloberflächen zu einer oft schmerzhaften Funkenentladung bzw. einer unerwünschten *Erhöhung elektrischer Gleichfelder* in Innenräumen von einigen kV/m und damit zu einer unerwünschten Verringerung der Kleinionenanzahl in Innenräumen.

2.2.2 Hochfrequenz

In den 20er Jahren des zwanzigsten Jahrhunderts wurden in Europa die ersten *Rundfunk-* und *Fernsehsender* in Betrieb genommen. Ab den 30er Jahren wurden in Deutschland die ersten militärischen *Radaranlagen* eingesetzt.

Die ersten – und mittlerweile längst ausgelaufenen – *Mobilfunkdienste* waren Autotelefone (A-, B-, C-Netz) und wurden 1974 in Österreich sowie 1978 in der Schweiz und in Deutschland in Betrieb genommen. Die Mobilfunknetze nach dem GSM-Standard gingen in Deutschland 1992, in der Schweiz 1993 und in Österreich 1994 on air. Im September 2002 ging in Österreich das erste UMTS-Testnetz in Betrieb. Im Frühjahr 2004 startete in Deutschland die Inbetriebnahme des UMTS-Netzes. 2011 begann mit der Einführung von LTE (Long Term Evolution) die Phase der sogenannten 4. Generation der Mobilfunknetze.

Der analoge Schnurlostelefonstandard CT1 (Cordless Telephone Standard 1) wurde 1984 verabschiedet und ist mittlerweile in den meisten Ländern nicht mehr zugelassen, weil die hierfür benutzten Frequenzen nun vom öffentlichen Mobilfunk genutzt werden. Der digitale DECT-Standard (Digital Enhanced Cordless Telecommunications) wurde 1991 eingeführt. DECT-Schnurlostelefone sind findet man heutzutage in fast jedem Haushalt und Büro vor. DECT-Basisstationen sind typischerweise Dauersender, die ihr Bereitschaftssignal permanent mit voller Leistung ausstrahlen, auch wenn gar nicht telefoniert wird. In den letzten Jahren haben einige wenige Hersteller Modelle entwickelt, bei denen die Sendeleistung der Basisstation reduziert werden kann und die die Aussendung des Bereitschaftssignals einstellen, wenn kein Telefonat geführt wird. Solche DECT-Telefone werden mit den Leistungsmerkmalen „fulleco", „Full ECO Mode", „Full ECO Mode plus" „ECO Modus plus" oder „ECO Low Radiation" angeboten. Details hierzu und eine aktuelle Marktübersicht sind in [13a] zu finden.

Die Mobil- und Schnurlostelefonie führte erstmals in der Geschichte der Menschheit zu einer regelmäßigen, oft mehrstündigen Exposition breiter Bevölkerungskreise mit sehr hohen Mikrowellenpegeln durch die Mobilteile sowie zu einer Dauerbelastung der Anwohner im Umfeld der Basisstationen.

Neben den Mobiltelefondiensten gibt es noch die sogenannten *Funkrufdienste* (Pager, „Piepser"). Diese ermöglichen eine einfache alphanumerische Kommunikation in nur eine Richtung. Häufigster Einsatz ist die Übermittlung von Telefonnummern, die man dann zurückrufen soll, oder die Übertragung kurzer Informationen, z. B. bei Rufbereitschaft. Bekannteste Vertreter dieser Rufdienste sind der in Deutschland 1974 eingeführte Eurosignaldienst (er wurde 1998 wegen technischer Überalterung abgeschaltet) und der 1989 in Betrieb genommene Cityrufdienst. Mit der Verbreitung des öffentlichen Mobilfunks haben die früher insbesondere für berufliche Zwecke stark genutzten Funkrufdienste massiv an Bedeutung verloren.

Richtfunkverbindungen werden mit unterschiedlichen Frequenzen und Anwendungen als Alternative zu Kabelverbindungen oder als „zweites Standbein" eingesetzt.

Die sogenannte *Powerline Communication* (PLC), auch als „Internet über die Steckdose" bezeichnet, weil hier die Leitungen der lokalen Stromversorgung und der elektrischen Hausinstallation gleichzeitig als Datenleitungen benutzt werden (ähnlich wie beim guten alten Babyphon), wurde kurz nach der Jahrtausendwende als alternative Datenübertragungstechnik angeboten. Wegen technischer Probleme ist sie damals aber über einzelne Testanwendungen in kleinen Versuchsgebieten nicht hinausgekommen. Nun steht mit der gesetzlich verordneten Einführung der „smart meter/

smart grids" („intelligente Stromzähler / intelligente Stromversorgungsnetze") ihre Renaissance ins Haus – heute mit deutlich verbesserten technischen Eigenschaften. Diese Technik setzt man mittlerweile vielfach für Heimanwendungen als sogenanntes „dLAN" ein (drahtgebundenes Computernetzwerk über die Leitungen der elektrischen Hausinstallation). Es können Probleme mit breitbandigen Störaussendungen im Frequenzbereich von ca. 1 bis 30 MHz auftreten, die dabei von elektrischen Leitungen und Geräten abgestrahlt werden.

1997 wurde der Standard IEEE 802.11 mit einer anschließenden Fülle von Substandards Substandards (a, b, b+, g, h, n) für die Anwendung von lokalen Computerfunknetzwerken *Wireless Local Area Network* (WLAN) und den mobilen Internetzugang an sogenannten „Hot Spots" geschaffen. Wegen der erwarteten starken Nutzung wurden im November 2002 von der Regulierungsbehörde für Telekommunikation und Post (RegTP) zusätzlich zum „klassischen" Frequenzbereich von 2,4 bis 2,4835 GHz auch die Bereiche 5,150 bis 5,350 GHz und 5,470 bis 5,725 GHz ausschließlich für WLAN-Anwendungen freigegeben.

Bei zahlreichen Anwendungen und Geräten werden als unerwünschte Nebenprodukte elektrische bzw. magnetische Felder und elektromagnetische Wellen erzeugt, weitergeleitet und abgestrahlt. So geben etwa *Fernseh- und Computerbildschirme, Kompaktleuchtstofflampen* (Energiesparlampen), gewisse *Vorschaltgeräte,* z. B. für *Leuchtstofflampen, Netzteile* und viele *Haushaltsgeräte mit elektronischer Steuerung,* unerwünschte elektrische und magnetische Felder im Kilohertzbereich ab. Diese Felder und damit verbundene Spannungen und Ströme werden als „Dirty Power" bezeichnet.

2.2.3 Anwendungen und Frequenzbereiche

Die **Tabelle 2.2** zeigt einen kleinen Auszug technischer Anwendungen – geordnet nach der Frequenz. Bei Betrachtung der exponierten Bevölkerung zum Zeitpunkt 2005 sind einige Anwendungen besonders weit verbreitet. Sie sind grau hinterlegt herausgehoben.

2.3 Biologische und gesundheitliche Aspekte

Im Folgenden werden exemplarisch einige Untersuchungen zu den biologischen und gesundheitlichen Aspekten von EMF vorgestellt. Sie stellen nur eine kleine Auswahl aus einer Fülle von mittlerweile vorliegenden Untersu-

Tabelle 2.2 *Häufige Funkanwendungen und ihre Frequenzbereiche* (nach [14a])

Art der Anwendung	**Frequenz**
Bahnstromanlagen	16,7 Hz
Energieversorgung	50 Hz
Netzoberschwingungen, Harmonics	100 Hz ... > 2 kHz
Computermonitore, Fernsehbildschirme	50 Hz ... > 400 kHz
Elektronische Schaltnetzteile, Energiesparlampen	50 Hz ... > 400 kHz
Powerline Communications Technology „Internet über die Steckdose"	95 ... 148,5 kHz und 1 ... 30 MHz
Mittelwellensender	525 kHz ... 1,605 MHz
Kurzwellensender	3,9 ... 26 MHz
UKW-Sender	88 ... 108 MHz
VHF-TV-Sender, digital (DVB-T)	174 ... 223 MHz
DAB, DAB+, terrestrischer digitaler Rundfunk	174 ... 230 MHz
Flugfunk	230 ... 329 MHz
TETRA-Handy, digitaler Bündelfunk	380 ... 385 MHz
TETRA-Basisstation, digitaler Bündelfunk	390 ... 395 MHz
Amateurfunk 70-cm-Band	430 ... 440 MHz
UHF-TV-Sender, digital (DVB-T)	880 ... 915 MHz
LTE 800-Basisstation	790 ... 820 MHz
LTE 800-Handy	830 ... 860 MHz
GSM 900-Handy	880 ... 915 MHz
GSM 900-Basisstation	925 ... 960 MHz
IFF, SSR Flugnavigationsdienst, Transponder-Sekundärradar	960 ... 1215 MHz
Satellitennavigationsdienst GPS (militärische Nutzung)	1215 ... 1240 MHz
Amateurfunk 23-cm-Band	1240 ... 1300 MHz
Flugsicherungsradar	1240 ... 1400 MHz
Satellitennavigationsdienst GPS (zivile und militärische Nutzung)	1559 ... 1610 MHz
GSM 1800-Handy	1710 ... 1785 MHz
GSM 1800-Basisstation	1805 ... 1880 MHz
DECT-Handy	1880 ... 1900 MHz
DECT-Basisstation	1880 ... 1900 MHz
UMTS-Handy	1920 ... 1985 MHz
UMTS-Basisstation	2110 ... 2170 MHz
Fester Funkdienst; Richtfunk; beweglicher Funkdienst	2290 ... 2300 MHz
ISM-Band (WLAN, Bluetooth, Mikrowellenherd)	2400 ... 2483,5 MHz
LTE Mobilfunk	2500 ... 2700 MHz
WLAN 5 GHz	5150 ... 5350 MHz und 5470 ... 5725 MHz
TAR/ASR, Nahbereichsradar von Flughäfen, Reichweite bis 100 km	2700 ... 3400 MHz
Wetterradar; Flugzeug-Bordradar, Reichweite bis 350 km	5255 ... 5850 MHz
ASDE, Rollfeldüberwachungsradar von Flughäfen, Reichweite einige Kilometer; PAR Präzisionsanflugradar von Flughäfen, Reichweite 10 bis 40 km; Wetterradar	8500 ... 10 400 MHz
Diverse Richtfunkanwendungen	7000 ... 60 000 MHz

chungsergebnissen dar, die eine deutliche Wirkung von EMF auch weit unterhalb der aus thermischen Effekten abgeleiteten Expositionen zeigen, die für die klassische Grenzwertfestlegung auf Basis der ICNIRP-Referenzwerte herangezogen werden.

Dabei handelt es sich großenteils um epidemiologische Untersuchungen in der den Statistikern eigenen Sprache. Diese ist nicht auf Anhieb jedermann geläufig. Die statistischen Grundlagen solcher Untersuchungen werden daher im Kapitel „Grundlegende Begriffe zu statistischen Untersuchungen“ kurz vorgestellt und erläutert. Es wird dem mit statistischen Auswertungen nicht so sehr bewanderten Leser daher empfohlen, sich zunächst mit dem Inhalt dieses Kapitels vertraut zu machen.

In einer 2004 in der Schweiz [14] durchgeführten repräsentativen Telefonerhebung (n = 2048, Alter >14 Jahre) ergab sich eine Häufigkeit von 5 % (95-%-CI: 4 … 6 %) für die selbst zugeordnete „Diagnose“ Elektrosensitivität (Electrosensitivity).

Eine 2001 ebenfalls in der Schweiz [15] durchgeführte Umfrage unter 394 Personen, die bestimmte Beschwerden EMF-Expositionen zuordneten, ergab unter anderem folgende Symptomhäufigkeiten: Schlafprobleme (58 %), Kopfschmerzen (41 %), Nervosität (19 %), Müdigkeit (18 %) und Konzentrationsprobleme (16 %). Als Ursachen wurden von den Befragten Mobilfunkbasisstationen (74 %), Mobiltelefone (36 %), Schnurlostelefone (29 %) und Hochspannungsleitungen (27 %) genannt. Zwei Drittel der Betroffenen hatten Maßnahmen zur Reduktion ihrer Symptome getroffen. Die häufigste Maßnahme war die Expositionsvermeidung. Bemerkenswert war, dass nur 13 % der Befragten ihren Hausarzt/ihre Hausärztin kontaktiert hatten.

Der wissenschaftlichen Literatur zur Interaktion von EMF mit biologischen Systemen folgend sind mehrere Wirkmechanismen möglich. Ein plausibler Wirkmechanismus auf intra- und interzellulärer Ebene ist z. B. die Bildung freier Radikale / oxidativer und nitrosativer Stress [16] [17] [18] [19] [20] [21]. Im Zentrum steht dabei die vermehrte Bildung von Peroxinitrit (ONOO-) aus der Reaktion von Stickstoffmonoxid (NO) und Superoxid (O-). Wegen seiner vergleichsweise langen Halbwertszeit schädigt Peroxinitrit eine Vielzahl zentraler Stoffwechselvorgänge und Zellbestandteile.

Mit diesem Ansatz lassen sich viele der im Zusammenhang mit EMF-Expositionen beobachteten Beschwerden, Symptome und deren Verläufe plausibel erklären. Die Hinweise verdichten sich, dass das EMF-Syndrom (EMFS) zu den Multisystemerkrankungen, wie Chronic Fatigue Syndrome

(CFS, Chronisches Müdigkeitssyndrom), Multiple Chemical Sensitivity (MCS), Fibromyalgie (FM), Post Traumatic Stress Disorder (PTSD), zu zählen ist.

Die wahrscheinlichste Ursache dafür ist die vor allem im letzten Jahrzehnt stark gestiegene und weiter steigende Belastung im kHz-Bereich (z. B. PC-Monitore, Notebooks, Energiesparlampen, „Dirty Power" [40]) sowie im Mikrowellenbereich (z. B. Mobiltelefone, Mobilfunksendeanlagen, Schnurlostechniken). Immer mehr Menschen reagieren auf technisch erzeugte EMF mit teils erheblichen Störungen des Wohlbefindens. Elektrosensibilität kann je nach Schweregrad zu einer deutlichen Minderung der Lebensqualität und der Arbeitsleistung führen.

So ist etwa in Schweden das Bewusstsein für EMF am Arbeitsplatz und ihren Einfluss auf das Wohlbefinden deutlich höher als in anderen Ländern Europas. Das EMF-Syndrom wird in Schweden unter der Bezeichnung Electrohypersensitivity (EHS) als eine körperliche Einschränkung angesehen und damit als Behinderung anerkannt. Lokale Verwaltungen unterstützen Menschen mit EHS unter Bezug auf die UN-Resolution 48/96, Anhang 20. Dezember 1993 (UN 1993) [22]. Arbeitnehmer mit EHS haben ein Recht, von ihrem Arbeitgeber unterstützt zu werden, damit sie trotz dieser Einschränkung arbeiten können. Einige Krankenhäuser in Schweden haben eigens Krankenzimmer mit geringer EMF-Belastung eingerichtet.

2.3.1 Niederfrequenz

2.3.1.1 Magnetische Wechselfelder und Leukämie

Die öffentliche Diskussion über gesundheitliche Wirkungen von technisch erzeugten EMF hat eine ihrer Wurzeln in den epidemiologischen Studien von *Wertheimer* und *Leeper* über den Zusammenhang zwischen der Nähe zu Hochspannungsleitungen und dem gehäuften Auftreten von *kindlichen Leukämien* 1979 [23] bzw. von Krebs bei Erwachsenen 1982 [24] in Colorado, USA. Die Autoren fanden Expositions-Wirkungs-Beziehungen, die unabhängig vom Alter, der Urbanisierung oder dem sozioökonomischen Status waren. Diese Arbeiten lösten eine intensive Forschungstätigkeit im Bereich magnetischer Wechselfelder, insbesondere für die Frequenzen 50 und 60 Hz aus. Ein weiterer Forschungsanstoß kam 1987 durch die Hypothese von *Stevens* über den möglichen Zusammenhang zwischen niederfrequenten magnetischen Wechselfeldern, Melatonin und Brustkrebs [25].

Im Folgenden werden exemplarisch die Ergebnisse einzelner Arbeiten vorgestellt.

Kindliche Leukämien bei 2- bis 4-jährigen Kindern haben in den letzten 80 Jahren deutlich zugenommen. *Milham* [26] untersuchte den Zusammenhang zwischen der voranschreitenden Elektrifizierung in den USA mit Daten zur Inzidenz der kindlichen Leukämie. Er fand einen Schaltereffekt bei der Elektrifizierung. 10 % Zunahme der Elektrifizierung ergab eine Zunahme der kindlichen Leukämie um 24 % (95-%-CI: 8 ... 41 %). Bei einem ursächlichen Zusammenhang wären nach *Milham* 60 % der kindlichen Leukämien bzw. 75 % der akuten lymphatischen Leukämien im Kindesalter hierdurch erklärbar und vermeidbar.

Die gepoolte Analyse von *Ahlbom et al.* [27] im Jahr 2000 wertete neun Fall-Kontroll-Studien (n = 3203/10338) zu kindlichen Leukämien und magnetischen Wechselfeldern gemeinsam aus. Unter Berücksichtigung von Alter und Geschlecht wurde unter Heranziehung einer Referenzkategorie von < 100 nT für die Expositionsklasse > 400 nT ein signifikant erhöhtes OR 2,00 (1,27 ... 3,13) ermittelt. Eine Auswertung der akuten lymphatischen Leukämie unter Berücksichtigung von Alter, Geschlecht und Verkehrsabgasen ergab für die Expositionsklasse > 400 nT ein signifikant erhöhtes OR 3,24 (1,22 ... 8,63).

In einer gepoolten Analyse werteten *Greenland et al.* [28] ebenfalls im Jahr 2000 unter anderem elf Fall-Kontroll-Studien (n = 2078/5516) mit Daten zu kindlichen Leukämien und magnetischen Wechselfeldern gemeinsam aus. Unter Berücksichtigung von Alter, Geschlecht sowie sozialen und ökonomischen Variablen wurde unter Heranziehung einer Referenzkategorie von < 100 nT für die Expositionsklasse > 300 nT ein signifikant erhöhtes OR 2,06 (1,4 ... 3,01) errechnet. Damit ergeben die beiden Auswertungen, basierend auf sich zum Teil überschneidenden Ausgangsstudien, ein übereinstimmendes Ergebnis.

In einer prospektiven Kohortenstudie von *Foliart et al.* 2006 [29] über 5 Jahre (Median des follow-up) wurde die Überlebensrate bei 361 Kindern im Alter von 1 bis 15 Jahren mit akuter lymphatischer (B-Zell) Leukämie in den USA untersucht. In diesem Zeitraum verstarben 28 Kinder vorwiegend durch einen Rückfall (Rezidiv). Innerhalb der ersten Monate nach der Erstdiagnose wurden magnetische Wechselfelder durch ein Personal Monitoring über 24 Stunden erhoben. Obwohl nur diese erste Messreihe zur Auswertung herangezogen werden konnte (die Teilnahmeraten bei den weiteren Messungen nach einem und zwei Jahren waren zu gering), zeigte sich bei den Kindern mit Expositionswerten über 300 nT für einen tödlichen Verlauf ein HR (hazard ratio) von 4,53 (1,49 ... 13,76) gegenüber der Referenzkategorie 100 nT. Auch wenn diese Arbeit noch als hypothesengenerierend einzustufen ist und weiterführender Studien bedarf, passt sie sich in das bestehende Bild ein.

2.3.1.2 Weitere Untersuchungen

Von Relevanz für die Beurteilung der kanzerogenen Wirkung magnetischer Wechselfelder ist die 2004 publizierte Arbeit einer Gruppe der Tierärztlichen Hochschule Hannover von *Fedrowitz et al.* [30]. Diese konnte klären, warum im Tierversuch die Arbeitsgruppe um *Löscher* bei weiblichen Ratten bei Induktion mittels DMBA (7,12-dimethylbenz(a)anthracene) jeweils ein signifikant erhöhtes Brustkrebsrisiko bei zusätzlicher Exposition gegenüber magnetischen Wechselfeldern gefunden hatte [31] [32] [33], eine andere Arbeitsgruppe um *Anderson* jedoch nicht [34] [35] [36] [37]. Die Erklärung liegt in der genetisch unterschiedlichen Empfindlichkeit der verwendeten Rattenstämme. Dies wurde in einer weiteren Arbeit von *Fedrowitz* und *Löscher* 2006 [38] unter Ausdehnung auf andere Rattenstämme vertieft und bestätigt.

Bisher wurden die unterschiedlichen Ergebnisse aus diesen Tierversuchen als unschlüssig bezeichnet und für die Einstufung nicht herangezogen. Mit der nun vorliegenden Klärung erhalten die Ergebnisse aus Tierversuchen einen neuen Stellenwert und sind in Zusammenschau mit den Ergebnissen zu Chromosomenschäden im Tierversuch von *Lai* und *Singh* 2004 [39] zu sehen. Hier zeigten sich signifikant mehr Chromosomenbrüche in Hirnzellen von Ratten, die über 24 Stunden einem magnetischen Wechselfeld von 10 µT, 60 Hz Sinus, ausgesetzt waren. Eine Verdoppelung der Befeldungsdauer auf 48 Stunden zeigte noch stärkere Effekte im Sinne eines kumulativen Effekts. In einem zweiten Versuch wurde der mögliche Wirkmechanismus untersucht. Dazu wurden Ratten zwei Stunden lang einem magnetischen Wechselfeld von 500 µT ausgesetzt. Ratten, die vor der Befeldung Trolox (Vitamin E Analogon), 7-Nitroindazole (Stickstoffoxidsynthesehemmer) oder Deferiprone (Eisenchelatbildner) erhalten hatten, zeigten keine Chromosomenschäden. Die Autoren (*Lai* und *Singh* 2004) nehmen an, dass eine akute Exposition gegenüber magnetischen Wechselfeldern über einen eisenabhängigen Prozess, z. B. die Fentonreaktion, die direkte Bildung von freien Radikalen sowie die indirekte Bildung über eine Stoffwechselkaskade und das Stickstoffmonoxid (NO) auslöst.

Wie schon am Beginn des Kapitels angeführt, hat sich als einer der zentralen pathophysiologischen Mechanismen in der Entstehung und Entwicklung von chronischen Krankheiten sowie Krebs der Bereich der reaktiven Sauerstoffspezies (ROS) und reaktiven Stickstoffspezies (RNS), die im Folgenden unter dem Begriff „freie Radikale" zusammengefasst werden, etabliert. Freie Radikale sind hochreaktive Stoffwechselprodukte, die endogen (Mitochondrien/Cytochrom P450, Makrophagen/Peroxisomen) und exogen (Eisen und Kupfer via Fenton-Reaktion, ionisierende Strahlung) entstehen und in einer ständigen Balance mit antioxidativen Regelungsvorgängen stehen. Wenn die antioxidativen Kontrollmechanismen erschöpft oder überfordert sind, verlagert sich das Redoxgleichgewicht der Zelle in Richtung oxidativer Stress mit der Folge eines erhöhten Potentzials für eine Schädigung der DNA im Zellkern, der DNA der Mitochondrien, von Lipiden und Proteinen. Nichtreparierte Schäden an der DNA können zu Mutationen und in weiterer Folge zu einem erhöhten Krebsrisiko führen. Neben der direkten Schädigung der Kern- und Mitochondrien-DNA können auch Interaktionen mit DNA-Reparaturmechanismen zu oxidativen Schäden führen. Weiter beeinflussen freie Radikale Zellsignalwege für die Kontrolle des Zellwachstums und können auch auf diesem Weg die Entstehung von Krebs bestimmen. Die durch freie Radikale ausgelöste Modifikation der Genexpression hat direkte Auswirkung auf die Zellteilung und den Zelluntergang (Apoptose). DNA-Schäden, Mutationen und veränderte Genexpression sind Schritte im Prozess der Krebsentstehung [41] [42].

Ein wichtiger Faktor im Hinblick auf krebsunterdrückende Effekte ist die Rolle des Melatonin (N-acetyl-5-methoxytryptamine) mit seinen vielfältigen Funktionen. Melatonin wird unter anderem als Neurohormon bei Dunkelheit in der Zirbeldrüse produziert. Es hat eine wichtige Rolle in zahlreichen physiologischen und pathophysiologischen Prozessen, wie etwa der Regulation des Tag-Nacht-Rhythmus, sowie antioxidative und immunmodulierende Funktionen. Melatonin hat krebsunterdrückende Effekte etwa bei Brustkrebs, Prostatakrebs, Eierstockkrebs, Hautkrebs, Leukämie und Leberkrebs [43] [44].

Es besteht damit eine schlüssige und vernetzte Evidenz aus Zellversuchen und Tierversuchen, dass magnetische Wechselfelder im Wege freier Radikale, zum Teil im Verbund mit Melatonin, unter anderem zu Schäden an der DNA führen können. Einige dieser Arbeiten konnten dosisabhängige Zusammenhänge zeigen. Ebenso besteht Evidenz, dass magnetische Wechselfelder die Wirkung von Tamoxifen (Therapeutikum für Brustkrebs) an Brustkrebszellen in vitro hemmen können [45] [46] [47].

Epidemiologische Untersuchungen zeigen weiter, dass die Exposition gegenüber magnetischen Wechselfeldern unter anderem mit einer Risikoerhöhung für bestimmte Krebsformen und neurodegenerative Krankheiten einhergehen können. Übersichten siehe dazu *Stevens*, *Erren* 2001 [48], IARC 2001 [49], CDH 2001 [50], *Henshaw* und *Reiter* 2005 [43], Bioinitiative 2007 [51].

Die Bestimmung der Exposition gegenüber magnetischen Wechselfeldern erfolgt in der Regel als Mittelwert. Im Jahr 2000 publizierte Ergebnisse aus Kalifornien zeigten erstmals einen Zusammenhang zwischen Fehlgeburten und dem erhobenen Maximalwert. Die beiden epidemiologischen Untersuchungen, eine Fall-Kontroll-Studie, *Lee et al.* 2002 [52], und eine prospektive Kohortenstudie, *Li et al.* 2002 [53], zeigen einen signifikanten Zusammenhang zwischen dem Auftreten von Fehlgeburten in den ersten 20 Schwangerschaftswochen und den mittels Personendosimeter über 24 Stunden gemessenen magnetischen Wechselfeldern (60 Hz), und zwar mit den gemessenen Spitzenwerten im Bereich 1 600 nT und darüber, jedoch nicht mit den erhobenen Mittelwerten. Das 25. Perzentil betrug 1 600 nT – das bedeutet, dass 75 % der Frauen gegenüber Magnetfeldspitzen von 1 600 nT und mehr exponiert waren. 40 % aller Fehlgeburten waren mit Magnetfeldern >1 600 nT assoziiert. Bei grober Übertragung auf Österreich entspricht das ca. 5 800 Fehlgeburten pro Jahr. Zum Vergleich: Österreich beklagt ca. 1 000 Verkehrstote jährlich.

2.3.1.3 Nationale und internationale Einschätzungen

Wie schon bei den elektrischen Wechselfeldern angeführt, finden sich im Entwurf des Nationalen Strahlenschutzkomitees der USA (NCRP 1995) im Frequenzbereich von nahe 0 Hz bis 3 kHz als „Option 2" Expositionsrichtwerte von 200 nT für die magnetische Flussdichte [54].

Für künftige Planungen empfiehlt der Entwurf, Wohnungen, Kindergärten und Schulen nicht in Zonen mit magnetischen Flussdichten über 200 nT zu bauen bzw. sollten neue Leitungen bei bestehenden Gebäuden eine magnetische Flussdichte von 200 nT nicht überschreiten. Auch bei neuen Büro- und Industriebauten sollte die Exposition unter 200 nT bleiben.

Im Juni 2001 überprüfte eine Arbeitsgruppe wissenschaftlicher Experten auf Einladung der International *Agency for Research on Cancer* (IARC), einer Teilorganisation der WHO mit Sitz in Lyon, Studien über die Kanzerogenität von statischen und niederfrequenten elektrischen und magnetischen Feldern [49]. Anhand der Standardklassifizierung der IARC, die an Menschen und Tieren sowie in Laborversuchen festgestellte Befunde abwägt, wurden niederfrequente magnetische Wechselfelder aufgrund von epidemiologischen Studien über kindliche Leukämien als *möglicherweise Krebs erregend für den Menschen* eingestuft (Einstufungs-Gruppe 2B).

Die ICNIRP-Richtlinie, ICNIRP 1998 [55], basiert auf kurzfristigen, unmittelbaren gesundheitlichen Auswirkungen, z. B. der Reizung peripherer Nerven und Muskeln, Schocks und Verbrennungen, die durch Berührung leitfähiger Objekte verursacht werden, und erhöhten Gewebetemperaturen, die aus der Absorption von Energie während der Exposition durch EMF resultieren. Der im Frequenzbereich von 25 bis 800 Hz empfohlene Referenzwert für die Exposition der Allgemeinbevölkerung beträgt für magnetische Wechselfelder $5/f$ µT (mit f in kHz). Bei f = 50 Hz = 0,050 kHz ergibt sich 5/0,050 µT = 100 µT = 100 000 nT. Bei höheren Frequenzen sinkt der Referenzwert.

1999 wurde vom National Institute of Environmental Health Sciences der USA (NIEHS) ein Bericht zu Gesundheitseffekten elektrischer und magnetischer Felder im Frequenzbereich der Stromversorgung herausgegeben [56]. Darin kommt die Gruppe zum Schluss, dass die Exposition gegenüber „Powerline Frequency ELF-EMF" ein mögliches Karzinogen darstellt.

Das NIEHS empfiehlt den Energieversorgern, die gegenwärtige Praxis der Expositionsreduktion bei der Situierung von Stromleitungen fortzusetzen und die Erforschung zur Reduktion der Entstehung magnetischer Felder bei Übertragungs- und Verteilungsleitungen fortzusetzen, ohne dabei neue Gefährdungen zu generieren. Wörtlich: *„NIEHS suggests that the power industry continue its current practice of siting power lines to reduce exposures and continue to explore ways to reduce the creation of magnetic fields around transmission and distribution lines without creating new hazards. We also encourage technologies that lower exposures from neighbourhood distribution lines provided that they do not increase other risks, such as those from accidental electrocution or fire."*

Von der kalifornischen Gesundheitsbehörde wurde im Zeitraum 1993 bis 2002 unter dem Titel *„California EMF-Program"* eine Evaluierung der möglichen Risiken durch elektrische und magnetische Felder bei Stromleitungen, Hausinstallationen, Elektroarbeitsplätzen und -geräten durchgeführt [50]. Der 2002 veröffentlichte Endbericht listet umfassende wissenschaftliche Daten zu gesundheitlichen Wirkungen auf und führt eine Risikoabschätzung durch. Dieser Bericht zählt zu den derzeit aktuellsten Risikoabschätzungen über den Zusammenhang zwischen niederfrequenten magnetischen Wechselfeldern und Gesundheit. Die **Tabelle 2.3** zeigt die Ergebnisse der Bewertung des California Department of Health (DHS).

Als Meilenstein in der Beurteilung von EMF-Wirkungen ist der von einer internationalen Gruppe von Wissenschaftlern und Gesundheitsexperten im Jahr 2007 publizierte „Bioinitiative Report" anzusehen. Der Bericht hat rund 2000 Einzelarbeiten zu unterschiedlichen EMF-bezogenen Endpunkten ausgewertet und eine Reihe von konkreten Empfehlungen zur Beurteilung ausgearbeitet. Für den Bereich von magnetischen Wechselfeldern werden unter anderem Beziehungen mit kindlicher Leukämie, Brustkrebs und Alzheimer angeführt und eine Reduktion der Exposition auf Werte < 100 nT (Mittelwert) empfohlen.

Tabelle 2.3 *Einstufung der Wirkung niederfrequenter magnetischer Wechselfelder (ELF-Bereich) durch das California Department of Health (DHS), 2002 [50]*

Gesundheitsendpunkt	Einstufung	Gefahr
Leukämie beim Kind	2B bis 1	möglich bis definitiv
Leukämie beim Erwachsenen	2B bis 1	möglich bis definitiv
Hirntumor beim Erwachsenen	2B	möglich
Fehlgeburt	2B	möglich
Amyotrophe Lateralsklerose	2B	möglich
Hirntumor beim Kind, Brustkrebs, Alzheimer, Selbstmord, plötzlicher Herztod	3	inadäquat

2.3.2 Hochfrequenz (elektromagnetische Wellen)

Frequenzen über 30 kHz werden im Allgemeinen generell als Hochfrequenz bzw. elektromagnetische Wellen bezeichnet. In der amerikanischen Sprachregelung wird jedoch der Bereich der „radiofrequenten" Strahlung (30 kHz bis 300 MHz, radiofrequency radiation) von der „Mikrowellenstrahlung" (300 MHz bis 300 GHz, microwave radiation) unterschieden. Im Folgenden werden stellvertretend für die Fülle der verfügbaren Literatur exemplarisch einige Arbeiten näher angeführt.

2.3.2.1 Studien zu elektromagnetischen Wellen

Untersuchungen zu den gesundheitlichen Auswirkungen elektromagnetischer Wellen gehen auf die 40er Jahre des 20. Jahrhunderts zurück. Im Vordergrund standen dabei Untersuchungen im hohen Dosisbereich mit der Frage der übermäßigen Erwärmung des Körpers bzw. der Bildung von Linsentrübungen (Katarakt), z. B. bei radarexponierten Personen. Dazu wurden verschiedene Tierversuche durchgeführt, die Linsentrübungen bei immer geringeren Dosen erbrachten, wenn die Linsen nicht sofort nach der Bestrahlung, sondern erst nach einer mehrwöchigen Wartezeit untersucht wurden (Quelle: *Richardson* 1948, zitiert in [57]). Bereits damals wurden nichtthermische Wirkungen bei der Kataraktbildung diskutiert.

1959 wurde in der Zeitschrift Nature eine neue physikalische Methode zur Erzeugung von Chromosomenschäden vorgestellt [58]. Die Autoren verwendeten gepulste Kurzwellen mit einer Frequenz von 27 MHz und exponierten wachsende Knoblauchwurzelzellen in einer Wasserschale für 5 min diesem Feld. Im Wasser wurde keine Temperaturerhöhung festgestellt. Die Untersuchung erfolgte 24 h nach der Bestrahlung. Die meisten Chromosomenbrüche wurden bei Pulsraten zwischen 80 und 180 Pulsen/s festgestellt.

In einer Zusammenstellung von *Sage* unter dem Titel „Übersicht zu Studien zur Wirkung hochfrequenter Felder“ [59] wird die Evidenz für nachfolgende Bereiche dargestellt: Effekte auf das genetische Material (DNA), chromosomale Schäden und Mikrokern-Bildung, Effekte auf die Ornithindecarboxylase (ODC), Gentranskription und -induktion, Stressreaktion (Hitzeschockproteine), Effekte auf zellulärer Ebene (Kalziumionen), zelluläre Effekte am Immunsystem, Blut-Hirn-Schranke, Blutdruck, Geschlechtsorgane, Krebs, subjektive Symptome bei Benutzern von Mobiltelefonen, neurologische Effekte, psychoaktive Pharmaka, Serotonin, Augenschädigungen, Verhaltensänderungen, Lernfähigkeit und Gedächtnis, kognitive Funktionen und Schlaf.

In einer Zusammenstellung kommt *Cherry* [60] zu dem Schluss, dass EMF-Strahlung – etwa von Mobilfunksendeanlagen – ein wahrscheinlicher Risikofaktor für nachfolgende Krankheiten ist: Krebs, insbesondere Gehirntumoren und Leukämie, aber auch alle anderen Krebsarten, Herzrhythmusstörungen, Herzinfarkte, neurologische Effekte inklusive Schlafstörungen, Lernschwierigkeiten, Depressionen und Selbstmorde, Fehlgeburten und Fehlbildungen, Virus- und andere Infektionen.

2.3.2.2 Studien zu Mobilfunksendeanlagen

Während die Untersuchung von *Regel et al.* 2006 [61] keine Expositionseffekte beschrieb, fanden zwei Provokationsstudien mit Expositionen gegenüber Basisstationsantennen (GSM oder UMTS oder beide) mit „elektrosensitiven“ und Kontrollpersonen bei UMTS-Exposition einen signifikanten Abfall des Wohlbefindens bei der sensitiven Personengruppe (*Zwamborn et al.* 2003 [62]; *Eltiti et al.* 2007 [63]). Die vorliegenden Daten zu Expositionen gegenüber Anwohnern von Mobilfunkbasisstationen ergaben klare Hinweise für adverse gesundheitliche Effekte (*Santini* 2002 [64], *Navarro et al.* 2003 [65], *Hutter et al.* 2006 [66], *Abdel-Rassoul et al.* 2007 [67]).

Der von einer internationalen Gruppe von Wissenschaftlern und Experten der Öffentlichen Gesundheit 2007 veröffentlichte „Bioinitiative Report" [51] gibt folgende Empfehlung:

„Für die kumulative Exposition gegenüber HF-Strahlung [Anmerkung des Verfassers: HF = Hochfrequenz] *im Freien sollte ein Vorsorgewert von 0,1 $\mu W/cm^2$ (entspricht 0,614 Volt pro Meter)* [Anmerkung des Verfassers: entspricht 1 mW/m^2 bzw. 1 000 $\mu W/m^2$] *festgesetzt werden. Dieser Wert reflektiert den Stand der aktuellen HF-Forschung und eine vorausschauende Gesundheitspolitik zum Schutz der Bevölkerung. Vernünftigerweise sollte dieser Wert für gepulste HF-Strahlung (außen) an den Orten gelten, wo Menschen leben, arbeiten und zur Schule gehen. Diese HF-Strahlenexposition trifft auf den gesamten Körper auf. Wo Funkdienste für die Ton- und Datenübertragung für Mobiltelefone, Pager, PDAs und andere hochfrequente Strahlungsquellen flächendeckend vorhanden sind, kann es auch zu einer Dauerbestrahlung kommen. Es liegen einige Studien und viele Einzelberichte über Gesundheitsbeschwerden vor, die bei noch viel niedrigeren Strahlungsintensitäten auftraten. Zum gegenwärtigen Zeitpunkt könnte der empfohlene Wert jedoch einen Teil der unverhältnismäßig großen Belastung für die Bevölkerungsgruppen vermeiden helfen, die in der Nähe von solchen Funkanlagen wohnen und arbeiten. Obgleich dieser HF-Vorsorgewert den weiteren Ausbau der WLAN-Technologien nicht ausschließt, empfehlen wir dennoch, leitungsgebundene Alternativen insbesondere in Schulen und Büchereien einzusetzen, damit Kinder keinem erhöhten HF-Strahlenpegel ausgesetzt sind – ganz besonders so lange wie wir die möglichen Gesundheitsgefahren nicht besser verstehen. Diese Empfehlung sollte als ein zwischenzeitlicher Vorsorgewert verstanden werden, dessen Intention es ist, vorbeugende Maßnahmen zu begleiten. In der Zukunft werden wir unter Umständen noch niedrigere Richtwerte benötigen."*

Eine Übersichtsarbeit zu Mobilfunkbasisstationen von Prof. *Michael Kundi* und Dr. *Hans-Peter Hutter*, Medizinische Universität Wien aus 2009 [68], kommt zu diesen Schlussfolgerungen: *„Von der verfügbaren Evidenz ist es unmöglich, eine Schwelle, unterhalb derer keine Wirkung auftritt, abzugrenzen, jedoch wird angesichts der Tatsache, dass Studien mit geringer*

Exposition stets negativ waren, vorgeschlagen, dass Leistungsflussdichten von etwa 0,5 bis 1 mW/m² (500 bis 1 000 µW/m²) überschritten werden müssen, um einen Effekt zu beobachten. Die spärliche Datenbasis muss in den kommenden Jahren vergrößert werden."

Dazu ist anzumerken, dass diese Aussage für ein gemitteltes gesundes Kollektiv gilt. Bei Menschen mit sogenannten Multisystemerkrankungen (z. B. Chronisches Müdigkeitssyndrom (Chronic Fatigue Syndrome, CFS), Multiple Chemical Sensitivity (MCS), Electrohypersensitivity (EHS), Fibromyalgie (FM), Post Traumatic Stress Disorder (PTSD)) sind Wirkungen deutlich unter den genannten Leistungsflussdichten möglich.

2.3.2.3 Studien zur gesundheitlichen Wirkung von Mobiltelefonen

Die Schädigung der in den Chromosomen vorliegenden Erbsubstanz (DNA) ist ein ernster Befund, der in der Regel zu gesetzlichen Auflagen der Risikoverringerung führt. Dieser Nachweis der *Chromosomenschädigung* wurde u. a. in der REFLEX-Studie „Risk evaluation of potential environmental hazards from low energy electromagnetic field exposure using sensitive in vitro methods" in einer Vielzahl von Experimenten erbracht [69]. Die *spezifische Absorptionsrate* (SAR) der Bestrahlung (1800 MHz) lag beim Versuch mit 1,3 W/kg deutlich unter den Teilkörperrichtwerten der ICNIRP, wie sie mit 2 W/kg (Allgemeinbevölkerung) bzw. 10 W/kg (beruflich exponierte Personen) im Bereich der Exposition des Kopfes durch ein Mobiltelefon gültig sind (**Bild 2.9**). Die Ergebnisse belegen eindrücklich, dass die SAR-Werte der ICNIRP unzureichend zum Schutz der Gesundheit sind. Gentoxische Ereignisse können zum Zelltod, zu Mutationen, Replikationsfehlern, dauerhaften DNA-Schäden und Genom-Instabilitäten mit einem erhöhten Risiko für Krebs und zu verstärkter Alterung führen.

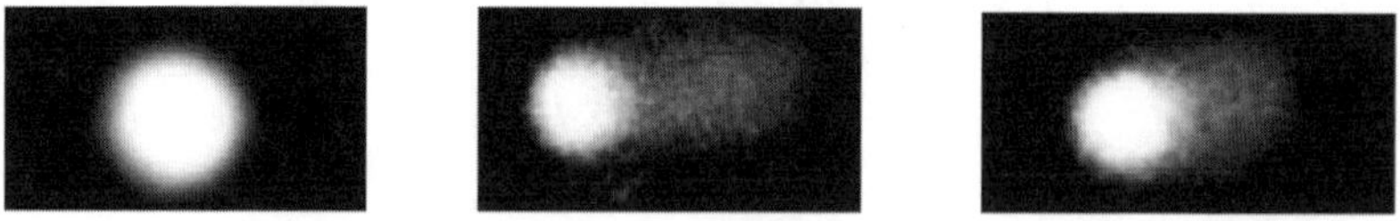

Bild 2.9 *Chromosomenschäden an einer Blutzelllinie durch eine hochfrequente elektromagnetische Welle (1800 MHz, SAR 1,3 W/kg) (rechts) bzw. Gammastrahlung (Mitte); links: ohne Bestahlung* [69]

Von *Rüdiger* [70] wurden 101 Publikationen ausgewertet, die genotoxische Effekte (in vivo und in vitro) durch hochfrequente elektromagnetische Wellen (RF-EMF) untersuchten. Dabei berichteten 49 Untersuchungen derartige Effekte, 42 keine Effekte und 8 Arbeiten zeigten, dass RF-EMF den genotoxischen Effekt von chemischen und physikalischen Agentien verstärkten. Die widersprüchlichen Ergebnisse konnten durch unterschiedliche Zellarten und die Vielfalt der analytischen Methoden erklärt werden. Zusammenfassend zeigte sich reichliche Evidenz, dass RF-EMF das genetische Material exponierter Zellen verändern kann.

In einer Arbeit der Universität Lund, Schweden, wurden Ratten einmalig 2 h mit einem GSM-Mobiltelefon (900 MHz) bestrahlt und nach 50 Tagen das Gehirn auf Schäden untersucht [71]. Es zeigten sich bei einer Absorptionsrate von nur 0,02 W/kg signifikant mehr *dunkle Neuronen,* das sind geschädigte Nervenzellen (**Bild 2.10**). Die Autoren der Studie wörtlich: *„Die intensive Nutzung von Mobiltelefonen durch junge Menschen ist eine ernste Überlegung. Ein Nervenschaden in der hier beschriebenen Art muss nicht unmittelbar zeigbare Folgen haben. Jedoch kann es auf lange Sicht gesehen zu einer verminderten Reservekapazität des Gehirns führen, die durch spätere Nervenerkrankungen oder sogar als Alterung (wear and tear of aging) enthüllt wird. Wir können nicht ausschließen, dass nach einigen Jahrzehnten der (oftmaligen) täglichen Nutzung eine ganze Generation von Nutzern negative Folgen erleidet, möglicherweise so früh wie im mittleren Alter."* [71]

Im Hinblick auf gesundheitliche Risiken bei der Nutzung von Mobiltelefonen ist u. a. zwischen den verschiedenen Technologien mit ihren spezifischen Signalcharakteristiken, der Art der Nutzung, der Nutzungsdauer und dem Alter der Nutzer zu unterscheiden.

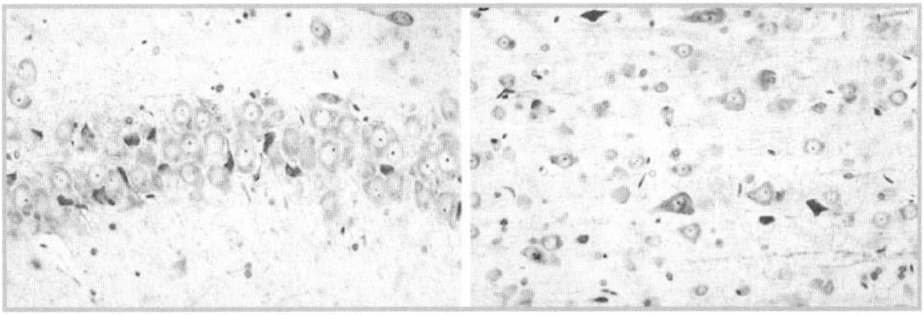

Bild 2.10 *Schnitt durch die Pyramidenbahn (link) und durch die Hirnrinde (rechts). Zwischen den normalen Nervenzellen (große Zellen) finden sich dunkelblaue, geschrumpfte Zellen, so genannte „dunkle Neuronen" (Vergrößerung 160fach)* [71].

In einer Fall-Kontroll-Studie untersuchten *Hardell u. a.* [72] 1617 Patienten im Alter von 20 bis 80 Jahren beiderlei Geschlechts, bei welchen im Zeitraum vom 1.1.1997 bis 30.6.2000 die Diagnose Gehirntumor gestellt wurde. Die Exposition gegenüber Mobil- und Schnurlostelefonen, ionisierender Strahlung, organischen Lösungsmitteln, Pestiziden, Asbest usw. wurde ermittelt. Die Verwendung eines analogen Mobiltelefons zeigte ein erhöhtes Risiko mit einer *odds ratio* (OR) von 1,3 (95-%-CI: 1,02 ... 1,6). Wenn die Nutzung eines analogen Mobiltelefons vor mehr als 10 Jahren begonnen hatte, erhöhte sich das Risiko auf OR 1,8 (95-%-CI: 1,1 ... 2,9). Die Untersuchung zeigte hinsichtlich der Lokalisation des Tumors im Schläfenbereich ein erhöhtes Risiko für jene Seite des Kopfes, an der das Mobiltelefon vorwiegend verwendet wurde OR 2,5 (95-%-CI: 1,3 ... 4,9). Im Hinblick auf die unterschiedlichen Tumortypen fand sich das höchste Risiko für Akustikusneurinome mit OR 3,5 (95-%-CI: 1,8 ... 6,8).

Für digitale Mobiltelefone und Schnurlostelefone wurden in einer weiteren Analyse [73] erhöhte Risiken für den Tumortypus Astrocytom auf der Seite der vorwiegenden Verwendung (ipsilateral) für analoge Mobiltelefone von OR 1,8 (95-%-CI: 1,1 ... 3,2), für digitale Mobiltelefone (GSM) OR 1,8 (95-%-CI: 1,1 ... 2,8) und Schurlostelefone OR 1,8 (95-%-CI: 1,1 ... 2,9) gefunden. Für Astrocytome fand sich auf der ipsilateralen Seite ein signifikant erhöhtes Risiko auch für die Dauer der Nutzung der drei Telefontypen.

Diese ersten Ergebnisse wurden zwischenzeitlich mehrfach bestätigt [74] [75] [76] . Damit ergibt sich bei langjähriger Nutzung (in der Regel mehr als 10 Jahre) von GSM-Mobiltelefonen sowie von Mobilteilen von Schnurlostelefonen („am Ohr") ein erhöhtes Risiko für gut- und bösartige Tumoren im Kopfbereich. Das Erkrankungsrisiko ist auf der Nutzungsseite signifikant höher als auf der anderen Seite. Wichtig ist auch die Beobachtung, dass das Risiko umso größer ist, je früher die Nutzung einsetzt. Somit besteht für Jugendliche und Kinder ein deutlich erhöhtes Hirntumorrisiko im jungen und mittleren Erwachsenenalter.

Weiter gibt es zunehmende Evidenz für ein durch oxidativen Stress bedingtes erhöhtes Risiko für eine Verschlechterung der Samenqualität bei der Exposition gegenüber einem Mobiltelefon [77] [78] [79] .

Im Rahmen der von der österreichischen Allgemeinen Unfallversicherungsanstalt (AUVA) in Auftrag gegebenen Untersuchung „ATHEM" (Athermische Wirkungen elektromagnetischer Felder im Mobilfunkbereich) [80] wurden Auswirkungen von Mobiltelefonstrahlung (GSM und UMTS) einerseits auf gesunde menschliche Probanden und andererseits auf Zellen untersucht. Nachfolgende Wirkungen zeigten sich bei den Probanden bei einer Exposition von 0,1 W/kg und 1 W/kg (SAR): Veränderungen des EEG im Alpha-Spektrum ab ca. 5 bis 10 Minuten, schnellere Reaktionszeit auf Kosten der Richtigkeit von Entscheidungen.

Bei der Exposition der Zellen bestätigte sich die Annahme, dass es EMF-empfindliche und unempfindliche Zellen gibt. Bei den Bindegewebszellen wurden EMF-bedingte Effekte gezeigt, die bei den Lymphozyten nicht deutlich auftraten. Es wurde erstmalig dargestellt, dass die Exposition zu Mobilfunkstrahlung eine deutliche Veränderung im Proteinsynthese-Profil bewirkten kann. Die gefundenen Effekte sind bei der Exposition mit 2 W/kg SAR reproduzierbar und statistisch hoch signifikant, sie treten aber bereits bei einer SAR von 0,1 W/kg auf, also bereits bei niedrigen Feldstärken.

Ein weiterer Punkt ist das Tragen des Mobiltelefons am Körper. Hier treten zum einen unregelmäßige, meist kurzzeitige Expositionen durch hoch- und niederfrequente Signale auf, wie z. B. beim sogenannten Handover (Wechsel von einer Mobilfunkzelle in die nächste), als auch durch die Elektronik bedingt langzeitige Expositionen durch Signale im kHz-Bereich. Die aktuelle Empfehlung des obersten Sanitätsrates in Österreich (OSR) vom Dezember 2010 rät, Mobiltelefone nicht am Körper bzw. in der Hosentasche zu tragen [81].

2011 klassifizierte die Internationale Agentur für Krebsforschung (IARC) der WHO hochfrequente elektromagnetische Strahlung, unabhängig von der Quelle, alsmöglicherweise krebserregend für den Menschen (Klasse 2B) [81a].

Zusammenfassend ist zu sagen, dass die biologische und gesundheitliche Wirksamkeit hochfrequenter elektromagnetischer Wellen unabhängig vom thermischen Wirkprinzip als bewiesen angesehen werden kann und sich die Forschung auf die Frage der Expositions-Wirkungs-Beziehungen bei den verschiedenen technischen Anwendungen und Signalformen im Niedrigdosisbereich, den Kombinationswirkungen, z. B. mit elektrischen und magnetischen Gleich- und Wechselfeldern sowie chemischen Noxen, bzw. auf die Etablierung weiterer Wirkmechanismen und vor allem verträglicher Alternativen konzentrieren sollte.

2.4 Vorsorgeprinzip

Kaum ein Umwelt- bzw. Gesundheitsthema wird weltweit derart kontrovers diskutiert wie das der technisch erzeugten EMF. Auf der einen Seite stehen geschäftliche Interessen großer Wirtschaftsbereiche, wie etwa der Energieversorgungsunternehmen und der Telekommunikationsindustrie, die sich auf das unzeitgemäße Grenzwertkonzept der Internationalen Strahlenschutzkommission (ICNIRP) und der EU-Kommission zurückziehen. Auf der anderen Seite besteht und reift weltweit die Gewissheit, dass EMF ein unterschätztes Gesundheitsproblem darstellen und angesichts der rasanten Verschmutzung der Umwelt durch technisch erzeugte Felder ein erheblicher Handlungsbedarf besteht. Ein Bemühen des Vorsorgeprinzips ist dabei in vielen Bereichen gar nicht mehr nötig – die vorhandenen wissenschaftlichen und empirischen Befunde zeigen ein eindeutiges Risiko.

Es wird an dieser Stelle nochmals auf den im August 2007 von einer internationalen Expertengruppe – der „Bioinitiative" – verfassten Bioinitiative Report hingewiesen, der auf Basis der wissenschaftlichen Evidenz Vorsorgemaßnahmen bei EMF-Expositionen einfordert. Daraufhin wurden im September 2007 von der EU-Umweltagentur (EEA) EMF mit anderen Umweltschadstoffen wie Asbest oder Benzol verglichen [82]. Im April 2009 forderte das Europaparlament unter Bezug auf den Bioinitiative Report in einer Entschließung eine Überarbeitung der EMF-Richtwerte der aus dem Jahr 1999 stammenden EU-Ratsempfehlung, die auf die Richtwerte der ICNIRP zurückgeht. Dabei wurde insbesondere auf den nicht ausreichenden Schutz von Kindern und Schwangeren hingewiesen [83].

2011 verabschiedete die Parlamentarische Versammlung des Europarates umfangreiche und detaillierte Empfehlungen zu nieder- und hochfrequenten Feldern zur Umsetzung durch die Mitgliedsländer, z. B.: *„... alle zumutbaren Maßnahmen zu ergreifen, um die Exposition gegenüber elektromagnetischen Feldern zu reduzieren, insbesondere bei der Nutzung von Funkfrequenzen von Mobiltelefonen, und vor allem bei der Exposition von Kindern und Jugendlichen, die für die Entwicklung von Kopftumoren am stärksten gefährdet scheinen".* [81b]

2.4.1 Prävention

Das Ziel sollte sein, das Auftreten der Elektrosensibilität durch vorbeugende Maßnahmen – Reduktion einer zu starken Belastung durch EMF – zu vermeiden. Eine Elektrosensibilität sollte zu einem möglichst frühen Zeitpunkt erkannt werden. Einer weiteren Verschlimmerung des Beschwerdebildes kann durch Sanierung des „elektromagnetischen Lebensumfeldes" und Änderung des Verhaltens begegnet werden.

Unter Prävention versteht die Medizin Krankheitsvorbeugung bzw. Krankheitsverhütung. Man unterscheidet dabei eine Primär-, Sekundär- und Tertiärprävention. Im Folgenden werden diese Begriffe auf die Vermeidung von unerwünschten Wirkungen durch EMF angewandt.

Primärprävention hat zum Ziel, die Gesundheit zu fördern und zu erhalten und die Entstehung von Krankheiten zu verhindern. Maßnahmen der Primärprävention können Individuen ebenso wie Personengruppen betreffen. Hierzu gehört auch die Vermeidung von Risikofaktoren, wie eine gesundheitsgefährdende Exposition gegenüber EMF. Dies beginnt bereits vor der Konzeption (Befruchtung) durch Schädigung der Ei- und Samenzellen und setzt sich über die Schwangerschaft fort bis ins hohe Alter, unabhängig davon, ob eine Erkrankung oder ein erhöhtes Erkrankungsrisiko vorliegt. Dies bedingt eine laufende Information sowie Kontrolle und Reduzierung der Feldexposition auf Bevölkerungsebene und individueller Ebene. Organisationseinheiten, Unternehmen, Krankenversicherungen usw. können durch Primärprävention für ihre Mitarbeiter bzw. für das Unternehmen erhebliche Vorteile erzielen.

Die *Sekundärprävention* soll eine Krankheit im Frühstadium durch Frühdiagnostik erkennen und durch rechtzeitige Behandlung möglichst zur Ausheilung oder zum Stillstand bringen. Untersuchungen bei anscheinend Gesunden auf das Vorliegen bestimmter Krankheitszeichen oder -vorzeichen nennt man „Screening". Hier können durch Früherkennung einer Elektrosensibilität, z. B. über einen Anamnesebogen, expositionsreduzierende Maßnahmen eingeleitet werden.

Unter *Tertiärprävention* versteht man die Nachsorge bzw. Rückfallvermeidung bei manifest gewordenen Krankheiten. Bei Menschen mit Erkrankungen, die in der Literatur als mit der Exposition gegenüber elektromagnetischen Feldern assoziiert beschrieben sind, z. B. Krebskrankheiten, neurologische Krankheiten, Herz-Kreislauf-Krankheiten und Autoimmunkrankheiten, sollte die Feldexposition zu Hause und am Arbeitsplatz untersucht und, wenn erforderlich, reduziert werden.

2.4.2 Grenz- und Richtwerte

In den westlichen Staaten orientieren sich die gesetzlichen Grenzwerte traditionell in erster Linie an den Referenzwerten der ICNIRP (International Commission for Non-Ionizing Radiation Protection), die auf dem „klassischen“ Modell der rein thermischen (Hochfrequenz) bzw. direkten Reizwirkungen durch induzierte und influenzierte Körperströme (Niederfrequenz) basieren, das nur Kurzzeitwirkungen akzeptiert und Langzeitwirkungen qua Axiom als prinzipiell unmöglich ausschließt. Obwohl sie oft als „Grenzwerte“ bezeichnet werden, handelt es sich bei den Angaben der ICNIRP lediglich um Vorschläge und Referenzwerte, da die ICNIRP über keinerlei rechtliche oder Gesetzgebungskompetenz verfügt.

Während Russland und im Gefolge die übrigen ehemaligen GUS-Staaten schon von jeher eine völlig andere, kritischere Herangehensweise an die Grenzwertfestlegung hatten und z. B. selbstverständlich auch die Dauer der EMF-Exposition in Form einer zeitabhängigen Dosis berücksichtigten, verfolgen in jüngerer Zeit auch etliche westeuropäische Staaten, z. B. die Schweiz, Italien und Luxembourg, eigenständige Konzepte mit deutlich niedrigeren Grenz- bzw. Vorsorgewerten für die allgemeine Bevölkerung. Auch etliche Kommunen, wie mehrere große deutsche Städte, treten mittlerweile für deutlich niedrigere Vorsorgewerte ein und setzen diese, soweit es z. B. für kommunale Bauten in ihrem Einflussbereich liegt, auch um. Die Stadt Brüssel geht noch einen Schritt weiter und legte für das gesamte Stadtgebiet einen Grenzwert von 3 V/m (entspricht 23,9 mW/m^2) fest. Dieser Wert wird von der Stadt durch dreidimensionale Computerberechnungen und Messungen vor Ort überprüft [83a] [83b].

In der Schweiz und in Liechtenstein wurden für Orte mit sensibler Nutzung (Kindergärten, Schulen, Krankenhäuser, Wohnungen und auch Büros) vorbeugend die NISV-Anlagegrenzwerte festgelegt (NISV: Verordnung über den Schutz vor nicht ionisierender Strahlung). Aus Sicht des Autors sind dies Ansätze in die richtige Richtung, jedoch sind auch diese Anlagegrenzwerte zur Erreichung des angestrebten Schutzziels, nämlich der Vermeidung von Erkrankungen, nicht ausreichend. Dies wird nachvollziehbar, wenn man diese Anlagegrenzwerte mit den Expositions-Wirkungs-Beziehungen gut durchgeführter epidemiologischer Untersuchungen vergleicht.

Dies soll an Hand je eines Beispiels für magnetische Wechselfelder 50 Hz (**Tabelle 2.4**) sowie für hochfrequente elektromagnetische Wellen von GSM-Basisstationen 900 bzw. 1800 MHz (**Tabelle 2.5**) gezeigt werden.

Tabelle 2.4 *Vergleich verschiedener Richt- und Grenzwerte für die Allgemeinbevölkerung gegenüber magnetischen Wechselfeldern (50/60 Hz) als Mittelwert*

Quelle	Richtwert / Grenzwert
ICNIRP 1998 [55], EU-Kommission 2000 [27a]	100 000 nT (RW)
Deutschland 1996 [49a]	100 000 nT (GW)
Russland 1999 [50a]	10 000 nT (GW)
Italien 2003 [51a]	3000 nT (GW)
Schweiz 2000 [52a]	1000 nT (GW)
NCRP, Entwurf 1996 USA [54]	200 nT (RW)
Standard der baubiologischen Messtechnik (SBM-2003), Richtwerte für Schlafbereiche für magnetische Wechselfelder [48a]	keine Anomalie < 20 nT schwache Anomalie 20 ... 100 nT starke Anomalie 100 ... 500 nT extreme Anomalie > 500 nT

RW Richtwert
GW Grenzwert

Tabelle 2.5 *Vergleich verschiedener Richt- und Grenzwerte für die Allgemeinbevölkerung gegenüber hochfrequenten elektromagnetischen Wellen (Mobilfunk-Basisstationen GSM 900/1800 MHz)*

Quelle	Richtwert / Grenzwert
ICNIRP 1998 [55], EU-Kommission 2000 [27a]	4 500 000 bzw. 9 000 000 µW/m² (RW)
Deutschland 1996 [49a]	4 500 000 bzw. 9 000 000 µW/m² (GW)
Russland 1999 [50a]	100 000 µW/m² (GW)
Italien 2003 [53a]	100 000 µW/m² (GW)
Schweiz 2000 [52a]	42 000 bzw. 95 000 µW/m² (GW)
Landessanitätsdirektion Salzburg 2002 [55a]	1 µW/m² (RW)
Standard der baubiologischen Messtechnik (SBM-2003), Richtwerte für Schlafbereiche für gepulste elektromagnetische Wellen [48a]	keine Anomalie < 0,1 µW/m² schwache Anomalie 0,1 ... 5 µW/m² starke Anomalie 5 ... 100 µW/m² extreme Anomalie > 100 µW/m²

RW Richtwert
GW Grenzwert

Zusammenfassend wird vom Autor dieses Kapitels die Orientierung an den Richtwerten für Schlafbereiche zum Standard der baubiologischen Messtechnik [84] empfohlen, da diese Richtwerte unter Alltagsbedingungen empirisch ermittelt wurden und sich im Ergebnis mit epidemiologischen Untersuchungen decken.

2.5 Grundlegende Begriffe zu statistischen Untersuchungen

Zur Betrachtung der gesundheitlichen Auswirkungen von EMF auf die Bevölkerung werden häufig statistisch basierte Untersuchen herangezogen. Um die Methodik und die Ergebnisse dieser Untersuchungen zu verstehen, bedarf es der Kenntnis einiger grundlegender Fachbegriffe. Diese werden im Folgenden kurz dargestellt.

Die Geschichte zeigt, dass Entscheidungen an der Schnittstelle Umwelt und Gesundheit überwiegend auf der Basis der Beobachtung von Auswirkungen getroffen wurden. Dabei war es in der Regel unerheblich, ob ein Wirkungsmechanismus in Teilen oder vollständig bekannt war – im Gegensatz zu der heute aus industrienahen, etablierten Kreisen der Wissenschaft und der Industrie selbst zu hörenden Forderung, Wirkungen von EMF könnten erst dann als wissenschaftlich gesichert gelten, wenn auch die Wirkmechanismen genau bekannt seien und ein Wirkmodell existiere. Die Beobachtung und Analyse von Risikofaktoren ist das Aufgabengebiet der Epidemiologie bzw. Umweltepidemiologie.

Prominentes Beispiel ist die Beobachtung des Londoner Arztes *John Snow* im Jahr 1854, der alle Todesfälle einer Durchfallepidemie und alle öffentlichen Brunnen in einem Stadtplan eintrug und dadurch die massive Häufung im Umfeld der Broad Street Pump zeigen konnte. Der Verdacht, dass das Trinkwasser der Auslöser des tödlichen Durchfalls war, wurde durch den Rückgang der Erkrankungen nach der Sperrung des Brunnens bestätigt. Das eigentliche Agens, nämlich die Cholerabakterien, wurden erst 30 Jahre später durch Robert Koch entdeckt. Die weitere Abklärung des Wirkmechanismus über Choleratoxine und Hemmung eines Enzyms der Dünndarmschleimhaut erfolgte erst nach weiteren 70 Jahren. Weitere 50 Jahre später steht heute ein oraler Choleraimpfstoff zur Verfügung. Die einfachste Maßnahme, die Sperre des mit Bakterien verunreinigten Trinkwassers, wurde mit Erfolg durchgeführt und kein rational denkender Mensch würde die Forderung nach einer vollständigen Abklärung der Wirkungskette erheben, sobald schlüssige Verdachtsmomente vorliegen.

Weitere Beispiele sind die Auslösung von Rippenfellkrebs durch Asbestfasern, Intelligenzdefizite durch Tetraethylblei im Benzin und das erhöhte Risiko für vorgezogene Todesfälle durch lungengängige Partikel in der Luft.

Als Folgerung aus den oben zitierten Untersuchungen sind die Grenzwerte auf ein Niveau abzusenken, das unerwünschte Gesundheitseffekte vermeidet. Es geht nicht um den Nachweis, sondern um den Grad an Evidenz aus wissenschaftlichen und empirischen Erkenntnissen und um das jeweils adäquate Handeln der verantwortlichen Menschen – sprich der Entscheidungsträger in Wissenschaft, Verwaltung und Politik und der Gesellschaft als Einheit. Zum Handeln braucht es Evidenz. Wie schon eingangs erwähnt, kommt guter epidemiologischer Forschung hier eine Hauptaufgabe zu.

Kern guter epidemiologischer Forschung ist die optimale Methodik und Durchführung. Insbesondere sollte dabei beachtet werden: Je besser die individuelle Exposition an den Hauptaufenthaltsorten (Schlaf- und Arbeitsplatz) erfasst wird, um so geringer ist die Expositionsfehlklassifikation, die im Extremfall dazu führt, dass Effekte nicht entdeckt werden können, obwohl sie vorhanden sind. Wenn mehrere Faktoren zu einem erhöhten Risiko beitragen, sollten möglichst alle starken Faktoren erhoben und multivariat ausgewertet werden. Die Auswertung sollte zum Ziel haben, Expositions-Wirkungs-Beziehungen darzustellen. Die Durchführung und Förderung umweltepidemiologischer Forschung muss als zentrale öffentliche Aufgabe mit hoher Transparenz verstanden werden. Je eher wir damit beginnen, um so mehr wird die Gesellschaft und jeder Einzelne durch ein Mehr an Gesundheit, Wohlbefinden und Leistungsfähigkeit profitieren.

Im Allgemeinen wird zur Einschätzung eines Gesundheitsrisikos die Evidenz aus Zellversuchen, Tierversuchen, experimentellen Untersuchungen am Menschen und epidemiologischen Untersuchungen herangezogen. Die Quantifizierung des Risikos erfolgt in aller Regel durch experimentelle Untersuchungen am Menschen und durch epidemiologische Untersuchungen.

Im Folgenden werden die zentralen Begriffe, die für das Verständnis von epidemiologischen Studien erforderlich sind, kurz vorgestellt und erläutert.

Epidemiologie
: Lehre von der Untersuchung der Verteilung von Krankheiten, physiologischen Variablen und sozialen Krankheitsfolgen in menschlichen Bevölkerungsgruppen sowie der Faktoren, die diese Verteilung beeinflussen.

Exposition
: Bedingungen, Krankheitsursachen oder Risikofaktoren, welchen bestimmte Personen oder Bevölkerungsgruppen ausgesetzt sind.

Fall-Kontroll-Studie
: Studie, welche identifizierte Fälle mit möglichst identischen Kontrollen

bezüglich Expositionen in der Vergangenheit vergleicht und daraus Hinweise auf die Entstehung und Ursachen der Krankheit gewinnen möchte (sie ist immer retrospektiv, d. h. vergangenheitsorientiert).

Kohortenstudie
: Bei einer Kohortenstudie handelt es sich um eine prospektive (d. h. vorausblickende Studie, die von einem Startzeitpunkt ab laufend fortgeführt wird) oder um eine retrospektive Längsschnittstudie, bei der eine definierte Studiengruppe (eine Kohorte) mit einer gemeinsamen Exposition bzw. fehlender Exposition über einen bestimmten Zeitraum beobachtet wird, um zu untersuchen, wie viele Personen sterben bzw. gewisse Erkrankungen, Symptome usw. entwickeln. Hierzu werden über den Untersuchungszeitraum hinweg zu unterschiedlichen Zeitpunkten Daten erhoben (= follow up).

OR (Odds Ratio)
: Chancenverhältnis, Verhältniszahl, Risikoschätzer: Hier Maßzahl für das Risiko im Vergleich zur Referenzkategorie (OR der Referenzkategorie = 1). Wenn das OR = 2 beträgt, ist die Chance, z. B. häufig oder sehr häufig ein bestimmtes Symptom zu nennen, verdoppelt.

HR (Hazard Ratio)
: Das Hazard Ratio (HR) wird häufig bei Krebsstudien verwendet. Es gibt das Risikoverhältnis zwischen einer oder mehreren behandelten bzw. exponierten Gruppen zur unbehandelten bzw. nicht exponierten Kontrollgruppe an.

Logistische Regression
: Statistisches Verfahren für die multivariate Berechnung (gleichzeitige Schätzung des Einflusses verschiedener Variablen) des Odds Ratio.

Matching
: Auswahl und Zusammenführen der Kontrollen mit den vorhandenen Fällen.

multivariat
: Unter Berücksichtigung weiterer erklärender Faktoren, z. B. Alter, Geschlecht.

Cluster
: Ein Cluster ist die zeitliche und/oder örtliche Häufung von Symptomen und/oder Krankheiten in einer Population.

p-Wert
: Wahrscheinlichkeitswert; gilt als signifikantes Ergebnis, wenn $p < 0{,}05$ ist.

p for the trend

Wahrscheinlichkeitswert (*p*-Wert) für den Trend.

95-%-CI

95-%-Konfidenzintervall (CI): Gibt den Wertebereich des OR für einen *p*-Wert von 0,05 entsprechend dem 95-%- Signifikanzniveau an. Wenn der untere Wert > 1 ist, ist das OR auf dem 95-%-Niveau signifikant.

3 Physik der EM-Felder

Elektrische, magnetische und elektromagnetische Felder werden abgekürzt gemeinsam als „EM-Felder“ oder „EMF“ bezeichnet.

3.1 Grundlagen

3.1.1 Feldbegriff – räumliche Darstellung von Feldern

Unter *Feld* versteht man in der Physik im Allgemeinen ein *Kraftfeld,* das sich in den drei Dimensionen des Raumes erstreckt. Bedeutsame physikalische Felder sind beispielsweise

- Gravitation (Schwerkraft),
- elektrisches Feld,
- magnetisches Feld.

Kraftfelder sind durch die Kraftwirkungen gekennzeichnet, die an jeder Stelle des betrachteten Raumes auf einen für das jeweilige Feld spezifischen Probekörper ausgeübt werden. Die Art des Probekörpers gibt Auskunft über die Art des Feldes. Beispielsweise ist für die Kraftwirkung der Gravitation die Masse des Probekörpers entscheidend, für die Wirkung des elektrischen und magnetischen Feldes ist es die elektrische Ladung des Probekörpers.

Kräfte sind *gerichtete* Größen; sie werden durch ihren Betrag („Stärke“, „Größe“ oder „Höhe“) und ihre Richtung im Raum gekennzeichnet und daher *Vektoren* (= „Zeiger“) genannt. Kraftfelder sind dementsprechend *Vektorfelder.* Die mathematische Beschreibung von Vektoren und Vektorfeldern erfolgt auf der Basis eines räumlichen Koordinatensystems, die grafische Darstellung mit Zeigern oder Pfeilen. Geläufige Koordinatensysteme sind die rechtwinkligen kartesischen Koordinaten und die rotationssymmetrischen Kugelkoordinaten.

Im kartesischen Koordinatensystem werden Vektoren durch ihre rechtwinklig (= orthogonal) zueinander stehenden Komponenten in *x*-, *y*- und *z*-Richtung des Raumes beschrieben (**Bild 3.1**). Bei der Darstellung in Kugelkoordinaten erfolgt die Beschreibung des Vektors durch seinen Betrag und zwei orthogonale Raumwinkel. Kartesische Koordinaten und Kugelkoordinaten können ineinander umgerechnet werden.

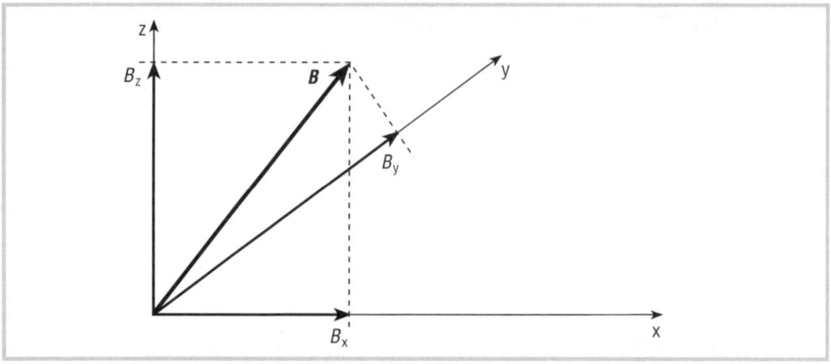

Bild 3.1 *Vektordarstellung im kartesischen Koordinatensystem*

So errechnet sich z. B. der Betrag B eines Vektors aus den orthogonalen Raumkomponenten B_x, B_y und B_z durch die geometrische Addition zu

$$B = \sqrt{B_x^2 + B_y^2 + B_z^2}$$

Mathematisch exakt müsste man Vektorgrößen in ihrem Formelzeichen auch als solche kennzeichnen. Hierzu benutzte man früher Frakturbuchstaben. Heute verwendet man zur Kennzeichnung üblicherweise Fettdruck oder einen horizontalen Pfeil über dem Formelzeichen, z. B. $\vec{B}$.

In den folgenden Ausführungen interessiert überwiegend der Betrag der betrachteten Vektorgrößen und weniger die Richtungsinformation, so dass hier zum leichteren Verständnis auf die mathematisch exakte Vektorschreibweise verzichtet wird. Bei der Betrachtung von Feldgrößen ist im Folgenden immer der Betrag gemeint, falls nicht explizit anders angegeben.

Bei Vektorfeldern werden die zugehörigen Feldgrößen (Feldvektoren), mit denen das Feld physikalisch-mathematisch beschrieben wird, als *Feldstärken* bezeichnet. Ihre grafische Darstellung erfolgt üblicherweise in Form von *Feldlinien.* Diese Feldlinien können z. B. zwischen den Polen eines Magneten durch Eisenfeilspäne anschaulich sichtbar gemacht werden. Die Dichte der Feldlinien ist ein Maß für die Höhe der Feldstärke: Hohe Feldliniendichte entspricht einer hohen Feldstärke und umgekehrt (**Bild 3.2 b**).

Ein *homogenes Feld* liegt vor, wenn die Feldstärke an allen Stellen des Raumes den gleichen Betrag hat; die Feldlinien verlaufen dann im gleichen Abstand parallel zueinander (**Bild 3.2 a**). Anderenfalls spricht man von einem *inhomogenen Feld* (**Bild 3.2 b**).

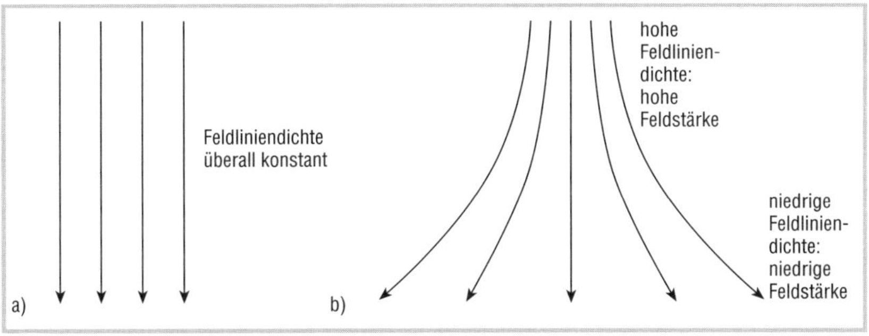

Bild 3.2 *Visualisierung von Feldstärken durch Feldlinien*
a) homogenes Feld, gerade Feldlinien mit gleichem Abstand
b) inhomogenes Feld

In der EMF-Technik und insbesondere in der Messtechnik erstreckt sich der Betrag der betrachteten Feldgrößen häufig über einen sehr großen Bereich von mehreren Zehnerpotenzen. Wendet man hier nicht lineare, sondern logarithmische Skalen an, so erzielt man den Vorteil, dass sehr große und sehr kleine Werte in eine „handliche" Größenordnung transformiert werden.

Ein solcher Maßstab ist das Dezibel (dB), ein Zehntel des (ungebräuchlichen) Bel (B), das auf dem Zehnerlogarithmus basiert. Eine detaillierte Darstellung zur Arbeit mit Dezibel wird in Abschnitt 3.8 gegeben.

Bis vor einigen Jahrzehnten war als logarithmischer Maßstab auch das Neper (Np) in Gebrauch, das auf dem natürlichen Logarithmus ln der irrationalen und transzendenten Eulerschen Zahl e (e = 2,71828...) beruht. Mittlerweile ist die Verwendung von Neper aber ziemlich unüblich geworden.

3.1.2 Zeitverhalten von Feldern

Für die physikalischen Eigenschaften eines Feldes ist neben seiner räumlichen Verteilung auch sein Zeitverhalten entscheidend. Hier lassen sich folgende Unterteilungen gemäß **Tabelle 3.1** vornehmen:

Tabelle 3.1 *Zeitverhalten von Feldern*

<table>
<tr><th colspan="5">Zeiteinteilung für Felder</th></tr>
<tr><td colspan="2">zeitlich nicht veränderlich</td><td colspan="2">langsam veränderlich</td><td>schnell veränderlich</td></tr>
<tr><td colspan="2">Gleichfeld</td><td colspan="2">niederfrequentes Wechselfeld</td><td>hochfrequentes Wechselfeld, hochfrequente Welle</td></tr>
<tr><td>statisch</td><td>stationär</td><td>quasistatisch</td><td>quasistationär</td><td></td></tr>
</table>

Zeitlich nicht veränderlich bedeutet theoretisch streng genommen, dass im Laufe beliebig langer Zeiten überhaupt keine Änderung stattfindet. Dies kommt in der Praxis nie vor (satirisches „Murphy'sches Gesetz“: Alle Konstanten sind variabel!). Auch die Gleichspannung z. B. einer Batterie ändert sich im Laufe ihrer Lebensdauer und wird durch Entladung immer kleiner. Für die Messpraxis ist also von Bedeutung, dass während des Messvorganges keine Änderung erfolgt.

Als *statisch* wird ein Feld dann bezeichnet, wenn es zeitlich nicht veränderlich ist (Gleichfeld) und zusätzlich keine Änderung der Energie stattfindet – also z. B. kein Strom fließt.

Ist das Feld zeitlich nicht veränderlich, aber durch eine Änderung der Energie bzw. durch Energietransport (z. B. durch Stromfluss) gekennzeichnet, so spricht man von einem *stationären* Feld.

Wenn sich das Feld in seinem Zeitverlauf periodisch ändert, so handelt es sich um ein *Wechselfeld*. Der Maßstab für die Änderungsgeschwindigkeit ist die *Frequenz* (Formelzeichen f); gemessen in Hertz (Hz = 1/s = s^{-1}).

Der Kehrwert der Frequenz ist die *Schwingungsdauer* (Formelzeichen T); diese wird in Sekunden (s) gemessen:

$$T = 1 / f \text{ bzw. } f = 1 / T$$

Die Schwingungsdauer ist die Zeit, die das Feld benötigt, um einen kompletten Schwingungsvorgang, z. B. von null über das positive Maximum zurück zu null, dann über das negative Maximum und wieder zurück zu null, zu durchlaufen (**Bild 3.3**).

Der Maximalwert der Kurve wird als *Scheitelwert* bezeichnet, das zugehörige Formelzeichen wird mit einem „Dach“ (^) versehen; gesprochen wird es als z. B. „B-Dach“. Der Scheitelwert einer Sinusschwingung beträgt das 1,41-Fache des Effektivwertes (genau: das $\sqrt{2}$-Fache). Der *Effektivwert* ist ein Maß für die Leistung der Feldgröße, daher wird er üblicherweise

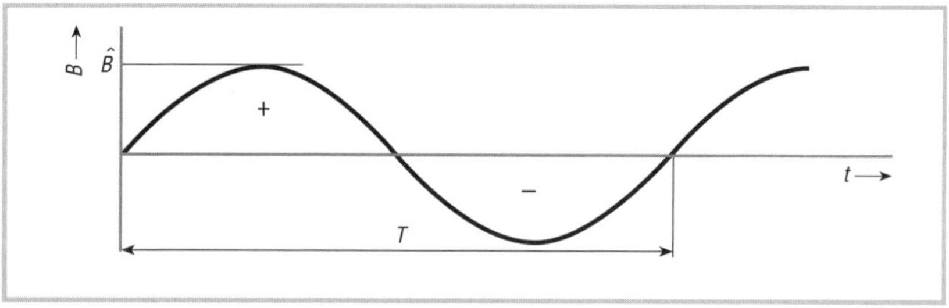

Bild 3.3 *Schwingungszug eines Wechselfeldes*

herangezogen, um die Höhe einer Feldgröße zu bezeichnen (nähere Details s. Abschnitt 4.1.2). Alle Schwingungsvorgänge mit beliebiger Kurvenform lassen sich auf eine jeweils charakteristische Summe von Sinusschwingungen zurückführen; mathematisch wird dies durch die *Fourieranalyse* dargestellt. Daher kann man die Sinusschwingung durchaus als die „Urmutter" aller Schwingungsvorgänge bezeichnen.

Geht die zeitliche Änderung des Feldes so langsam vonstatten, dass noch keine merkliche Energieabstrahlung von Form von Wellen stattfindet, so spricht man von einem *langsam veränderlichen, quasistatischen* bzw. *quasistationären* oder auch *niederfrequenten* Wechselfeld.

Eine nennenswerte Wellenabstrahlung erfolgt erst, wenn die räumlichen Abmessungen des als Antenne fungierenden Elements ¼ der Wellenlänge oder mehr betragen. Dann sind Strom bzw. Spannung auf einem Leiter nicht mehr unabhängig vom Ort. Sie sind dann nicht mehr an jeder Stelle des Leiters zum gleichen Zeitpunkt gleich groß, sondern ihre Größe ist vom jeweiligen Messpunkt abhängig. Diese Abhängigkeit wird durch die *Wellenlänge* charakterisiert.

Zwischen Wellenlänge λ und Frequenz f gilt die Beziehung

$$\lambda = c / f$$

mit der Lichtgeschwindigkeit $c = 300\,000$ km/s.
Da die Wellenlänge bei den 50 Hz der Netzfrequenz 6000 km beträgt (und ¼ der Wellenlänge immerhin noch 1500 km) und da so lange, ununterbrochene Leitungen für die Stromversorgung aber nicht existieren, kann man bei den Feldern der elektrischen Energieversorgung immer von quasistatischen bzw. quasistationären Bedingungen ausgehen. Elektrische und magnetische Wechselfelder verhalten sich dann in ihrer Ausbreitung so ähnlich, „quasi" wie statische bzw. stationäre Felder und nicht wie – hochfrequente – Wellen.

Eine wichtige Eigenschaft von Gleichfeldern und niederfrequenten Wechselfeldern ist, dass sich das elektrische Feld und das magnetische Feld unabhängig voneinander ausbilden und dass dementsprechend beide Felder separat gemessen werden müssen. Dies gilt bei schnell veränderlichen – oder *hochfrequenten* – Feldern nur im Bereich des *Nahfeldes,* d. h. in Entfernungen von weniger als (1 ... 4) λ von der Sendeantenne (Nahfeldbedingung).

Im *Fernfeld* eines hochfrequenten Feldes [Entfernung von der Sendeantenne deutlich größer als (1 ... 4) λ] sind dagegen elektrisches und magnetisches Feld über den *Wellenwiderstand* Z_0 des freien Raumes fest und eindeutig miteinander verknüpft. Kennt man hier z. B. die elektrische Feldstärke E, so lässt sich die magnetische Feldstärke H berechnen nach der Formel[1]

$$H = E / Z_0$$

mit $Z_0 = 377\ \Omega$

Wegen dieser definierten Verknüpfung von elektrischem und magnetischem Feld spricht man bei hochfrequenten Wellen von einem gemeinsamen *elektromagnetischen Feld.*

Die Grenze zwischen Niederfrequenz und Hochfrequenz ist nicht absolut eindeutig zu ziehen; man kann also nicht eine allgemein gültige Frequenz festlegen, die diese Grenze markiert. Vielmehr ist der Hochfrequenzbereich dadurch gekennzeichnet, dass es zu einer Wellenabstrahlung und Ausbreitung der elektromagnetischen Welle in den Raum kommt. Damit ist diese Definition relativ, da die jeweiligen räumlichen Verhältnisse in Relation zur Wellenlänge eine entscheidende Rolle dafür spielen, ob es zu einer merklichen Wellenabstrahlung kommt oder nicht. Häufig werden für diese Grenze 30 kHz genannt, da hier der Langwellenbereich beginnt, von dem ab aufwärts das elektromagnetische Spektrum im Wesentlichen zur Funkübertragung und Telekommunikation genutzt wird. Allerdings beginnt der Frequenzbereich, der den Funkdiensten zur drahtlosen Informationsübertragung von den Telekommunikationsbehörden zugewiesen ist, bereits bei 9 kHz. Und zur Nachrichtenübertragung unter Wasser werden noch erheblich niedrigere Frequenzen benutzt, z. B. 80 Hz für die U-Boot-Kommunikation.

In der Praxis werden aus unterschiedlichen Gesichtspunkten heraus z. B. die in **Tabelle 3.2** aufgeführten Grenzen zwischen Nieder- und Hochfrequenz gezogen.

1 Für den mit der Berechnung von Gleich- und Wechselstromkreisen bewanderten Leser gibt es eine einfache Merkhilfe zur Betrachtung der Feldgrößen E (elektrisches Feld), H (magnetisches Feld) und S (Leistungsflussdichte, Strahlungsdichte): Für Fernfeldbedingungen und Freiraumausbreitung kann vereinfacht die elektrische Feldstärke in Analogie zur Spannung U, die magnetische Feldstärke in Analogie zum Strom I und die Leistungsflussdichte in Analogie zur elektrischen Leistung P gesetzt werden. Dass dies „passt“, zeigt ein kurzer Blick auf die Maßeinheiten: V → V/m, A → A/m, W → W/m². Aus der Formel zur Leistungsberechnung in Stromkreisen $P = U \cdot I$ wird dann für die hochfrequente Wellenausbreitung $S = E \cdot H$. Entsprechend wird das Ohm'sche Gesetz $I = U/R$ abgewandelt zu $H = E/Z_0$.

Tabelle 3.2 *Beispiele für Grenzen zwischen Nieder- und Hochfrequenz*

Frequenz *f*	Bereich
> 300 Hz	Hochfrequenz im Sinne des internationalen EMF-Projektes der WHO*
5 Hz ... 2 kHz	niederfrequentes Band 1 nach MPR und TCO**
< 9 kHz	von den Behörden nicht an Funkdienste zugewiesener Bereich
30 kHz	Beginn des Langwellenbereichs
20 Hz ... 20 kHz	Niederfrequenz, die die vom Menschen hörbaren Tonfrequenzen umfasst
< 100 kHz oder < 400 kHz	Niederfrequenz, die auch Oberwellen der Tonfrequenzen mit umfasst

* WHO: World Health Organization (Weltgesundheitsorganisation)
** MPR und TCO: „Schwedennormen" für strahlungsarme Computerbildschirme

3.1.3 EM-Feldarten und ihre Beschreibung

Bei den EM-Feldern sind zwei Grundtypen zu unterscheiden, und zwar:

1. elektrische Felder, Formelzeichen E für die elektrische Feldstärke, Maßeinheit V/m,
2. magnetische Felder, Formelzeichen H für die magnetische Feldstärke, Maßeinheit A/m.

Außerdem sind im Rahmen unserer Betrachtungen zu unterscheiden:

A. Quellenfelder,
B. Wirbelfelder.

Hieraus ergeben sich mathematisch grundsätzlich vier Kombinationsmöglichkeiten, von denen aber nur drei physikalisch existieren, wie im Folgenden noch ausgeführt wird (**Tabelle 3.3**).

Die recht einfache und übersichtliche Tabelle 3.3 stellt eine wesentliche Kernaussage der komplexen *Maxwell'schen Feldgleichungen* dar, wenn sie auf die grundlegende Frage der Existenz bzw. Nichtexistenz der einzelnen Feldformen reduziert wird. Die Theorie zur mathematischen Beschreibung von elektrischen und magnetischen Feldern wurde 1867 von *James Clerk Maxwell* (1831–1879) veröffentlicht. Sie basiert auf den vier Feldgleichungen der **Tabelle 3.4,** die genau den vier „Kästchen" in Tabelle 3.3 entspre-

Tabelle 3.3 *Typen von EM-Feldern*

Feldart	Quellenfeld	Wirbelfeld
Elektrisches Feld	ja	ja
Magnetisches Feld	nein	ja

Tabelle 3.4 *Maxwell'sche Feldgleichungen (hier in Differentialform für den freien Raum)*

Feldart	Quellenfeld	Wirbelfeld
Elektrisches Feld	$\mathrm{div}\, D = \mathrm{div}\,(\varepsilon_0 \cdot E) = \eta$	$\mathrm{rot}\, H = J + \partial/\partial t\, D = J + \partial/\partial t\,(\varepsilon_0 \cdot E)$
Magnetisches Feld	$\mathrm{div}\, B = \mathrm{div}\,(\mu_0 \cdot H) = 0$	$\mathrm{rot}\, E = -\,\partial/\partial t\, B = -\,\partial/\partial t\,(\mu_0 \cdot H)$

chen. Die Gleichung div $B = 0$ bedeutet in ihrer Essenz ganz einfach, dass magnetische Felder nicht als Quellenfelder existieren, sondern nur als Wirbelfelder. Elektrische Felder können dagegen als Quellen- und als Wirbelfelder existieren.

Neben der *elektrischen Feldstärke* (Formelzeichen E) und der *magnetischen Feldstärke* (Formelzeichen H) sind für die folgenden Betrachtungen noch zwei weitere Feldgrößen von Belang, die sich über Materialkonstanten aus den Feldstärken ableiten und die auch bereits in den o. a. Maxwell'schen Gleichungen aufgeführt sind.

In homogenen Materialien (das sind Stoffe, die an allen Stellen dieselben physikalischen Eigenschaften aufweisen) ist der elektrischen Feldstärke die *elektrische Verschiebungsdichte* (Formelzeichen D) proportional, d. h.

$$D = \varepsilon \cdot E$$

Der Proportionalitätsfaktor ε ist eine Materialkonstante und wird als *Permittivität* (früher: Dielektrizitätskonstante) bezeichnet. Die Permittivität ε_0 des freien Raumes (d. h. von Luft und Vakuum) wird als *elektrische Feldkonstante* bezeichnet und beträgt

$$\varepsilon_0 = 8{,}8542 \cdot 10^{-12}\ \text{As/Vm (Amperesekunden pro Voltmeter)}$$

Die Maßeinheit der *elektrischen Verschiebungsdichte* berechnet sich demnach zu As/Vm · V/m = As/m^2. Dies entspricht einer Ladungsdichte in der Fläche.

Auf entsprechende Weise ist die *magnetische Feldstärke H* mit der *magnetischen Flussdichte* oder *Induktion* (Formelzeichen B) verknüpft. Proportionalitätsfaktor ist hier die *magnetische Permeabilität* μ. Für homogene Stoffe gilt allgemein

$$B = \mu \cdot H$$

und speziell im freien Raum

$$B = \mu_0 \cdot H$$

Die Permeabilität des freien Raumes μ_0 wird als *magnetische Feldkonstante* bezeichnet und beträgt

$$\mu_0 = 1{,}2566 \cdot 10^{-6}\ \text{Vs/Am (Voltsekunden pro Amperemeter)}$$

Die Maßeinheit der magnetischen Flussdichte berechnet sich demnach zu Vs/Am · A/m = Vs/m^2. Der Dimensionsanteil 1/m^2 im Nenner bezeichnet dabei die Dichte, der Anteil Vs im Zähler den magnetischen Fluss. Der magnetische Fluss entpuppt sich somit überraschenderweise als etwas, das offensichtlich mit Spannungen zu tun hat!

Die physikalische Bedeutung der mathematischen Operationen div, rot und $\partial/\partial t$ wird im Folgenden konkret an den verschiedenen Feldarten erläutert, ohne mehrere Semester in höherer Mathematik zu bemühen.

3.1.3.1 Quellenfelder

Bei Quellenfeldern haben die Kraft- bzw. Feldlinien einen definierten Anfang und ein definiertes Ende; d. h., es existiert eine Feld-„Quelle“ und eine Feld-„Senke“ (**Bild 3.4 a**). Befindet sich die Feldsenke in großer Entfernung von der Quelle, so ergibt sich ein weitgehend symmetrisches Feldlinienbild gemäß **Bild 3.4 b.** Die Feldlinien stehen senkrecht auf Quelle und Senke, damit wirkt auch die Feldkraft in dieser Richtung. Eine eindimensionale Feldmesssonde muss daher in Richtung der Feldquelle bzw. -senke ausgerichtet werden, d. h., sie zeigt auf die Feldquelle bzw. -senke hin (vgl. Kapitel 4.1 „Messung von Vektorfeldern“).

Elektrische Felder können als Quellenfelder auftreten, da elektrische Ladungen (positive und negative Ladungen) voneinander getrennt werden können (z. B. durch Reibung elektrostatisch aufladbarer Materialien oder in einer Spannungsquelle, wie Batterie oder Generator). Feldquellen bzw. -senken können damit unterschiedliche elektrische Ladungen sein.

Charakteristisch für Quellenfelder und von hoher Bedeutung für die Messpraxis ist es, dass die Höhe der sich zwischen Feldquelle und Feldsenke ausbildenden Feldstärke nicht nur von der jeweiligen Ladungsmenge an Quelle und Senke abhängt, sondern auch von dem Abstand zwischen Feld-

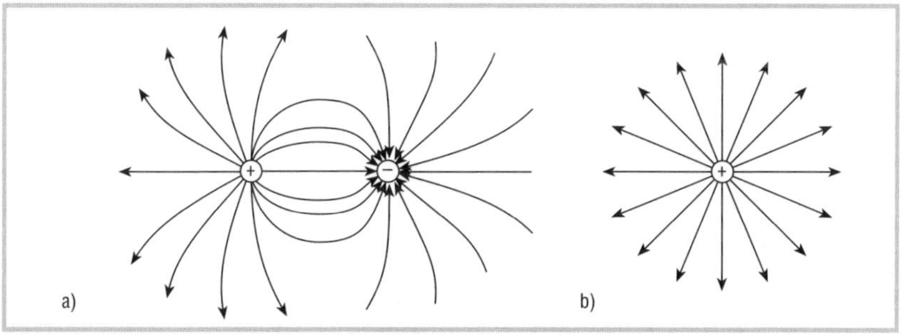

Bild 3.4 *Elektrisches Quellenfeld: Feldlinien mit Anfang und Ende*
a) zwei unterschiedliche Ladungen b) Einzelladung

quelle und -senke. Je näher Quelle und Senke sich beieinander befinden, um so höher ist die Feldstärke. Damit haben nicht nur die Ladungen als Feldverursacher, sondern auch die räumliche Lage der Feldsenke in Relation zur Feldquelle bzw. umgekehrt einen Einfluss auf die Feldstärke.

Als Konsequenz hieraus ergibt sich folgender Effekt: Verschiebt man zwischen zwei Feldstärkemessungen die räumliche Position der Feldquelle so, dass sich ihr Abstand (Δy) zur Feldsenke verändert, so misst man in der *gleichen Entfernung r zur Feldquelle* in beiden Fällen *unterschiedliche Feldstärken* (**Bild 3.5 a**). Das Gleiche gilt bei räumlicher Verschiebung der Feldsenke (**Bild 3.5 b**).

In den Maxwell'schen Feldgleichungen ist das Maß für die Quellendichte eines Quellenfeldes die *Divergenz* (= „Auseinandergehen", mathematische Schreibweise: div). Beim elektrischen Feld ist maßgebend die Divergenz der elektrischen Verschiebungsdichte, die auf der Trennung (dem „Auseinandergehen") der elektrischen Ladungen beruht.

Im freien Raum, den wir hier ausschließlich betrachten wollen, kann die elektrische Verschiebungsdichte D mit der elektrischen Feldstärke $E \cdot \varepsilon_0$ gleichgesetzt werden:

$$\text{div}\, D = \text{div}\, (\varepsilon_0 \cdot E) = \eta$$

η elektrische Raumladungsdichte,
D elektrische Verschiebungsdichte,
$D = \varepsilon_0 \cdot E$ im freien Raum.

Hieraus folgt als Resümee:

- **Elektrische Felder können als Quellenfelder existieren.**
- **Die elektrische Ladung ist Ursache des elektrischen Quellenfeldes.**

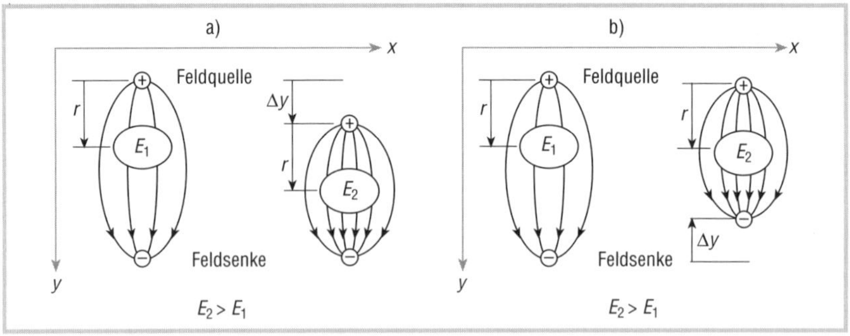

Bild 3.5 *Einfluss der räumlichen Verschiebung Δy von Feldquelle bzw. -senke auf die Feldstärke bei Quellenfeldern (x und y: Flächenkoordinaten)*
a) Räumliche Verschiebung Δy der Feldquelle
b) Räumliche Verschiebung Δy der Feldsenke

Elektrische Quellenfelder können als Gleichfelder oder als zeitlich veränderliche Felder existieren. Die Kraftwirkung des elektrischen Feldes wird als Influenz bezeichnet.

Da es hingegen keine magnetischen Einzelpole gibt, sondern magnetische Nord- und Südpole immer gemeinsam auftreten und nicht voneinander getrennt werden können (magnetischer Dipol), existieren keine magnetischen Quellenfelder.

Magnetfelder existieren nicht als Quellenfelder.

Die entsprechende Maxwell'sche Gleichung lautet, angewendet auf den freien Raum:

$$\text{div}\, B = \text{div}\, (\mu_0 \cdot H) = 0$$

B magnetische Flussdichte oder Induktion,
$B = \mu_0 \cdot H$ im freien Raum.

Bild 3.6 veranschaulicht am bekannten Beispiel des Permanentmagneten die Eigenschaft der Untrennbarkeit magnetischer Dipole. Zerteilt man nämlich z. B. einen Stabmagneten in zwei Teile, so erhält man nicht etwa einen getrennten Nord- und einen Südpol, sondern zwei kleinere komplette Magneten, von denen jeder wieder über einen Nord- und einen Südpol verfügt. Diese Zerteilung kann man bis auf die molekulare Ebene beliebig oft wiederholen – immer erhält man ein komplettes Paar von Nord- und Südpol: Magnetpole sind nicht voneinander trennbar!

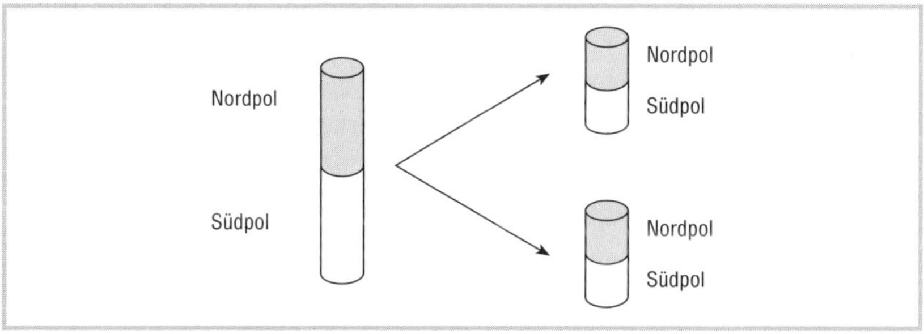

Bild 3.6 *Magnetpole sind nicht voneinander trennbar*

3.1.3.2 Wirbelfelder

Bei Wirbelfeldern sind die Kraft- bzw. Feldlinien in sich geschlossen (**Bild 3.7**); sie weisen keinen Anfang und kein Ende auf (und damit kein „Auseinandergehen", keine *Divergenz*).

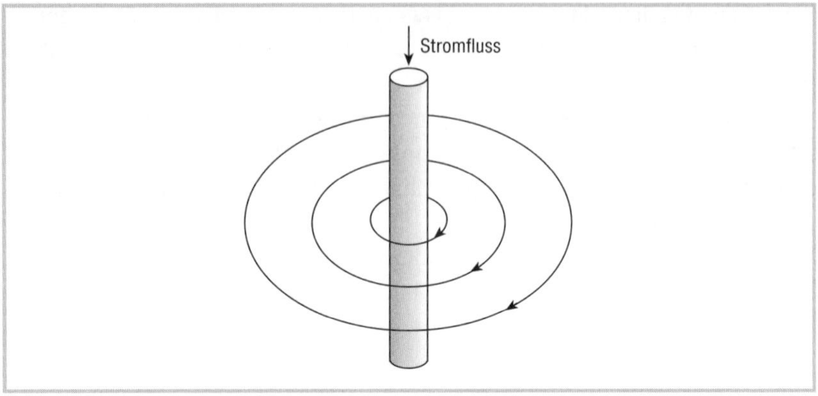

Bild 3.7 *In sich geschlossene Feldlinien eines magnetischen Wirbelfeldes*

Die Feldlinien verlaufen nicht senkrecht zum Ursprung des Feldes, wie dies bei Quellenfeldern der Fall ist, sondern um 90° versetzt, tangential zum Ursprung des Wirbelfeldes, damit wirkt auch die Feldkraft in tangentialer Richtung. Eine eindimensionale Feldmesssonde muss daher auch tangential zum Feldverursacher ausgerichtet werden, d. h., sie zeigt nicht auf den Feldverursacher hin; dieser befindet sich vielmehr 90° versetzt zur Sondenrichtung (vgl. Kapitel 4.1 „Messung von Vektorfeldern").

Es gibt zwar einen Ursprung bzw. ein Zentrum des Wirbelfeldes (der Ort, wo es erzeugt wird), sozusagen eine „Feldquelle", aber keine „Feldsenke". Die Höhe der sich in einem bestimmten Abstand vom Ursprung des Feldes einstellenden Feldstärke hängt daher nur von der Stärke des Feldverursachers ab und – anders als beim Quellenfeld – nicht von seiner Position im Raum. Verschiebt man zwischen zwei Feldstärkemessungen die räumliche Position des Feldverursachers (Δy), so misst man in der *gleichen Entfernung r zum Feldverursacher* in beiden Fällen die *gleiche Feldstärke* (**Bild 3.8**).

Das Maß für die Wirbeldichte ist die *Rotation* (mathematische Schreibweise: rot) in den entsprechenden Maxwell'schen Gleichungen.

In den folgenden Gleichungen bezeichnet der mathematische Ausdruck $\partial/\partial t$ (sprich: d nach dt) die Geschwindigkeit der zeitlichen Änderung einer Größe:

$$\text{rot}\, H = J + \partial/\partial t\, D = J + \partial/\partial t\, (\varepsilon_0 \cdot E)$$

J elektrische Leitungsstromdichte,
D elektrische Verschiebungsdichte,
$D = \varepsilon_0 \cdot E$ im freien Raum.

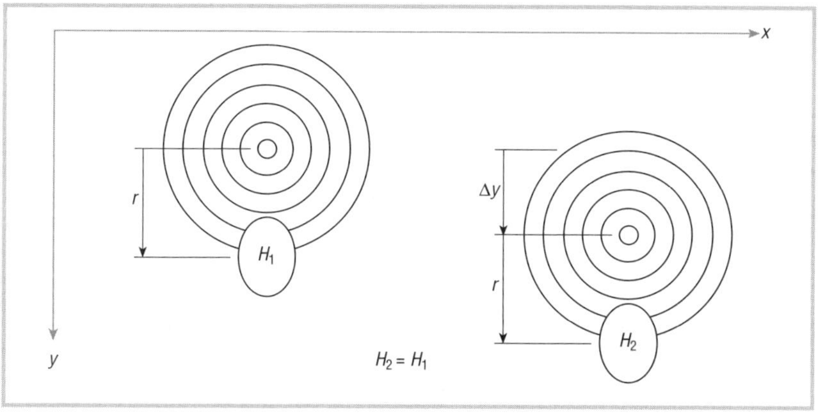

Bild 3.8 *Kein Einfluss der räumlichen Verschiebung Δy des Feldverursachers auf die Feldstärke bei Wirbelfeldern (x und y: Flächenkoordinaten)*

In Worten bedeutet dies:

- **Magnetfelder existieren als Wirbelfelder.**
- **Ein magnetisches Wirbelfeld hat zwei mögliche Ursachen:**
  1. **elektrischer Strom,**
  2. **die zeitliche Änderung der elektrischen Verschiebungsdichte und damit eines elektrischen Feldes.**

Die Maßeinheit der *elektrischen Leitungsstromdichte J* ist A/m^2. Wie bereits erwähnt, ist die Maßeinheit der *elektrischen Verschiebungsdichte* As/m^2. Die Änderungsgeschwindigkeit der elektrischen Verschiebungsdichte $\partial/\partial t\ D$ hat die Maßeinheit $\partial/\partial t\ (As/m^2) = A/m^2$, dies ist ebenfalls die Maßeinheit einer Stromdichte. Sowohl die elektrische Leitungsstromdichte in einem Leiter (Gleichstrom und Wechselstrom!) als auch die Änderungsgeschwindigkeit eines sich durch den freien, nichtleitenden Raum erstrekkenden elektrischen Feldes, das mit einer zugehörigen elektrischen Verschiebungsdichte einhergeht (nur Wechselfelder!), erzeugen also Magnetfelder.

Durch einen elektrischen Strom verursachte Magnetfelder können demnach als Gleichfelder und als zeitlich veränderliche Felder existieren. Durch die zeitliche Veränderung eines elektrischen Feldes hervorgerufene Magnetfelder können dagegen nur als Wechselfelder existieren, da die zeitliche Änderung bei Gleichfeldern definitionsgemäß null ist.

Elektrische Felder können – zusätzlich zur bereits beschriebenen Erscheinungsform als Quellenfelder – ebenfalls als Wirbelfelder auftreten.

Dies kommt in folgender Maxwell'scher Gleichung zum Ausdruck, die auch als *Induktionsgesetz* bezeichnet wird:

$$\text{rot}\, E = -\,\partial/\partial t\, B = -\,\partial/\partial t\, (\mu_0 \cdot H)$$

B magnetische Flussdichte oder Induktion,
$B = \mu_0 \cdot H$ im freien Raum.

In Worten:

- **Ursache eines elektrischen Wirbelfeldes ist die zeitliche Änderung eines Magnetfeldes.**

Elektrische Wirbelfelder können somit nur als Wechselfelder existieren, da die zeitliche Änderung bei Gleichfeldern definitionsgemäß null ist.

Wie bereits erwähnt, ist die Maßeinheit der magnetischen Flussdichte Vs/m^2. Die Änderungsgeschwindigkeit der magnetischen Flussdichte $\partial/\partial t\, D$ hat die Maßeinheit $\partial/\partial t\, (Vs/m^2) = V/m^2$, dies ist – anschaulich gesprochen – die Maßeinheit einer „Spannungsdichte".

Tabelle 3.5 fasst die Ergebnisse der bisherigen Betrachtungen auf Basis der Maxwell'schen Gleichungen in einer allgemeinen Übersicht zusammen. Als Ursachen für EM-Felder sind letztendlich zu verzeichnen:

- **elektrische Ladungen, räumlich unbeweglich oder sich bewegend als Strom, als Gleich- oder Wechselgröße,**
- **Wechselfelder der „jeweils anderen Art".**

Tabelle 3.5 *Ursachen elektrischer und magnetischer Quellen- und Wirbelfelder*

Feldart	**Quellenfeld** Divergenz	**Wirbelfeld** Rotation
Elektrisches Feld	Ladung (= / ~)	Änderungsgeschwindigkeit des magnetischen Feldes (~)
Magnetisches Feld	0	Strom (= / ~) + Änderungsgeschwindigkeit des elektrischen Feldes (~)
= Gleichfeld, ~ Wechselfeld		

3.1.4 Gleichfelder

Gleichfelder sind zeitlich konstante Felder, ihre Änderungsgeschwindigkeit ist null. In den Maxwell'schen Gleichungen werden damit die Ausdrücke der zeitlichen Ableitung $\partial/\partial t$ ebenfalls zu null. Somit reduziert sich die allgemein gültige Tabelle 3.5 für Gleichfelder auf die spezielle **Tabelle 3.6**.

In Worten ausgedrückt:

Tabelle 3.6 *Ursachen für elektrische und magnetische Gleichfelder*

Feldart	Quellenfeld Divergenz	Wirbelfeld Rotation
Elektrisches Feld	Ladung (=)	0
Magnetisches Feld	0	Strom (=)
= Gleichfeld		

Bei Gleichfeldern ist die elektrische Ladung Ursache für das elektrische (Quellen-)Feld; Strom (d. h. bewegte elektrische Ladung) ist die Ursache für das magnetische (Wirbel-)Feld.

Als weitere Ursache elektrischer und magnetischer Gleichfelder sind spezielle Materialien zu nennen, in denen magnetische Dipole bzw. elektrische Ladungen quasi „eingefroren" sind, die also entsprechende Feldwirkungen zeigen, ohne dass Strom fließt oder bewegliche Ladungen getrennt werden. Es sind dies *Permanentmagnete* (Dauermagnete) und sogenannte *Elektrete*.

Natürliche Gleichfelder sind das Erdmagnetfeld und das elektrostatische Feld der Erde. Diese werden von den technischen Gleichfeldern überlagert; es kommt zu einer Vektoraddition der natürlichen und der technischen Komponente. Daher spricht man hier häufig von einer „Störung" oder „Verzerrung" des natürlichen Gleichfeldes durch technische Einflüsse.

3.1.5 Niederfrequente Wechselfelder (NF)

Für niederfrequente Wechselfelder gelten die allgemeinen Beziehungen gemäß Tabelle 3.5.

Niederfrequente elektrische Wechselfelder können als Quellen- und als Wirbelfelder existieren.

So führt der Ladungsüberschuss bzw. -mangel an den Polen einer niederfrequenten Wechselspannungsquelle zu elektrischen *Quellen*feldern, deren Feldstärken in der baubiologischen Messpraxis von einigen V/m bis zu über 100 V/m reichen können.

Zu größeren Änderungsgeschwindigkeiten der magnetischen Flussdichte und damit zu nennenswerten elektrischen *Wirbel*feldern kommt es, wenn entweder der Betrag der Flussdichte oder ihre Änderungsfrequenz groß ist. Bei hochfrequenten Wellenvorgängen oder im Zusammenhang mit starken niederfrequenten magnetischen Flussdichten, wie sie z. B. in der Nähe von Leitern mit hohen Strömen sowie innerhalb und im näheren Umfeld von Elektromotoren und Transformatoren auftreten, spielen daher elektrische

Wirbelfelder eine bedeutsame Rolle. Existiert das sich ändernde E-Feld als Wirbelfeld nicht nur im freien Raum, sondern auch in einem leitfähigen Medium, so führt es hier zu einem (Wirbel-)Strom, dessen Magnetfeld das ursprüngliche, vom primären Strom hervorgerufene Magnetfeld überlagert.

Der räumliche Feldlinienverlauf eines niederfrequenten elektrischen Quellenfeldes entspricht dem eines elektrischen Gleichfeldes; er ändert sich synchron zur zeitlichen Änderung der das Feld verursachenden Ladung (vgl. Bild 3.4).

Niederfrequente magnetische Wechselfelder sind – wie alle Magnetfelder – Wirbelfelder. Ursache ist ein elektrischer Strom und/oder die zeitliche Änderung eines elektrischen Feldes.

Der räumliche Feldlinienverlauf niederfrequenter magnetischer Wechselfelder entspricht dem von magnetischen Gleichfeldern; er ändert sich synchron zur zeitlichen Änderung des Stromes (s. Bild 3.7).

3.1.6 Hochfrequente elektromagnetische Wellen (HF)

Bei schnell veränderlichen Feldern gewinnt die wechselseitige Erzeugung des elektrischen Feldes aus der zeitlichen Veränderung des Magnetfeldes und umgekehrt die Erzeugung des Magnetfeldes aus der Veränderung des elektrischen Feldes entscheidende Bedeutung. Liegen nun auch noch die mechanischen Abmessungen des Leiters in der Größenordnung von mindestens ¼ der Wellenlänge, so kommt es zur Abstrahlung von Energie in den freien Raum, die sich in Form einer *Welle* ausbreitet. Da es hier keine Ladungen und keinen Strom mehr gibt, reduzieren sich die Maxwell'schen Gleichungen gemäß **Tabelle 3.7** auf die Feld erzeugenden Einflüsse der jeweils anderen Feldkomponente.

In der hochfrequenten Welle gibt es nur noch Wirbelfelder; auch das elektrische Feld existiert – im Gegensatz zum niederfrequenten Fall – nur noch als Wirbelfeld.

Tabelle 3.7 *Elektrische und magnetische Felder für hochfrequente Wellen*

Feldart	**Quellenfeld** Divergenz	**Wirbelfeld** Rotation
Elektrisches Feld	0	Änderungsgeschwindigkeit des magnetischen Feldes (~)
Magnetisches Feld	0	Änderungsgeschwindigkeit des elektrischen Feldes (~)
~ Wechselfeld		

In einer sich ausbreitenden hochfrequenten elektromagnetischen Welle sind elektrisches und magnetisches Feld als gemeinsames *elektromagnetisches Feld*[2] fest miteinander gekoppelt; beide Feldkomponenten sind Wirbelfelder, und die eine erzeugt wechselseitig die andere. Die schnelle zeitliche Änderung des Magnetfeldes ist hier also die Ursache des elektrischen Feldes. Und umgekehrt ist die schnelle zeitliche Änderung des elektrischen Feldes Ursache des Magnetfeldes (**Bild 3.9**).

Elektrisches und magnetisches Feld befinden sich bei der hochfrequenten Welle in einem ausgewogenen Gleichgewicht, das durch den *Wellenwiderstand* Z_0 des freien Raumes bestimmt wird. Zwischen E- und H-Feld besteht die Beziehung

$$E / H = Z_0 = \sqrt{\mu_0 / \varepsilon_0} = 377\ \Omega$$

mit den Feldkonstanten des freien Raumes

$\varepsilon_0 = 8{,}8542 \cdot 10^{-12}$ As/Vm,

$\mu_0 = 1{,}2566 \cdot 10^{-6}$ Vs/Am.

Das bekannte Spektrum der hochfrequenten elekromagnetischen Wellen erstreckt sich von etwa 30 kHz bis über 10^{21} Hz. Es wird in folgende Spektralbereiche unterteilt:

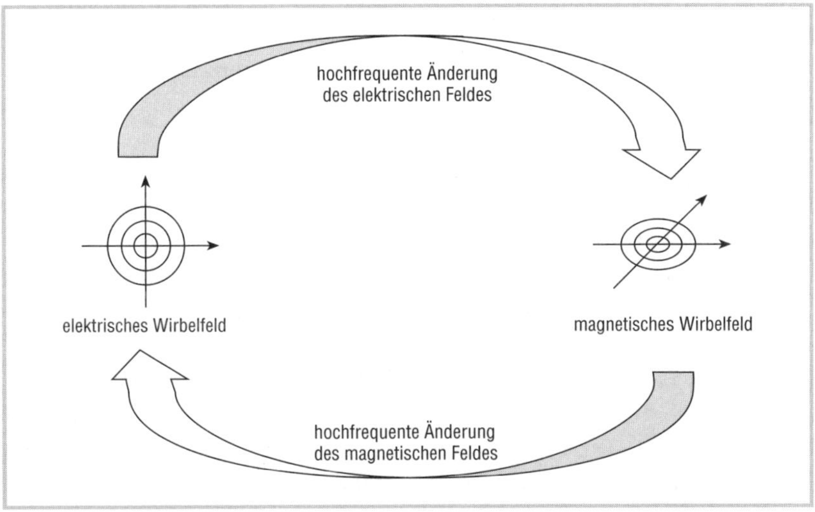

Bild 3.9 *Kopplung von elektrischem und magnetischem Feld in der hochfrequenten elektromagnetischen Welle*

2 Die immer wieder anzutreffende Verwendung des Begriffs „elektromagnetisches Feld“ für ein von elektrischem Strom verursachtes Magnetfeld ist nicht korrekt.

nicht ionisierend:

- hochfrequente, technisch erzeugte elektromagnetische Wellen oder Funkwellen (HF)
- optische Spektren
- Infrarot (IR)/Wärmestrahlung
- sichtbares Licht
- Ultraviolett-A (UV-A)

ionisierend:

- Ultraviolett-B und -C (UV-B und UV-C)
- Röntgenstrahlung
- Gammastrahlung
- Höhenstrahlung.

Mit Frequenzen jenseits von 300 GHz (bei bestimmten Molekülgasen bereits ab etwa 30 GHz) werden elektromagnetische Wellen durch Quanteneffekte in den Elektronenhüllen der Atome und in den Atomkernen hervorgerufen.

Hier wird auch ihre Doppelnatur von Bedeutung: Sie können außer ihren Welleneigenschaften auch Korpuskel- oder Teilcheneigenschaften aufweisen. Die Beschreibung dieser Eigenschaften, bei denen sich elektromagnetische Wellen wie Teilchen verhalten, basiert auf der Modellvorstellung des *Photons* (= *Lichtquant).* Da Photonen keine Ruhemasse und somit keine kinetische Energie (Bewegungsenergie) aufweisen, ist ihre Energie A nur von der Frequenz der korrespondierenden Welle abhängig:

$$A = h \cdot f$$

$h = 6{,}626 \cdot 10^{-34}\ \mathrm{N \cdot m \cdot s} = 4{,}134 \cdot 10^{-15}\ \mathrm{eV \cdot s}$ (eV = Elektronenvolt) ist eine Naturkonstante, das *Planck'sche Wirkungsquantum.*

Die Quantenenergie von Funkwellen ($f < 300$ GHz) ist kleiner als 0,00124 eV; sie reicht damit bei weitem nicht aus, um Atome oder Moleküle zu ionisieren. Bei Frequenzen über etwa 10^{15} Hz reicht die Energie dagegen aus, um Elektronen aus Atomen oder Molekülverbänden herauszuschlagen und diese damit zu ionisieren (UV-B und UV-C, Röntgen-, Gamma- und Höhenstrahlung). Diese Strahlung mit hochenergetischen, ionisierenden Photonen wird daher auch als „harte" Strahlung bezeichnet.

Wegen ihrer ionisierenden Eigenschaften sind diese Strahlen besonders gefährlich: Sie sind kanzerogen (zellschädigend und damit Krebs erregend), mutagen (Erbgut verändernd) und teratogen (Frucht schädigend, d. h., sie führen zu Fehlbildungen von Embryonen).

Aufgrund der Äquivalenz von Frequenz und Energie der Photonen wird bei der Messung bzw. Beschreibung von ionisierender Strahlung üblicherweise nicht die Frequenz benutzt, sondern die *Photonenenergie* in der Maßeinheit Elektronenvolt (eV). 1 eV ist die Energie, die ein Elektron mit der *Elementarladung e* ($e = 1{,}6021 \cdot 10^{-19}$ As) erhält bzw. abgibt, wenn es durch eine Spannung von 1 V beschleunigt bzw. abgebremst wird.

Die Frequenzbereiche – und damit auch die Energiebereiche – von Röntgen-, Gamma- und Höhenstrahlung sind nicht scharf gegeneinander abgegrenzt, sondern überlappen sich. Ihre Unterteilung erfolgt nicht anhand spektraler Merkmale, wie der Frequenz bzw. Energie, sondern anhand der ihnen zugrunde liegenden unterschiedlichen physikalischen Effekte.

3.1.6.1 Funkwellen

Der elektromagnetische Spektralbereich von etwa 30 kHz bis 300 GHz steht für technische Hochfrequenzanwendungen, insbesondere der Telekommunikation, zur Verfügung. Die gezielte Abstrahlung der Wellen erfolgt über Antennen, die in ihren mechanischen Abmessungen der jeweiligen Wellenlänge entsprechen.

3.1.6.2 Infrarotlicht (IR) / Wärmestrahlung

Frequenz	$30 \cdot 10^9 \ldots 375 \cdot 10^{12}$ Hz = 0,03 ... 375 THz
Wellenlänge	10 ... 800 nm

Infrarotlicht wird von den Sinnesorganen als Wärmeempfindung wahrgenommen.

Extrem langwelliges Infrarotlicht, das von bestimmten Molekülgasen emittiert wird, reicht bis hinunter in den Bereich der Millimeterwellen und überlappt sich mit den technisch erzeugten Funkwellen im Bereich 30 bis 300 GHz.

Der Infrarotbereich wird für technische Anwendungen bisher nur wenig genutzt – so hat sich bis auf Ausnahmen die Sprach- oder Datenübertragung per Infrarot nicht durchsetzen können. In Zukunft mag sich dies aber deutlich ändern, denn an Anwendungen für die sogenannte „Terahertz-Strahlung" wird intensiv gearbeitet. Hier seien beispielsweise Terahertz-Kameras genannt, die – ähnlich einem Röntgengerät, aber mit nicht ionisierender Strahlung – „Unsichtbares sichtbar machen", u. a. in Sicherheitskontrollsystemen für Passagiere an Flughäfen (sogenannte „Nacktscanner“) oder für medizinische Untersuchungen als Alternative zum Röntgen. Weitere Anwendungsgebiete sind z. B.unter anderem Materialprüfungen auf verborgene Risse und die Kontrolle der Qualität von Lebensmitteln durch die Verpackung hindurch.

3.1.6.3 Sichtbares Licht

Frequenz	$375 \cdot 10^{12} \dots 750 \cdot 10^{12}$ Hz
Wellenlänge	$800 \dots 400$ nm

Infrarotlicht, sichtbares Licht und UV-Licht werden zu den optischen Spektren gezählt. Ihre Strahlung entsteht durch Quanteneffekte in den äußeren Elektronenschalen der Atomhüllen. Fällt ein Elektron von einer höher gelegenen auf eine tiefere Schale, so wird die Differenz der Energieniveaus der beiden Schalen ΔA als Lichtquant ausgestrahlt. Die Frequenz des emittierten Lichtquants bestimmt sich zu $f = \Delta A / h$ ($h = 6{,}626 \cdot 10^{-34}$ N · m · s Planck’sches Wirkungsquantum $4{,}134 \cdot 10^{-15}$ eV · s).

Unterschiedliche Frequenzen im sichtbaren Spektrum werden als unterschiedliche Farben wahrgenommen.

Die Ausbreitung der optischen Spektren unterliegt den Gesetzen der Optik. Hier sind Effekte wie Reflexion, Abschattung und Beugung von Bedeutung.

3.1.6.4 Ultraviolettes Licht (UV)

Frequenz	$750 \cdot 10^{12} \dots 300 \cdot 10^{15}$ Hz
Wellenlänge	$400 \dots 1$ nm

Das Spektrum des ultravioletten Lichts (UV) wird unterteilt in den niederfrequenteren Bereich des UV-A, den mittleren des UV-B und den höherfrequenten des UV-C (**Tabelle 3.8**).

Tabelle 3.8 *Unterteilung des UV-Spektrums*

Strahlung	Frequenz in Hz	Wellenlänge in nm
UV-A (Bräunungsstrahlung)	$(750 \dots 950) \cdot 10^{12}$	400 … 315
UV-B (Dorno-Strahlung)	$(950 \dots 1070) \cdot 10^{12}$	315 … 280
UV-C	$(1{,}07 \dots 300) \cdot 10^{15}$	280 … 100

Der UV-C-Anteil im Sonnenlicht wird von der Atmosphäre normalerweise so stark gedämpft, dass er die Erdoberfläche nicht erreicht. Problemzonen liegen aber unter den wachsenden „Ozonlöchern", z. B. in Australien. Glas dämpft UV-Licht ebenfalls.

Künstliche UV-Quellen sind: Leuchtstofflampen, Lampen in *Sonnenbänken*, Halogenlampen, Edelgaslampen (Helium, Neon, Xenon), Quecksilberdampflampen („Höhensonne"), Bogenlampen, Wasserstofflampen, Wolframbandlampen mit Quarzfenster, hoch erhitzte Temperaturstrahler.

UV-Licht (insbesondere UV-B und künstlich erzeugtes UV-C) hat zellzerstörende Wirkung auf Viren und Bakterien. Es kann in höheren Intensitäten hautschädigend wirken (Erythem erzeugend), bewirkt eine beschleunigte Alterung der Haut, Verbrennungen durch Sonnenbrand, Netzhautablösung, Hautkrebs (malignes Melanom). Vor allem das Schädigungspotential von künstlichem UV-Licht auf den „Sonnenbänken" der „Sonnenstudios" wird häufig stark unterschätzt. Aufschlussreiche und zur Vorsicht mahnende Informationen hierüber gibt die Broschüre „Selbstverteidigung für Solariumgänger" der Arbeitsgemeinschaft Dermatologische Prävention – ADP e.V. [1].

Andererseits ist eine Mindestdosis UV-B für einen funktionierenden Vitamin-D-Stoffwechsel unentbehrlich: Unter dem Einfluss von UV-B wird das Provitamin D4 in der Haut umgewandelt in das Vitamin D3, das „Sonnenvitamin" Cholecalciferol. Dieses wirkt auf den Kalzium- und Phosphathaushalt und damit auf das Knochenwachstum. Bei Mangel an UV-B-Licht können Kinder an Rachitis erkranken (gestörte Mineralisation der Knochen-Grundsubstanz).

3.1.6.5 Röntgenstrahlung

Frequenz	$120 \cdot 10^{15} \ldots > 120 \cdot 10^{18}$ Hz
Wellenlänge	$2{,}5 \cdot 10^{-9} \ldots < 2{,}5 \cdot 10^{-12}$ m
Photonenenergie	500 eV ... > 500 keV

Zum Vergleich: Atomdurchmesser liegen in der Größenordnung von 10^{-10} m!

Röntgenstrahlen entstehen beim Aufprall von z. B. elektrisch beschleunigten Elektronen auf das Material der zur Beschleunigung benutzten Anode. Bei dem abgestrahlten Frequenzspektrum wird zwischen charakteristischer Strahlung und Bremsstrahlung unterschieden.

Charakteristische Strahlung entsteht durch Niveauänderungen der Elektronen *innerer* Schalen. Die dazu nötige Energie eines stoßenden

Elektrons muss mindestens so groß sein, dass das herausgebrochene Elektron bis auf das Niveau einer äußeren, noch nicht voll besetzten Schale gelangt. Beim sukzessiven Nachrücken der Elektronen von den äußeren Schalen zur inneren wird ein definiertes, für das verwendete Anodenmaterial elementspezifisches Linienspektrum abgestrahlt. Da mit Niveauänderungen auf den inneren Schalen größere Energien verbunden sind als mit Änderungen in den äußeren Schalen, ist die Photonenenergie von Röntgenstrahlen höher als die von IR-, sichtbarem und UV-Licht. Aus dem gleichen Grund ist die Energie von Röntgenstrahlen ausreichend zur Ionisierung von Atomen, die ja in den äußeren Schalen stattfindet.

Bremsstrahlung: Die auf die Anode auftreffenden Elektronen bilden einen elektrischen Strom, der von einem elektrischen und magnetischen Feld umgeben ist. Die Abbremsung der Elektronen an der Anode bedeutet eine abrupte Änderung der Stärke dieses Elektronenstromes, die sich in einer raschen Änderung des umgebenden Feldes auswirkt. Diese Feldänderung äußert sich ebenfalls als Röntgenstrahlung. Im Gegensatz zur charakteristischen Strahlung ist das Spektrum der Bremsstrahlung kontinuierlich über einen bestimmten Frequenzbereich verteilt, da die einzelnen Elektronen unterschiedlich stark abgebremst werden. Die höchste auftretende Frequenz des Bremsstrahlungsspektrums entspricht der Bewegungsenergie eines Elektrons, die vollständig in Röntgenstrahlung umgewandelt wird. Mit entsprechenden Beschleunigern können Bremsstrahlungsenergien bis weit in den GeV-Bereich erzeugt werden.

3.1.6.6 Gammastrahlung

Gammastrahlung entsteht nicht bei Quantenprozessen von Elektronen in den Elektronenschalen eines Atoms, sondern bei Zerfall- und Zertrümmerungsprozessen des Atomkerns. Sie ist meist „Nebenprodukt" bei α- und β-Zerfällen. Die Frequenzen von „weicher" Gammastrahlung reichen bis in den Bereich des mittleren Röntgenspektrums hinab (**Tabelle 3.9**).

Tabelle 3.9 *Gammastrahlung*

Ursache der Strahlung	Frequenz in Hz	Wellenlänge in m	Photonenenergie
Natürliche Kernumwandlung	$2{,}4 \cdot 10^{18} \ldots 1{,}2 \cdot 10^{21}$	$125 \cdot 10^{-12} \ldots 250 \cdot 10^{-15}$	10 keV … 5 MeV
Künstliche Kernumwandlung	$2{,}4 \cdot 10^{18} \ldots 4{,}1 \cdot 10^{21}$	$125 \cdot 10^{-12} \ldots 75 \cdot 10^{-15}$	10 keV … 17 MeV

3.1.7 Höhenstrahlung

Bei der Höhenstrahlung handelt es sich um eine Mischung von Teilchenstrahlung und elektromagnetischer Strahlung.
Anteilige elektromagnetische Strahlung:

Frequenz	$> 240 \cdot 10^{18}$ Hz
Wellenlänge	$< 1{,}25 \cdot 10^{-12}$ m
Photonenenergie	> 1 MeV

Die Höhenstrahlung wird auch als *kosmische Strahlung* oder *Ultrastrahlung* bezeichnet. Man unterscheidet nach *primärer Höhenstrahlung,* die aus dem Weltraum auf die äußeren Schichten der Erdatmosphäre trifft, und *sekundärer Höhenstrahlung,* die nach einer Kaskade von Teilchenzerfällen den Erdboden erreicht.

Die primäre Höhenstrahlung besteht aus (verhältnismäßig wenigen) Atomkernen, die sich mit nahezu Lichtgeschwindigkeit bewegen. Dementsprechend haben sie sehr große kinetische Energien (Bewegungsenergien), die zwischen 10^8 und 10^{19} eV betragen.

Bei den Teilchen der primären Höhenstrahlung handelt es sich zu etwa 79 % um Wasserstoffkerne (Protonen) und zu etwa 20 % um Heliumkerne (α-Teilchen). Schwerere Teilchen machen nur 1 % der Primärstrahlung aus und stammen von der Sonne; sie dringen bis etwa 20 km Höhe in die Atmosphäre ein. Die primären Protonen und α-Teilchen kommen aus dem tieferen Weltraum und erreichen viel niedrigere Höhen, jedoch gelangen sie praktisch nicht bis zum Erdboden.

Beim Durchdringen der Atmosphäre stoßen die primären Teilchen mit Atomen der Atmosphäre zusammen. Sie erzeugen durch Eigenzerfall, durch Spaltung der getroffenen Kerne und durch Bremsstrahlungseffekte eine ganze Kaskade sekundärer Teilchen- und elektromagnetischer Strahlen. Die sekundären Strahlen sind insbesondere Myonen, Protonen, Neutronen, Elektronen, Positronen, Neutrinos und sehr harte elektromagnetische Strahlen. Hierdurch kommt es zunächst zu einer Erhöhung der Intensität. Beim tieferen Eindringen der Strahlung in die Erdatmosphäre nimmt die Intensität dann infolge von Absorptionsprozessen ab. Am Erdboden auf Meereshöhe existiert nur noch Sekundärstrahlung. Die sekundäre Höhenstrahlung stellt somit eine Mischung von harter elektromagnetischer Strahlung und Teilchenstrahlung dar. Die sekundäre Teilchenstrahlung hat auf Meereshöhe eine mittlere Intensität von ungefähr 1 Teilchen pro min und cm^2.

Ab einigen 100 m Höhe über Meeresniveau ist bei Messungen der Gammastrahlung die Höhenstrahlung gegenüber der Strahlung aus der Erdkruste nicht zu vernachlässigen.

3.1.8 Teilchenstrahlung

Im Gegensatz zu den ionisierenden Röntgen- und Gammastrahlen, die als elektromagnetische Wellen auftreten, handelt es sich bei den folgenden – ebenfalls großenteils ionisierenden – Strahlen um materielle Teilchenstrahlung. Die Teilchen sind Bestandteile von Atomen oder Atomkernen. Die Teilchenstrahlung entsteht bei radioaktivem Zerfall sowie Kernzertrümmerungs- und -umwandlungsprozessen und ist meist von der Aussendung von Gammastrahlen begleitet.

Auch Teilchenstrahlen können physikalisch als Wellen betrachtet werden; allerdings nicht als elektromagnetische Wellen, sondern als Materiewellen (De-Broglie-Wellen).

Die in der Praxis wichtigsten Teilchenstrahlen sind:

Alphastrahlung	**Betastrahlung**
He^{++} Heliumkerne	β^- Elektronen
	β^+ Positronen

Ansonsten können noch viele andere Arten von Elementarteilchen auftreten, wie Neutronen, Neutrinos, Protonen.

3.1.9 Zusammenfassung der Grundlagen zu EMF

In der **Tabelle 3.10** sind zusammenfassend die Ursachen für EM-Felder dargestellt.

Tabelle 3.11 rekapituliert in einem Überblick die verschiedenen Arten von EM-Feldern, ihren Zusammenhang und die damit verbundenen wesentlichen physikalischen Effekte.

3.2 Elektrische Wechselfelder (Niederfrequenz)

Für homogene Stoffe gilt allgemein die Beziehung (s. Abschn. 3.1.3)

$$D = \varepsilon \cdot E$$

und speziell im freien Raum

Tabelle 3.10 *Ursachen für EM-Felder*

Statisch/stationär	E-Feld ↑	elektrische Ladung
	M-Feld O	sich bewegende elektrische Ladung = elektrischer (Gleich-)Strom
Niederfrequenz	E-Feld ↑	elektrische Ladung
	E-Feld O	sich zeitlich änderndes M-Feld
	M-Feld O	sich bewegende elektrische Ladung = elektrischer (Wechsel-)Strom
Hochfrequente Welle	E-Feld O	sich zeitlich schnell änderndes M-Feld
	M-Feld O	sich zeitlich schnell änderndes E-Feld
Licht und ionisierende Photonenstrahlung		Quanteneffekte von Elementarteilchen in Atomhülle und -kern oder in freier Bewegung
– Licht		Quanteneffekte in äußeren Elektronenhüllen
– Röntgenstrahlung		Quanteneffekte in inneren Elektronenhüllen und Bremsstrahlung
– Gammastrahlung		Quanteneffekte im Atomkern als Begleiterscheinung von α- oder β-Zerfall
– Höhenstrahlung		Mischung aus Teilchenstrahlung und harter Gammastrahlung

Legende: ↑ Quellenfeld, O Wirbelfeld

Tabelle 3.11 *Zusammenfassender Überblick über die Arten von EM-Feldern und ihren Zusammenhang*

Zeitverhalten		**Feldart** elektrisches Feld (E-Feld)	**Feldart** magnetisches Feld (H-Feld, B-Feld)
Gleichfeld	statisch (stationär)	↑ Influenz	O
Wechselfeld	langsam veränderlich (quasistatisch, quasistationär), Niederfrequenz (NF)	↑ Influenz; O Gegen-Induktion; $\partial D/\partial t$ → ; ← $\partial B/\partial t$	O Induktion
	schnell veränderlich, Hochfrequenz (HF) im Fernfeld, elektromagnetische Welle	EM-Wellenausbreitung, Reflexion, Absorption usw.	

Legende: ↑ Quellenfeld, O Wirbelfeld

$$D = \varepsilon_0 \cdot E$$

mit $\varepsilon_0 = 8{,}8542 \cdot 10^{-12}$ As/Vm

Die *Permittivitätszahl* (relative Permittivität) ε_r eines Materials kennzeichnet seine elektrischen Eigenschaften und gibt an, um welchen Faktor die elektrische Verschiebungsdichte in diesem Material bei gleicher Feldstärke höher ist als in Luft oder im Vakuum. Damit gilt für den Zusammenhang zwischen elektrischer Feldstärke und Verschiebungsdichte in einem Material die Beziehung

$$D = \varepsilon \cdot E = \varepsilon_0 \cdot \varepsilon_r \cdot E$$

Die Permittivitätszahl von Luft und Vakuum beträgt demnach 1. Bei Isoliermaterialien liegt sie in der Größenordnung von 2 ... 10; für Dielektrika in Kondensatoren werden zur Erzielung hoher Kapazitäten Werkstoffe mit Permittivitätszahlen bis zu 10 000 oder mehr eingesetzt.

E hat die Einheit V/m. Daraus folgt für *D* die Einheit As/Vm · V/m = As/m^2. Diese Einheit hat den Charakter einer Ladungsdichte.

Elektrische Wechselfelder können grundsätzlich als Quellenfelder und als Wirbelfelder auftreten.

3.2.1 Elektrische Quellenfelder

Zur Messung von niederfrequenten elektrischen Quellenfeldern benutzt man als Sensor ein Paar leitfähiger Platten, die sich in geringem Abstand gegenüberstehen. Verbindet man diese beiden Platten durch ein Strommessgerät, so ist der zwischen den Platten fließende Strom ein Maß für die elektrische Feldstärke. Dieser Strom ist allerdings nicht nur proportional zur Potentialdifferenz zwischen den Platten und damit zur Feldstärke, sondern auch proportional zur Frequenz des elektrischen Feldes.

Solche E-Feldmessgeräte müssen daher mit einem geeigneten Filter ausgestattet sein, das die Frequenzabhängigkeit der Messsonde kompensiert (s. Abschn. 4.1.1).

Zur Messung von elektrischen Gleichfeldern werden spezielle „Elektrostatiksensoren" oder – wesentlich zuverlässigere und genauere – „Feldmühlen" eingesetzt.

3.2.2 Elektrische Wirbelfelder

Im Gegensatz zu den elektrischen Quellenfeldern können elektrische Wirbelfelder nur als zeitlich veränderliche Felder existieren (s. Abschn. 3.1.3.2).

Der Zusammenhang zwischen magnetischem und elektrischem Wirbelfeld wird durch das Induktionsgesetz beschrieben (s. Abschn. 3.3.2) und kann zur Messung von magnetischen Wechselfeldern genutzt werden. Denn mit einer Messspule als Sensor ausgerüstete Magnetfeld-Messgeräte erfassen mit ihrem Sensor das von der Magnetfeldänderung erzeugte elektrische Wirbelfeld. Auch dieser Effekt ist frequenzabhängig; das vom Magnetfeld induzierte elektrische Feld steigt mit zunehmender Frequenz. Solche Magnetfeld-Feldmessgeräte müssen daher ebenfalls mit einem geeigneten Filter ausgestattet sein, das die Frequenzabhängigkeit der Messsonde kompensiert (s. Abschn. 4.1.1).

3.2.3 Elektrische Quellenfelder und Influenz

Obwohl sich niederfrequente elektrische (Quellen-) und magnetische (Wirbel-)Felder unabhängig voneinander ausbilden, haben sie doch eine gemeinsame Ursache: die elektrische Ladung.

Die kleinste Einheit der elektrischen Ladung ist eine Naturkonstante; sie entspricht der Ladung eines Elektrons und beträgt $e = -1{,}6021 \cdot 10^{-19}$ As. Alle vorkommenden Ladungen sind ganzzahlige Vielfache dieser Elementarladung.

Mit der Ladung verbunden ist ein *elektrisches Feld* (Formelzeichen E), das auf andere Ladungen (Formelzeichen q) eine Kraft F ausübt mit der Größe

$$F = q \cdot E$$

Dieses elektrische Feld existiert unabhängig vom Bewegungszustand der Ladung. Eine andere Feldgröße ist aber sehr wohl vom Bewegungszustand der Ladung abhängig, nämlich das magnetische Feld. Auch niederfrequente Magnetfelder werden von elektrischen Ladungen hervorgerufen und zwar dann, wenn diese Ladungen sich bewegen, d. h. wenn ein Strom fließt.

Das hier betrachtete niederfrequente[3] elektrische Feld ist ein *Quellenfeld.* Es geht von einer positiven elektrischen Ladung als Quelle aus und „sucht sich" eine gegenpolige, negative Ladung als Senke (s. Bild 3.4). Dies ist möglich, weil negative und positive elektrische Ladungen jeweils isoliert für sich existieren können; sie können voneinander getrennt werden. (Die Pole eines Magneten lassen sich dagegen nicht voneinander trennen.)

Aufgrund dieser Eigenschaft und wegen der Kraftwirkung des elektrischen Feldes auf elektrische Ladungen kann ein E-Feld in einem leitfähigen Material Ladungen durch die Verschiebung von Ladungsträgern (Elektronen) *influenzieren.* Hieraus resultiert die Abschirmwirkung des *Faraday'schen Käfigs*[4]. Sein Innenraum ist frei von elektrischen Feldern, wenn die Feldquelle sich außerhalb befindet (**Bild 3.10**).

3 Die in diesem Abschnitt gemachten Aussagen gelten grundsätzlich auch für statische elektrische Felder.

Das äußere E-Feld influenziert auf der Oberfläche des Faraday'schen Käfigs Ladungen – in Bild 3.10 z. B. negative Elektronen – an der der Feldquelle zugewandten Seite. Diese Elektronen sind von der Oberfläche der entgegengesetzten Seite „abgesaugt" worden und haben dort positive „Ladungslöcher" hinterlassen, an denen sich das äußere Feld in den Raum hinein und in Richtung Feldsenke fortsetzt. Im Inneren des Käfigs befinden sich keine Ladungen, somit erstrecken sich auch keine Feldlinien in das Innere – es gibt dort keine Feldsenke. Damit ist das Innere feldfrei.

Befindet sich die Feldquelle nicht außerhalb, sondern innerhalb des leitfähigen Käfigs, so stellt sich die Situation völlig anders dar (**Bild 3.11**). Hier sei z. B. ein unter Netzspannung stehender Leiter mit einer metallischen Umhüllung versehen (wie dies bei einer abgeschirmten Leitung der Fall ist). Das elektrische Feld wird bei dieser Konstellation in seiner Ausbreitung nicht behindert. Die auf der Innenseite der Umhüllung influenzierten Ladungen führen zu gegenpoligen Ladungen auf der Außenseite. Das Feld die-

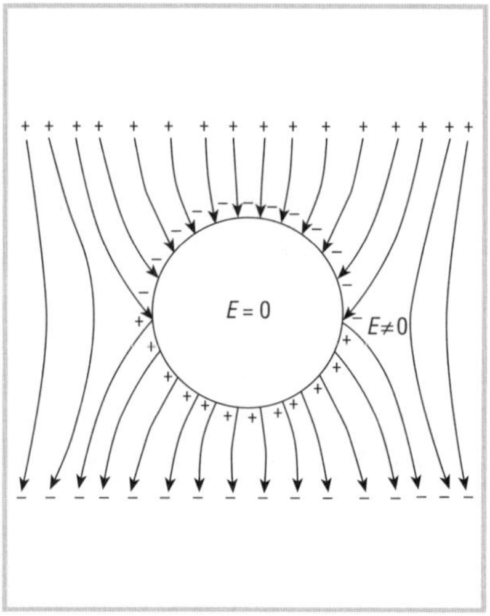

Bild 3.10 *Abschirmwirkung des Faraday'schen Käfigs im elektrischen Feld, das Innere ist feldfrei (E = 0)*

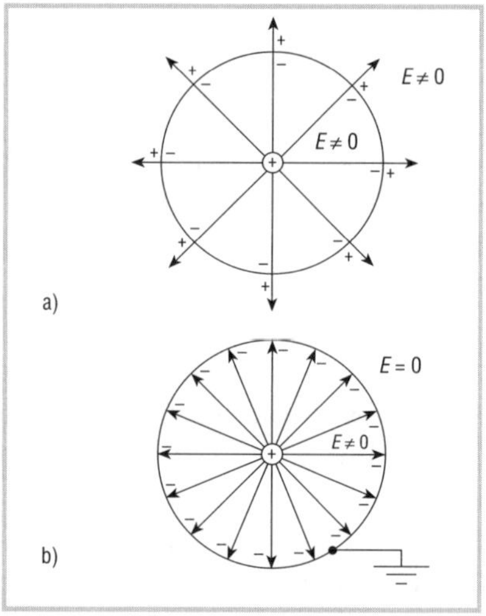

Bild 3.11 *Elektrische Feldquelle innerhalb eines leitfähigen Hohlkörpers*
a) nicht geerdet
b) geerdet

4 Der Faraday'sche Käfig wird auch immer wieder im Rahmen von Abschirmungen gegen hochfrequente elektromagnetische Wellen erwähnt. Elektromagnetische Wellen bestehen aber aus Wirbelfeldern, so dass das Influenzprinzip hier gar nicht zum Tragen kommen kann. Hochfrequenzabschirmungen funktionieren auf der Basis von Reflexion und/oder Absorption, haben also mit einem Faraday'schen Käfig nichts zu tun.

ser äußeren Ladungen breitet sich nun weiter in den Raum aus. Erst wenn die Umhüllung geerdet wird, verschwindet das elektrische Feld im Außenraum, da die Ladungen der Außenseite zur Erde hin abfließen und somit neutralisiert werden. Nun erst ist hier eine Abschirmwirkung gegeben; die äußere Umgebung ist jetzt feldfrei.

Gleichzeitig ist durch diese Maßnahme die elektrische Feldstärke im Inneren des Hohlkörpers gestiegen, da die Umhüllung nun als Feldsenke fungiert und die – vorher weit entfernte – Feldsenke durch die Erdungsmaßnahme wesentlich näher an die Feldquelle herangerückt ist.

Abschließend sei noch erwähnt, dass die Abschirmwirkung des Faraday'schen Käfigs durch Influenz nur gegeben ist, wenn es sich tatsächlich um einen „Käfig", also ein in sich *geschlossenes Gebilde* handelt. Ein „Halbkäfig" oder nur eine leitfähige Wand sind diesbezüglich wirkungslos. Hier setzt sich das elektrische Quellenfeld – genau so, wie in den Erläuterungen zu Bild 3.11 a beschrieben – auf der anderen Seite ungehindert fort. Um eine Abschirmwirkung zu erzielen, muss dann ebenfalls eine Erdung vorgenommen werden.

3.2.4 Elektrische Feldstärke und Potential

Die Form der Umhüllung ist in Bild 3.11 so gewählt, dass ihre Oberfläche identisch ist mit einer sogenannten *Äquipotentialfläche* – d. h. Fläche gleichen Potentials – im Feld. In der Physik ist das *Potential* allgemein eine skalare, ortsabhängige Größe zur Beschreibung eines Quellenfeldes. Zwischen Potential und Feldstärke besteht folgender Zusammenhang:

- **Die räumliche Änderung des Potentials** (bezogen auf die drei Raumkoordinaten in x-, y- und z-Richtung) **ist die Feldstärke des Quellenfeldes.**

Betrachten wir eine Analogie aus dem Bereich der mechanischen Physik bzw. Geografie. In Landkarten werden Gebirge durch Höhenlinien dargestellt, d. h., die Orte gleicher Höhe sind jeweils durch eine Linie miteinander verbunden. Die Höhenangabe in m an der Höhenlinie ist mit dem Schwerkraft-Potential eines Berges vergleichbar. Höhenlinien stellen demnach Linien gleichen Schwerkraft-Potentials dar (Äquipotentiallinien). Die Änderung der Höhe entspricht der Steigung bzw. dem Gefälle des Berges; sie wird angegeben in m / m (Höhen-Meter pro Horizontal-Meter) und kann als Schwerkraft-Feldstärke angesehen werden. Eine Feldstärke ist also ein Maß für die räumliche Änderung des Potentials, sie entspricht einem Potentialgefälle. Bei der elektrischen Feldstärke mit der Maßeinheit V/m wird das Potential entsprechend in der Maßeinheit V angegeben. Die Differenz der Potentiale an zwei Punkten ergibt im Fall des elektrischen Feldes eine elektrische Spannung; in der Berg-Analogie (**Bild 3.12**) entspricht sie der Höhendifferenz oder dem vertikalen Abstand zweier Punkte am Berg. Beide Größen sind ein Maß für die zu leistende Arbeit A, um die Potentialdifferenz mit einer Masse bzw. elektrischen Ladung zu überwinden:

am Berg die mechanische Arbeit

A_m= Masse · Fallbeschleunigung · Höhendifferenz

und beim elektrischen Feld die elektrische Arbeit

A_e= Ladung · Potentialdifferenz = Ladung · Spannung.

Die Einheit von A_e ist As · V = VAs = Ws.

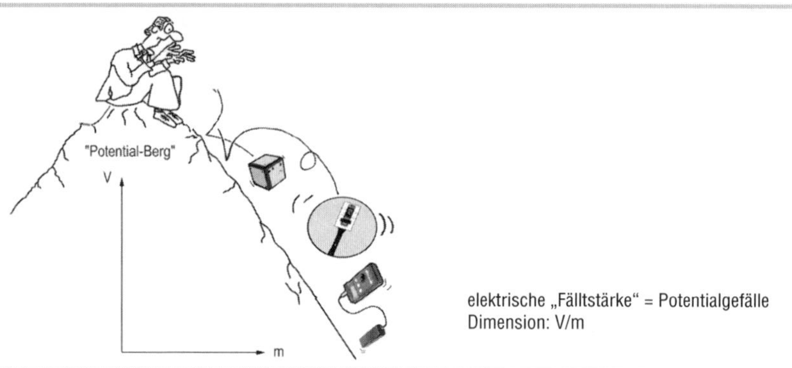

Bild 3.12 *Elektrische Feldstärke in ihrer „eigentlichen" Bedeutung*

Da an einem (idealen) elektrischen Leiter (Widerstand = 0) keine Spannung abfällt, existiert hier auch kein Potentialgefälle und somit keine elektrische Feldstärke. Ein elektrisches Feld kann daher in der Nähe eines elektrischen Leiters nicht parallel zu diesem Leiter verlaufen, es weist keine Komponente in Richtung des Leiters auf, sondern **elektrische Feldlinien stehen immer senkrecht auf leitfähigen Materialien,** so wie die Falllinie am Berg immer senkrecht zur Höhenlinie steht.

Eine weitere Konsequenz dieses Sachverhaltes ist, dass ein elektrisch leitfähiger Gegenstand immer eine *Äquipotentialfläche* bildet. Wird er so in ein elektrisches Feld gebracht, dass er deckungsgleich mit einer bereits natürlich vorhandenen Äquipotentialfläche liegt, so ändert sich am Feldverlauf nichts (wie in Bild 3.11 a). Wird ein Leiter dagegen im elektrischen Feld so angeordnet, dass er Äquipotentialflächen an Stellen „erzwingt", die es ohne ihn dort nicht gab, dann kann er das Feld erheblich „verzerren" oder stören. Dadurch können hohe Feldstärken in Bereichen auftreten, die ursprünglich feldarm waren. Man beachte, dass als *Leiter* leitfähige, ggf. weitreichende Bauelemente in Gebäuden dienen können, aber auch z. B. der menschliche Körper. Man bezeichnet das Phänomen, dass ein Leiter im elektrischen Feld je nach seiner Lage und Größe ein entsprechendes Potential annimmt, auch als *kapazitive Ankopplung.*

Die oben beschriebene Wirkung der Feldverzerrung wird noch verstärkt, wenn der im Feld liegende Leiter auf Nullpotential gebracht, d. h. geerdet wird, da hierdurch der Abstand zwischen Feldquelle (höchstes Potential) und Fläche mit Nullpotential verringert wird. Dies bedeutet, dass das Potentialgefälle steiler wird, was einer Erhöhung der elektrischen Feldstärke entspricht.

Mit dem Verständnis des Zusammenhangs zwischen Feldstärke und Potential lässt sich nun leicht der am Ende von Abschnitt 3.2.3 erwähnte Anstieg der elektrischen Feldstärke aufgrund der Erdung der leitfähigen Umhüllung in Bild 3.11 erklären. Denn der Effekt der Feldstärkeerhöhung durch Erdung – bzw. durch Verschiebung des Erdpotentials näher an die Feldquelle heran – tritt unabhängig davon auf, ob die geerdete Fläche auf einer natürlichen Äquipotentialfläche liegt oder nicht. Auch wenn die ursprünglich *ungeerdete* Fläche am Feldverlauf nichts ändert und das E-Feld *nicht stört,* so bewirkt ihre Erdung eine Feldstärkeerhöhung in dem der Feldquelle zugewandten Raumbereich.

Das Prinzip des Effektes ist auch unabhängig von der Intention, warum die Umhüllung angebracht wurde – sei es aus Gründen des Emissions- oder des Immissionsschutzes. Im oben erwähnten Fall (Abschnitt 3.2.3) des abgeschirmten Kabels will man die Ausbreitung des E-Feldes aus dem Kabel verhindern *(Emissionsschutz).* Die Umhüllung könnte aber auch aus den Raumbegrenzungsflächen eines Zimmers bestehen (Wände, Decke, Fußboden), die mit einer leitfähigen Oberfläche versehen und geerdet wurden, um das Eindringen externer elektrischer oder hochfrequenter Felder in den Raum zu verhindern *(Immissionsschutz).* Oder es könnte sich um ein Moskitonetz aus leitfähigem Gewebe handeln, das z. B. ein Bett gegen Hochfrequenzimmissionen des Mobilfunks abschirmen soll. Wird in einen solchen abgeschirmten und geerdeten Raumbereich eine Feldquelle hineingebracht (z. B. Nachttischleuchte, Verlängerungskabel), so ist die von dieser Quelle hervorgerufene elektrische Feldstärke innerhalb des „abgeschirmten" Raumes größer, als sie es ohne die Abschirmung wäre, da mit der geerdeten Abschirmung das Erdpotential als Feldsenke näher gerückt ist.

Auch zu dem Faraday'schen Käfig (s. Bild 3.10) seien auf Basis der Potentialverhältnisse noch einige Betrachtungen angestellt. Das Innere des allseits geschlossenen Faraday'schen Käfigs ist frei von elektrischen Feldern, da es in diesem geschlossenen Volumen keine Feldsenke gibt. Die Hülle des Faraday'schen Käfigs liegt auf einem bestimmten Potential, das von der Stärke der Feldquelle sowie der räumlichen Lage der Hülle relativ zu Feldquelle und Feldsenke abhängt. An allen Raumpunkten innerhalb der Umhüllung herrscht das gleiche Potential wie auf der Hülle selbst; es gibt im Inneren kein Potentialgefälle und damit keine elektrische Feldstärke. Das Innere stellt also ein feldfreies *Äquipotentialvolumen* dar.

Wird die Umhüllung nun geerdet, so wird ihr Potential auf Erdpotential gezwungen (**Bild 3.13 a**). Dadurch ändern sich zwar die Feldverhältnisse außerhalb der Umhüllung, nicht aber innerhalb. Das Innere bleibt weiterhin feldfrei, auch wenn sich das Potential der Umhüllung geändert hat, oder anders ausgedrückt: Das Innere ist feldfrei, unabhängig von der absoluten Höhe des Potentials der Hülle. Entscheidend ist, dass das Potential im Inneren an jedem Punkt gleich ist (Äquipotentialvolumen).

Wird das Erdpotential (oder ein beliebiges fremdes Potential, das ungleich dem Potential im Inneren ist) aber nicht an die Umhüllung gelegt, sondern in das Innere hineingebracht, so ist das Innere nicht mehr feldfrei (**Bild 3.13 b**). Es ist nun kein Äquipotentialvolumen mehr; auf der Länge des Radius der Umhüllung fällt jetzt die Differenz zwischen dem Potential

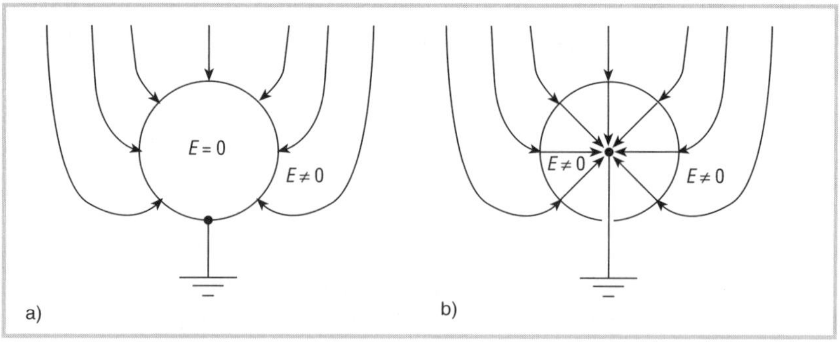

Bild 3.13 *Feldverhältnisse im Faraday'schen Käfig*
a) bei Erdung der Hülle
b) bei in das Innere eingebrachtem Erd- bzw. Fremdpotential; Umhüllung nicht geerdet (aus Symmetriegründen und zur übersichtlicheren Darstellung wird hier das Erd-/Fremdpotential als punktförmig in der Mitte angenommen)

der Umhüllung (das durch die kapazitive Ankopplung der Hülle an das E-Feld bedingt ist) und dem Erd- bzw. Fremdpotential im Inneren ab. Für die Auswirkungen auf das elektrische Feld ist es prinzipiell gesehen gleich, ob das ins Innere eingebrachte Potential höher oder niedriger ist als das Potential der Umhüllung, ob also eine Feldquelle oder eine Feldsenke installiert wird. Als Ergebnis resultiert immer die Aufhebung der Feldfreiheit und die Entstehung eines elektrischen Feldes.

Ist die Umhüllung geerdet, so liegt auch das Innere auf Erdpotential; das Einbringen eines geerdeten Gegenstandes ändert dann an den Feldverhältnissen nichts.

Lässt sich die Umhüllung aber nicht erden, weil sie z. B. nicht kontaktierbar ist (leitfähiges Material, eingebettet in isolierende Schichten oder textile Gewebe, wie sie z. B. zur Hochfrequenzabschirmung gebräuchlich sind), so sind die o. a. Effekte bei Messungen und Sanierungsvorschlägen zu berücksichtigen. Insbesondere muss beachtet werden, dass bei einer erdpotentialbezogenen E-Feldmessung in dieser Situation das Erdpotential in die Hülle eingebracht wird (durch Messsonde und Erdmessleitung). Somit wird durch das Messverfahren selbst ein Feld erzeugt, das ohne das Messgerät nicht vorhanden ist (Kunstfehler!). Gleiches gilt im Prinzip, wenn in eine solche Umhüllung Leitungen oder Geräte mit einer geerdeten Abschirmung eingebracht werden. Wie stark der felderzeugende Effekt ist, muss im Einzelfall individuell mittels potentialfreier Messung geprüft werden.

Abschließend sei noch der Fall betrachtet, dass die Umhüllung nicht ganz geschlossen, sondern zu einer Seite hin offen ist (z. B. Bett-Baldachin aus nicht kontaktierbarem Hochfrequenz-Abschirmgewebe, der nach unten hin offen ist). Wird nun die Lücke am Boden unter dem Bett mit einem anderen leitfähigen Material geschlossen und ggf. zusätzlich geerdet, so kann hierdurch aufgrund der unterschiedlichen Potentiale von Baldachin und Bodenabschirmung erst recht ein elektrisches Feld im Inneren des Baldachins provoziert werden. Es ist zu erwarten, dass bei Erdung der Bodenabschirmung das Feld stärker ausfällt (**Bild 3.14 b**), höhere Feldliniendichte) – da dann die Potentialdifferenz der beiden Teilhüllen durch das aufgezwungene Erdpotential größer ist – als wenn die Bodenabschirmung nicht geerdet wird bzw. nicht geerdet werden kann, weil sie ebenfalls nicht kontaktierbar ist (**Bild 3.14 a**), niedrigere Feldliniendichte). Ist sie nicht geerdet, so stellt sich eine Potentialdifferenz ein, die aus der unterschiedlich hohen Ankopplung der beiden Teilflächen aufgrund ihrer unterschiedlichen räumlichen Lage zwischen Feldquelle und Feldsenke resultiert. Wie stark sich das Feld ausbildet, muss in solchen Fällen ebenfalls individuell mittels potentialfreier Messung überprüft werden.

Nur wenn beide Teilflächen kontaktierbar sind und entweder leitfähig miteinander verbunden sind, so dass sich wieder eine geschlossene Gesamthülle ergibt (**Bild 3.15 a**), oder/und wenn beide Teilflächen geerdet sind (**Bild 3.15 b**), ist das Innere feldfrei.

Generell ist zu beachten, dass sowohl die räumliche Verlagerung von Feldquellen wie von Feldsenken Auswirkungen auf das elektrische Feld hat. Dies wird insbesondere bei Erdungsmaßnahmen an großflächigen Abschirmungen (räumliche Verlagerung der Feldsenke!) gerne übersehen.

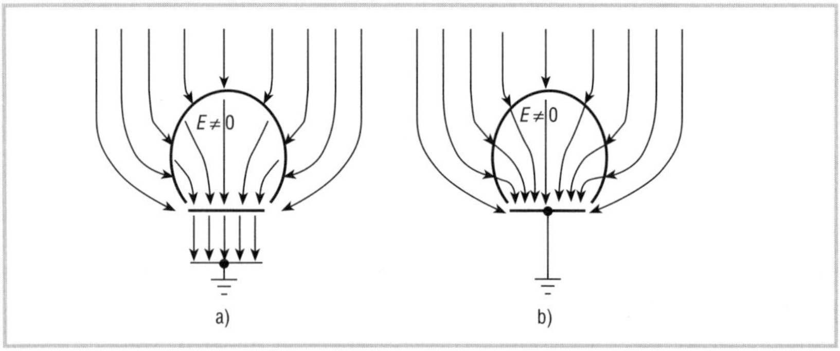

Bild 3.14 *Feldverhältnisse bei zwei Teilumhüllungen, von denen die obere nicht kontaktierbar ist*
a) Bodenabschirmung nicht geerdet b) Bodenabschirmung geerdet

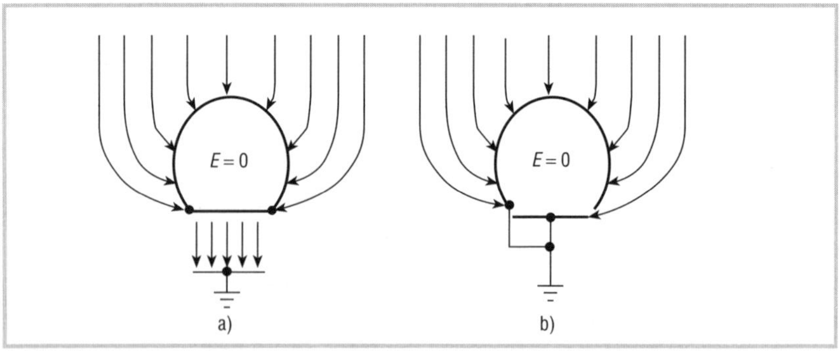

Bild 3.15 *Feldverhältnisse bei zwei Teilumhüllungen, die beide kontaktierbar sind*
a) Bodenabschirmung nicht geerdet b) Bodenabschirmung geerdet

3.3 Magnetische Wechselfelder (Niederfrequenz)

3.3.1 Magnetische Wirbelfelder

Magnetische Wechselfelder existieren – ebenso wie magnetische Gleichfelder – *ausschließlich* als Wirbelfelder (s. Abschn. 3.1.3). Ihre Kraft- bzw. Feldlinien sind in sich geschlossen; sie weisen keinen Anfang und kein Ende auf. Es existiert keine Feld-„Quelle" oder -„Senke" in der Art wie bei den Quellenfeldern; magnetische Pole können nicht voneinander getrennt werden, sie treten immer gemeinsam als Dipol („Zweipol") auf (z. B. beim Permanentmagneten als Nord- und Südpol bezeichnet).

Für homogene Stoffe gilt allgemein die Beziehung

$$B = \mu \cdot H$$

und speziell im freien Raum

$$B = \mu_0 \cdot H$$

mit $\mu_0 = 1{,}2566 \cdot 10^{-6}$ Vs/Am

Die *Permeabilitätszahl* (relative Permeabilität) μ_r eines Materials kennzeichnet seine magnetischen Eigenschaften und gibt an, um welchen Faktor die magnetische Flussdichte in diesem Material bei gleicher Feldstärke höher ist als in Luft oder im Vakuum. Damit gilt für den Zusammenhang zwischen magnetischer Feldstärke und Flussdichte in einem Material die Beziehung

$$B = \mu \cdot H = \mu_0 \cdot \mu_r \cdot H$$

Die Permeabilitätszahl von Luft und Vakuum beträgt demnach 1. Bei ferromagnetischen Materialien, z. B. Transformatorblechen, liegt sie in der Größenordnung von einigen 100 bis einigen 1000 und kann bei besonders hochwertigen Werkstoffen, z. B. MU-Metall/Permalloy, das für magnetische Abschirmungen verwendet wird, bis zu 40 000 betragen.

H hat die Einheit A/m. Daraus folgt für *B* die Einheit Vs/Am · A/m = Vs/m^2. Diese Einheit trägt die Bezeichnung Tesla (T).

Insbesondere in den USA ist auch noch die Einheit Gauß gebräuchlich – abgekürzt G:

$$1\ \text{G} = 10^{-4}\ \text{T} = 0{,}1\ \text{mT}$$

$$1\ \text{mG} = 100\ \text{nT}$$

Magnetische Feldstärke *H* und Flussdichte *B* stellen Vektorgrößen dar; sie weisen im Raum eine Richtung auf, die durch jeweils senkrecht aufeinander stehende Raumkoordinaten *x*, *y*, und *z* beschrieben werden kann. Dementsprechend können in Richtung dieser Raumkoordinaten die anteiligen Flussdichtekomponenten B_x, B_y und B_z gemessen werden. Ihre geometrische Addition ergibt den resultierenden Betrag der Flussdichte, die sogenannte *Ersatzflussdichte*

$$B_{\text{Ersatz}} = \sqrt{B_x^2 + B_y^2 + B_z^2}$$

Führt ein Leiter Strom und befindet sich der Rückleiter weit entfernt, so nimmt die magnetische Flussdichte B umgekehrt proportional zum Abstand a vom Leiter ab ($B \sim 1/a$). Bei Verdoppelung des Abstandes sinkt die Flussdichte also auf die Hälfte, bei Verdreifachung auf ein Drittel usw. In diesem Fall spricht man auch vom Feld eines *Einleiterstromes*. Bei bestimmten Netzsystemen der elektrischen Energieversorgung (TN-C-, TN-C-S-System) kann es zu sogenannten *Fehl- oder Differenzströmen* bzw. zu vagabundierenden Strömen kommen, die über nicht dafür vorgesehene elektrisch leitfähige Installationen (z. B. Gas- und Wasserleitungen, Heizungsrohre) oder durch das Erdreich fließen (Details hierzu siehe [2] und [2a]). Hierbei handelt es sich um Einleiterströme mit der entsprechenden Feldausprägung.

Die Rückströme von elektrischen Bahnen sind ebenfalls Einleiterströme. Dies gilt prinzipiell auch für die Ströme auf dem Fahrdraht, jedoch werden insbesondere an Bahntrassen mit hohem Lastaufkommen an den Tragmasten verstärkt eigene Rückleiter angebracht, so dass dann zumindest ein großer Teil des Rückstroms in Trassennähe fließt.

Verlaufen Hin- und Rückleiter nämlich parallel und nahe beieinander, so kommt es zu einem Kompensationseffekt, der das aus beiden Leitern resultierende Magnetfeld verringert (*Zweileiterstrom*, **Bild 3.16**).

Da die Ströme in den beiden Leitern in entgegengesetzte Richtungen fließen, sind auch die von den Strömen erzeugten Magnetfelder gegensinnig

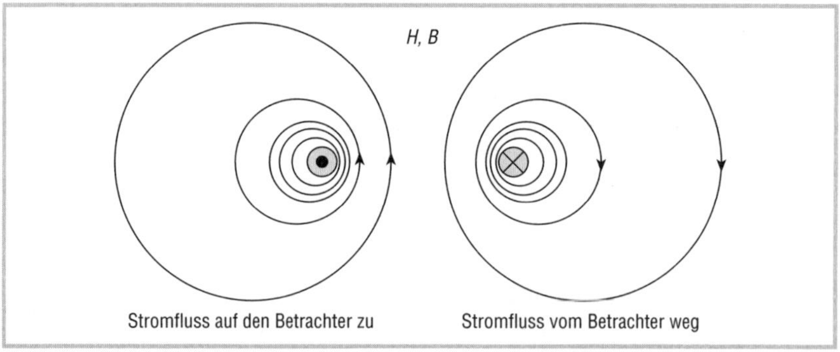

Bild 3.16 *Magnetfeld um eine stromdurchflossene Paralleldrahtleitung*

gerichtet und heben sich – teilweise – auf. Je näher die Leiter beieinander liegen, umso besser gelingt die Kompensation und umso kleiner ist das resultierende Magnetfeld. Bei einer völlig rotationssymmetrischen Anordnung, wie sie beim Koaxialkabel gegeben ist, wird das Magnetfeld außerhalb des Kabels zu null. Bei einer Paralleldrahtleitung nimmt die magnetische Flussdichte etwa umgekehrt proportional zum Quadrat des Abstandes vom Leiterpaar ab *($B \sim 1/a^2$)*, s. **Tabelle 3.12** und **Bild 3.17.**

Verdrillt man zusätzlich noch bei einer Paralleldrahtleitung die beiden Leiter miteinander, so tritt ein weiterer Kompensationseffekt ein, da nun auch in der Längsachse des Leiterpaares das Magnetfeld seine Richtung im Abstand der sogenannten *Schlaglänge* umkehrt. Die Schlaglänge ist die Länge, innerhalb derer das Kabelpaar einmal verdrillt ist. Dieser Effekt wirkt sich in Entfernungen senkrecht zum Leiterpaar aus, die größer als eine Schlaglänge sind. Dann verringert sich die magnetische Flussdichte etwa umgekehrt proportional zur dritten Potenz des Abstandes ($B \sim 1/a^3$), s. Tabelle 3.12 und Bild 3.17. Diese Entfernungsgesetzmäßigkeit gilt näherungsweise auch für Transformatoren.

Tabelle 3.12 *Relative Änderung der magnetischen Flussdichte B (in %) als Funktion des Abstandes a vom Leiter (B = 100 % bei a = 1)*

	Magnetische Flussdichte in % bei relativem Abstand *a*							
Flussdichte proportional zu	**1**	**1,5**	**2**	**2,5**	**3**	**4**	**5**	
$1/a$	100	66,7	50,0	40,0	33,3	25,0	20,0	Einzeldraht
$1/a^2$	100	44,4	25,0	16,0	11,1	6,3	4,0	Paralleldraht
$1/a^3$	100	29,6	12,5	6,4	3,7	1,6	0,8	Paralleldraht verdrillt

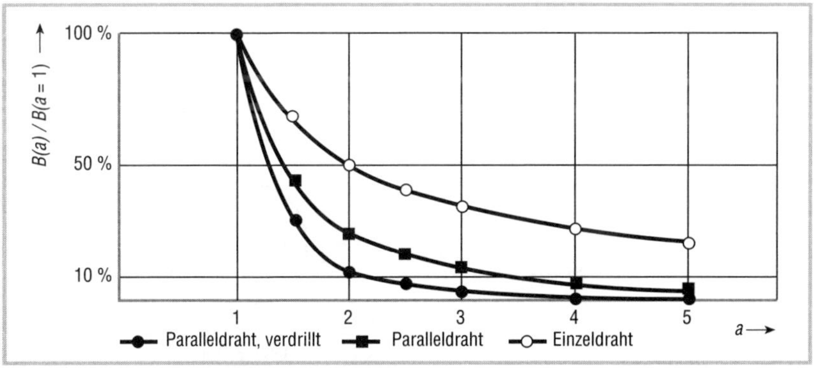

Bild 3.17 *Relative Änderung der magnetischen Flussdichte B (in %) als Funktion des Abstandes a vom Leiter (B = 100 % bei a = 1)*

3.3.2 Magnetische Induktion

Gemäß einer der Maxwell'schen Gleichungen können elektrische Felder als Wirbelfelder auftreten, wenn sie von einem sich verändernden Magnetfeld hervorgerufen werden. Für die Wirbeldichte des elektrischen Feldes gilt dann:

$$\text{rot}\, E = -\, \partial/\partial t\, B = -\, \partial/\partial t\, (\mu_0 \cdot H)$$

B magnetische Flussdichte oder Induktion,
$B = \mu_0 \cdot H$ im freien Raum.

Dieser Effekt wird als *Induktion* bezeichnet; ein sich änderndes Magnetfeld (Wirbelfeld) „induziert" ein elektrisches Wirbelfeld. Die Bezeichnung *Induktion* wird also in einem doppelten Sinne verwendet: Zum einem ist sie Synonym für die magnetische Flussdichte; zum anderen bezeichnet sie den physikalischen Vorgang der Induktion, wie er oben beschrieben und in **Bild 3.18** dargestellt ist. In diesem Bild sind das elektrische und das magnetische Wirbelfeld der besseren Übersichtlichkeit halber räumlich getrennt gezeigt, während sich in der physikalischen Realität beide Felder am gleichen Ort befinden. Dabei steht das induzierte elektrische Wirbelfeld senkrecht zum induzierenden Magnetfeld.

Der Effekt der Induktion bildet u. a. die Grundlage für das Funktionsprinzip des Transformators: Ein durch eine Spule (Primärwicklung) fließender Wechselstrom erzeugt eine magnetische Flussdichte, deren zeitliche Änderung wiederum in einer zweiten Spule (Sekundärwicklung) ein elektrisches Wirbelfeld und damit eine elektrische Spannung induziert. Voraussetzung für das Induktionsprinzip ist ein Wechselfeld. Ein „Gleichspannungstransformator" ist damit also nicht möglich.

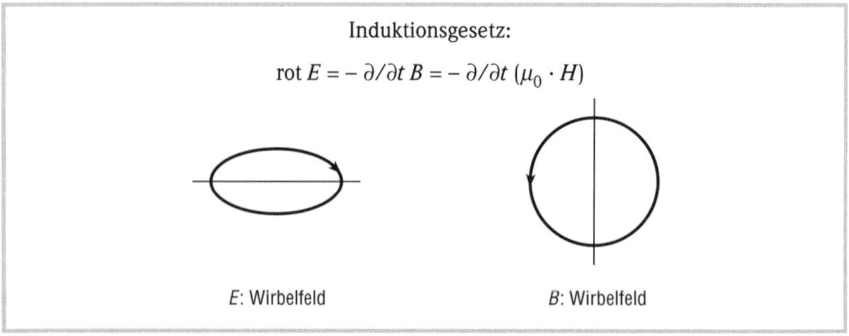

Bild 3.18 *Induktionseffekt*

Außerdem ermöglicht der Induktionseffekt die Messung von magnetischen Wechselfeldern. Magnetfeldmessgeräte auf Induktionsbasis verfügen über eine Messspule, in der eine Spannung erzeugt wird, die der Änderung der zu messenden magnetischen Flussdichte proportional ist. Dies bedeutet, dass sie proportional ist zum Betrag des Magnetfeldes, den man eigentlich messen will, aber auch zu seiner Frequenz, da beides Einfluss auf die Änderungsgeschwindigkeit $\partial B/\partial t$ hat.

Die Änderungsgeschwindigkeit entspricht der Steigung des dreieckförmigen Induktionsverlaufes in **Bild 3.19 oben.** Da diese Steigung bei jedem der drei u. a. Feldverläufe jeweils abschnittsweise konstant ist und dann die Richtung wechselt, sind die induzierten Spannungen in **Bild 3.19 unten** ebenfalls jeweils abschnittsweise konstant – mit wechselndem Vorzeichen. Aufgrund des negativen Vorzeichens in der Maxwell'schen Gleichung rot $E = - \partial B/\partial t$ ergibt sich eine negative Spannung, wenn die Steigung $\partial B/\partial t$ positiv ist und umgekehrt.

Bei sinusförmigem Induktionsverlauf ergäbe sich eine ebenfalls sinusförmige, aber phasenverschobene induzierte Spannung mit äquivalenten Amplituden.

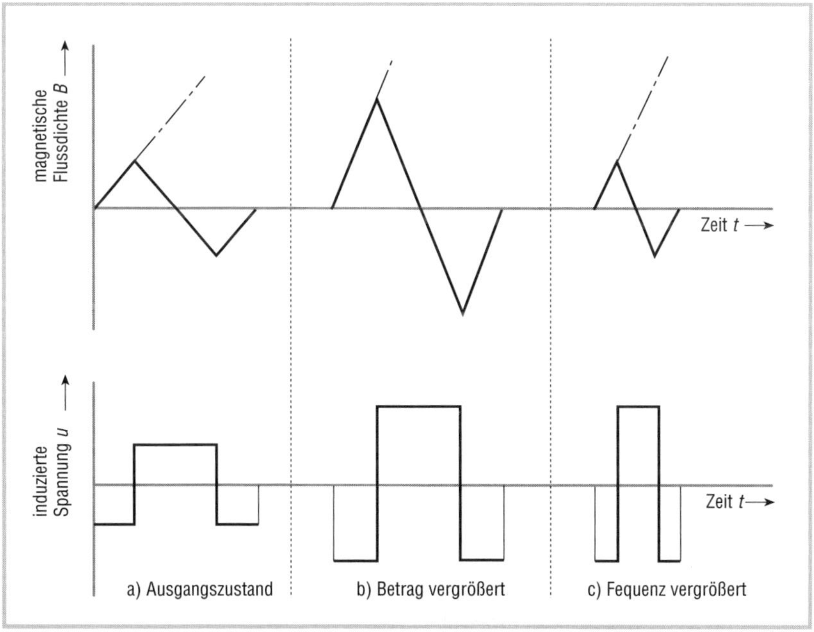

Bild 3.19 *Betrags- und Frequenzabhängigkeit der induzierten Spannung*

Solche Magnetfeldmessgeräte müssen daher mit einem geeigneten Filter ausgestattet sein, das die Frequenzabhängigkeit des Induktionseffektes kompensiert (s. Abschn. 4.1.1).

Die Änderung der magnetischen Flussdichte kann nicht nur durch einen Wechselstrom verursacht werden. Bewegt sich ein leitfähiges Gebilde (z. B. eine Leiterschleife) in einem *inhomogenen* magnetischen *Gleichfeld,* so ergibt sich innerhalb der leitfähig umschlossenen Fläche ebenfalls eine zeitliche Änderung der magnetischen Flussdichte, und es kommt durch den Induktionseffekt zu einer elektrischen Spannung in der Leiterschleife. Das Gleiche gilt, wenn eine Leiterschleife in einem Magnetfeld – auch in einem *homogenen* Magnetfeld – *beschleunigt* wird.

Übertragen auf die baubiologische Praxis bedeutet dies Folgendes: Durch Bewegung des – elektrisch leitfähigen – menschlichen Körpers in einem inhomogenen magnetischen Gleichfeld, wie es z. B. auf einer Federkernmatratze vorhanden ist, werden im Körper elektrische Wirbelfelder induziert, und es kommt zum Fließen von Wirbelströmen im Körper.

Außerdem ist das Prinzip der Induktion von Bedeutung für die Funktion von elektrischen Motoren, Generatoren und – wie oben gezeigt – von Magnetfeldmessgeräten.

Bildet sich das induzierte elektrische Wirbelfeld in einem elektrisch leitfähigen Material, so kommt es zum Stromfluss in Form von sogenannten *Wirbelströmen*. Diese Wirbelströme erzeugen ihrerseits wieder ein Magnetfeld, das sich dem ursprünglichen Magnetfeld überlagert (**Bild 3.20**). Wegen des Minuszeichens in der Maxwell'schen Gleichung rot E = – ∂/∂t B wir-

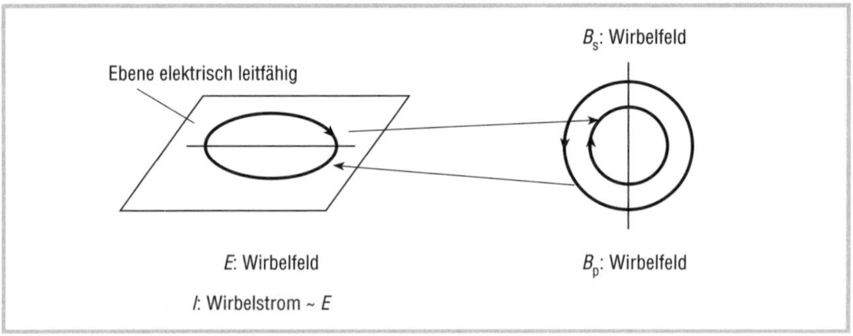

Bild 3.20 *Gegen-Induktion*
B_p *primäres (induzierendes) Magnetfeld*
B_s *sekundäres (gegen-induziertes) Magnetfeld*
E *induziertes elektrisches Wirbelfeld*
I *vom elektrischen Wirbelfeld verursachter Wirbelstrom*

ken diese Magnetfelder dem ursprünglichen Feld entgegen und schwächen es ab, man spricht hier vom Effekt der *Gegen-Induktion*.

Die Gegen-Induktion kann gezielt zur Reduzierung magnetischer Wechselfelder eingesetzt werden. Ihre Wirksamkeit steigt mit der elektrischen Leitfähigkeit des Materials und der Höhe der Frequenz.

Bei 50 Hz ist der Effekt relativ gering, bei Frequenzen im Lang-, Mittel- und Kurzwellenbereich dagegen gravierend. Das Diagramm in **Bild 3.21** zeigt hierzu die Schirmdämpfungen von zwei massiven, feinmaschigen Kupfergeweben. Oberhalb von 20 MHz ist die frequenzabhängige Dämpfung des elektrischen Feldes dargestellt, die aufgrund des Maschencharakters der Materialien mit zunehmender Frequenz sinkt. Unterhalb von 20 MHz ist die Dämpfung des magnetischen Feldes dargestellt, die mit zunehmender Frequenz steigt, wie es dem Gegen-Induktionseffekt entspricht. Die erzielten Schirmdämpfungen von ca. 70 dB bis über 120 dB sind als herausragend zu bezeichnen. Die magnetische Feldkomponente im Nahfeld (s. Abschnitt 3.5.2) von Lang-, Mittel- und Kurzwellensendern lässt sich nur auf diese Weise in nennenswertem Maß reduzieren.

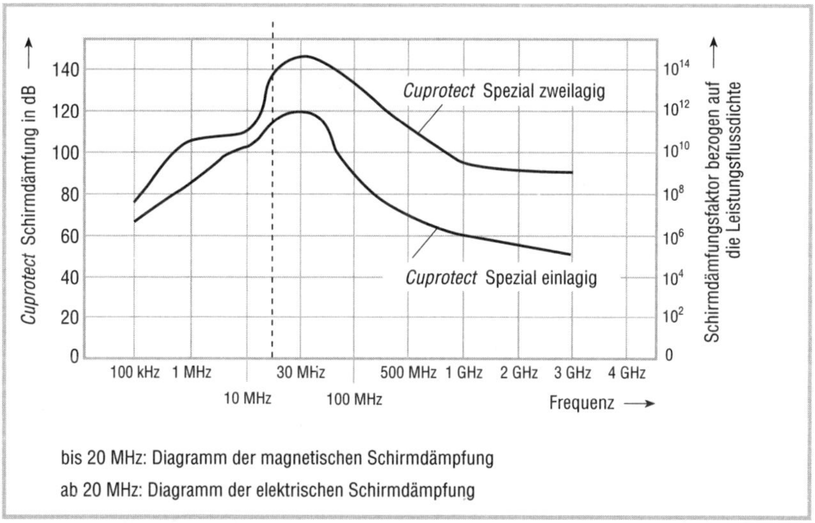

Bild 3.21 *Nutzung der Gegen-Induktion zur Dämpfung von hochfrequenten Magnetfeldern*

3.4 Der Kilohertz- und untere Megahertz-Bereich: Netzoberschwingungen, „Dirty Power", PLC

3.4.1 Netzoberschwingungen, „Dirty Power"

Ein besonderes Problem stellen immer häufiger nichtlineare Verbraucher wie elektronische Steuerungen, Regelungen, Frequenzumrichter, Wechselrichter und EVG von Leuchtstofflampen dar. Die von diesen Geräten als „Schmutzeffekt" erzeugten Oberschwingungen der Netz-Grundfrequenz 50 Hz haben das geflügelte Wort „Dirty Power" geprägt.

Neben technischen Störungen anderer elektrischer Geräte kann es hier sogar zu Sicherheitsproblemen in Elektroanlagen durch die 3. Harmonische (150 Hz) kommen, wenn eine ältere elektrische Anlage mit reduziertem Neutralleiterquerschnitt installiert wurde. Da sich bei 150 Hz, dem Dreifachen der Grundschwingung, im Dreiphasensystem die Ströme nicht kompensieren wie bei der 50-Hz-Grundschwingung, sondern addieren, kann es hier zu beträchtlichen Strömen auf dem N-Leiter kommen – bis hin zur Brandgefahr.

3.4.2 PLC – Powerline Communication

Das altbekannte, aber heute kaum noch gebräuchliche Prinzip des Babyphons, nämlich die Leitungen der elektrischen Hausinstallation zur Informationsübertragung zu nutzen, erlebt seit einigen Jahren eine Renaissance für die Datenübertragung in Computernetzwerken, die als dLAN (direct LAN) oder indoor PLC (Powerline Communication) bezeichnet werden.

Früher arbeiteten Babyphone nicht wie heute meist üblich per Funk, sondern sie nutzten die Leitungen der Elektroinstallation, um Sprachsignale von einem Raum (Kinderzimmer) in einen anderen (z. B. Wohnzimmer) zu übertragen. Heutzutage ist dieses Übertragungsprinzip für Babyphone unüblich geworden und es dominieren hier fast durchweg Funklösungen.

Mit dem Aufkommen von Computernetzwerken und Internetanwendungen in kleineren Büros und in Wohnungen war anfänglich, wenn keine Netzwerkkabel verlegt sind, das WLAN (Wireless Local Area Network) nahezu selbstverständlich. Aber vor einigen Jahren hat die Industrie das alte „Babyphon-Prinzip" wiederentdeckt – diesmal nicht für die Übertragung von Sprache bzw. Babygeschrei, sondern für die schnelle Datenübertragung und den Internet-/Emailzugriff per dLAN.

Bild 3.22 zeigt den prinzipiellen Aufbau eines dLAN. Die dort eingezeichnete 230-V-Leitung repräsentiert alle Leitungen der elektrischen Hausinstallation. Das dLAN-Signal kann dementsprechend an jeder beliebigen Steckdose abgegriffen werden. Am dLAN-Modem können als Endgeräte Notebooks und PCs angeschlossen werden, aber auch netzwerkfähige Drucker, Scanner, Server usw. Mittlerweile gibt es Modems mit integriertem Switch, an denen sich gleich mehrere Endgeräte anschließen lassen.

Aber Achtung: Es gibt auch dLAN-Modems, die zusätzlich ein WLAN-Modul enthalten. Dies ist nicht unbedingt direkt erkenntlich, da die Antenne sich häufig innerhalb des Gehäuses befindet. Hier erfolgt die Verbindung vom dLAN-Modem zum Endgerät nicht per Ethernet/LAN-Kabel, sondern drahtlos per Funk. Damit ist aus Sicht der Immissionsminimierung gegenüber dem Betrieb eines „normalen" WLAN nichts gewonnen. Beim Betrieb solcher Modems sollte daher – was meistens, aber nicht immer möglich ist – die WLAN-Funktion durch einen Schalter am Modem oder in der Softwarekonfiguration ausgeschaltet werden.

Im Gegensatz zum funkbasierten WLAN erfolgt beim dLAN die Übertragung leitungsgebunden. Aus Immissionsgesichtspunkten elektromagnetischer Felder ist dies zunächst einmal positiv. Die Leitungen der elektrischen Hausinstallation wirken aber wie Antennen und strahlen – als unerwünschte Nebenwirkung – einen Teil der Signalleistung in den Raum ab.

dLAN arbeiten mit einem breitbandigen Übertragungsverfahren (OFDM: Orthogonal Frequency Division Multiplexing, vgl. Abschnitt 3.5.7.7) im Bereich von ca. 1 MHz bis 30 MHz. Die von ihnen abgestrahlten Hochfrequenz-Emissionen liegen damit in diesem Frequenzbereich. Bild 3.22 zeigt in der Spektrumsdarstellung exemplarisch das Signal eines dLAN-Modems an der Elektroanlage eines Einfamilienhauses, das den Frequenzbereich von

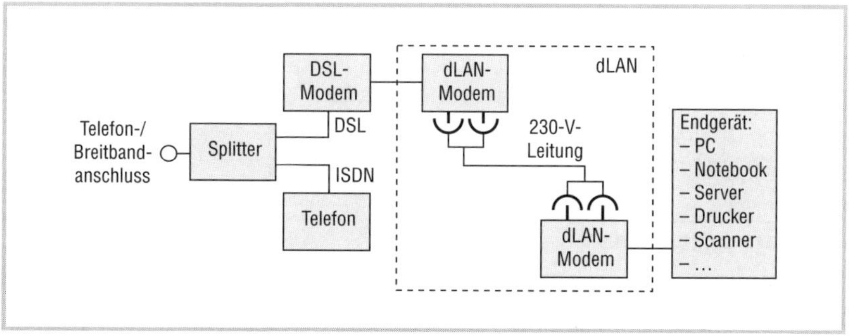

Bild 3.22 *Prinzipielle Konfiguration eines dLAN*

ca. 1,5 MHz bis 28 MHz belegt (Kurve a). Die Messung in **Bild 3.23** erfolgte mittels Spektrumanalysator direkt an der 230-V-Steckdose über einen speziellen Auskoppeladapter, der die Netzfrequenz von 50 Hz unterdrückt und nur das hochfrequente dLAN-Signal passieren lässt (s. Abschnitt 4.4.1). Die vom Modem auf die Netzleitung aufgeprägte Signalspannung wurde zu ca. 3,5 V mit dem Peak-Detector (Spitzenwert) gemessen. Der mit dem RMS-Detector gemessene Effektivwert betrug ca. 1 V. Das Verhältnis von Peak- zu RMS-Wert entspricht 11 dB und stellt einen für das verwendete OFDM-Übertragungsverfahren typischen Wert dar.

An einem anderen, älteren Modemtyp des gleichen Herstellers wurden mit ca. 1 V Peak und 0,3 V RMS niedrigere Spannungen gemessen. Dies macht deutlich, dass man nicht alle Typen über einen Kamm scheren darf, sondern dass unterschiedliche Modemtypen zu unterschiedlich hohen Immissionen führen können.

Die „Buckel" in Bild 3.23, Kurve a, und der Abfall zu höheren Frequenzen hin zeigen deutlich den Einfluss der Netzimpedanz. Bei ideal konstan-

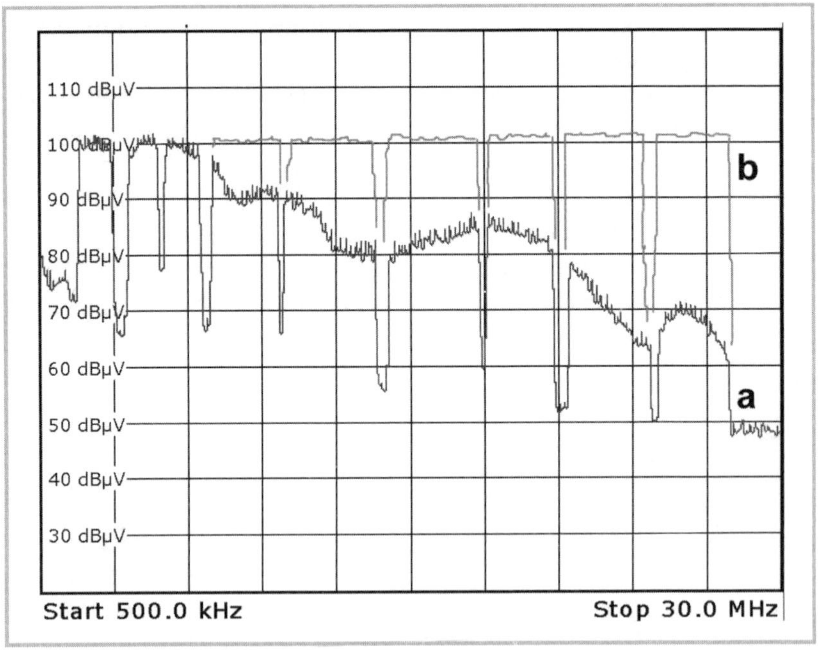

Bild 3.23 *dLAN-Spektrum (Frequenzbereich 500 kHz ... 30 MHz)*
a) Exemplarisches dLAN-Signal in der Spektrumsdarstellung am realen Netz
b) Theoretischer Idealverlauf bei konstanter Netzimpedanz

ter Netzimpedanz über den gesamten Frequenzbereich ergäbe sich theoretisch ein Verlauf gemäß Bild 3.23, Kurve b.

In beiden Kurven sind schmale Absenkungen zu erkennen; auf diesen Frequenzen wird nicht gesendet, da es sich hier um Amateurfunkbänder handelt, die nicht gestört werden sollen. Im Standby-Zustand (also wenn keine Daten übertragen werden) senden die Modems permanent ein „Bakensignal" aus. Die Höhe der Spannung im Standby und während der Datenübertragung unterscheidet sich nur unwesentlich. Das Standby-Signal ist periodisch gepulst. Die Pulsfrequenz beträgt je nach Typ ca. 0,5 Hz bis zu mehreren 10 Hz (**Bild 3.24**).

Während des Datentransfers werden die Informationen in „Datenpaketen" übertragen (**Bild 3.25**). Hier ist keine dominante feste Pulsfrequenz festzustellen.

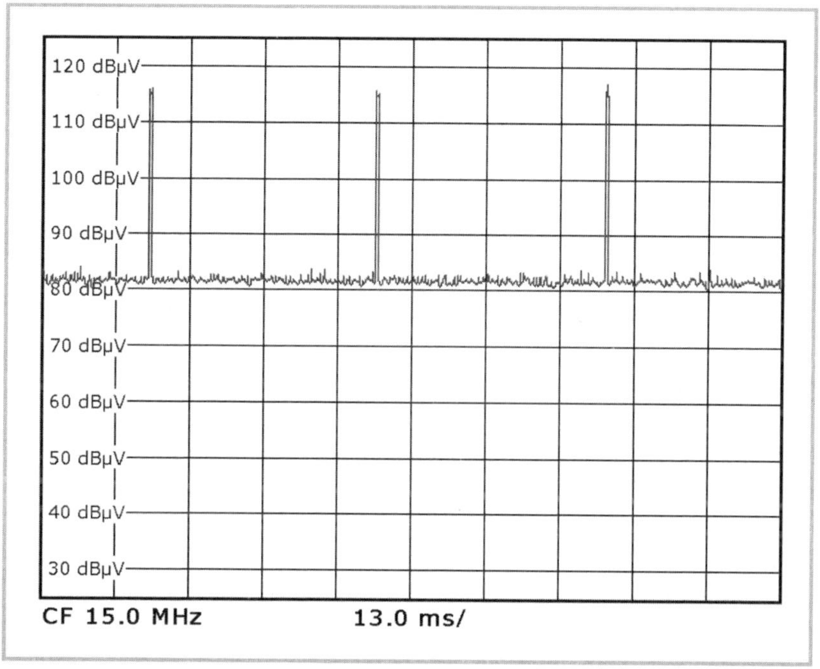

Bild 3.24 *Exemplarisches dLAN-Signal im Standby, Pulsfrequenz 25 Hz (Zeitskala 130 ms)*

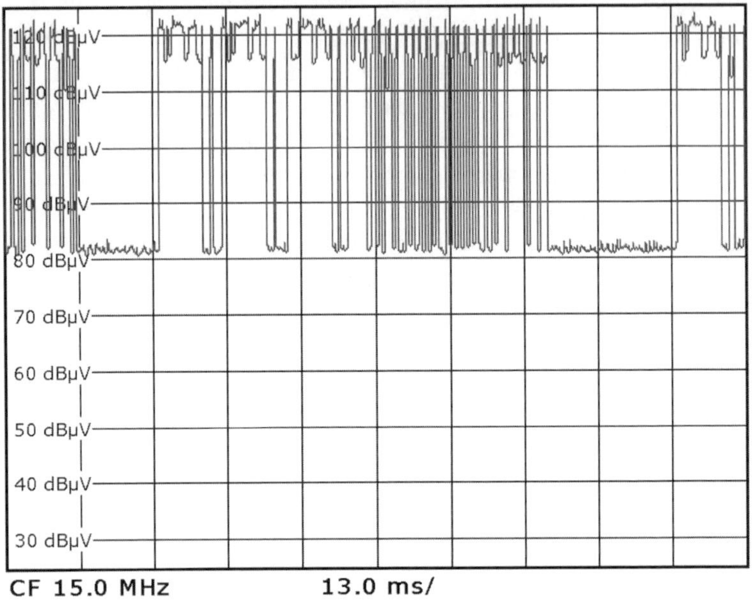

Bild 3.25 *Exemplarisches dLAN-Signal mit Datenübertragung (Zeitskala 130 ms)*

3.5 Elektromagnetische Wellen (Hochfrequenz)

3.5.1 Frequenzbereiche elektromagnetischer Wellen

EMF werden von der IEC (International Electrotechnical Commission) gemäß Tabelle 5.2 des Anhangs 5.2 in Frequenzbereiche unterteilt. Die Unterteilung ist hier so gewählt, dass jeder Bereich eine Dekade (Verhältnis 10:1) umfasst und die Wellenlängen der Bereichsgrenzen glatte Dezimalwerte ergeben. (Zur Umrechnung von Frequenzen und Wellenlängen s. Abschn. 3.5.2.)

Der für Telekommunikationszwecke genutzte Frequenzbereich beginnt hier mit den Langwellen bei 30 kHz und erstreckt sich bis 300 GHz. Internationale Frequenzbereichszuweisungen an Funkdienste beginnen allerdings bereits bei 9 kHz. Aber auch noch tiefere Frequenzen werden für spezielle Einsatzgebiete zur Funkübertragung genutzt, z. B. der Bereich um 80 Hz für die Unterwasserkommunikation mit U-Booten.

Im englischen Sprachgebrauch ist es üblich, den Hochfrequenzbereich bis 300 MHz als Radio Frequency (abgekürzt RF) zu bezeichnen. Für Frequenzen oberhalb von 300 MHz wird der Begriff Mikrowellen (Microwave) verwendet.

Für den Mikrowellenbereich ist international eine weitere Einteilung in Bänder gebräuchlich, die nicht nach solchen formalen Kriterien wie bei der IEC-Liste vorgenommen wurde (**Tabelle 5.3** des Anhangs). Diese Einteilung stellt keinen offiziell verbindlichen Standard dar, sondern eine informelle Übereinkunft, die teilweise in einzelnen Staaten oder von einzelnen Laboratorien nach ihren jeweiligen Gesichtspunkten modifiziert wird.

3.5.2 Abstrahlung und Ausbreitung elektromagnetischer Wellen

Wellenabstrahlung erfolgt, wenn die mechanischen Abmessungen des abstrahlenden Elements in der Größenordnung von mindestens einem Viertel der Wellenlänge oder ganzzahligen Vielfachen davon liegen. Dann sind die mit jeder leitenden räumlichen Anordnung verbundene Kapazität und Induktivität so groß, dass es zu einer Resonanz für die abzustrahlende Frequenz kommt. Besonders effektive Strahler sind *Antennen;* aber auch Leitungen und Geräteschaltungen können ihren Abmessungen entsprechende Frequenzen aussenden. Dies erfolgt meist ungewollt als Störstrahlung.

Bei der *Ausbreitung* einer elektromagnetischen Welle sind elektrisches Feld E und magnetisches Feld H fest miteinander verkettet, wenn man sich im Fernfeld befindet (s. u.).
Es gilt dann die Beziehung

$$E = H \cdot Z_0$$

$Z_0 = \sqrt{\mu_0 / \varepsilon_0} = 377\ \Omega$	Wellenwiderstand des freien Raumes,
$\mu_0 = 1{,}2566 \cdot 10^{-6}$ Vs/Am	magnetische Feldkonstante, magnetische Permeabilität des freien Raumes,
$\varepsilon_0 = 8{,}8542 \cdot 10^{-12}$ As/Vm	elektrische Feldkonstante, Permittivität des freien Raumes.

Für die zugehörige *Strahlungsdichte* (= Leistungsflussdichte) S gilt

$$S = E \cdot H = E^2 / Z_0 = H^2 \cdot Z_0$$

Hat man also im Fernfeld eine der Größen E, H oder S gemessen, so sind die übrigen Größen dadurch mitbestimmt und lassen sich gemäß den o. a. Formeln berechnen.

Als *Fernfeld* bezeichnet man den Bereich, in dem die elektrische Komponente und die magnetische Komponente der sich ausbreitenden Welle in einem konstanten Verhältnis zueinander stehen *($E/H = Z_0$)*. Dies ist im Allgemeinen der Fall, wenn die folgenden beiden Bedingungen erfüllt sind:

1. Der Abstand *a* von der Sendeantenne ist groß gegenüber der Wellenlänge λ (mindestens vier Wellenlängen, $a \geq 4 \cdot \lambda$) und
2. der Abstand *a* von der Sendeantenne ist groß gegenüber der größten mechanischen Abmessung *D* der Sendeantenne im Verhältnis zur Wellenlänge $[a \geq 2 \cdot (D^2/\lambda)]$.

Das *Nahfeld* eines Senders umfasst entsprechend den Bereich mit weniger als 4 Wellenlängen Abstand von der Sendeantenne. Hier müssen elektrische und magnetische Feldstärke separat gemessen werden; eine Umrechnung über den Wellenwiderstand des freien Raumes wie im Fernfeld ist nicht zulässig.

Das elektrische und das magnetische Feld einer Welle stehen senkrecht aufeinander und jeweils senkrecht zur Ausbreitungsrichtung. Als *Polarisationsebene* wird die Ebene des elektrischen Feldes bezeichnet. Diese kann zeitlich konstant sein *(linear polarisiert)* oder um die Ausbreitungsrichtung rotieren *(zirkular polarisiert)*. **Bild 3.26** zeigt die Ausbreitung einer vertikal linear polarisierten elektromagnetischen Welle (Näheres zur Polarisation s. Abschn. 3.5.4.1).

Die räumliche Ausdehnung eines Wellenzuges entspricht der *Wellenlänge* λ.

Je höher die Frequenz *f*, desto kürzer ist die Wellenlänge. Es gelten die Beziehungen

$\lambda = c/f$ und umgekehrt $f = c/\lambda$

$c = 300\,000$ km/s = Lichtgeschwindigkeit.

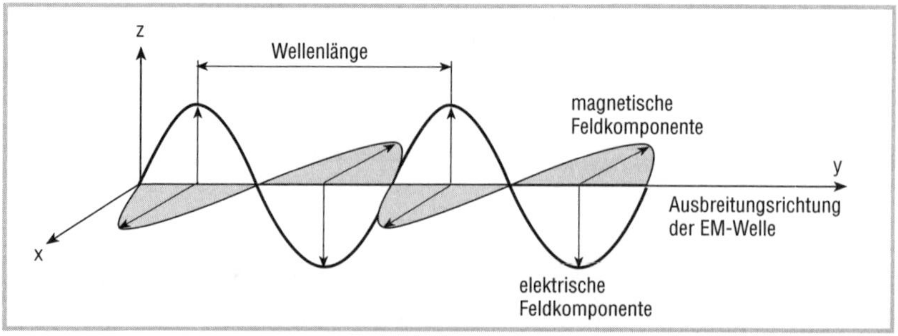

Bild 3.26 *Ausbreitung einer elektromagnetischen Welle (vertikal polarisiert)*

Wie und auf welchen Wegen sich elektromagnetische Wellen ausbreiten, hängt stark von ihrer Frequenz bzw. Wellenlänge ab. Die Ausbreitung (**Bild 3.27**) kann erfolgen als

- *Bodenwelle* (breitet sich entlang der Erdoberfläche aus und folgt der Erdkrümmung) und/oder
- *Raumwelle* (breitet sich geradlinig im Raum aus).

Die Ausbreitung per Bodenwelle kommt insbesondere bei großen Wellenlängen zum Tragen (LW, MW, KW).

Mit steigender Frequenz überwiegt die Wirkung der Raumwelle. Diese kann im Bereich der Kurzwellen an der Ionosphäre einmal oder zwischen Erdoberfläche und Ionosphäre auch mehrfach reflektiert werden. Dadurch sind Fernverbindungen über Kontinente hinweg möglich.

Meterwellen und noch kürzere Wellen werden von der Ionosphäre nicht reflektiert, sondern durchdringen diese. Sie haben *quasioptische Ausbreitungseigenschaften;* d. h., sie breiten sich vergleichbar wie Licht aus, mit ähnlicher Reichweite wie dieses und Effekten wie Reflexion, Streuung, Dämpfung/Schattenbildung und Beugung (**Bild 3.28**).

Innerhalb von Gebäuden erfolgt eine Dämpfung der elektromagnetischen Welle gemäß den Dämpfungseigenschaften der verwendeten Gebäudematerialien. Hinter einem Gebäude akkumulieren sich die Dämpfungen der einzelnen durchdrungenen Wände bzw. Geschossdecken und es kommt zu

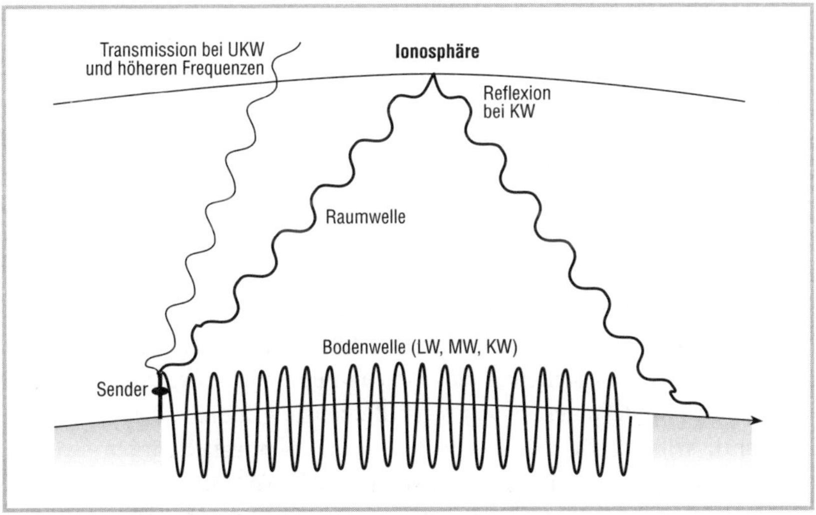

Bild 3.27 *Bodenwelle, Raumwelle und frequenzabhängiger Einfluss der Ionosphäre auf die Raumwelle (Transmission bzw. Reflexion)*

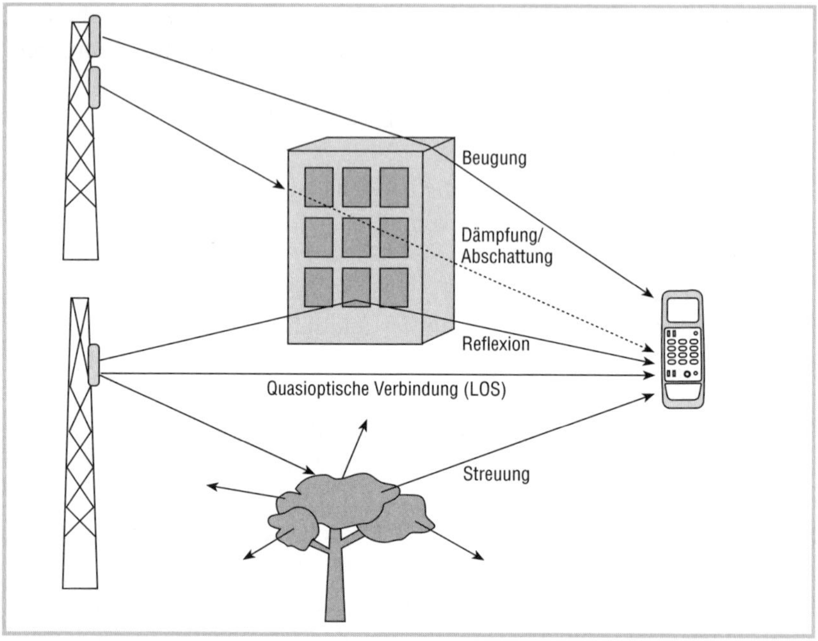

Bild 3.28 *Effekte bei quasioptischer Ausbreitung von Funkwellen: Reflexion, Streuung, Dämpfung/Abschattung und Beugung (quasioptische Verbindung: „line of sight" (LOS))*

einem Effekt wie bei einer Abschattung. Entfernt man sich auf der abgeschatteten Seite weiter von dem Gebäude (oder einem sonstigen dämpfenden Hindernis), so verliert sich die Schattenwirkung allmählich durch Beugungseffekte, bis man sich bei genügend großem Abstand wieder in der direkten Sichtlinie („line of sight" LOS) befindet und die Schattenwirkung ganz verschwindet.

Bei Frequenzen oberhalb von 2 ... 3 GHz muss für eine ausreichende Übertragungsqualität und -sicherheit quasi „Sichtverbindung" zwischen Sende- und Empfangsantenne bestehen. Sichtverbindung bedeutet, dass keine Hindernisse, wie Gebäude, Berge oder Bäume die Verbindungslinie Sendeantenne – Empfangsantenne unterbrechen und auch durch die Erdkrümmung keine Unterbrechung erfolgt (Begrenzung durch den optischen Horizont). Witterungseinflüsse wie Regen und Schneefall wirken sich bei diesen hohen Frequenzen stark dämpfend auf die Wellenausbreitung aus.

Gelangt, wie in Bild 3.28 dargestellt, eine Welle durch Reflexions- und Streuungseffekte auf mehreren und damit unterschiedlich langen Wegen zum Empfangsort, so kommt es dort zu *Interferenzen.* Die Addition der einzelnen Wellenanteile führt je nachdem, wie sich Wellenberge und -täler in Abhängigkeit von den zurückgelegten Wegstrecken überlagern, zur Erhöhung der lokalen Feldstärke oder zur Verringerung bis hin zur vollständigen Auslöschung. Die Interferenzeffekte sind sehr wellenlängen- bzw. frequenzabhängig und wirken sich bei einem mobilen Empfänger besonders stark aus, da sich hier die Längen der Übertragungswege und die Empfangsverhältnisse ständig ändern. **Tabelle 3.13** enthält zusammenfassend die Eigenschaften der üblichen Funkwellen.

3.5.3 Hochfrequenzdämpfung / „Abschirmung"

Die hochfrequente elektromagnetische Welle kann auf ihrem Ausbreitungsweg gedämpft werden durch natürliche Hindernisse, z. B. Gebäudehüllen, Bäume, Wälder und extreme Witterungslagen (starker Regen, Schnee) sowie bei Frequenzen im Gigahertzbereich durch die Dämpfungseigenschaften der Luft.

Bei Maßnahmen an Gebäuden zur gezielten Reduzierung hochfrequenter Immissionen durch Erhöhung der Hochfrequenzdämpfung wird umgangssprachlich häufig die nicht unbedingt hilfreiche Bezeichnung „Abschirmung" verwendet. Daher vorweg einige Worte zum Verständnis des Begriffs Abschirmung.

Umgangssprachlich wird der Begriff „Abschirmung" im Sinne eines Schwarz-Weiß-Denkens häufig als „Totalabschirmung" verstanden, wie eine Barriere, die man errichten kann und die „nichts mehr durchlässt" – jenseits der Abschirmung ist die unerwünschte Immission vorhanden, diesseits nicht mehr. Ein solches Verständnis hat im Bereich der Hochfrequenz wenig Praxisrelevanz. In der Regel führt hier eine Abschirmung im Rahmen des Immissionsschutzes zu einer mehr oder weniger starken Abschwächung bzw. Dämpfung der einfallenden Immission um ein bestimmtes Maß – fachlich als *Schirmdämpfung* bezeichnet (**Bild 3.29**) – selten zu ihrem Verschwinden unter die Nachweisbarkeitsgrenze.

Im Rahmen der Hochfrequenzdämpfung zu betrachtende Größen sind die *elektrische* (E) bzw. *magnetische* (H) *Feldstärke* der elektromagnetischen Welle sowie ihre *Strahlungsdichte* (S), die auch als *Leistungsflussdichte* bezeichnet wird.

Tabelle 3.13 *Eigenschaften von Funkwellen*

Langwellen	
Wellenlänge	10 km ... 1 km
Wellenart	überwiegend Bodenwelle
Sendeleistung	500 kW ... 2000 kW
Reichweite	bis zu 1000 km
Einsatzgebiete	Seefunk- und Navigationsfunkdienste (See- und Flugfunkfeuer), Funkverbindungen zu U-Booten (teilweise auch im ELF- und SELF-Bereich, bis hinunter zu ca. 80 Hz), Tonrundfunk
Mittelwellen	
Wellenlänge	1000 m ... 100 m
Wellenart	tagsüber hauptsächlich Bodenwelle, aber mit kürzerer Reichweite als Langwellen; nachts steigende Wirkung der Raumwelle; diese kann an der Ionosphäre reflektiert werden, was dann zu Überreichweiten führt.
Sendeleistung	500 kW ... 1500 kW
Reichweite	tagsüber mehrere 100 km
Einsatzgebiete	Tonrundfunk, Flugfunkfeuer, Seefunkdienst
Kurzwellen	
Wellenlänge	100 m ... 10 m
Wellenart	überwiegend Raumwelle; diese kann an der Ionosphäre einmal oder zwischen Erdoberfläche und Ionosphäre auch mehrfach reflektiert werden. Dadurch sind Fernverbindungen über Kontinente hinweg möglich (vgl. Bild 3.26).
Sendeleistung	1 W ... 100 kW
Reichweite	mehrere 100, mit Reflexionen bis mehrere 1000 km
Einsatzgebiete	Tonrundfunk, Funkanwendungen der BOS (Behörden und Organisationen mit Sicherheitsaufgaben), CB-Funk (Citizen Band, Jedermannfunk)
Ultrakurzwellen	
Wellenlänge	10 m ... 1 m
Wellenart	Raumwelle; diese durchdringt die Ionosphäre und wird nicht reflektiert; quasioptische Ausbreitung
Sendeleistung	500 mW ... 500 kW
Reichweite	durch Beugungseffekte bis etwas über den optischen Horizont; dieser ist stark von der Höhe der Sende- und Empfangsantenne abhängig (horizontal i. d. R. einige 10 km)
Einsatzgebiete	Tonrundfunk, Betriebsfunk, Flugfunk, Fernsteuerungen
Mikrowellen	
Wellenlänge	< 1 m
Wellenart	Raumwelle; diese durchdringt die Ionosphäre und wird nicht reflektiert; quasioptische Ausbreitung
Sendeleistung	10 mW ... 100 kW, Militär-Radar bis 1000 kW Impulsleistung
Reichweite	etwa bis zum optischen Horizont; dieser ist stark von der Höhe der Sende- und Empfangsantenne abhängig (horizontal i. d. R. einige 10 km); mit zunehmender Frequenz steigende Dämfung
Einsatzgebiete	terrestrisch: Fernsehrundfunk, Mobilfunk, schnurlose Telefone, drahtlose Netzwerke, Flugfunk, Radar, Richtfunk, Betriebsfunk, Bündelfunk satellitengestützt: Fernseh- und Tonrundfunk, Mobilfunk, Datenübertragung, GPS (Navigationssystem), Weltraumerkundung

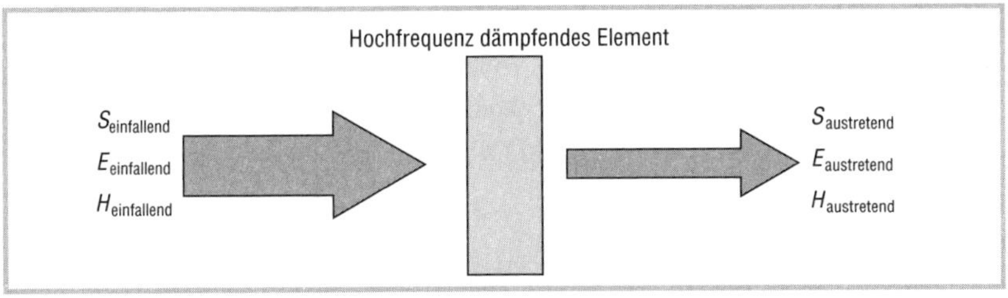

Bild 3.29 *Schirmdämpfung einer hochfrequenten elektromagnetischen Welle, z. B. durch eine Wand.Die Breite des Pfeils symbolisiert die Höhe der Feldgrößen: Strahlungsdichte (S) oder elektrische (E) bzw. magnetische (H) Feldstärke.*

3.5.3.1 Maßstäbe für die Hochfrequenz-Schirmdämpfung

Um die Stärke der Hochfrequenzdämpfung zu beschreiben, benötigt man einen Maßstab zur Quantifizierung der Schirmdämpfung. Hierzu können drei Größen herangezogen werden, die den jeweils gleichen Sachverhalt lediglich unterschiedlich ausdrücken:

- Schirmdämpfungsfaktor,
- Schirmwirkungsgrad (in %),
- Schirmdämpfung (in dB).

Schirmdämpfungsfaktor

Der Schirmdämpfungsfaktor antwortet auf die Frage: „Welcher Bruchteil der einfallenden Strahlung kommt durch das Hochfrequenz dämpfende Element noch hindurch und tritt auf der anderen Seite wieder aus?“ oder: „Auf welchen Bruchteil verringert sich die Immission (z. B. auf ein Zehntel)?“

Der Schirmdämpfungsfaktor *DF* errechnet sich als Quotient gemäß der Formel

$$DF_S = S_{einfallend} / S_{austretend} \text{ für die Strahlungsdichte bzw.}$$

$$DF_E = E_{einfallend} / E_{austretend} \text{ für die Feldstärke,}$$

je nachdem, welche der Feldgrößen (Strahlungsdichte oder Feldstärke) man betrachtet. Der gesuchte Bruchteil ist dann der Kehrwert des jeweiligen Dämpfungsfaktors.

Wie in Abschnitt 3.5.2 gezeigt wurde, ist die Strahlungsdichte proportional zum Quadrat der Feldstärke. Somit ist auch der Quotient zweier Strahlungsdichten proportional zum Quadrat des Quotienten zweier Feldstärken.

Beträgt der Schirmdämpfungsfaktor für die Feldstärke beispielsweise 2, so hat er für die Strahlungsdichte den Wert $2^2 = 4$. Die Angabe eines Schirmdämpfungsfaktors hat also nur Sinn, wenn man zusätzlich zu dem Wert mit angibt, ob er sich auf die Strahlungsdichte oder auf die Feldstärke bezieht.

Schirmwirkungsgrad

Der Schirmwirkungsgrad antwortet auf die komplementäre Frage: „Wie hoch ist der Anteil der ursprünglichen Strahlung, die durch das Hochfrequenz dämpfende Element nicht mehr hindurch kommt?“ oder: „Um welchen Anteil verringert sich die Immission (z. B. um neun Zehntel bzw. 90 %)?“

Die Summe von Schirmwirkungsgrad *WG* und Kehrwert des Schirmdämpfungsfaktors ergibt immer 1:

$$WG + 1/DF = 1$$

Der Schirmwirkungsgrad berechnet sich demnach zu

$$WG = 1 - 1/DF$$

oder, da der Wirkungsgrad meist als Prozentwert angegeben wird,

$$WG_S\,\% = (1 - 1/DF_S) \cdot 100\,\% = [(1 - (S_{austretend}/S_{einfallend})] \cdot 100\,\% \text{ bzw.}$$

$$WG_E\,\% = (1 - 1/DF_E) \cdot 100\,\% = [1 - (E_{austretend}/E_{einfallend})] \cdot 100\,\%$$

Auch hier ist eine getrennte Betrachtung für Feldstärken und Strahlungsdichten erforderlich bzw. die zusätzliche Angabe, auf welche Feldgröße sich der Wert bezieht.

Man muss allerdings anmerken, dass der Schirmwirkungsgrad wenig anschaulich ist. Während der Unterschied zwischen den Dämpfungsfaktoren 100 und 1000 sofort plastisch ins Auge fällt, ist dies bei den Wirkungsgraden 99 % und 99,9 % nicht so offensichtlich, obwohl beide Angaben den gleichen Sachverhalt wiedergeben.

Schirmdämpfung

Für die Schirmdämpfung *D* der Strahlungsdichte in dB gilt:

$$D\text{ dB} = 10 \cdot \lg\,(S_{einfallend}/S_{austretend})\text{ dB}$$

Will man anstatt der Strahlungsdichte das Verhältnis zweier Feldstärken in dB darstellen, so ist zu berücksichtigen, dass die Strahlungsdichte dem Quadrat der Feldstärke proportional ist ($S \sim E^2$). Die Hochzahl 2 wird bei der Bildung des Logarithmus als Faktor 2 wirksam, so dass gilt:

$$D \text{ dB} = 10 \cdot \lg DF_S \text{ dB} = 10 \cdot \lg (S_{\text{einfallend}} / S_{\text{austretend}}) \text{ dB}$$
$$= 10 \cdot \lg (E_{\text{einfallend}} / E_{\text{austretend}})^2 = 2 \cdot 10 \cdot \lg (E_{\text{einfallend}} / E_{\text{austretend}}) \text{ dB}$$
$$= 20 \cdot \lg (E_{\text{einfallend}} / E_{\text{austretend}}) \text{ dB}$$

Bei gleichem dB-Wert entspricht also das Verhältnis der Strahlungsdichten dem Quadrat des Verhältnisses der Feldstärken. Dies deckt sich mit den oben unter „Schirmdämpfungsfaktor" gemachten Ausführungen. Die Maßzahl in dB ist somit unabhängig davon, ob sie sich auf Strahlungsdichten oder auf Feldstärken bezieht. Dies ist ein weiterer großer Vorteil der Rechnung mit Dämpfungen in dB.

Vergleich der Werte von Schirmdämpfungsfaktor, Schirmwirkungsgrad und Schirmdämpfung in dB

Um die Auswirkungen des mathematischen Zusammenhangs zwischen Schirmdämpfungsfaktor, Schirmwirkungsgrad und Schirmdämpfung in dB auf konkrete Zahlenwerte zu veranschaulichen, sind in **Tabelle 3.14** die äquivalenten Werte dieser drei Größen in 10-dB-Schritten gegenübergestellt.

Tabelle 3.14 *Gegenüberstellung von äquivalenten Werten für Schirmdämpfung, Schirmdämpfungsfaktor und Schirmwirkungsgrad in 10-dB-Schritten*

Schirmdämpfung	Schirmdämpfungsfaktor		Schirmwirkungsgrad in %	
in dB	für Strahlungsdichte	für Feldstärke	für Strahlungsdichte	für Feldstärke
0	1	1	0	0
10	10	3	90	68
20	100	10	99	90
30	1000	32	99,9	97
40	10 000	100	99,99	99
50	100 000	316	99,999	99,7
60	1 000 000	1000	99,9999	99,9

3.5.3.2 Wirkprinzipien der Hochfrequenzdämpfung

Trifft eine elektromagnetische Welle auf ein HF-dämpfendes Element, z. B. eine Gebäudewand, so tritt sie mit verringerter Intensität auf der anderen Seite aus. Für diese Verringerung gibt es im Wesentlichen zwei Ursachen:

- ein Teil der Welle wird von der Wand *reflektiert* oder/und
- ein Teil der Welle wird in der Wand *absorbiert* und in Wärme umgewandelt.

An sehr gut leitenden *metallenen Blechen* erfolgt eine *Totalreflexion* der Welle. Die Reflexion findet unmittelbar an der Oberfläche statt; entscheidend für ihre Stärke ist daher weniger die Dicke des Materials als vielmehr eine möglichst hohe elektrische Leitfähigkeit. Die Ausprägung der Reflexion und damit der Schirmwirkung ist überdies unabhängig davon, ob das metallene bzw. metallisierte Element geerdet ist oder nicht – wie bei einem normalen Spiegel ja auch. Bei allen HF-Abschirmmaterialien auf Metallbasis – und das ist die überwiegende Mehrzahl der angebotenen Abschirmprodukte – überwiegt der Anteil der Reflexion (**Bild 3.30**) bei weitem; die Absorption ist demgegenüber fast vernachlässigbar. Dies hat die unerfreuliche Nebenwirkung, dass die Welle nicht tatsächlich „verschwindet", sondern nur umgelenkt wird – mit der Folge von Interferenzerscheinungen in der Umgebung.

Bei *massiven Baustoffen* kann der Anteil der Absorption höher sein (**Bild 3.31**). Dies gilt ebenso für Abschirmprodukte auf z. B. Graphitbasis. Im Gegensatz zur Reflexion steigt der Anteil der Absorption mit zunehmender

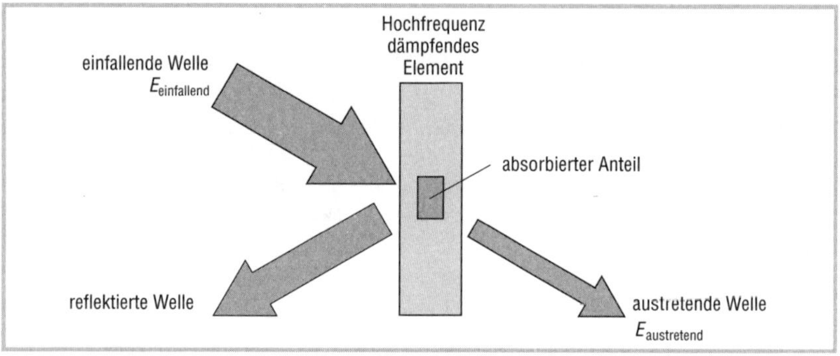

Bild 3.30 *Prinzip der Dämpfung einer elektromagnetischen Welle, z. B. durch eine Gebäudewand: überwiegender Anteil von Reflexion*

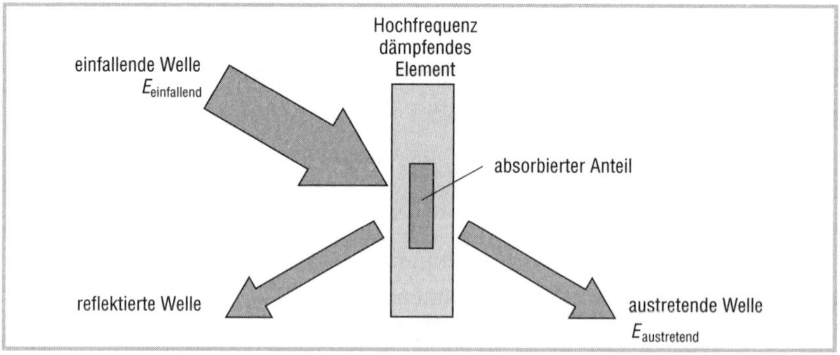

Bild 3.31 *Prinzip der Dämpfung einer elektromagnetischen Welle, z. B. durch eine Gebäudewand: überwiegender Anteil von Absorption*

Materialdicke. Aus verständlichen Gründen wäre eigentlich der Einsatz von Produkten mit überwiegender Absorption wünschenswerter als mit überwiegender Reflexion.

Bei Materialien, die eine gewisse Dicke aufweisen, gestaltet sich der Dämpfungsprozess etwas komplizierter als hier dargestellt, da es dort innerhalb des Materials zu Mehrfachreflexionen kommen kann.

Wenn der Dämpfungsprozess nur auf eine Komponente der elektromagnetischen Welle wirkt – z. B. auf das elektrische Feld –, so wird im Fernfeld die andere Komponente im gleichen Maße mit gedämpft, da beide Größen über den Wellenwiderstand fest miteinander verknüpft sind (s. Abschn. 3.1.6).

Die Schirmdämpfung der meisten Materialien ist – häufig sogar sehr stark – frequenzabhängig. Bei der Auswahl eines entsprechenden Bau- oder Abschirmmaterials ist es daher unbedingt notwendig zu wissen, in welchem Frequenzbereich bzw. in welchen Frequenzbereichen eine hohe Schirmdämpfung gefordert wird. Im Anhang 5.5 sind einige Beispiele für die Frequenzabhängigkeit verschiedener Materialien wiedergegeben.

Außer der Frequenzabhängigkeit müssen aber zur Erzielung einer hohen Schirmdämpfung am realen Objekt noch weitere Faktoren beachtet werden.

3.5.4 Antennen

Antennen sind Resonanzgebilde zur Abstrahlung und zum Empfang von elektromagnetischen Wellen. Sie sind so aufgebaut, dass sie als Empfangsantenne entweder die elektrische oder die magnetische Komponente der Welle in eine Spannung umwandeln. Im ersten Fall erfolgt die Realisierung typischerweise als Stabantenne, im zweiten Fall als Rahmen- (Spulen)antenne. Die sogenannte *Ferritantenne* in Rundfunkempfängern für Lang-/Mittel-/Kurzwelle stellt z. B. eine solche Spulenantenne dar, die auf einen Kern aus hochpermeablem Ferritmaterial gewickelt ist, um die Induktivität zu erhöhen.

3.5.4.1 Polarisation

Die Polarisation einer Antenne kennzeichnet die Schwingungsebene des elektrischen Feldes. Liegt diese zeitlich unveränderlich in einer Ebene (i. d. R. horizontal oder vertikal), so handelt es sich um *lineare Polarisation.* Bei Stabantennen liegt die Polarisationsebene in der Stabebene (horizontaler Stab: horizontale Polarisation; vertikaler Stab: vertikale Polarisation, **Bild 3.32**). Für einen optimalen Empfang muss die Empfängerantenne exakt in der Polarisationsebene der ankommenden Welle ausgerichtet sein, d. h., sie muss grundsätzlich so polarisiert sein wie die Sendeantenne. Durch Reflexionen auf dem Übertragungsweg kann es allerdings vorkommen, dass die Polarisationsebene mehr oder weniger aus der horizontalen bzw. vertikalen Ebene heraus gedreht wird. Ist die Empfangsantenne genau senkrecht zur Polarisationsebene der ankommenden Welle ausgerichtet, so wird – theoretisch – kein Signal empfangen. Diesen Effekt der *Polarisationsentkopplung* nutzt man beim Satellitenfunk, indem man auf demselben Frequenzkanal zwei verschiedene Signale mit um 90° versetzter Polarisation aussendet. Dadurch lässt sich die Übertragungskapazität verdoppeln.

Faustregel: Bei niedrigeren Frequenzen bis ca. 800 MHz wird meist horizontale Polarisation eingesetzt, bei höheren Frequenzen meist vertikale.

Insbesondere bei den Antennen von Mobilfunk-Basisstationen wird häufig die *Kreuzpolarisation* verwendet. Hier sind zwei Dipole (s. Abschn. 3.5.4.6) kreuzförmig unter ± 45° angeordnet.

Im Gegensatz zur linearen Polarisation bleibt bei *zirkularer Polarisation* die Polarisationsebene nicht zeitlich konstant, sondern dreht sich ständig um die Ausbreitungsrichtung als „Achse“. Je nach Drehrichtung unterscheidet man links drehende und rechts drehende zirkulare Polarisation. Bei Verwendung von zirkularer Polarisation müssen Sende- und Empfangsantenne den gleichen Drehsinn aufweisen, sonst kommt es ebenfalls zur Polarisa-

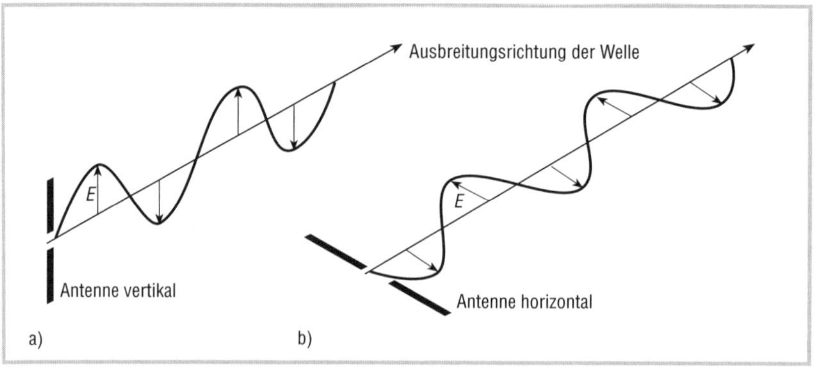

Bild 3.32 *Horizontale und vertikale Polarisation von elektromagnetischen Wellen; E Elektrische Feldstärke*
a) Eine senkrecht ausgerichtete Antenne strahlt eine vertikal polarisierte Welle ab (bzw. empfängt eine vertikal polarisierte Welle).
b) Eine waagerecht ausgerichtete Antenne strahlt eine horizontal polarisierte Welle ab (bzw. empfängt eine horizontal polarisierte Welle).

tionsentkopplung. Zirkular polarisierte Wellen können auch mit linear polarisierten Antennen empfangen werden, wobei deren Polarisationsebene keine Rolle spielt. Allerdings wird dann nur die Hälfte der übertragenen Leistung aufgenommen; d. h., die Antennenspannung verringert sich auf das 0,7-fache (genau auf $1/\sqrt{2}$ bzw. um 3 dB).

3.5.4.2 Frequenzgang und Antennenfaktor

Da Antennen Resonanzgebilde sind, stehen ihre räumlichen Abmessungen in engem Zusammenhang mit der Wellenlänge. Je nach Antennentyp können sie nur in einem engeren (schmalbandigen) oder weiteren (breitbandigen) Frequenzbereich eingesetzt werden. Sie weisen daher eine *obere* und eine *untere Grenzfrequenz* auf. Innerhalb dieses Bereiches sollte die Antenne einen möglichst ausgeglichenen Frequenzgang ohne größere Einbrüche und Spitzen haben. Bei Feldstärkemessungen muss die Frequenzabhängigkeit der Antennenempfindlichkeit berücksichtigt werden. Dies geschieht durch den sogenannten *Antennenfaktor*, der auch als Antennenwandlungsmaß bezeichnet wird. Er gibt an, in welchem Verhältnis die am Messpunkt herrschende elektrische Feldstärke (V/m) und die von der Antenne abgegebene Spannung (V) bei der betrachteten Frequenz stehen; als Maßeinheit sind dB/m üblich (s. Abschnitt 3.8.3). Je größer der Antennenfaktor, desto höher ist die erforderliche Feldstärke, um eine bestimmte Antennenspannung zu erzeugen. Ein hoher Antennenfaktor bedeutet daher geringe Empfindlichkeit der Antenne, ein niedriger Antennenfaktor hohe Empfindlichkeit.

3.5.4.3 Richtcharakteristik und Antennengewinn, ERP und EIRP

Man unterscheidet *Rundumantennen* (auch bezeichnet als omnidirektionale Antennen, Rundstrahler, Kugelstrahler oder Antennen mit isotroper Charakteristik) und *Richtantennen* (auch: direktionale Antennen). Rundumantennen haben keine bevorzugte Empfangs- (bzw. Sende-) Richtung, während Richtantennen für optimalen Empfang bzw. für exakte Messergebnisse genau auf den Sender ausgerichtet werden müssen. Richtantennen sind empfindlicher als Rundumantennen, d. h., sie liefern als Empfangsantennen eine größere Antennenspannung als jene. Als Sendeantennen ist ihre Reichweite innerhalb der „Sendekeule" größer als die von Rundstrahlern. Die Erhöhung der von der Antenne an den Empfänger abgegebenen Leistung gegenüber einer normierten Bezugsantenne wird als *Antennengewinn* bezeichnet und in Dezibel (dB) angegeben. Ein Gewinn von 3 dB entspricht z. B. der doppelten Leistung. **Tabelle 5.4** im Anhang 5.4 zeigt die Gegenüberstellung von dB-Werten und entsprechenden Gewinnfaktoren (zweite Spalte).

Die *Richtdiagramme* einer Antenne geben Aufschluss über ihre Richtwirkung in der horizontalen und in der vertikalen Ebene. Richtdiagramme werden üblicherweise in Polarkoordinaten (360°) dargestellt; die Skalierung erfolgt i. d. R. in dB.

Man ermittelt die Richtdiagramme, indem man in einem festen Abstand die von der zu untersuchenden Antenne als Sendeantenne verursachte Feldstärke unter den verschiedenen horizontalen bzw. vertikalen Raumwinkeln misst. Die Messwerte werden normiert auf den jeweils höchsten Wert in der Hauptstrahlrichtung (0 dB).

Die Punkte, an denen die Feldstärke bzw. Strahlungsdichte um 3 dB gegenüber der Hauptstrahlrichtung gesunken ist, liefern eine wichtige Kenngröße zur Beschreibung der Richtwirkung einer Antenne. Eine Verringerung um 3 dB bedeutet für die Strahlungsdichte eine Reduzierung auf die Hälfte. Der Winkel zwischen den beiden 3-dB-Punkten wird als *Halbwertsbreite* oder auch als *3-dB-Öffnungsbreite* bezeichnet. Je ausgeprägter die Bündelung und Richtwirkung der Antenne, desto schmaler ist die Hauptkeule und desto kleiner die Halbwertsbreite.

Wie aus **Bild 3.33** hervorgeht, ist die vertikale Richtwirkung der hier betrachteten Mobilfunk-Sektorantenne wesentlich stärker ausgeprägt als die horizontale, wie dies bei Mobilfunkantennen i. d. R. der Fall ist. Um eine so hohe Richtwirkung zu erzielen, muss man als Nebenwirkung in Kauf nehmen, dass sich zusätzlich zur erwünschten *Hauptkeule* auch – eigentlich unerwünschte – sogenannte *Nebenzipfel* ausbilden. Obwohl sie deutlich niedriger sind als die Hauptkeule, spielen sie eine wichtige und bestimmende Rolle für die Stärke der Immissionen im näheren Bereich um die Antenne (s. Abschnitt 3.5.4.4).

Die Ausprägung der Hauptkeule und insbesondere der Nebenzipfel ist frequenzabhängig. Richtdiagramme der gleichen Antenne bei verschiedenen Frequenzen können daher unterschiedlich sein.

Der Antennengewinn allein sagt noch nicht viel aus, wenn nicht angegeben ist, auf welcher *Bezugsantenne* er beruht. Als Bezugsantennen sind nämlich zwei verschiedene Typen gebräuchlich; einmal der ideale (theoretische) *Rundumstrahler* mit Kugelcharakteristik ohne Richtwirkung (= isotroper Kugelstrahler) und zum anderen der *$\lambda/2$-Dipol (*Halbwellendipol, s. Abschn. 3.5.4.6) mit einer Richtcharakteristik in Form einer Acht. Da der Halbwellendipol eine Richtwirkung aufweist, hat er seinerseits gegenüber

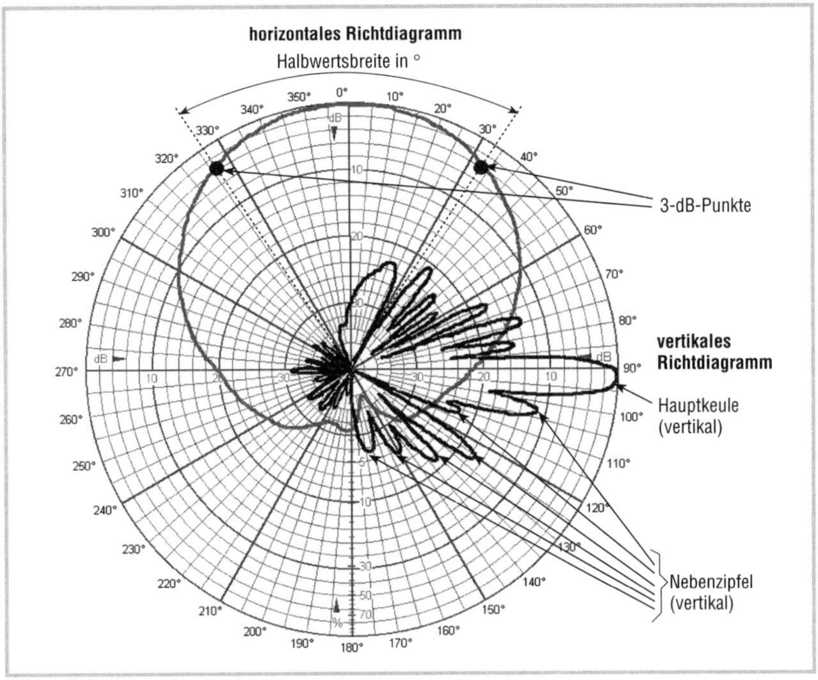

Bild 3.33 *Horizontales und vertikales Richtdiagramm einer Mobilfunk-Sektorantenne* Kathrein 735 147, 1862 MHz; Quelle: [27]

dem Kugelstrahler einen Antennengewinn; dieser beträgt 2,14 dB. Somit ist also der Gewinn einer Antenne, bezogen auf den Kugelstrahler, immer 2,14 dB höher als auf den Halbwellendipol bezogen. Der Antennengewinn wird, bezogen auf den isotropen Kugelstrahler, als G_i in dBi angegeben, bezogen auf den Dipolstrahler als G_d in dBd.
Hier besteht die Beziehung

$$G_i\ [\text{dB}] = G_d\ [\text{dBd}] + 2{,}14\ \text{dB}$$

Bei *Sendeantennen* bezeichnet der Antennengewinn die Erhöhung der abgestrahlten Strahlungsdichte in der Hauptstrahlrichtung gegenüber der Bezugsantenne. Anstatt die Leistung eines Senders anzuheben, ist es also auch möglich, durch Einsatz einer Richtantenne die Feldstärke und Strahlungsdichte im zu versorgenden Gebiet zu erhöhen bzw. die Tiefe des versorgten Gebietes zu vergrößern. Dafür wird dann allerdings die Breite des Versorgungsgebietes aufgrund des kleineren Öffnungswinkels der „Sendekeule“ kleiner.

Die aufgrund der Bündelung der Abstrahlung erzielte höhere Strahlungsdichte drückt sich als sogenannte *äquivalente isotrope Strahlungsleistung* aus, abgekürzt EIRP (Equivalent Isotropically Radiated Power). Sie ist in Hauptstrahlrichtung der Antenne um den isotropen Gewinn höher als die in die Antenne eingespeiste Sendeleistung. Bei einem für Mobilfunk-Sektorantennen typischen isotropen Gewinn von $G_i = 17$ dBi, der bezogen auf die Strahlungsdichte dem Faktor 50 entspricht, erhält man bei 20 W Antenneneingangsleistung eine EIRP von 20 · 50 W = 1000 W. Mit diesen 1000 W müsste eine isotrope Antenne gespeist werden, um in Hauptstrahlrichtung der Sektorantenne die gleiche Strahlungsdichte zu erzeugen wie die Sektorantenne mit 20 W.

Wird die Bündelungswirkung der Richtantenne nicht auf den isoptropen Kugelstrahler bezogen, sondern auf den Dipol, so spricht man von der äquivalenten Strahlungsleistung, abgekürzt ERP (Equivalent Radiated Power). EIRP und ERP unterscheiden sich um den Antennengewinn des Dipols gegenüber dem Kugelstrahler von 2,14 dB:

$$L_{EIRP}\,[\mathrm{dBW}] = L_{ERP}\,[\mathrm{dBW}] + 2{,}14\ \mathrm{dB\ bzw.}$$

$$E_{IRP}\,[\mathrm{W}] = 1{,}64 \cdot E_{RP}\,[\mathrm{W}]$$

denn 2,14 dB entsprechen dem Faktor 1,64 bei Leistungsgrößen.

3.5.4.4 Immissionsverlauf in der Umgebung von Antennen mit Richtwirkung

Zur Betrachtung der Auswirkungen der Antennen-Richtcharakteristik auf die Immissionen in Abhängigkeit vom horizontalen (oder lateralen) Abstand und zur gezielten Variation weiterer Antennen-Parameter werden im Folgenden die Ergebnisse von Modellrechnungen herangezogen.

Die nachfolgend zitierten Modellbetrachtungen zur Berechnung der Wirkung verschiedener Einflussfaktoren auf die Hochfrequenz-Immissionen von Mobilfunk-Basisstationen stammen aus einer 2001 durchgeführten Untersuchung, die vom Ministerium für Umwelt und Naturschutz, Landwirtschaft und Verbraucherschutz (MUNLV) des Landes Nordrhein-Westfalen beauftragt wurde [3]. Den Berechnungen liegen die folgenden geometrischen Verhältnisse zwischen Mobilfunksender und Empfänger zugrunde (**Bild 3.34**).

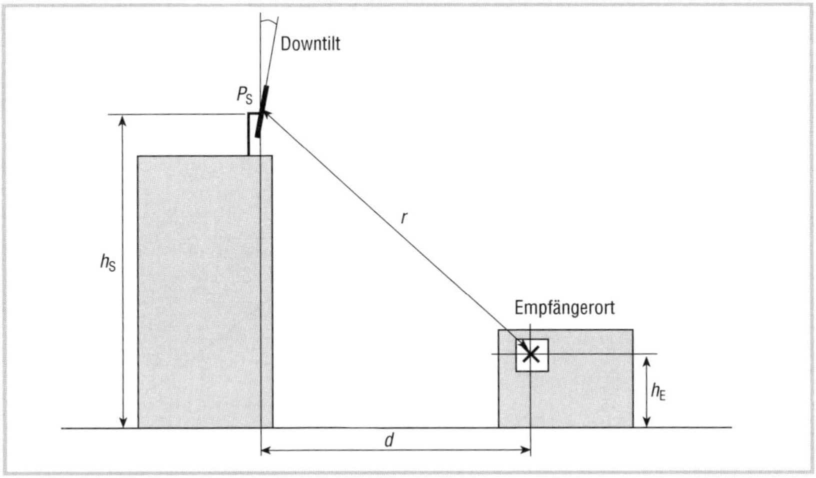

Bild 3.34 *Zugrunde gelegte Geometrie für die folgenden Berechnungen der Leistungsflussdichte am Empfängerort;*
P_S = Sendeleistung, h_S = Höhe der Sendeantenne, h_E = Höhe der Empfangsantenne, d = lateraler (horizontaler) Abstand zwischen Sende- und Empfangsantenne, r = Entfernung zwischen Sende- und Empfangsantenne (Luftlinie);
Quelle: [3], S. 14

Des Weiteren basieren die Berechnungen auf folgenden Daten:

Richtdiagramme der Basisstations-Antenne Kathrein K735 147
bei 1862 MHz (Bild 3.32)
Gewinn: 18,0 dBi
Halbwertsbreite horizontal: 65°
Halbwertsbreite vertikal: 7°
Downtilt (elektrisch): 2°

Ermittelt werden die Immissionen in horizontaler Hauptstrahlrichtung (Sektormitte, 0°). Die zugrunde gelegten Rechnungen basieren auf einem einfachen Freiraum-Wellenausbreitungsmodell. Dieses Modell wird auch von der Bundesnetzagentur (BNetzA) bei der Bewertung zur Standortbescheinigung benutzt. Wegen der durchgängigen Verwendung des Fernfeld-Gewinns wird hierbei in unmittelbarer Nähe der Antenne (wenige Meter) die Strahlungsdichte überschätzt.

Bild 3.35 zeigt als erstes Ergebnis der Modellrechnung den Verlauf der Strahlungsdichte in Abhängigkeit vom lateralen Abstand d zwischen Sender und Empfänger. Der linke Teil der Kurve ist wesentlich bestimmt vom Einfluss der Nebenzipfel. Bewegt man sich vom Fußpunkt der Sendeantenne weg, so „durchwandert" man zunächst das Auf und Ab der Nebenzipfel.

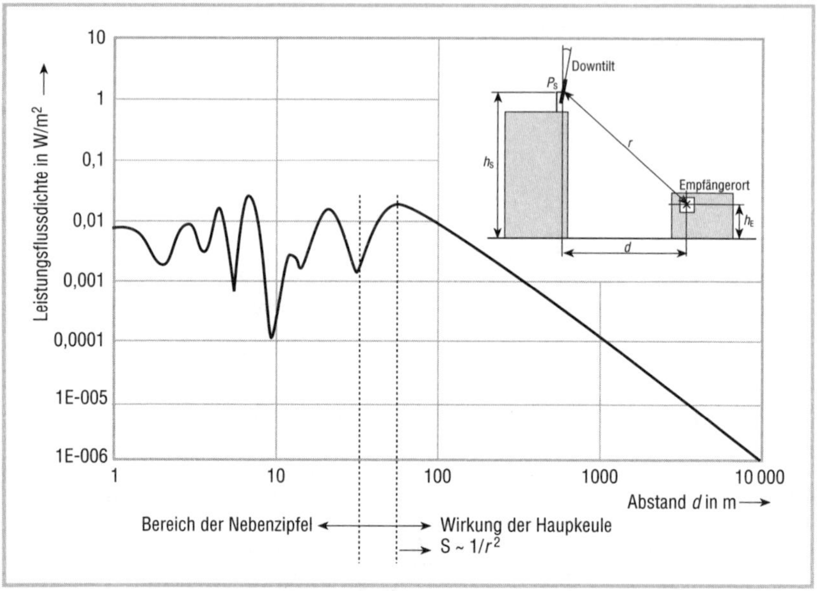

Bild 3.35 *Verlauf der berechneten Leistungsflussdichte in Abhängigkeit vom lateralen Abstand, Wirkung von Hauptkeule und Nebenkeulen (P_S = 20 W, $h_S - h_E$ = 5 m, Downtilt = 2° elektrisch);*
Quelle: [3], S. 19

Ein Vergleich der Nebenzipfel im vertikalen Richtdiagramm (Bild 3.33) mit den relativen Maxima und Minima führt genau zu der o. a. Welligkeit des Kurvenverlaufs. Erst in einem Abstand von ca. 30 m gelangt man im obigen Beispiel in den Wirkungsbereich der Hauptkeule und erreicht bei 50 ... 60 m das Maximum der Hauptkeule. Von diesem Punkt an fällt die Strahlungsdichte kontinuierlich ab. Im o. a. logarithmischen Maßstab erscheint dieser Abfall als Gerade, tatsächlich sinkt die Strahlungsdichte in diesem Bereich proportional zum Entfernungsquadrat. Während beim isotropen Kugelstrahler dieses klassische Entfernungsgesetz überall gilt, hat es bei einer Richtantenne nur Gültigkeit, solange man sich auf der Mittelachse der Hauptkeule – oder auch eines Nebenzipfels – bewegt.

Die Vielzahl der oben genannten Einflussfaktoren führt dazu, dass ohne genaue Kenntnis der technischen Daten einer Sendeanlage, der Ausrichtung der Antennen und der Geländetopologie bzw. ohne Messung keine pauschalen Aussagen über die Höhe der Immissionen gemacht werden können. Die Angabe der Entfernung oder ob Sichtkontakt zu der Antenne besteht, reicht bei weitem nicht aus.

Dies wird durch die Messungen und Auswertungen von *Münzenberg* und *Haumann* anschaulich bestätigt (215 Messpunkte im Umfeld von GSM-Basisstationen bis 1 000 m, [4]). Der Einfluss einer Vielzahl maßgeblicher Faktoren mit hoher Varianz drückt sich in der großen Streubreite der Messwerte in **Bild 3.36** aus. Ein Kriterium wie „Sichtkontakt“ steht lediglich stellvertretend für die Einflussfaktoren Abschattung und Gebäudedämpfung mit der allein ihnen schon eigenen hohen Varianz; die übrigen Faktoren sind hierbei noch gar nicht berücksichtigt.

Die statistische Auswertung der Messergebnisse zeigt, dass im Mittel bei bestehendem Sichtkontakt zur Sendeanlage um den Faktor von ca. 10 höhere Strahlungsdichten anzutreffen sind als ohne Sichtkontakt (Regressionskurven in Bild 3.36). Allerdings ist die Varianz der Immissionen in jeder beliebigen Entfernung größer als dieser Unterschied der Mittelwerte mit und ohne Sichtkontakt! Im konkreten Einzelfall darf die Betrachtung also nicht auf die Entfernung oder das Bestehen oder Nicht-Bestehen eines Sichtkontaktes zur Sendeanlage reduziert werden.

Andere Untersuchungen, die im Auftrag von Umweltministerien der Länder durchgeführt wurden, bestätigen diesen Sachverhalt, der im übrigen nicht nur für GSM, sondern für alle Mobilfunktechniken zutrifft.

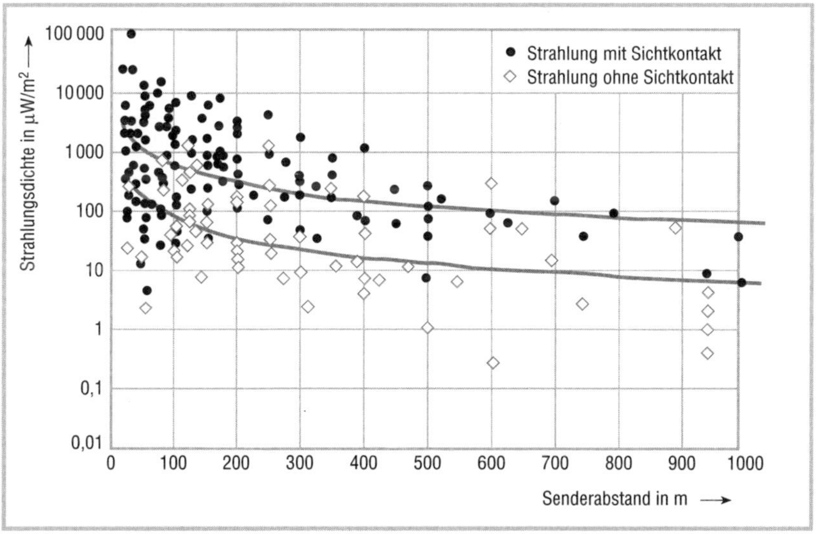

Bild 3.36 *Mobilfunk-Immissionen in der Nähe von GSM-Sendeanlagen in Wohngebieten*
Quelle: [4], S. 62

3.5.4.5 Antennenneigung (Downtilt)

Mit *Downtilt* wird der Neigungswinkel einer Antenne aus der Vertikalen bezeichnet. Steht die Antenne genau senkrecht, so wird die elektromagnetische Welle exakt horizontal abgestrahlt; der Downtilt beträgt dann null. In diesem Fall erreicht – im ebenen Gelände – nur die Hälfte der insgesamt abgestrahlten Leistung (= Gesamtemission) als Immission den Erdboden und damit potentielle Mobilfunknutzer; die andere Hälfte geht im Raum „verloren". Das Verhältnis „Gesamtimmission/Gesamtemission" (= relative Gesamtimmission) beträgt 0,5 bzw. 50 % (**Bild 3.37**). Neigt man die Antenne nur um wenige Grad nach unten, so wird bereits der größte Teil der abgestrahlten Leistung in Richtung Erdboden gelenkt, z. B. 90 % bei fünf Grad.

Es ist leicht einsichtig, dass die Hauptkeule einer Sektorantenne um so früher auf den Boden trifft, je stärker die Antenne geneigt ist, die „Reichweite" verringert sich. Dies wird durch entsprechende Simulationsrechnungen bestätigt (**Bild 3.38**). Bild 3.38 zeigt aber auch, dass mit zunehmendem Downtilt das Maximum der Immission in der Hauptkeule und auch in den Nebenzipfeln steigt.

Der Downtilt kann einerseits mechanisch eingestellt werden und ist dann als Neigung der Antenne aus der Vertikalen sichtbar. Er kann bei Sektorantennen aber auch elektrisch eingestellt werden und ist dann äußerlich nicht sichtbar. Die elektrische Einstellung des Downtilts erfolgt über einen

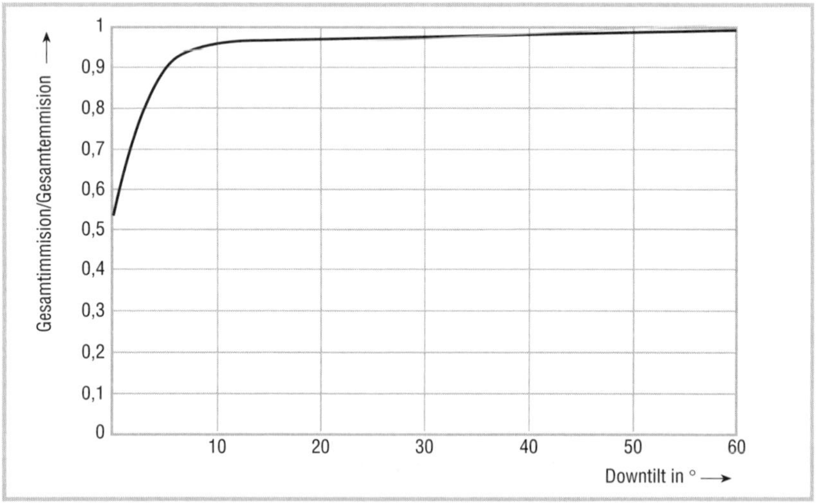

Bild 3.37 *Relative Gesamtimmission am Boden als Funktion des Downtilts*
Quelle: [5], zitiert in [3] S. 45

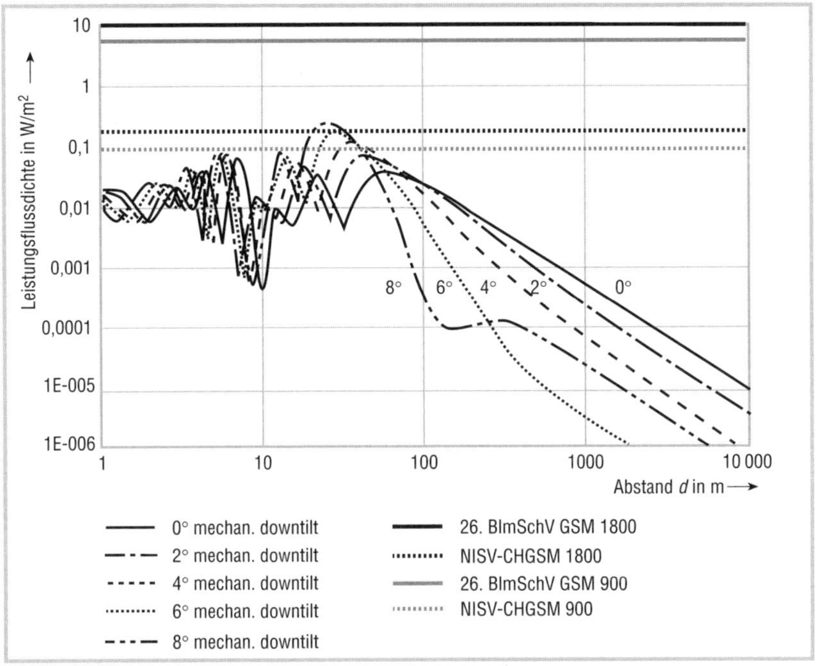

Bild 3.38 *Verlauf der berechneten Leistungsflussdichte in Abhängigkeit vom lateralen Abstand bei Variation des mechanischen Downtilts; zusätzlich ist ein fester elektrischer Downtilt von 2° eingestellt (P_S = 20 W, $h_S - h_E$ = 5 m, Downtilt elektrisch = 2°);*
Quelle: [3], S. 23

in der Antenne eingebauten, ggf. verstellbaren und bei etlichen Antennentypen auch fernbedienbaren sogenannten Phasenschieber, der dafür sorgt, dass die einzelnen, übereinander angeordneten Dipolgruppen der Antenne phasenverschoben angesteuert werden. Dies bedeutet, dass sich die elektromagnetische Welle von den untersten Dipolen zuerst löst, von den darüber liegenden etwas später usw. Die Überlagerung der somit zeitversetzt abgestrahlten Wellenfronten führt zu einer Richtwirkung für die abgestrahlte Gesamtwelle nach unten.

Der elektrische Downtilt einer Antenne ist in ihrem vertikalen Richtdiagramm sichtbar. Bei genauer Betrachtung des vertikalen Richtdiagramms in Bild 3.33 erkennt man, dass diese Antenne über einen elektrischen Downtilt verfügt; er beträgt 2°.

Der Downtilt wird üblicherweise dazu benutzt, die Reichweite einer Mobilfunkzelle definiert einzugrenzen, damit Nachbarzellen nicht gestört werden. Dazu genügen i. d. R. wenige Grad bis maximal ca. 20 Grad. Manchmal sind aber auch Sektorantennen mit wesentlich höheren Neigungswinkeln anzutreffen, z. B. um von einem hohen Gebäude aus eine Straße „auszuleuchten“. In solchen Fällen wird bisweilen auch ein benachbartes Gebäude als Reflektor – wie ein Spiegel – für die Hochfrequenzstrahlung benutzt.

3.5.4.6 Antennenarten

Wichtige Antennenarten sind:

- *λ/2-Dipol* (Halbwellendipol), die Grundform der Antennen. Die Antennenlänge beträgt die Hälfte der Wellenlänge. Bei Resonanz ergibt sich eine Strom- und Spannungsverteilung auf dem Halbwellendipol gemäß **Bild 3.39.** Je größer der Durchmesser der Dipolarme ist, umso breitbandiger ist die Antenne. Die Richtcharakteristik weist bei horizontaler Polarisation die Form einer 8 auf; bei vertikaler Polarisation handelt es sich um einen Rundstrahler.
- *λ/4-Stab* (Stablänge = λ/4, auch als Monopol oder engl. Rod bezeichnet). Diese Form benötigt nur die halbe Antennenlänge des Halbwellendipols bei gleicher Resonanzfrequenz. **Bild 3.40** zeigt die Resonanzverhältnisse bezüglich Strom- und Spannungsverteilung auf der Antenne. Die λ/4-Antenne besteht aus einem realen Teil (dem Antennenstab) und einem virtuellen Teil (dem elektrischen „Gegengewicht“), so dass sich elektrisch insgesamt wieder Verhältnisse wie beim Halbwellendipol ergeben. Das elektrische Gegengewicht wird z. B. durch die Erde, eine gut leitende Oberfläche (z. B. Autokarosserie) oder den menschlichen Körper (Handy-Benutzer) gebildet.

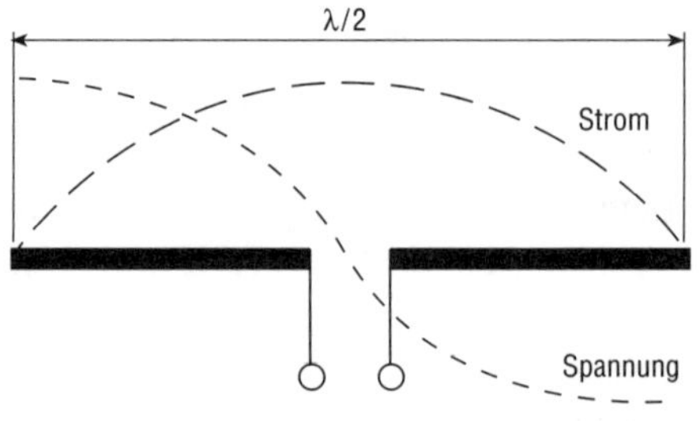

Bild 3.39 *λ/2-Dipol (Halbwellendipol) mit Strom- und Spannungsverlauf bei Resonanz*

- *Bikonische Antenne:* Sie wurde aus dem Dipol entwickelt und stellt gewissermaßen einen Dipol mit besonders „dicken Armen“ dar; sie ist daher recht breitbandig (**Bild 3.41**). Sie weist die gleiche Richtcharakteristik wie ein Dipol auf.
- *Isotrope Antenne:* Antenne ohne Richtwirkung; hat meist Kugelform und besteht aus drei orthogonal zueinander angeordneten Dipolen (**Bild 3.42**). Sie liefert drei Signale, die vom angeschlossenen Messgerät häufig nicht gleichzeitig, sondern im Multitasking-Verfahren nacheinander verarbeitet werden. Hierdurch ergeben sich zwei Einschränkungen: Es ist keine vollständige Echtzeit-Analyse möglich und die Sweepzeit bei der Spektrumanalyse darf im Zero Span (Oszilloskop-ähnliche Darstellung des zeitlichen Signalverlaufs) einen bestimmten Mindestwert nicht unterschreiten. Signalstrukturen können dann ggf. nicht fein genug aufgelöst werden.

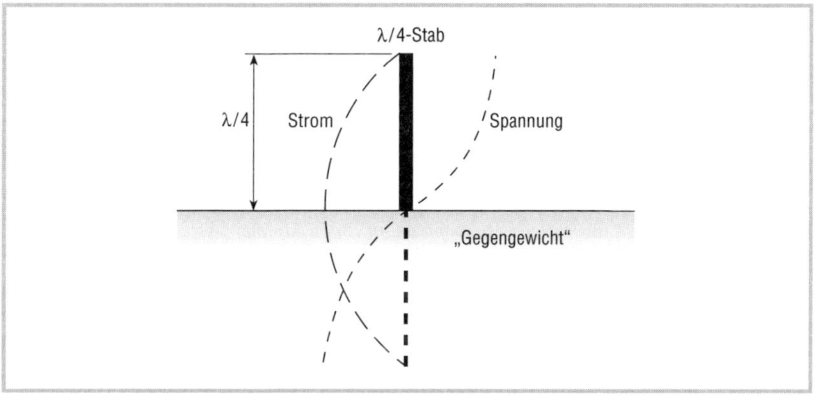

Bild 3.40 *λ/4-Stab (Monopol) mit Strom- und Spannungsverlauf bei Resonanz*

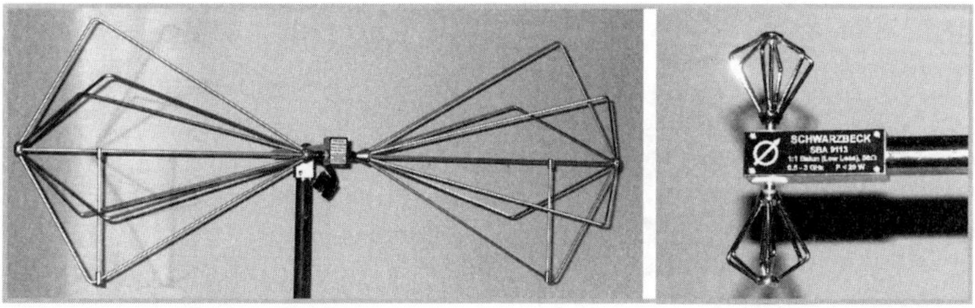

Bild 3.41 *Bikonische Antennen;*
links: Frequenzbereich 30 ... 300 MHz, horizontal polarisiert;
rechts: 500 MHz ... 3 GHz, vertikal polarisiert
Fotos: Fa. Schwarzbeck

- *Yagi-Antenne:* Richtwirkung und Gewinn eines Dipols können gesteigert werden, wenn man hinter dem Dipol längere Stäbe (Reflektoren) und vor dem Dipol kürzere Stäbe (Direktoren) montiert (**Bild 3.43**). Typische Einsatzbereiche für Yagi-Antennen sind UKW-Tonrundfunk, Richtfunkanwendungen sowie ehemals der analoge VHF- und UHF-Fernsehrundfunk.
- *Gestockte Antenne/Sektorantenne:* Werden Dipole nebeneinander oder übereinander (gestockt) angeordnet, so lässt sich die horizontale bzw. vertikale Richtwirkung ebenfalls erhöhen. Dieses Prinzip wird typischerweise bei den Sektorantennen des Mobilfunks angewandt (**Bild 3.44**). Je größer die Anzahl der übereinander liegenden Dipole ist, umso ausgeprägter ist die vertikale Richtwirkung; gleichzeitig werden dadurch die

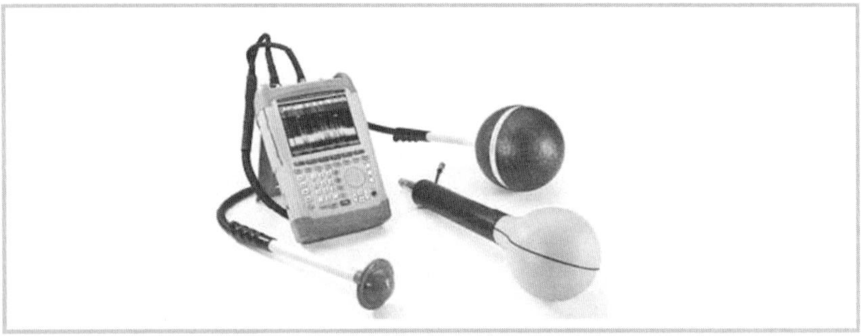

Bild 3.42 *Beispiele für isotrope Antennen an einem Spektrumanalysator*
Foto: Fa. Rohde & Schwarz

Bild 3.43 *Yagi-Antennen (v. o. n. u: UKW, UHF, VHF)*

Nebenzipfel ausgeprägter (vgl. Bild 3.33). Mobilfunk-Sektorantennen sind selten horizontal polarisiert; es überwiegen vertikale und insbesondere X-Kreuzpolarisation unter ± 45°.

- *Logarithmisch-periodische (log-per) Antennen* lassen sich auf die Kombination mehrerer Halbwellendipole unterschiedlicher Länge zurückführen. Sie haben die Eigenschaft, sehr breitbandig zu sein, d. h. Wellen in einem weiten Frequenzbereich empfangen (bzw. abstrahlen) zu können. Die in **Bild 3.45** dargestellte Antenne arbeitet beispielsweise in einem Frequenzbereich von 300 MHz bis 3 GHz mit einem isotropen Gewinn von 6 … 7,5 dBi. Log-per Antennen werden als Messantennen eingesetzt, als Sendeantennen und als Empfangsantennen für das digitale terrestrische Fernsehen DVB-T.

Bild 3.44 *Mobilfunk-Sektorantennen*

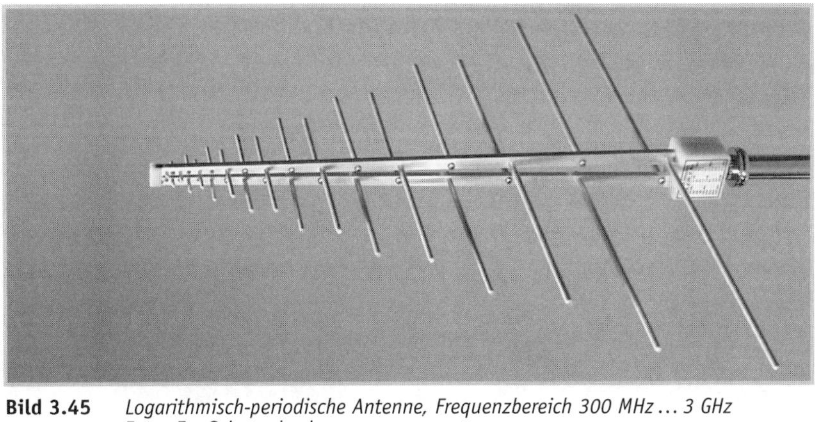

Bild 3.45 *Logarithmisch-periodische Antenne, Frequenzbereich 300 MHz … 3 GHz*
Foto: Fa. Schwarzbeck

- *Hornantennen* werden vorzugsweise im höheren GHz-Bereich eingesetzt (**Bild 3.46**).
- *Parabolantennen* („Schüsseln") weisen eine sehr hohe Richtwirkung und dementsprechend einen hohen Gewinn auf. Sie werden vorzugsweise verwendet für Richtfunk, Satellitenfunk, Radar und Radioastronomie (**Bild 3.47**).
- Alle bisher vorgestellten Antennen sind als Empfangsantennen empfindlich für die elektrische Feldkomponente der elektromagnetischen Welle. Antennen, welche die magnetische Feldkomponente empfangen, sind i. d. R. als *Spulen-* oder *Rahmenantennen* ausgeführt (**Bild 3.48**). Hierzu gehören auch die in tragbaren Rundfunkempfängern für den Lang-, Mittel- und Kurzwellenbereich verwendeten *Ferritantennen.*

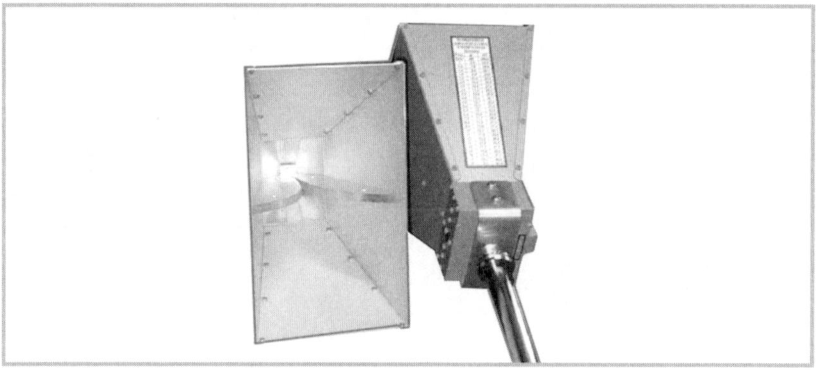

Bild 3.46 *Hornantenne, Frequenzbereich 1 ... 18 GHz*
Foto: Fa. Schwarzbeck

Bild 3.47 *Parabolantennen*

- *Aktive Antennen* sind extrem breitbandige Empfangsantennen mit konstantem Antennenfaktor, die einen eingebauten elektronischen (= aktiven) Impedanzwandler enthalten und daher einer Versorgungsspannung bedürfen (**Bild 3.49** und **Bild 3.50**).

  Um die Breitbandigkeit bei konstantem Antennenfaktor zu erzielen, betreibt man die Antenne bewusst weit unterhalb ihres Resonanzbereiches und zudem im Leerlauf. Denn die Leerlaufspannung von Elementen, die sehr kurz gegenüber der Wellenlänge sind, ist frequenzunabhängig.

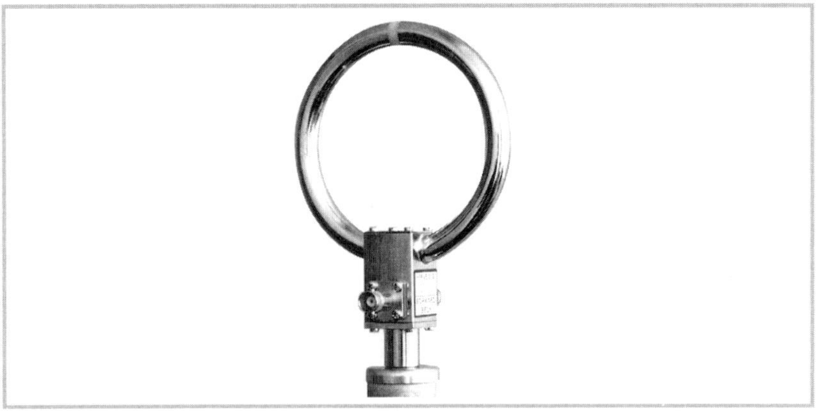

Bild 3.48 *Magnetantenne (Rahmenantenne), Frequenzbereich 70 kHz ... 120 MHz*
Foto: Fa. Schwarzbeck

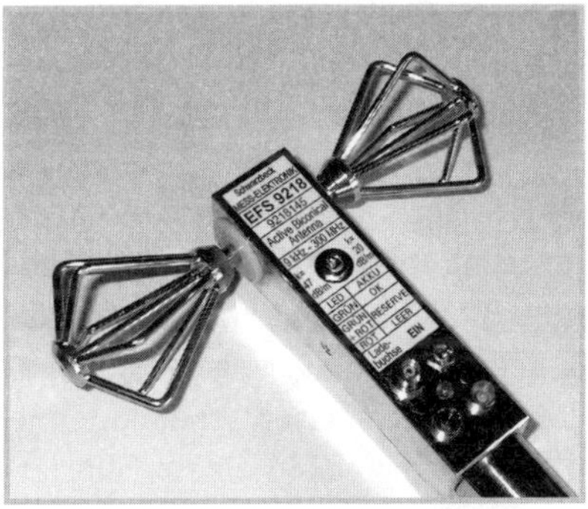

Bild 3.49 *Aktive bikonische Antenne, Frequenzbereich 9 kHz ... 300 MHz*
Foto: Fa. Schwarzbeck

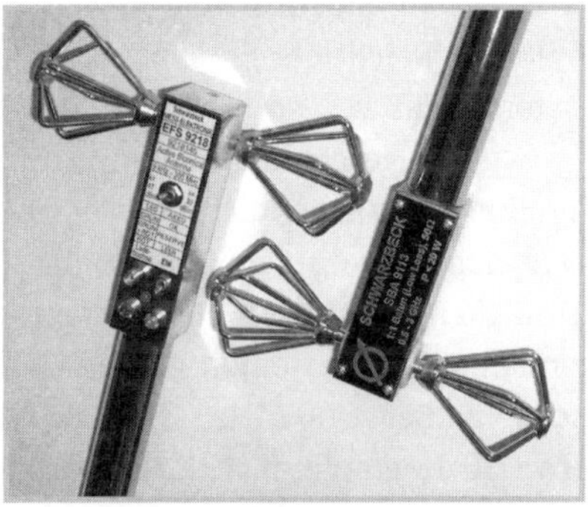

Bild 3.50 *Aktive und passive Antenne mit identischen bikonischen Elementen im Vergleich: Links aktive Antenne, Frequenzbereich 9 kHz ... 300 MHz; rechts passive Antenne, Frequenzbereich 500 MHz ... 3 GHz*
Foto: Fa. Schwarzbeck

Aktive symmetrische Antennen haben daher zwischen den Antennenelementen und dem Koaxialkabel einen *Impedanzwandler,* der den Wellenwiderstand des Kabels (typischerweise 50 Ω) in eine sehr hochohmige Last für die Antennenelemente umwandelt. Der eingebaute aktive Impedanzwandler unterbindet auch die unkontrollierte Wechselwirkung mit dem Antennenkabel und dem Eingang des angeschlossenen Messgerätes (z. B. Spektrumanalysator oder Messempfänger) und sorgt für stabile, eindeutige Verhältnisse. Das Antennenelement selbst dient nur noch zur losen Ankoppelung an das zu messende Feld. Auf diese Weise können extrem breitbandige Antennen mit frequenzunabhängigem Antennenfaktor realisiert werden, auch über mehr als vier Dekaden. Der Preis, den die Physik dafür fordert, besteht in einer verringerten Empfindlichkeit. Da nämlich der Impedanzwandler keine Spannungsverstärkung hat und die Elemente über den ganzen Frequenzbereich sehr kurz gegenüber denen eines Halbwellendipols sind, wird die aktive Antenne immer deutlich weniger Antennenspannung liefern als ein passiver Dipol und die meisten passiven Breitbandantennen.

Das ist kein Nachteil, wenn das Eigenrauschen des Impedanzwandlers klein ist und der nachgeschaltete Empfänger (Spektrumanalysator, Messempfänger) so empfindlich eingestellt werden kann, dass er dieses Eigenrauschen anzeigt. Damit verbleibt ein hoher nutzbarer Dynamikbereich zwischen diesem Rauschpegel (untere Nachweisgrenze) und der Vollaussteuerung (höchste verzerrungsfrei messbare Feldstärke) der aktiven Antenne. Reicht die Empfindlichkeit des Empfängers oder Spektrumanalysators nicht aus, so kann bei Bedarf ein rauscharmer Spannungsverstärker zwischengeschaltet werden.

Im **Bild 3.51** sind die Antennenfaktoren einiger gängiger Messantennen vergleichsweise gegenübergestellt. Man erkennt deutlich die extreme Breitbandigkeit der aktiven bikonischen Antenne (Bild 3.49) mit konstantem Antennenfaktor über einen großen Bereich, aber auch die geringere Empfindlichkeit. Bei 300 MHz ist z. B. die logarithmisch-periodische Antenne etwa 30 dB empfindlicher als die aktive (30 dB entsprechen einem Feldstärkefaktor von etwa 32 und einem Leistungsflussdichte-Faktor von 1000). Im Frequenzbereich von 30 ... 300 MHz ist die passive bikonische Antenne um 25 ... 35 dB empfindlicher als die aktive bikonische.

Die im Vergleich zu den passiven Antennen geringere Empfindlichkeit der Aktivantenne bedeutet eine höhere untere Nachweisgrenze (verringerte Grenzempfindlichkeit) für kleine Signale und erfordert einige besondere

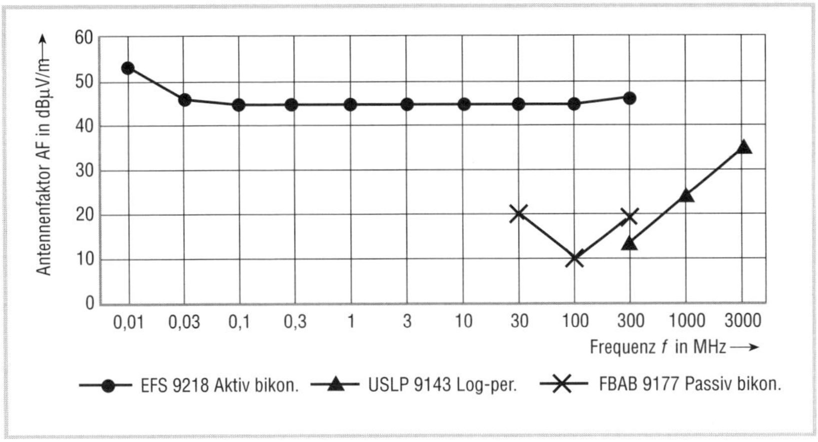

Bild 3.51 *Antennenfaktoren von aktiven und passiven Antennen im Vergleich*

Maßnahmen bei der Handhabung, um die untere Nachweisgrenze möglichst weit zu senken. Da übliche Spektrumanalysatoren im Gegensatz zu Messempfängern nicht auf optimale Empfindlichkeit gezüchtet sind, sondern ein nicht zu vernachlässigendes Eigenrauschen aufweisen, zeigt sich beim Wechsel von passiver zu aktiver Antenne zunächst ein eher mageres Bild. Spektrumanalysatoren „wachen“ nach dem Einschalten meist in einer Grundeinstellung auf, die schwachen Signalen keine Chance gibt. Beim Einsatz einer aktiven Antenne müssen die Einstellungen des Spektrumanalysators daher so verändert werden, dass eine maximale Empfindlichkeit erreicht wird.

3.5.4.7 Adaptive Antennen (Smart Antennas)

Adaptive („Smarte“) Antennen passen sich mit ihrer Antennencharakteristik wesentlich differenzierter als konventionelle Mobilfunk-Sektorantennen an die lokalen Gegebenheiten an (z. B. Hauptstrahl auf Straße gerichtet, Minima in Richtung von Gebäuden mit sogenannter sensibler Nutzung). Sie werden auch unter der Abkürzung SDMA (Space Division Multiple Access) gefasst.

Man unterscheidet drei Grundtypen von Adaptiven Antennen:

1. Statisch,
2. Halb-Dynamisch,
3. Dynamisch.

Die Dynamische Adaptive Antenne verfügt über einen in der Richtung variablen Hauptstrahl und kann diesen auch sich zeitlich verändernden Verhältnissen anpassen.

Beim Dynamischen und Halb-Dynamischen Typ gilt die „smarte" Anpassung allerdings nur für die lastabhängigen Verkehrskanäle. Diese beiden Typen benötigen eine zusätzliche konventionelle Antenne für den permanent mit voller Leistung sendenden Organisationskanal.

Adaptive Antennen werden bisher in Mobilfunksystemen noch kaum eingesetzt.

3.5.5 Spezifische Absorptionsrate (SAR)

Treffen elektromagnetische Wellen auf einen Körper, so werden sie teilweise reflektiert, teilweise absorbiert. Die SAR (spezifische Absorptionsrate) gibt an, welche Leistung (in W) 1 kg Körpergewebe absorbiert, wodurch es erwärmt wird; die Einheit ist also W/kg. Die SAR wird benutzt, um Strahlungsgrenzwerte festzulegen. Dabei unterscheidet man

- *Ganzkörper-SAR*
  0,08 W/kg zulässiger Grenzwert für die allgemeine Bevölkerung,
  gemittelt über den ganzen Körper, und
- *Teilkörper-SAR*
  2 W/kg zulässiger Grenzwert für die allgemeine Bevölkerung,
  gemittelt über 10 g Gewebe.

Bei Ganzkörperexposition gilt die Ganzkörper-SAR als zulässiger Grenzwert. Ist nur ein Körperteil der Bestrahlung stärker ausgesetzt (z. B. der Kopf beim Handy), so gilt hierfür die Teilkörper-SAR.

Beide Werte sind quadratisch über 6 min zu mitteln (Effektivwerte), da die thermische Zeitkonstante des menschlichen Gewebes etwa 6 min beträgt.

Die Eindringtiefe elektromagnetischer Wellen in leitfähige Stoffe ist frequenzabhängig und verringert sich mit zunehmender Frequenz. Dies gilt ebenso für elektrische Ströme; der Effekt wird als *Skineffekt* bezeichnet. Bei hohen Frequenzen fließen Ströme nur noch an der Oberfläche von leitfähigen Materialien.

3.5.6 Modulationsverfahren

Um eine Nachricht zu übertragen, benötigt man ein Trägermedium – in alten Zeiten war dies der reitende Bote – und die Nachricht selbst, z. B.

in Form eines Briefes, den der Bote überbringen soll. In drahtlosen (und großenteils auch in drahtgebundenen) Telekommunikationssystemen übernimmt eine hochfrequente *Trägerschwingung* die Aufgabe des Boten. Ihr wird die zu übertragende Nachricht in geeigneter Weise aufgeprägt; dieser Vorgang wird als *Modulation* bezeichnet und mittels eines *Modulators* vorgenommen. Der umgekehrte Vorgang im Empfänger heißt *Demodulation* und dient zur Rückgewinnung der Nachricht von der Trägerschwingung, damit – um im Beispiel zu bleiben – der Brief vom Empfänger entgegengenommen und gelesen werden kann.

Gemäß **Bild 3.52** wird ein Modulator mit der (hochfrequenten) Trägerfrequenz und dem (niederfrequenten) modulierenden Signal gespeist. Das modulierende Signal kann Sprache, Bilder oder Daten repräsentieren und in analoger oder digitaler Form vorliegen. Das Ausgangssignal des Modulators ist die dementsprechend mit Sprache, Bildern oder Daten analog oder digital modulierte Hochfrequenz.

Eine sinusförmige Trägerschwingung gemäß **Bild 3.53** wird in ihrem zeitlichen Spannungsverlauf beschrieben durch die Funktion

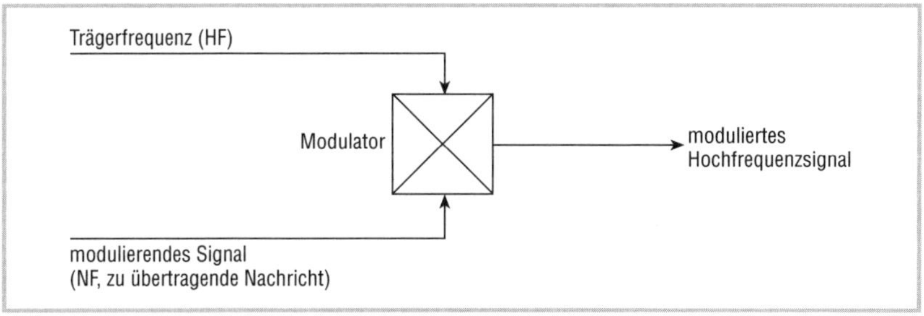

Bild 3.52 *Prinzipielle Funktionsweise eines Modulators*

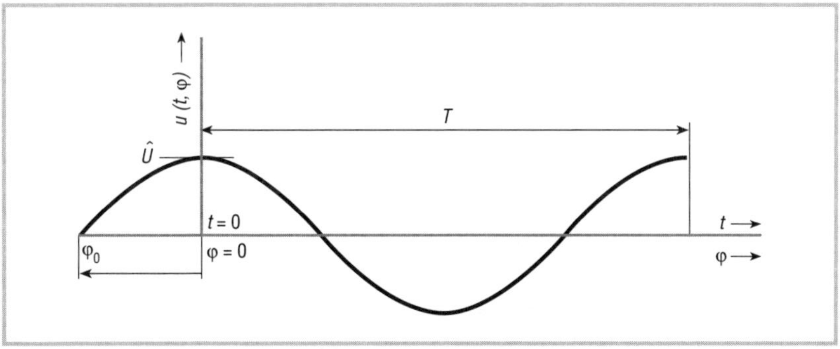

Bild 3.53 *Sinusschwingung mit den sie beschreibenden Größen*

$$u(t) = \hat{U} \cdot \sin(2\pi \cdot f \cdot t + \varphi_0) = \hat{U} \cdot \sin(\varphi + \varphi_0)$$

$u(t)$ Augenblickswert,
$\hat{U}$ Scheitelwert der Amplitude, d. h. höchster Wert des Kurvenzuges,
f Frequenz = $1/T$,
T Schwingungsdauer,
φ Phasenwinkel,
φ_0 Nullphasenwinkel der Schwingung zum Zeitpunkt $t = 0$.

Da alle drei Größen ($\hat{U}$, f und φ) zur Modulation der Sinusschwingung herangezogen werden können, unterscheiden wir die drei grundlegenden Modulationsarten:

- Amplitudenmodulation (AM),
- Frequenzmodulation (FM),
- Phasenmodulation (PM), auch als Winkelmodulation bezeichnet.

3.5.6.1 AM – Amplitudenmodulation

Bei der Amplitudenmodulation schwankt die Amplitude der Trägerfrequenz im Takt des modulierenden Signals (**Bild 3.54**). Diese Überlagerung zweier Signale im Zeitbereich hat entsprechende Konsequenzen im Frequenzbereich. Hier werden durch den Modulationsvorgang zusätzlich zur Trägerfrequenz noch sogenannte *Seitenbänder* erzeugt (**Bild 3.55**). Der Name stammt daher, dass sie sich oberhalb und unterhalb der Trägerfrequenz, bei horizontaler Darstellung der Frequenzachse also „zu beiden Seiten" der Trägerfrequenz, bilden. Die Modulation der Trägerfrequenz f_T mit einem

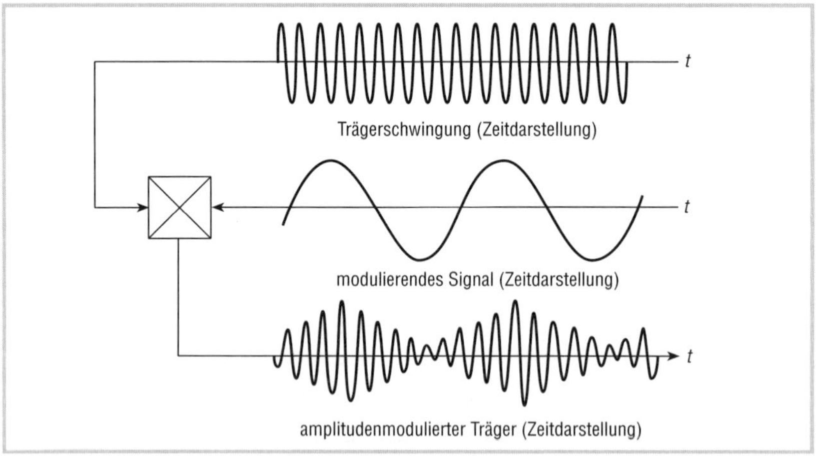

Bild 3.54 *Amplitudenmodulation (Darstellung im Zeitbereich bei Modulation des Trägers mit einer diskreten Modulationsfrequenz)*

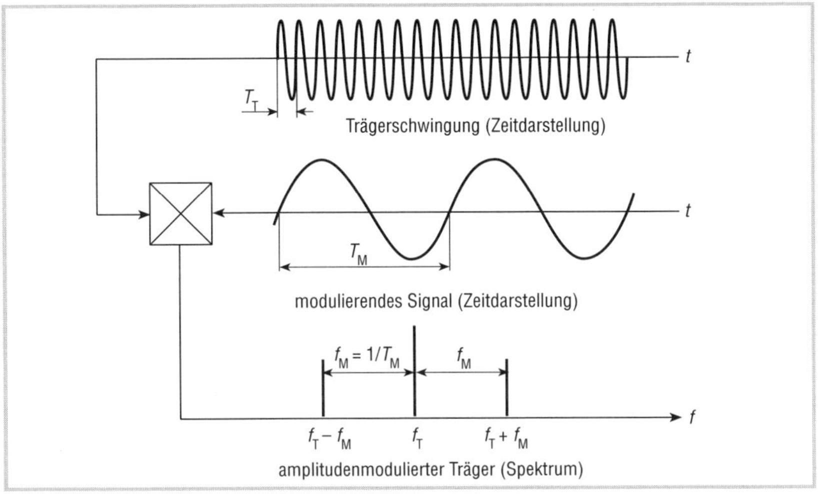

Bild 3.55 *AM-Frequenzspektrum bei Modulation des Trägers mit einer diskreten Modulationsfrequenz*

niederfrequenten Signal der Frequenz f_M führt zu einem *Frequenzspektrum* mit den drei diskreten Frequenzen f_T, $(f_T + f_M)$ und $(f_T - f_M)$. Dementsprechend benötigt ein amplitudenmodulierter Frequenzkanal eine Nutzbandbreite von $2 \cdot f_M$. Je höher die höchste noch übertragbare Frequenz sein soll, umso größer ist die benötigte Bandbreite des Frequenzkanals. Dies ist bei der Festlegung von Frequenz-Kanalrastern der einzelnen Funkdienste zu berücksichtigen, denn die hohen Frequenzen eines Kanals dürfen nicht den Nachbarkanal stören.

Bei der Amplitudenmodulation mit der *Sinusschwingung* einer diskreten Einzelfrequenz ergeben sich eigentlich nur zwei „Seitenfrequenzen" und noch keine richtigen „Bänder". Diese ergeben sich erst, wenn man zur Modulation ein *Frequenzgemisch* verwendet, z. B. Sprache, Musik oder das Bildsignal im analogen Fernsehen (**Bild 3.56**). Hier zeigen sich nun spiegelsymmetrisch zur Trägerfrequenz das kontinuierlich mit Frequenzen belegte *obere* und *untere Seitenband*. Dabei stellt f_{max} die höchste im modulierenden Frequenzgemisch enthaltene Frequenz dar.

Wird die Trägerschwingung mit einer regelmäßigen *Rechteck-Pulsfolge* moduliert, was einem periodischen Ein- und Ausschalten des Trägers entspricht, so ergibt sich ein Spektrum des modulierten Hochfrequenzsignals gemäß **Bild 3.57**. Dieser Fall tritt bei allen digitalen Funkdiensten mit periodisch gepulstem Signal auf, z. B. GSM-Mobilfunk, DECT-Schnurlostelefone,

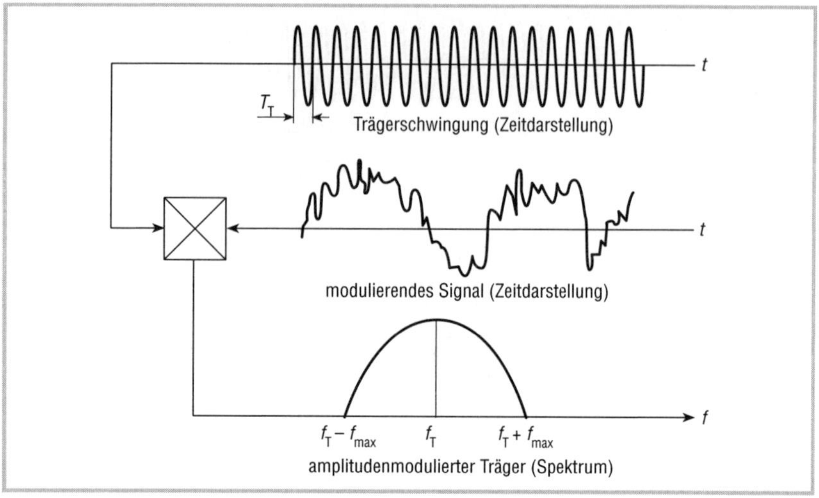

Bild 3.56 *AM-Frequenzspektrum bei Modulation mit einem kontinuierlichen Frequenzgemisch (z. B. Sprache, Musik)*

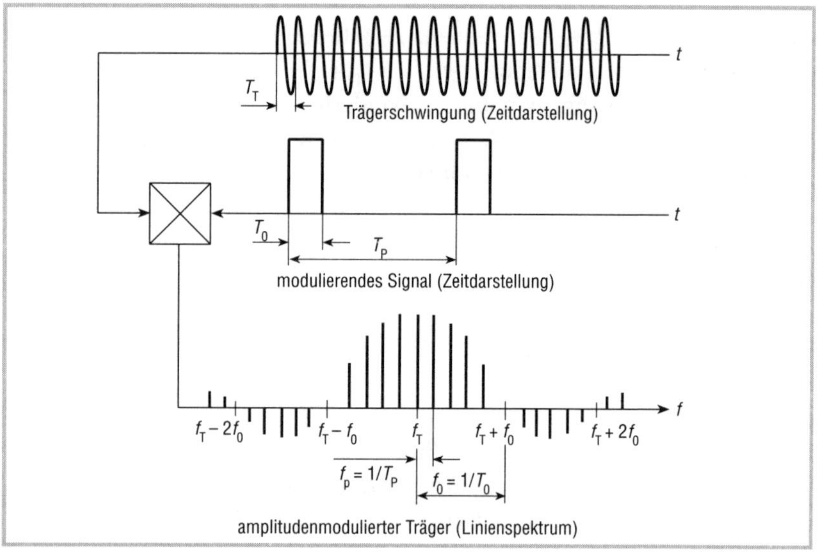

Bild 3.57 *AM-Frequenzspektrum bei Pulsung des Trägers (entspricht der Modulation mit einem Rechtecksignal)*

WLAN-Anwendungen (Wireless Local Area Network), Bluetooth, Pulsradar und der – in Europa nicht gebräuchlichen – UMTS-Variante UMTS-TDD. Hier finden wir keine kontinuierlichen Seitenbänder vor, sondern ein zur

Trägerfrequenz symmetrisches Linienspektrum mit diskreten Frequenzen in den gleichmäßigen Abständen f_P.

Ein Rechteckpuls mit der Wiederholdauer T_P kann gemäß Fourieranalyse (s. Abschnitt 4.1.3) dargestellt werden als Summe der Grundschwingung mit der Frequenz $f_P = 1/T_P$ plus ihren *Oberschwingungen*, also ganzzahligen Vielfachen der Grundschwingung. Genau diese Oberschwingungen finden sich im Hochfrequenzspektrum wieder. Je höher die Pulsfrequenz, desto weiter liegen die Spektrallinien auseinander.

Aber auch die Impulsbreite T_0 findet im Spektrum ihren Niederschlag. Die einhüllende Kurve der Spektrallinien stellt eine sogenannte *si-Funktion* dar, wobei si für die Funktion $\sin(x)/x$ steht. Die Nulldurchgänge dieser Funktion liegen spiegelsymmetrisch zur Trägerfrequenz bei der Frequenz $f_0 = 1/T_0$ und ihren ganzzahligen Vielfachen. Je kürzer die Dauer der Impulse, desto breiter verläuft die einhüllende si-Kurve. Kurze Impulse bedeuten immer hohe Frequenz und damit große Bandbreite. Zur eindeutigen Rückgewinnung des Signals im Empfänger genügt es allerdings, wenn nur der zentrale Teil der si-Funktion $f_T \pm f_0$ übertragen wird. Die höherfrequenten Anteile jenseits dieser Frequenzgrenzen können zur Bandbreitenreduzierung bzw. zur Verringerung von Nachbarkanalstörungen herausgefiltert werden.

Bei der Messung von Linienspektren gemäß Bild 3.57 mit einem Spektrumanalysator wird man eine leicht veränderte Darstellung finden. Da ein Spektrumanalysator nur den Betrag des gemessenen Signals im Display anzeigt, erscheinen die negativen Teile der si-Funktion in den positiven Bereich „hochgeklappt".

Da auf Funkkanälen üblicherweise große Enge herrscht, hat man schon lange versucht, die erforderliche Bandbreite zu verringern. Eine Möglichkeit hierzu ist die Unterdrückung eines der beiden Seitenbänder mit einem geeigneten Filter, so dass nur noch das andere Seitenband und ggf. die Trägerfrequenz ausgestrahlt werden. Dieses Verfahren wird als *Einseitenbandmodulation* bezeichnet, abgekürzt SSB (von engl. Single Side Band). SSB wird insbesondere im Kurzwellenbereich eingesetzt, u. a. auch im Amateurfunk.

Amplitudenmodulierte Signale haben den Vorteil, dass sie im Empfänger sehr einfach zu demodulieren sind. Daher hat man in den Anfangszeiten der Rundfunktechnik diese Modulationsart realisiert.

In digitalen Systemen verwendete Formen der Amplitudenmodulation sind z. B.:

ASK	Amplitude Shift Keying und
QAM	Quadratur-Amplitudenmodulation mit den Einzelformen
4-QAM	4-wertige Quadratur-Amplitudenmodulation (identisch mit 4-PSK = QPSK)
16-QAM	16-wertige Quadratur-Amplitudenmodulation
...	
256-QAM	256-wertige Quadratur-Amplitudenmodulation

Je höherwertig eine digitale Modulationsart ist, desto mehr Informationen (Bit) lassen sich mit einem digitalen Symbol übertragen. Dieser Vorteil muss aber damit bezahlt werden, dass das höherwertige Verfahren nicht so robust und anfälliger für Störeinflüsse ist, es also eine Verbindungsstrecke hoher Qualität benötigt. Dieses Grundprinzip gilt auch für die im Folgenden beschriebene Frequenzmodulation und die Phasenmodulation.

3.5.6.2 FM – Frequenzmodulation

Bei der Frequenzmodulation wird die Frequenz des Trägersignals entsprechend dem modulierenden Signal verändert; die Amplitude des Trägersignals bleibt konstant (**Bild 3.58**). Mit einem AM-Demodulator ist daher eine Frequenzmodulation nicht festzustellen, allenfalls ist ein erhöhtes Rauschen hörbar.

Der Bandbreitenbedarf eines frequenzmodulierten Hochfrequenzsignals

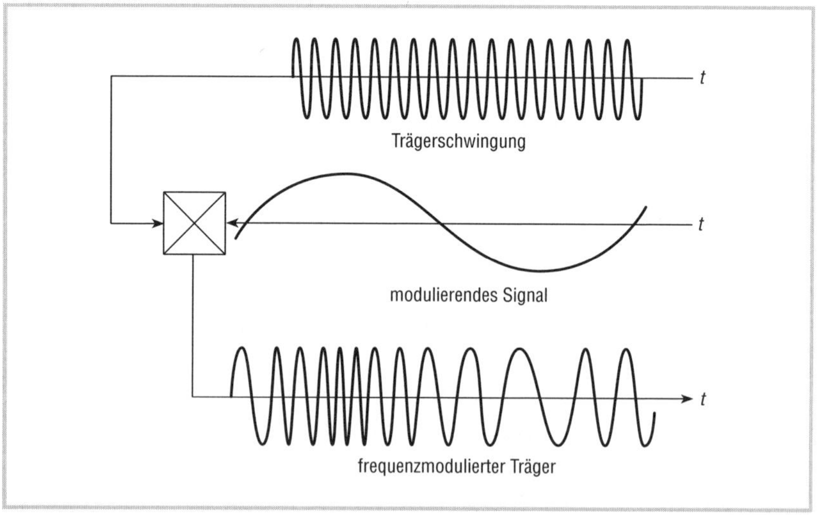

Bild 3.58 *Frequenzmodulation (Darstellung im Zeitbereich)*

ist von der höchsten zu übertragenden Amplitude des Modulationssignals abhängig und wird als *Frequenzhub* oder einfach als *Hub* bezeichnet.

Werden mittels Frequenzmodulation digitale Signale übertragen, so erfolgt die Modulation häufig als sogenannte *Frequenzumtastung,* abgekürzt FSK (von engl. Frequency Shift Keying).

Die einfachste Form stellt das 2-FSK (2-wertiges Frequency Shift Keying) dar. Die digitalen Zustände „0“ und „1“ werden dabei durch zwei unterschiedliche Frequenzen repräsentiert.

Beim 4-FSK (4-wertiges Frequency Shift Keying) werden dementsprechend 4 verschiedene Frequenzen verwendet; dadurch können in einem Zeichen 4 verschiedene Binärwerte, d. h. 2 Bit, dargestellt werden.

Weitere digitale Frequenzmodulationsverfahren sind z. B. FFSK (Fast Frequency Shift Keying), AFSK (Audio Frequency Shift Keying) und DFSK (Direct Frequency Shift Keying).

3.5.6.3 PM – Phasenmodulation oder Winkelmodulation

Die Phasenmodulation ist eng mit der Frequenzmodulation verwandt. Dies wird aus **Bild 3.59** deutlich, das eine analog modulierte Trägerschwingung zeigt.

In **Bild 3.60** ist ein digital moduliertes Signal dargestellt. Hier ist zu erkennen, dass an den Stellen, wo beim modulierenden Digitalsignal die Am-

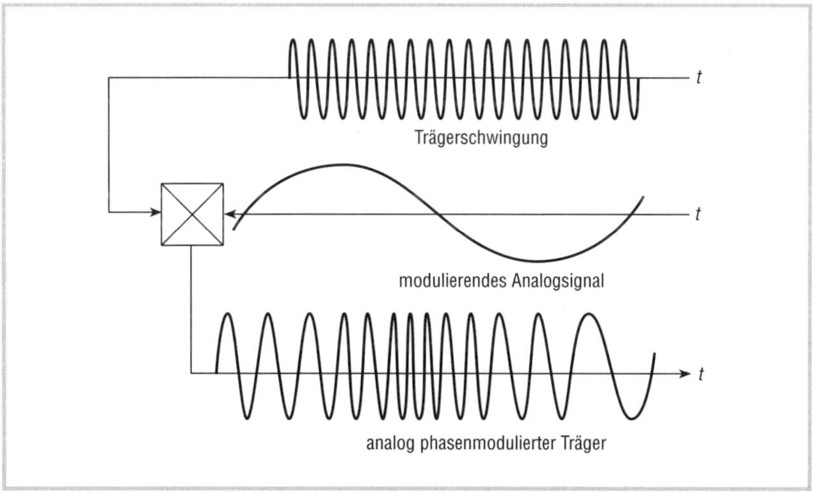

Bild 3.59 *Phasenmodulation mit analogem Signal (Darstellung im Zeitbereich)*

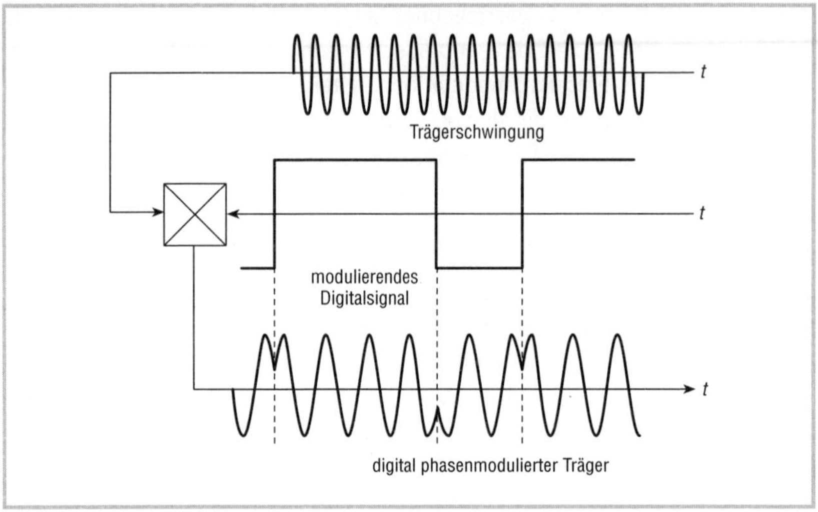

Bild 3.60 *Phasenmodulation mit digitalem Signal (Darstellung im Zeitbereich)*

plitudensprünge zwischen den beiden digitalen Zuständen erfolgen, beim modulierten Träger entsprechende Phasensprünge stattfinden. In diesen Phasensprüngen steckt im Prinzip die übertragene Information.

Digitale Verfahren benutzen häufig die Phasenmodulation, so dass hier eine ganze Vielzahl von speziellen Arten entwickelt wurde, z. B.:

PSK	Phase Shift Keying
DPSK	Differential Phase Shift Keying
QPSK	Quadrature Phase Shift Keying
DQPSK	Differential Quadrature Phase Shift Keying
π/4-DQPSK	Differential Quadrature Phase Shift Keying mit π/4-Offset (π/4 = 45°)
MSK	Minimum Shift Keying
GMSK	Gaussian Minimum Shift Keying
2-PSK	2-wertiges Phase Shift Keying (= BPSK)
4-PSK	4-wertiges Phase Shift Keying (= QPSK, technisch identisch mit 4-QAM)
8-PSK	8-wertiges Phase Shift Keying
16-PSK	16-wertiges Phase Shift Keying
4-DPSK	4-wertiges Differential Quadrature Phase Shift Keying (= DQPSK)
8-DPSK	8-wertiges Differential Phase Shift Keying

3.5.7 Zugriffsverfahren

Die digitalen Funkdienste, wie GSM-Mobilfunk, UMTS und TETRA-Bündelfunk sind für eine große Benutzerzahl ausgelegt, die *gleichzeitig* auf die zur Verfügung stehenden Kommunikationskanäle zugreifen wollen. Dementsprechend müssen die vorhandenen Übertragungskapazitäten besonders gut genutzt werden, und es muss ein *Vielfachzugriff* möglich sein. Diese gleichzeitige (parallele) Nutzung kann durch unterschiedliche sogenannte Zugriffsverfahren realisiert werden. *Zugriffsverfahren* bezeichnen die Art des Zugriffs auf den hochfrequenten Übertragungskanal, mit dessen Hilfe die beiden Teilnehmer der Verbindung miteinander kommunizieren, während gleichzeitig auf anderen Kanälen andere Teilnehmer kommunizieren.

Folgende Zugriffsverfahren sind in der Praxis anzutreffen:

FDMA	Frequency Division Multiple Access (Frequenzmultiplex)
TDMA	Time Division Multiple Access (Zeitmultiplex)
FHMA	Frequency Hopping Multiple Access (Zeitmultiplex plus Frequenzsprungverfahren)
CDMA	Code Division Multiple Access (Codemultiplex)
TD-CDMA	Time Division-Code Division Multiple Access (Zeit- und Codemultiplex)
SDMA	Space Division Multiple Access (Vielfachzugriff durch Raumaufteilung)
OFDM bzw. OFDMA	Orthogonal Frequency Division Multiplexing bzw. Orthogonal Frequency Division Multiple Access (Multiple-Carrier-Verfahren)
COFDM bzw. COFDMA	Coded Orthogonal Frequency Division Multiplexing bzw. Coded Orthogonal Frequency Division Multiple Access (Codiertes Multiple-Carrier-Verfahren)
DSSS	Direct Sequence Spread Spectrum
FHSS	Frequency Hopping Spread Spectrum

3.5.7.1 FDMA – Frequency Division Multiple Access (Frequenzmultiplex)

Beim FDMA wird das zur Verfügung stehende Frequenzband in eine bestimmte Anzahl von Kanälen mit festen Trägerfrequenzen aufgeteilt (**Bild 3.61**). Alle Trägerfrequenzen (und damit auch die Frequenzkanäle) haben den gleichen Abstand voneinander; dieser Abstand entspricht der nutzba-

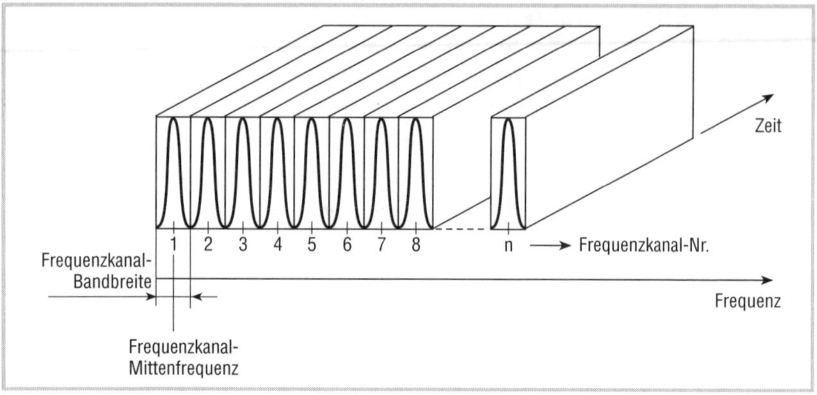

Bild 3.61 *Kanalbildung bei FDMA – Frequency Division Multiple Access*

ren Bandbreite inkl. einem Sicherheitsabstand zur Vermeidung von gegenseitigen Störungen. Der Kanalabstand wird auch als *Kanalraster* bezeichnet und in kHz oder MHz angegeben. So bedeutet ein Kanalraster von 200 kHz, dass die Trägerfrequenzen der einzelnen Kanäle jeweils 200 kHz von den Trägerfrequenzen ihrer Nachbarkanäle entfernt liegen. Auf allen Frequenzkanälen kann gleichzeitig (parallel) gearbeitet werden. FDMA eignet sich zur Übertragung von analogen und von digitalen Signalen.

3.5.7.2 TDMA – Time Division Multiple Access (Zeitmultiplex)

Beim TDMA oder Zeitmultiplex entsteht ein periodisch gepulstes Hochfrequenzsignal, indem unterschiedliche Zeitabschnitte von verschiedenen Teilnehmern zur Datenübertragung genutzt werden. Jeder Teilnehmer erhält periodisch einen sogenannten *Zeitschlitz* oder *Zeitkanal* in der Größenordnung von Millisekunden zugeteilt; die Zeit wird von einem *Multiplexer* in für jeden Teilnehmer gleich große Stücke „zerhackt" (**Bild 3.62**). Daher ist dieses Verfahren nur bei digitalen Signalen anwendbar, nicht aber bei analogen. Jeweils eine sich periodisch wiederholende Sequenz mit einer systemspezifischen Anzahl von Zeitschlitzen wird als *TDMA-Rahmen, Bitrahmen* oder einfach *Rahmen* bezeichnet. Dementsprechend kann seine Länge in ms oder in einer Anzahl Bits angegeben werden. **Bild 3.63** zeigt z. B. den Rahmen des GSM-Standards mit 8 Zeitschlitzen von je 0,577 ms Länge. Bei digitalen, periodisch gepulsten Systemen entspricht der zeitliche Kehrwert der Rahmenlänge der Puls-Grundfrequenz; bei GSM sind dies $1/(8 \cdot 0{,}577\ \text{ms}) = 216{,}6\ \text{Hz}$ bzw. ca. 217 Hz.

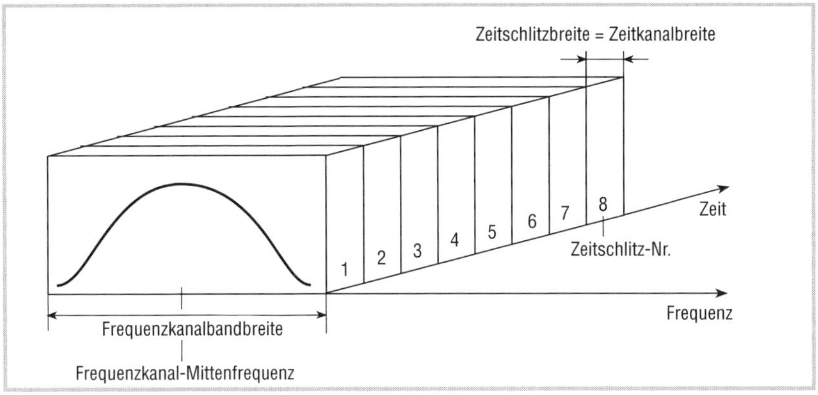

Bild 3.62 *Kanalbildung bei TDMA – Time Division Multiple Access*

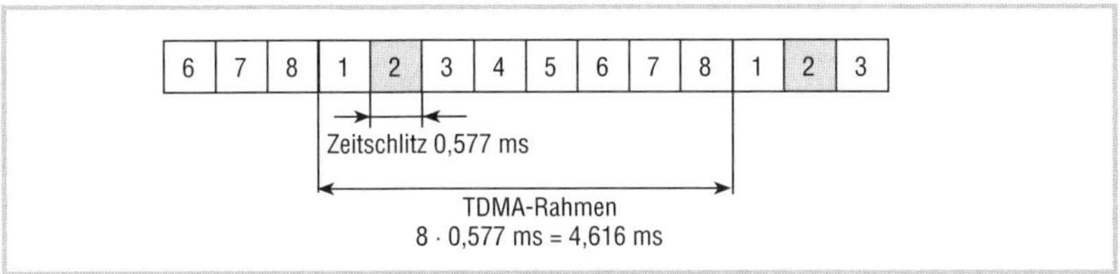

Bild 3.63 *TDMA-Rahmen des GSM-Standards (8 Zeitschlitze von je 0,577 ms Dauer)*

Bei GSM steht also jeder achte Zeitschlitz dem selben Benutzer zur Verfügung; die sieben Zeitschlitze dazwischen werden anderen Benutzern zugeteilt. Jedes Mobilteil nutzt für die Abwicklung des Telefonats also nur einen der acht zur Verfügung stehenden Zeitschlitze (siehe **Bild 3.64 unten**). Dafür ist es erforderlich, dass das Sprachsignal um den Faktor 8 komprimiert und nach der Funkübertragung am Empfangsort wieder um den gleichen Faktor 8 expandiert wird. Sonst gäbe es Lücken in der Übertragung.

Die Mobilteile verkehren mit einer Basisstation, die die Telefonate bzw. Daten weiterleitet. Die Basisstation muss nun bis zu 8 Mobilteile pro Frequenzkanal bedienen und daher ggf. in allen 8 Zeitschlitzen arbeiten (siehe **Bild 3.64 oben**). Die Dauer eines einzelnen Zeitschlitzes beträgt 0,577 ms; die Pulsfrequenz eines voll ausgelasteten Frequenzkanals der Basisstation somit $1/0{,}577\,\text{ms} = 1\,733{,}33\,\text{Hz} = 8 \cdot 216{,}6\,\text{Hz}$.

Zur Steuerung des Datenverkehrs benötigt die Basisstation spezielle Kanäle; es steht nicht das gesamte Volumen allein für die Übertragung der Nutzsignale (Sprache, Musik, Bilder, Dateien) zur Verfügung. Außerdem muss das Handy „seine", d. h. die lokal stärkste Basisstation, bei der es ein-

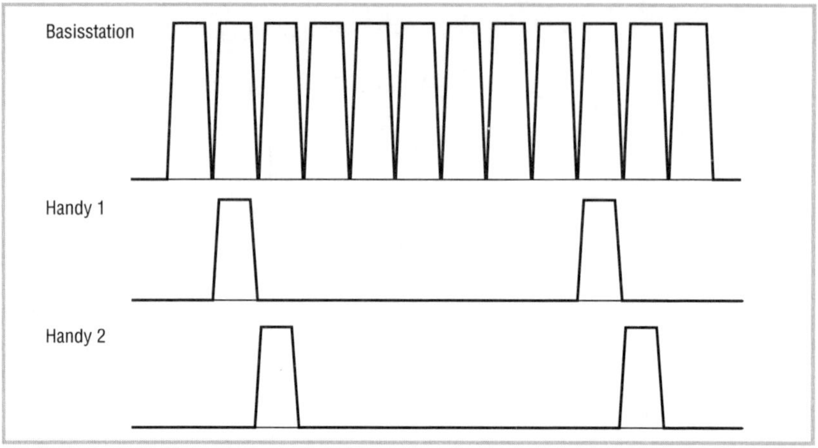

Bild 3.64 *Prinzipdarstellung der Zeitschlitze und Pulsung des Organisationskanals einer GSM-Basisstation (oben) und von Mobilteilen (Handys) (unten); ein einzelner Zeitschlitz wird auch als „Burst" bezeichnet*

gebucht ist, jederzeit erkennen können. Dazu dient der Organisationskanal, sozusagen der Stamm-Frequenzkanal der Basisstation. Dieser sendet ständig – also auch wenn kein einziges Telefonat über die betreffende Basisstation geführt wird – „rund um die Uhr" mit seiner maximalen Leistung in allen acht Zeitschlitzen. Damit nimmt er für die Handys vergleichsweise die Funktion eines „Leuchtturms" wahr, an dem sich die Mobilteile orientieren können. I.d.R. werden ein bis zwei der acht Zeitschlitze des Organisationskanals zur Verwaltung und Steuerung des Funkverkehrs benötigt; die übrigen sechs bis sieben können durch Teilnehmer mit Telefonaten oder Datenverkehr belegt werden. Wird diese Kapazität nicht durch Benutzer nachgefragt, so werden die „leeren" Zeitschlitze mit Zufallssignalen gefüllt. Für die Verwaltung und Steuerung des Funkverkehrs gibt es eine ganze Reihe spezieller Kontroll- und Signalisierungskanäle[5].

5 Wichtigster Signalisierungskanal ist der BCCH (Broadcast Control Channel). Hierüber informiert die Basisstation die Mobilteile bezüglich lokaler technischer Randbedingungen, wie die augenblickliche Position, den Netzbetreiber, Zugriffsparameter usw. Nicht ganz korrekt, aber weit verbreitet, wird die Bezeichnung BCCH gerne nicht nur für den einzelnen Signalisierungskanal (als Kombination von Frequenzkanal und Zeitschlitz), sondern für den gesamten Organisationskanal mit allen seinen 8 Zeitschlitzen verwendet.
Ebenfalls nicht ganz korrekt, aber weit verbreitet, wird die Bezeichnung TCH (Traffic Channel) gerne nicht nur für einen einzelnen Verkehrskanal (als Kombination von Frequenzkanal und Zeitschlitz), sondern für einen gesamten lastabhängigen Frequenzkanal mit allen seinen 8 Zeitschlitzen verwendet.

Sind alle acht Zeitschlitze des Organisationskanals belegt, so kann die Basisstation auf einem zusätzlichen, lastabhängigen *Verkehrskanal*[6] mit einer anderen Frequenz bis zu acht weitere Zeitschlitze eröffnen. GSM 1800-Basisstationen (E-Netz) verfügen typischerweise über diese beiden Kanäle. Bei GSM 900-Basisstationen (D-Netz) stehen zumeist noch ein dritter und ein vierter Frequenzkanal zur Verfügung, in Ballungsgebieten und Großstädten ggf. auch mehr. Alle zu einer Basisstation gehörenden Frequenzkanäle – also Organisationskanal und lastabhängige Verkehrskanäle – werden über die gleiche Antenne abgestrahlt. Pro Antenne einer Basisstation können somit im D-Netz typischerweise bis zu $(4 \cdot 8) - 2 = 30$ Telefonate gleichzeitig abgewickelt werden. Sind am Mast – wie häufig vorzufinden – drei Sektorantennen unter jeweils 120° horizontal angebracht – so lassen sich an diesem Standort maximal $3 \cdot 30 = 90$ Telefonate gleichzeitig abwickeln.

Die lastabhängigen Verkehrskanäle sind häufig leistungsgeregelt, d. h., in jedem Zeitschlitz wird individuell angepasst nur mit derjenigen Leistung gesendet, die zur Aufrechterhaltung einer stabilen Verbindung erforderlich ist (sogenanntes *Power Control*, **Bild 3.65 unten**).

Zu weitergehenden Informationen über die Funktionsweise von GSM-Systemen inklusive der Ausbaustufen HSCSD (High Speed Circuit Switched Data), GPRS (General Packet Radio Service) und EDGE (Enhanced Data Rates for GSM Evolution) der Generation 2.5G bzw. 2+G, die höhere Datenraten erlauben als das „klassische" GSM (2. Generation der Mobilfunksysteme) und überwiegend Internetkompatibel sind, sei auf [6] und [7] verwiesen.

Auch das digitale Funksystem TETRA (Terrestrial Trunked Radio) für die Behörden und Organisationen mit Sicherheitsaufgaben (BOS) und für kommerzielle Anwendungen des Betriebsfunks basiert auf dem Zugriffsverfahren TDMA, jedoch mit vier Zeitschlitzen. Detailliertere Informationen hierzu sind in [8] zu finden.

TDMA wird bei den hier betrachteten Funksystemen immer mit FDMA kombiniert. Die Anzahl der Kommunikationskanäle berechnet sich dann als Produkt aus der Anzahl Frequenzkanäle mal der Anzahl Zeitschlitze pro Rahmen. Durch die Kombination von FDMA mit TDMA wird die spektrale Effizienz gesteigert, d. h., es können in einem begrenzten Frequenzbereich

6 Ebenfalls nicht ganz korrekt, aber weit verbreitet, wird die Bezeichnung TCH (Traffic Channel) gerne nicht nur für einen einzelnen Verkehrskanal (als Kombination von Frequenzkanal und Zeitschlitz), sondern für einen gesamten lastabhängigen Frequenzkanal mit allen seinen 8 Zeitschlitzen verwendet.

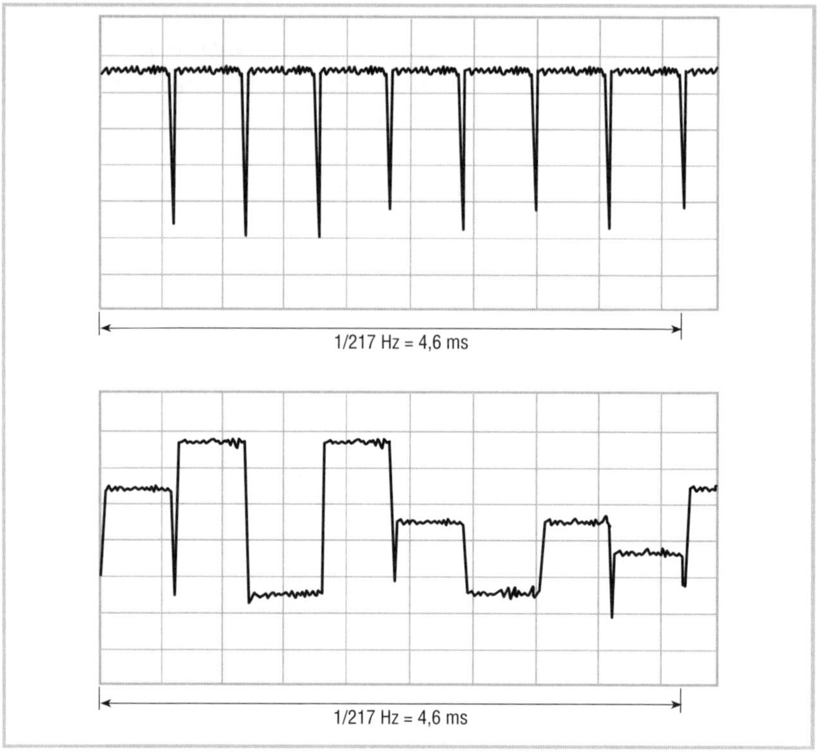

Bild 3.65 *Zeitschlitze und Pulsung von Organisationskanal (oben) und lastabhängigem Verkehrskanal mit Power Control (unten) einer GSM-Basisstation (Prinzipdarstellung)*

mehr Benutzer als bei reinem FDMA-Betrieb untergebracht werden, was bei der Vielzahl von Teilnehmern im Mobilfunk besonders wichtig ist.

3.5.7.3 FHMA – Frequency Hopping Multiple Access (Zeitmultiplex plus Frequenzsprungverfahren)

FHMA basiert auf dem TDMA-Verfahren, wobei zusätzlich noch von Zeitschlitz zu Zeitschlitz auf eine andere Frequenz gesprungen wird. Hierdurch werden Interferenzprobleme „demokratisch" verteilt, indem interferenzarme und interferenzbehaftete Frequenzen von allen Teilnehmern abwechselnd genutzt werden, damit nicht für einen einzelnen Teilnehmer möglicherweise die gesamte Verbindung durch seine feste, stark interferenzbehaftete Frequenz gefährdet wird.

3.5.7.4 CDMA – Code Division Multiple Access (Codemultiplex)

CDMA benutzt ein völlig anderes Konzept als FDMA und TDMA, um den Vielfachzugriff zu realisieren. Das Verfahren ist sehr komplex und stammt ursprünglich aus dem militärischen Anwendungsbereich. Im Rahmen von terrestrischen Mobilfunknetzen wird CDMA in Europa erstmals für UMTS (Universal Mobile Telecommunication System) eingesetzt, in den USA und Japan bei den Mobilfunksystemen der technischen Standards cdmaOne und cdma2000.

Bei CDMA erfolgt die Kanalbildung und der Zugriff auf die Benutzerkanäle über eine spezielle *Codierung* (= Code Division). Alle Teilnehmer einer Basisstation arbeiten „wild gemischt" im gleichen Frequenzblock. Anstelle der Zeit oder einzelner Frequenzen teilen sich die Teilnehmer hier die zur Verfügung stehende Sendeleistung. Das heißt, wenn nur wenige Verbindungen über eine Basisstation laufen, steht für jeden Teilnehmer eine größere Maximalleistung zur Verfügung, als wenn viele Teilnehmer aktiv sind. Damit ist die Reichweite der Basisstation u. a. von der Anzahl aktiver Teilnehmer abhängig und zusätzlich – wie weiter unten noch gezeigt wird – von ihren Datenraten. Dieser Effekt wird als *„Cell Breathing"* bezeichnet; die Zellengröße „atmet" mit der Anzahl aktiver Teilnehmer. Durch die Überlagerung der Signale vieler Teilnehmer im selben Frequenzbereich hat das resultierende Gesamtsignal prinzipiell einen dem Rauschen ähnlichen Charakter. Genauere Analysen haben aber gezeigt, dass es sich hier nicht tatsächlich um ein Rauschen im klassischen Sinn handelt, bei dem das Spektrum gleichmäßig belegt wäre, ohne dominante Einzelfrequenzen (Spektrallinien), sondern dass es sich um eine komplexe Zusammensetzung aus einzelnen Frequenzen von 100 Hz, 1,5 kHz und 15 kHz mit ihren Oberschwingungen und Mischprodukten handelt. Der Crestfaktor liegt typischerweise bei ca. 10 ... 12 dB. Eine schnelle Leistungsregelung sorgt 1.500 mal pro Sekunde für eine exakte Anpassung an sich ändernde Situationen (d. h. alle 0,667 ms).

Der Zugriff auf die Übertragungskanäle erfolgt bei CDMA völlig anders als bei den herkömmlichen Telekommunikationssystemen. Damit die Signale der einzelnen Teilnehmer voneinander unterschieden werden können, werden sie mit einem speziellen Erkennungsmerkmal in Form einer Codierung versehen. Die Codierung setzt sich aus zwei Teilen zusammen: Einem festen Codeteil für die Kennzeichnung der Basisstation (Scrambling Code) und einem zweiten, individuellen Teil für die Codierung der aktuellen Verbindung. Je länger der verwendete Spreizcode ist, umso besser kann das Signal auch in hohen Störpegeln detektiert werden.

Bei der Durchführung der Codierung wird das zu übertragende digitale Nutzsignal mit dem ebenfalls digitalen Codierungssignal höherer Frequenz überlagert (entsprechend einer Multiplikation der beiden Signale bei logischer 1 des Nutzsignals und zusätzlicher Invertierung des Codierungssignals bei logischer 0 (**Bild 3.66**). Die Frequenz des Codierungssignals wird als *Chiprate* bezeichnet, da die einzelnen Bits des Codierungssignals hier „Chips" genannt werden. Die Chiprate beträgt bei UMTS z. B. 3,84 Mcps (Mega-Chips pro Sekunde). Durch die Überlagerung der beiden Signale wird die Bandbreite des kombinierten Signals vergrößert oder „gespreizt"; es ergibt sich das Spread Spectrum, dessen Bandbreite der Chiprate entspricht. Liegt die Bandbreite des Spread Spectrum in der Größenordnung von etwa 4 MHz, so spricht man von WCDMA (Wideband CDMA), wie es bei UMTS eingesetzt wird (Chiprate 3,84 Mcps, Bandbreite 3,84 MHz). Da die Chiprate konstant ist, werden bei hohen Datenraten des Nutzsignals kürzere und bei niedrigen Datenraten längere Spreizcodes verwendet. Dementsprechend werden Signale mit niedriger Datenrate stärker gespreizt als Signale mit hoher Datenrate. Das Maß der Spreizung wird auch als *„Spreizgewinn"* bezeichnet. Durch die Spreizung erfolgt eine Transformation eines schmalbandigen Signals mit einer bestimmten Amplitude in ein breitbandiges Signal mit einer kleineren Amplitude, die um den Spreizfaktor kleiner ist (**Bild 3.67 links**). Die „Informationsleistung" ist das Produkt von Amplitude und Bandbreite. Wird die Bandbreite vergrößert, so kann die Amplitude bei gleicher „Informationsleistung" um den Vergrößerungsfaktor der Bandbreite (= Spreizfaktor) verringert werden, und das Signal lässt sich

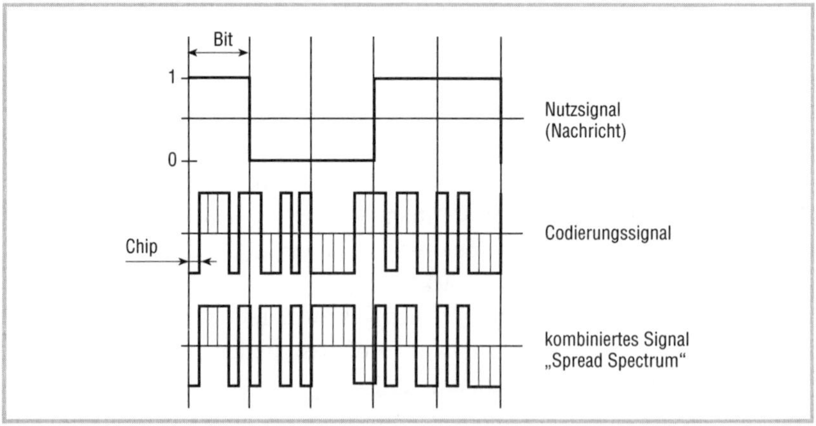

Bild 3.66 *Codierungsprinzip bei CDMA (Zeitdarstellung)*

trotzdem noch genauso gut detektieren. Diesen Effekt kann man so weit treiben, dass die Amplitude des Signals im Rauschen oder im Signalgemisch anderer Teilnehmer – die für das betrachtete Signal ebenfalls wie Rauschen, also wie ein Störsignal, wirken – untergeht: Und trotzdem wird das Signal von einem geeigneten Empfänger wiedererkannt.

Der Empfänger filtert „sein" Signal aus dem Signalgemisch verschiedener Teilnehmer, indem er genau die Anteile mit „seiner" Codierung erkennt – alle anderen Codes sind für ihn eben wie Rauschen – und das Signal wieder „entspreizt"; dadurch wird das schmalbandigere Signal mit der höheren Amplitude zurückgewonnen (**Bild 3.67 rechts**). Hierzu werden sogenannte *Korrelationsempfänger* verwendet. Diese sind in der Lage, ein ihnen bekanntes Signalmuster – nämlich das Codierungssignal – selbst dann noch zu erkennen, wenn es von Rauschen oder anderen Signalen bis zu einer gewissen Grenze überdeckt ist (übrige „Schichten" in Bild 3.67 rechts). Die Grenze, bis zu der eine Signaldetecktion noch möglich ist, ist dadurch gegeben, dass die entspreizte Amplitude eines Signals größer sein muss als die Summe der gespreizten Amplituden des übrigen Signal-/Rauschgemischs.

Da der Spreizgewinn bei breitbandigen Signalen geringer ausfällt als bei schmalbandigen, weisen breitbandige Signale nach der Spreizcodierung eine höhere Amplitude auf als schmalbandige. Das heißt, sie enthalten mehr Informationsleistung und benötigen daher auch mehr Sendeleistung! Bei CDMA-Signalen gibt es also eine Kopplung zwischen Kapazität und Reichweite der Basisstation. Teilnehmer mit hohen Datenraten führen genauso zu einem höheren Sendeleistungsbedarf seitens der Basisstation wie Teilnehmer, die weit von der Basisstation entfernt sind.

Mit dem Spread Spectrum wird der eigentliche Hochfrequenzträger moduliert (**Bild 3.68**). Es ergibt sich dann im UMTS-Band das Spektraldiagramm in Form des typischen „Tafelberges" (**Bild 3.69**).

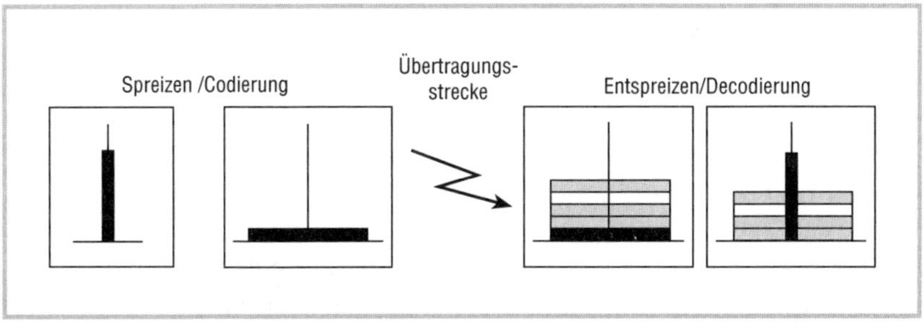

Bild 3.67 *Spreizung und Entspreizung eines CDMA-Signals*

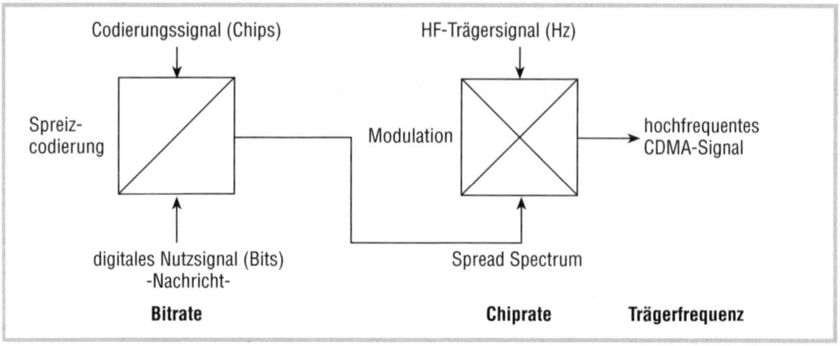

Bild 3.68 *Erzeugung eines CDMA-Signals*

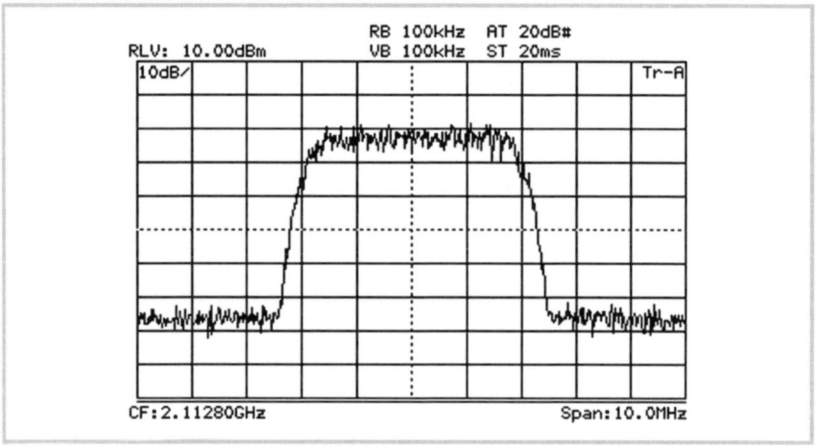

Bild 3.69 *Hochfrequenzspektrum eines WCDMA-Signals (UMTS)*
CF Center Frequency = Mittenfrequenz der Anzeige
Span Spanne = Breite des angezeigten Frequenzausschnitts

Bei W-CDMA senden – im Gegensatz zu bisher üblichen Funksystemen – alle Basisstationen eines Netzbetreibers auf der gleichen Frequenz (Gleichwellenbetrieb) bzw. – da jeder Netzbetreiber in Deutschland mit seiner UMTS-Lizenz zwei Frequenzen zur Nutzung erworben hat – maximal auf zwei benachbarten Frequenzen. Das an einem Ort auf einer Frequenz anstehende Signal kann also aus den Beiträgen verschiedener Basisstationen bestehen, je nachdem, wie stark diese dort einfallen (**Bild 3.70**).

Jede Basisstation verfügt über ein Paket von vier dominanten Steuerkanälen, die benötigt werden, um eine Verbindung mit einem Mobilteil aufzubauen und die daher permanent aktiv sind, also auch dann, wenn aktuell keine Nutzsignale (Telefonate, Daten) übertragen werden:

- CPICH Common Pilot Channel
- P-CCPCH Primary Common Control Physical Channel
- P-SCH Primary Synchronization Channel
- S-SCH Secondary Synchronization Channel

Außerdem sind noch einige wenige andere Steuerkanäle permanent aktiv; ihr Leistungsanteil liegt aber wesentlich niedriger als der der o. a. vier dominanten Kanäle. Die Steuerkanäle weisen eine feste Datenrate auf. Ihre gemeinsame Sendeleistung beträgt typischerweise ca. 15 bis 20 % der Maximalleistung der Basisstation. Der CPICH ist dabei der dominierende Steuerkanal.

Die Leistungsanteile der Nutz- oder Verkehrskanäle (DPCH: Dedicated Physical Channel) sind abhängig von der benötigten Datenrate des jeweiligen Dienstes (Übertragung von Sprache, Musik, Bildern oder Computerdaten), der Dämpfung der Übertragungsstrecke zwischen Basisstation und Mobilteil und der Anzahl der Teilnehmer. In dem Maße, wie sich neue Teilnehmer an einer Basisstation an- oder abmelden bzw. sich in Relation zur Basisstation bewegen, ändert sich die Höhe des „Tafelberges" gemäß Bild 3.70, indem zusätzliche Leistungs-„Schichten" der Nutzkanäle hinzukommen oder wegfallen bzw. sich in ihrer „Dicke" ändern.

Anders als bei GSM können bei UMTS die einzelnen Kanäle nicht auf den physikalischen Ebenen von Frequenz und Zeit unterschieden werden. Die in den Dimensionen Frequenz und Zeit physikalisch hochgradig strukturierten GSM-Systeme wickeln den Zugriff auf die Benutzerkanäle gerade in dieser Struktur ab. Daher ist der in allen acht Zeitschlitzen permanent mit voller Leistung sendende Organisationskanal einer GSM-Basisstation mittels Spektrumanalyse leicht zu identifizieren. Bei einer UMTS-Basis-

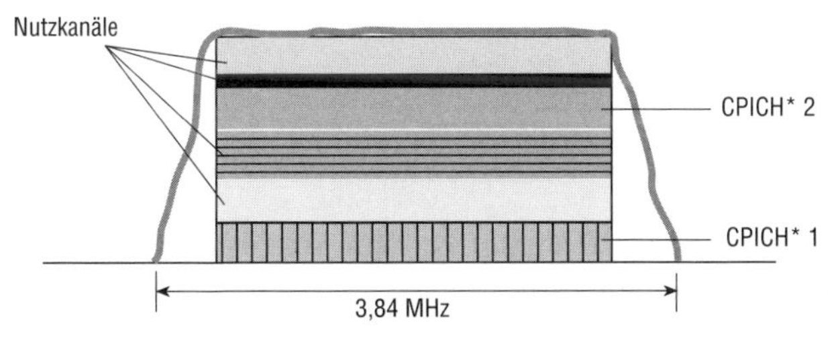

CPICH*: Common Pilot Channel und andere, permanent aktive Steuerkanäle

Bild 3.70 *Zusammensetzung eines UMTS-Empfangssignals, hier mit Beiträgen zweier Basisstationen*

station „sieht“ man dem „Tafelberg“, den die Intensitäten aller Kanäle eines Frequenzblocks gemeinsam bilden, dagegen nicht an, ob er nur Steuerkanäle enthält oder auch Verkehrskanäle und wie viele. Um dies festzustellen, muss man auf der logischen Ebene die Codes der einzelnen Kanäle analysieren. Dies ist mit einem herkömmlichen Spektrum-Analysator nicht möglich; hierfür sind eigene Analysatoren mit speziellen Zusatzfunktionen erforderlich.

Die bedeutsamste praktische Anwendung von WCDMA in Europa stellt das Mobilfunksystem UMTS-FDD dar. Zur weitergehenden Information über UMTS sei auf [9] verwiesen.

3.5.7.5 TD-CDMA – Time Division-Code Division Multiple Access (Zeit- und Codemultiplex)

TD-CDMA stellt eine Kombination aus TDMA und CDMA dar und kommt als Variante bei den Mobilfunksystemen der 3. Generation (UMTS = Universal Mobile Telecommunication System) insbesondere in China zur Anwendung. Hier ist pro Frequenz- und Zeitkanal zusätzlich eine bestimmte Anzahl von Codekanälen vorgesehen (8 Codekanäle bei UMTS) (**Bild 3.71**).

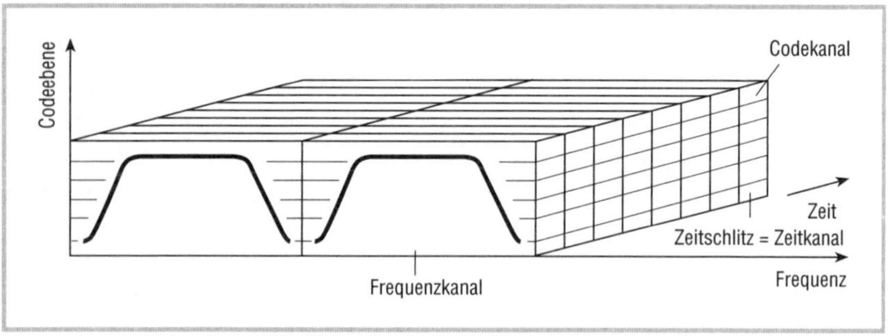

Bild 3.71 *Kanalbildung bei TD-CDMA.*
Ein Nutzkanal ist definiert durch einen Träger (Frequenzkanal), einen Zeitschlitz und einen Code.

3.5.7.6 SDMA – Space Division Multiple Access (Vielfachzugriff durch Raumaufteilung)

SDMA ist ein jüngst entwickeltes Zugriffsverfahren, das z. B. in drahtlosen Ortsnetzen (WLL: Wireless Local Loop) zur Anwendung kommen kann. Der Mehrfachzugriff erfolgt über verschiedene Raumbereiche mit in ihrer Richtcharakteristik steuerbaren Antennen.

3.5.7.7 OFDM(A)/COFDM(A) – Orthogonal Frequency Division Multiplexing bzw. Multiple Access/Coded OFDM(A)

OFDM(A) ist ein sehr leistungsfähiges, junges und zukunftsträchtiges Zugriffsverfahren; es wird bei nahezu allen neueren Funkdiensten eingesetzt, z. B. dem digitalen terrestrischen Fernsehen DVB-T (Digital Video Broadcasting – Terrestrial), dem digitalen Rundfunk DAB (Digital Audio Broadcasting) bzw. der jüngeren Version DAB+, der digitalen Rundfunkvariante für den Mittel- und Kurzwellenbereich DRM (Digital Radio Mondiale), bei WLAN-Systemen des a-, g- und n-Standards sowie den Basisstationen der Breitband-Mobilfunksysteme WiMAX (Worldwide Interoperability for Microwave Access) und LTE (Long Term Evolution).

Da insbesondere bei den in jüngerer Zeit eingeführten Funkdiensten ein störungsfreier Funkverkehr auch für portable und mobile Geräte während der Bewegung gesichert sein soll, mussten hierfür neue Verfahren entwickelt werden, die gegenüber Mehrwegeempfang mit seinen Interferenzen unempfindlich sind.

Mehrwegeempfang kommt zustande, wenn das Signal eines Senders auf unterschiedlichen – und damit unterschiedlich langen – Wegen zum Empfänger gelangt, z. B. aufgrund von Reflexionen an Gebäuden (*Echosignale*). Am Empfangsort interferieren diese Wellen miteinander, d. h., sie überlagern sich mit unterschiedlichen Phasenlagen, da sie ja unterschiedliche Strecken zurückgelegt haben. Bei Phasengleichheit führt die Interferenz zu einem Anwachsen der Feldstärke, bei unterschiedlichen Phasenlagen zur Verringerung und ggf. sogar zu Auslöschung. Bewegt sich der Empfänger, so unterliegt der Interferenzeffekt dauernden kurzfristigen Schwankungen. Interferenzeffekte sind von der Wellenlänge abhängig und meist schmalbandig. Während also ein Frequenzkanal eines Funksystems durch Interferenzen beeinträchtigt wird, kann der Nachbarkanal durchaus ungestört sein. Störungen durch Interferenzen können bei *Duplexbetrieb* – also Kommunikation in beiden Richtungen – behoben werden, indem der Empfänger den Sender zur Wiederholung des gestörten Teils auffordert. Bei Rundfunksystemen mit ihrer „eingleisigen“ Kommunikation ist dies nicht möglich. Hier muss durch andere technische Maßnahmen die Übertragung gegen Interferenzen unempfindlich gemacht werden.

Eine Möglichkeit hierzu, die beim OFDM angewendet wird, besteht im Übergang von serieller auf *parallele Übertragung.* Es wird nicht nur eine Trägerfrequenz moduliert, sondern viele Trägerfrequenzen (ggf. bis zu mehreren tausend) in einem engen, äquidistanten Frequenzraster ($f_{T1} \dots f_{Tn}$ in

Bild 3.72), so dass sich im Spektrum ein breiter „Tafelberg" ergibt (Bild 3.72). Durch diese Parallelisierung ist es möglich die Übertragungslänge eines Zeichens auf einem Träger zu erhöhen, d. h. die Übertragungsgeschwindigkeit pro Trägerfrequenz zu senken, wodurch die Anfälligkeit gegen kurzfristige Interferenzeffekte sinkt.

Beim COFDM(A) erfolgt die Reihenfolge der Parallelisierung nicht einfach linear, sondern verschachtelt nach einem systemspezifischen Code, um die Interferenzanfälligkeit noch weiter zu minimieren.

Wenn auch die am Beginn dieses Abschnitts aufgeführten Funkdienste allesamt auf dem Zugriffsverfahren (C)OFDM(A) basieren, so sind doch die Signalcharakteristiken sehr unterschiedlich. Während z. B. das DVB-T-Signal einem technischen Rauschen ohne Pulsung und ohne periodische Anteile ähnelt, sind beim verwandten DAB-Signal periodische Anteile enthalten, die aufgrund einer regelmäßigen Absenkung der Pilotträger zu einem überlagerten Pulseffekt führen. WLAN und bestimmte Varianten von WiMAX und LTE arbeiten mit dem Duplexverfahren TDD (Zeitduplex, siehe Abschnitt 3.5.8.2), das zwangsläufig zu einer periodischen Pulsung führt.

Die Hauptanwendung für (C)OFDM besteht zurzeit im digitalen terrestrischen Fernsehen DVB-T und dem Digitalradio DAB bzw. DAB+. Das wichtigste Anwendungsfeld für OFDMA ist das jüngste Mobilfunksystem LTE.

Im Gegensatz zu GSM und UMTS ist die Kanalbandbreite bei LTE nicht fix, sondern es können – je nach geplanter Kapazität und Anforderungen an die Datenrate – unterschiedliche Bandbreiten zum Einsatz kommen: 1,4 MHz, 3 MHz, 5 MHz, 10 MHz, 15 MHz und 20 MHz.

Auf der „Luftschnittstelle" wird als Funkübertragungsverfahren im Uplink SC-FDMA (Single Carrier Frequency Division Multiple Access) eingesetzt, das weniger Akkuleistung braucht als das im Folgenden näher beschriebene OFDMA im Downlink.

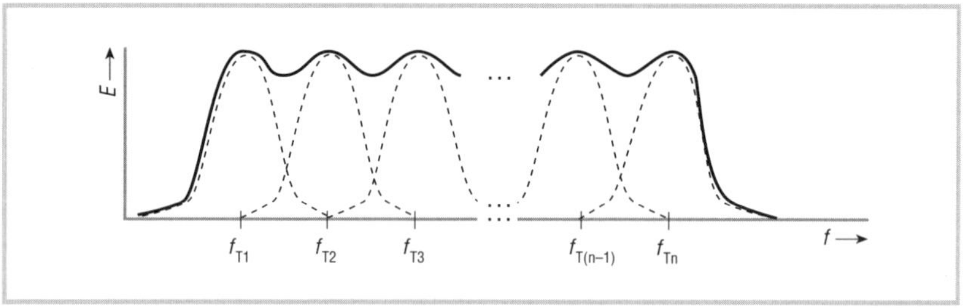

Bild 3.72 *OFDM / COFDM: Zusammensetzung des Gesamtsignals aus vielen Einzelträgern (Multicarrier)*

Für den Downlink mit OFDMA wird der Datenstrom auf viele *Unterträger* mit einem Trägerabstand von 15 kHz aufgeteilt (bei Kanalbandbreite 1,4 MHz 72 Unterträger, 3 MHz 180 Unterträger, 5 MHz 300 Unterträger, 10 MHz 600 Unterträger, 20 MHz 1.200 Unterträger). In der spektralen Darstellung auf der Frequenzachse mittels Spektrumanalysator ergibt sich hierdurch der typische „Tafelberg" gemäß **Bild 3.73**.

Die Unterträger werden – je nach Qualität und Robustheit der Übertragungsstrecke – mit QPSK, 16-QAM oder 64-QAM moduliert. Dies führt insgesamt zu einem Signal, das als „technisches Rauschen" bezeichnet wird und einen Crestfaktor von ca. 9 bis 12 dB aufweist.

Wie bei UMTS handelt es sich hierbei aber nicht um ein spektral gleichmäßiges Rauschen ohne dominante Einzelfrequenzen, sondern es gibt deutlich dominierende Spektrallinien.

Bei LTE handelt es sich – wie bei UMTS – um ein Gleichwellensystem, bei dem die Basisstationen eines Betreibers, auch wenn die Standorte räumlich eng benachbart sind, auf den gleichen Frequenzen arbeiten.

Auf der logischen Ebene (Datenebene) wird das LTE-Signal nach bestimmten Regeln strukturiert und hierzu in sogenannte „Radio Frames" unterteilt. Ein LTE Radio Frame vom Typ 1, wie er bei LTE FDD Verwen-

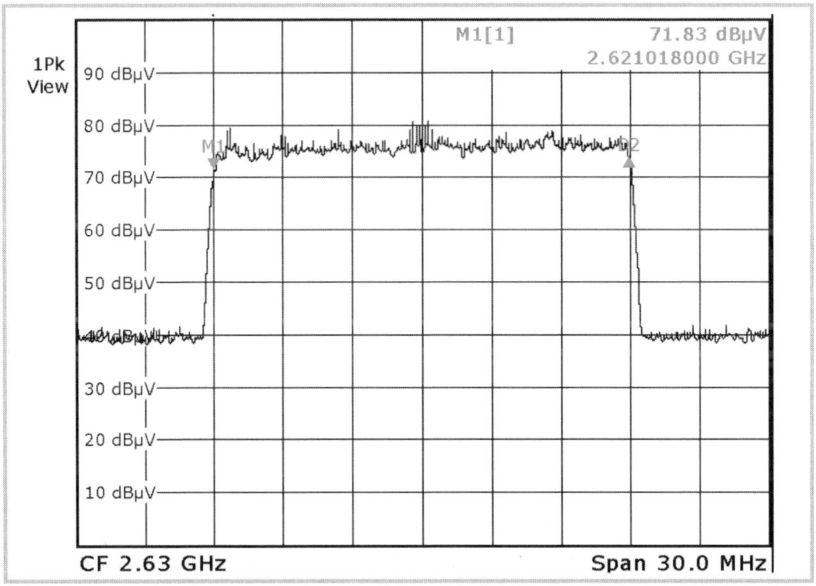

Bild 3.73 *Spektrum eines LTE FDD-Signals, angezeigter Spektrumausschnitt (Span) 30 MHz, Kanalbandbreite 20 MHz*

dung findet, hat eine Länge von 10 ms. Dieser Radio Frame wird in 20 sogenannte Slots unterteilt, von denen jeder dementsprechend 0,5 ms lang ist. Zwei aufeinanderfolgende Slots werden als LTE Subframe bezeichnet und haben eine Länge von 1 ms. Ein Slot umfasst beim Typ 1 Radio Frame sieben Symbole, in denen die eigentliche Information enthalten ist. Informationen sind zum einen die zu übertragenden Benutzerdaten (Payload), zum anderen sind aber auch technische Daten zur Steuerung und Organisation des LTE-Systems erforderlich, die in „Signalisierungs- und Kontrollkanälen" übertragen werden. Diese Kanäle werden bei LTE im Frequenzbereich durch Zuordnung zu bestimmten Unterträgern und im Zeitbereich durch bestimmte Positionen im Radio Frame bzw. im Slot definiert – sie erhalten sozusagen „feste Plätze" auf der Frequenz- und der Zeitachse zugewiesen.

Die wichtigsten Signalisierungs- und Kontrollkanäle mit ihrer Zuordnung auf Frequenz- und Zeitachse sind im Folgenden aufgeführt (fett hervorgehoben vgl. Bild 3.75).

PDCCH: Physical Downlink Control Channel
: geht über alle Unterträger; in jedem Subframe, belegt 1 bis 3 Symbole im ersten Slot eines jeden Subframes

RS: Reference Signal
: in jedem sechsten Unterträger; Symbol 0 und 4 in jedem Slot

P-SS: Primary Synchronization Signal
: auf 62 Unterträgern um die Bandmitte auf Symbol 6 in Slot 0 und 10

S-SS: Secondary Synchronization Signal
: auf 62 Unterträgern um die Bandmitte auf Symbol 5 in Slot 0 und 10

PBCH: Physical Broadcast Channel
: auf 72 Unterträgern um die Bandmitte; 4 Symbole im Slot 1, alle 40 ms

PDSCH: Physical Downlink Shared Channel
: in jedem Subframe, aber nur, wenn Benutzerdaten übertragen werden.

Im zeitlichen Verlauf des LTE-Signals ohne Verkehrslast (Standby) finden sich die oben fett hervorgehobenen Signalisierungs- und Kontrollkanäle deutlich als Pulsstruktur wieder. **Bild 3.74** zeigt den Zeitverlauf über einen gesamten Typ 1 Radio Frame mit 20 Slots, **Bild 3.75** zeigt einen detaillierteren Auszug daraus (Kreis in Bild 3.74) über knapp 3 Slots. Hier sind die von RS, PDCCH, P-SS und S-SS hervorgerufenen Pulse gekennzeichnet. Mit zunehmender Verkehrslast werden die Lücken zwischen den Signalisierungskanälen immer mehr gefüllt, bis schließlich bei Volllast keine Einzelpulse mehr erkennbar sind (**Bild 3.76**).

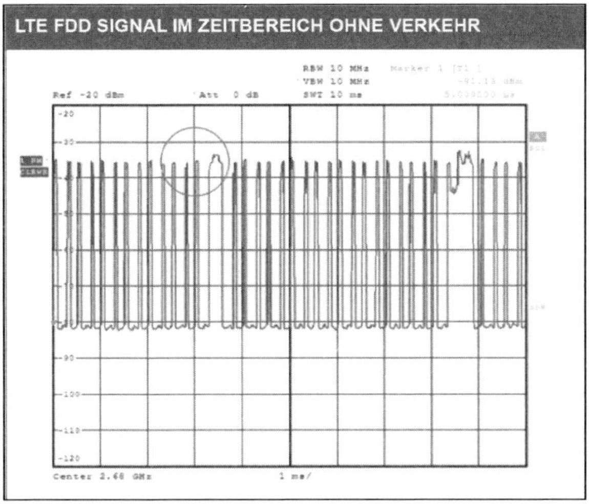

Bild 3.74 *LTE FDD-Signal im Zeitbereich, ohne Verkehr (Benutzerdaten); auf der horizontalen Zeitachse 1 ms pro Teilung, Gesamtzeit der Achse 10 ms, entsprechend einem Typ 1 LTE Radio Frame (20 Slots)*
Quelle: [10], S. 12

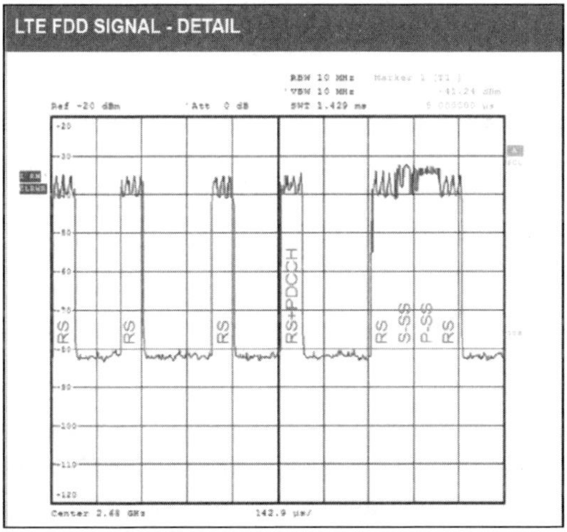

Bild 3.75 *LTE FDD-Signal im Zeitbereich, ohne Verkehr (Benutzerdaten); Detail aus Bild 3.73; auf der horizontalen Zeitachse 142,9 µs pro Teilung, Gesamtzeit der Achse 1,429 ms, entsprechend 20 Symbolen (knapp 3 Slots)*
Quelle: [10], S. 12

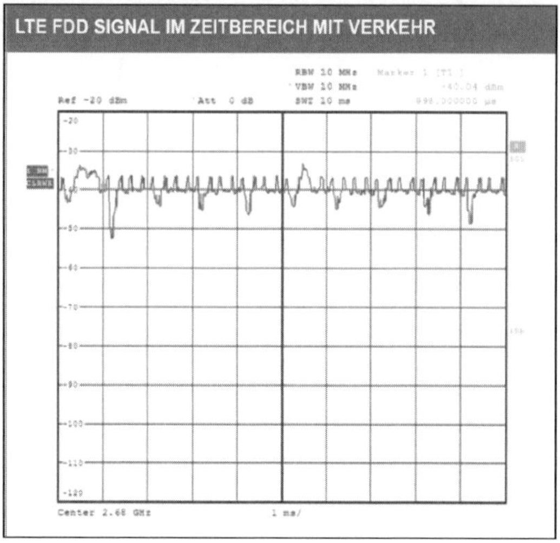

Bild 3.76 *LTE FDD-Signal im Zeitbereich mit Verkehr; auf der horizontalen Zeitachse 1 ms pro Teilung, Gesamtzeit der Achse 10 ms, entsprechend einem Typ 1 LTE Radio Frame (20 Slots)*
Quelle: [10], S. 13

Mit der Füllung der Lücken zwischen den Signalisierungskanälen im Zeitbereich bei zunehmender Verkehrslast geht auch eine Auffüllung der Subträger im Frequenzbereich einher. Je mehr Teilnehmer über eine LTE-Basisstation arbeiten und je höhere Datenraten sie von der Basisstation abfordern, umso mehr Subträger werden aktiviert. Durch diese Möglichkeit der flexiblen Zuordnung von Bandbreite zu den einzelnen Nutzern kann die vorhandene Bandbreite optimal aufgeteilt werden, was die spektrale Effizienz wesentlich erhöht.

Das LTE-Netz ist – dem verfolgten Hauptziel der schnellen Breitbandversorgung entsprechend – vollständig IP-basiert und damit an den technischen Gegebenheiten des Internets (IP = Internet Protocol) orientiert. Damit ergeben sich – als Kehrseite der Medaille – Probleme bei denjenigen Diensten, die bei den etablierten Mobilfunksystemen GSM und UMTS nicht IP-basiert funktionieren, und dies ist als zentraler Dienst ausgerechnet die Sprachübertragung. Kurz und knapp gesagt ist LTE eigentlich für Sprachübertragung (Mobiltelefonieren!) gar nicht vorgesehen. Die ersten LTE-Netze in Skandinavien wurden denn auch tatsächlich ohne die Möglichkeit der Sprachübertragung in Betrieb genommen. Um Telefonie in LTE dennoch zu realisieren, muss man einen nicht unerheblichen technischen Zusatzaufwand betreiben, um VoIP (Voice over IP, Sprache über Internet Protocol) in Echtzeit zu ermöglichen.

Die LTE-Frequenzen wurden im Jahr 2010 versteigert. Im Gegensatz zu allen vorausgegangenen Versteigerungen wurden hier zum ersten Mal die Frequenzen „technologieneutral" angeboten. Das heißt, die für die Versteigerung zuständige Bundesnetzagentur (BNetzA) machte nicht wie bisher die Vorgabe, dass in einem bestimmten Frequenzband eine bestimmte Mobilfunktechnologie eingesetzt werden muss, sondern der Netzbetreiber kann selbst entscheiden, ob er in seinem neu erworbenen Frequenzspektrum die Mobilfunktechnologie GSM, UMTS oder LTE verwenden möchte. Waren die Mobilfunkbänder bisher, was die Funktechnologie betrifft, „sortenrein", so besteht hiermit erstmals die Möglichkeit zum „Technologiemix" innerhalb eines Mobilfunkbandes.

Für detailliertere Darstellungen zum Thema LTE und zur Frequenzversteigerung 2010 sei auf [11] verwiesen.

3.5.8 Duplexverfahren

Duplexbetrieb stellt eine besondere Variante des Multiplexbetriebes dar. Während sich der *Multiplexbetrieb* auf jeden beliebigen Teilnehmer in einem Funkdienst bezieht, bezieht sich der *Duplexbetrieb* genau auf die beiden Teinehmer, die miteinander kommunizieren wollen.

Von modernen Telekommunikationsverfahren wird erwartet, dass die beiden Teilnehmer im echten Duplexbetrieb miteinander kommunizieren können; d. h. beide Teilhehmer können (quasi-) gleichzeitig senden und empfangen. Beim Halbduplex-(Semiduplex-)betrieb wäre dies nur abwechselnd möglich; während der eine Teilnehmer spricht, kann er nicht hören und umgekehrt (sogenanntes Wechselsprechen).

3.5.8.1 FDD – Frequency Division Duplex / Frequenzduplex

Bei Frequenzduplex senden und empfangen die beiden Teilnehmer auf unterschiedlichen Frequenzen. Teilnehmer A sendet z. B. auf Frequenz 1 und hört auf Frequenz 2. Gleichzeitig sendet Teilnehmer B umgekehrt auf Frequenz 2 und hört auf Frequenz 1. Hierfür werden also zwei Frequenzkanäle benötigt.

Bei diesem Verfahren wird das zur Verfügung stehende Frequenzband meist in zwei Teilbänder aufgeteilt, das sogenannte *Unterband* (niedrigerer

Frequenzbereich) und das *Oberband* (höherer Frequenzbereich). Im Oberband senden dann z. B. alle Basisstationen des Netzes, im Unterband alle Mobilstationen. Da die Basisstationen in der Systemhierarchie höher stehen als die Mobilstationen, wird die Verbindung Basisstation → Mobilstation auch als „downlink" bezeichnet und die Verbindung Mobilstation → Basisstation als „uplink". Der Abstand zwischen den Duplexkanälen eines Mobilfunksystems ist für alle Kanäle konstant und wird als *Duplexabstand* bezeichnet. Frequenzduplex ist für digitale und analoge Übertragungsverfahren geeignet.

3.5.8.2 TDD – Time Division Duplex / Zeitduplex

Bei Zeitduplex senden und empfangen beide Teilnehmer zeitversetzt auf derselben Frequenz; jeder erhält im ms-Bereich abwechselnd einen Zeitschlitz. Wenn Teilnehmer A sendet, schaltet B auf Empfang und umgekehrt. Daher ist dieses Verfahren nur für digitale Übertragungsverfahren geeignet.

Bei der Kombination TDD/ TDMA erhalten die beiden Teilnehmer abwechselnd den gleichen Zeitschlitz in jeweils aufeinander folgenden TDMA-Rahmen zugewiesen. Typischer und weit verbreiteter Anwendungsfall hierfür sind z. B. DECT-Schnurlostelefone.

3.6 Elektrisches Gleichfeld

Ursache elektrischer Gleichfelder sind elektrische Ladungen. Diese Ladungen können mechanisch getrennt worden sein, wie es durch Reibung an einem nicht oder nur wenig leitfähigen Material geschieht. Im Wohnungs- und Bürobereich sind dies typischerweise synthetische Stoffe, wie Gardinen und Teppichböden oder Kunststoffoberflächen. Aber auch natürliche Textilien aus tierischen Eiweißfasern (Wolle, Seide) können sich oft statisch aufladen. Textilien aus Pflanzenfasern sind dagegen nicht aufladbar.

Die kleinste Einheit der elektrischen Ladung ist eine Naturkonstante; sie entspricht der Ladung eines Elektrons und beträgt $e = -1{,}6021 \cdot 10^{-19}$ As. Alle vorkommenden Ladungen sind ganzzahlige Vielfache dieser Elementarladung.

Außerdem entstehen elektrische Gleichfelder durch den Ladungsüberschuss bzw. -mangel an den Polen einer Gleichspannungsquelle (Batterie, Straßenbahn-Oberleitung, Eisenbahn-Oberleitung in manchen Staaten).

Sogenanntes *Elektret-Material* weist ebenfalls ein Gleichfeld auf. Hier sind elektrische Ladungen im Material sozusagen permanent „eingefroren". Typischer Einsatzbereich sind Elektret-Kondensatormikrofone, die – im

Gegensatz zu extern gespeisten „normalen“ Kondensatormikrofonen – keine Versorgungsspannung zur Erzeugung des elektrischen Feldes benötigen.

Auch die Erde weist ein natürliches elektrisches Gleichfeld auf, das durch das Wetter beeinflusst wird (hohe Feldstärken bei Gewitter).

Der prinzipielle Feldlinienverlauf magnetischer Gleichfelder entspricht dem von niederfrequenten magnetischen Wechselfeldern.

Der prinzipielle Feldlinienverlauf elektrischer Gleichfelder entspricht dem von niederfrequenten elektrischen Wechselfeldern.

3.7 Magnetisches Gleichfeld

Magnetische Gleichfelder werden durch elektrischen Gleichstrom hervorgerufen (z. B. bei Straßenbahnen, auch Eisenbahn-Oberleitung in anderen Staaten).

Allerdings ist darauf zu achten, dass eine Gleich*spannungs*versorgung nicht zwangsläufig auch einen reinen Gleich*strom* zur Folge haben muss! Denn nur die Spannung wird von der elektrischen Energiequelle bestimmt, der Strom aber durch den Verbraucher. Zieht der Verbraucher nicht kontinuierlich, sondern z. B. nur impulsweise Strom aus der Quelle, so führt dies zu einem „gepulsten Gleichstrom“, der neben dem Gleichanteil auch über erhebliche Wechselanteile verfügt. Dies ist z. B. bei vielen Motorsteuerungen der Fall, die aus der Gleichspannung über Wechselrichter Wechselspannungen erzeugen.

Dauermagnete (industriell hergestellte Permanentmagnete, z.B. in Lautsprechern) und magnetisierte ferromagnetische Materialien (Eisen, Nickel, Kobalt) weisen ebenfalls ein Gleichfeld auf, aber ohne dass ein Strom fließt. Es handelt sich sozusagen um ein „eingefrorenes“ Magnetfeld. Charakteristisch hierfür ist, dass der Raum um den Magneten herum zwar eine magnetische Flussdichte aufweist, die magnetische Feldstärke aber null ist.

Auf der schleifenförmigen Hysteresekurve eines ferromagnetischen Materials entspricht dies dem Punkt der *Remanenzinduktion* B_r (**Bild 3.77**). Dies ist die nach der Magnetisierung des ferromagnetischen Materials verbleibende („remanente“) Induktion, wenn das H-Feld, das die Magnetisierung bewirkt hat, wieder abgeschaltet ist. Um das Material zu „entmagnetisieren“, d. h. die verbleibende Induktion zurück auf null zu bringen, muss die sogenannte *Koerzitivfeldstärke* aufgebracht werden. Bei industriellen Entmagnetisierungsgeräten wird hierfür meist ein anderer Weg gewählt, indem die Hystereseschleife immer wieder mit allmählich abnehmender Am-

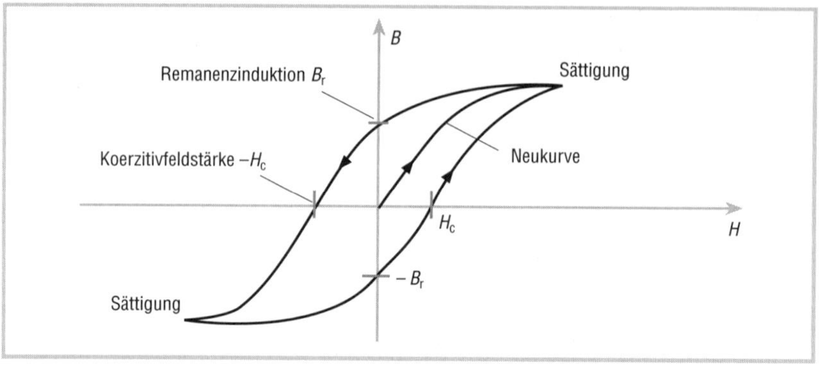

Bild 3.77 *Hystereseschleife eines ferromagnetischen Materials*

plitude durchlaufen wird, bis man wieder im Ursprung landet, der den unmagnetisierten Zustand darstellt.

Auch die Erde weist ein natürliches magnetisches Gleichfeld etwa in Nord-Süd-Richtung auf.

Der prinzipielle Feldlinienverlauf magnetischer Gleichfelder entspricht dem von niederfrequenten magnetischen Wechselfeldern.

3.8 Darstellung von Feldgrößen in Dezibel (dB)

Dezibel geben zunächst einmal als dimensionslose Zahl das relative Verhältnis von zwei Größen mit gleicher Maßeinheit im logarithmischen Maßstab (Zehnerlogarithmus) an.

Sie können aber auch dazu verwendet werden, absolute physikalische Größen im logarithmischen Maßstab darzustellen, die dann als „Pegel" bezeichnet werden.

3.8.1 Dezibel als dimensionsloser, relativer Verhältniswert

In der Technik ist es häufig üblich, Verhältnisse von zwei Größen mit gleicher Maßeinheit, die sich über eine Spanne von mehreren Zehnerpotenzen erstrecken können – wie es z. B. bei EM-Feldgrößen und in der Akustik der Fall ist – , im logarithmischen Maßstab anzugeben. Dies hat den Vorteil, dass sehr große bzw. sehr kleine Werte in eine „handliche" Größenordnung transformiert werden.

Ein solcher Maßstab ist das *Dezibel* (dB), ein Zehntel des (ungebräuchlichen) *Bel* (B). Die dimensionslose dB-Skala drückt das logarithmierte Verhältnis L von zwei Leistungs- *(P)* oder Strahlungsdichtegrößen *(S)* aus.

10 dB entspricht dem Verhältnis $10^1 : 1 = 10^1 = 10$;

20 dB entspricht dem Verhältnis $10^2 : 1 = 10^2 = 100$ usw.

Hieraus folgt für 0 dB das Verhältnis $10^0 : 1 = 10^0 = 1$.

Für das Verhältnis von zwei Strahlungsdichten S_1 und S_2 in dB gilt allgemein:

$$L\ \text{dB} = 10 \cdot \lg (S_1 / S_2)\ \text{dB}$$

Will man anstatt der Strahlungsdichte (bzw. Leistung) das Verhältnis zweier elektrischer Feldstärken E oder magnetischer Feldstärken H (bzw. Spannungen U oder Ströme I) in dB darstellen, so ist zu berücksichtigen, dass die Strahlungsdichte dem Quadrat der Feldstärke proportional ist ($S \sim E^2$ und $S \sim H^2$, s. Abschnitt 3.5.2; ebenso gilt $P \sim U^2$ und $P \sim I^2$). Die Hochzahl 2 wird bei der Bildung des Logarithmus als Faktor 2 wirksam, so dass gilt:

$$\begin{aligned} L\ \text{dB} &= 10 \cdot \lg (S_1 / S_2)\ \text{dB} = 10 \cdot \lg (E_1 / E_2)^2\ \text{dB} \\ &= 2 \cdot 10 \cdot \lg (E_1 / E_2)\ \text{dB} \\ &= 20 \cdot \lg (E_1 / E_2)\ \text{dB}. \end{aligned}$$

Bei gleichem dB-Wert entspricht also das Verhältnis der Strahlungsdichten dem Quadrat des Verhältnisses der Feldstärken (vgl. **Tabelle 5.4** im Anhang). Die Maßzahl dB ist somit unabhängig davon, ob sie sich auf Strahlungsdichten oder auf Feldstärken bezieht bzw. salopper ausgedrückt: „dB sind dB!“. Dies ist ein weiterer großer Vorteil der Rechnung mit Dämpfungen oder Verstärkungen in Dezibel.

Bei den Rechenregeln für logarithmische Größen, wie es die Dezibel sind, gilt generell: Einer Operation für den linearen Faktor entspricht auf der dB-Ebene die nächst niedrigere Grundrechenart für den Exponenten.

Die *Addition der logarithmischen dB-Werte* ist somit äquivalent zu einer *Multiplikation der Faktoren.* Zum Beispiel entsprechen 26 dB als Summe von (20 dB + 6 dB) für die Feldstärke dem Produkt $(10 \cdot 2) = 20$ und $(10^2 \cdot 2^2\} = (100 \cdot 4) = 400$ für die Strahlungsdichte. Zur Kontrolle: $20^2 = 400$.

Die *Subtraktion von dB-Werten* ist dementsprechend äquivalent zu einer Division der Faktoren und *dB-Werten mit negativem Vorzeichen* entspricht der *Kehrwert des Faktors* (z. B. entsprechen 20 dB für Leistungsgrößen dem Faktor $100 = 10^2$ und -20 dB dem Faktor $1 : 100 = 10^{-2}$.

Dem *Quadrat eines Faktors* entspricht die *Multiplikation des dB-Wertes mit 2* und der *Wurzel aus einem Faktor* entspricht die *Division des dB-Wertes durch 2.*

Ist man mit den Rechenregeln für Logarithmen vertraut und merkt sich nur die Faktoren für 10 dB und 3 dB, so kann man sich sämtliche Faktoren für dB-Werte auf einfache Weise selbst herleiten. Wie dies geht, zeigt die **Tabelle 3.15.** Zur Erzielung eines besseren Verständnisses für die zunächst rätselhaft erscheinende „Welt der Dezibel" wird empfohlen, diese Herleitung selbst gründlich Schritt für Schritt nachzuvollziehen. Dies gelingt am leichtesten, wenn man gemäß der in Spalte „R" angegebenen Reihenfolge vorgeht.

Einfache Merkregel für dB in Zehnerschritten: Die erste Ziffer des dB-Wertes gibt die Anzahl der Nullen des Faktors, bezogen auf Leistung bzw. Stahlungsdichte, an: z. B. <u>1</u>0 dB → Faktor 10^1 = 1<u>0</u> oder <u>4</u>0 dB → Faktor 10^4 = 1<u>0 000</u>. Ausführliche Erläuterungen zum Rechnen mit Dezibel und Aufgaben zur Selbstkontrolle sind in [12] zu finden.

3.8.2 Dezibel als absoluter Wert

Um die Vorteile der logarithmischen Darstellung nicht nur für relative Verhältniswerte von zwei beliebigen Größen gleicher Maßeinheit zueinander zu nutzen, sondern auch zur Darstellung absoluter Werte (z. B. Messwerte von Feldgrößen), wurden absolute Dezibel-Skalen entwickelt.

Die zunächst wie ein Widerspruch klingende Anforderung, Relatives absolut zu machen, gelingt recht mühelos durch einen kleinen „Kniff", indem man nämlich den betreffenden Wert (z. B. Messwert) zu einem definierten, absoluten Bezugswert ins Verhältnis setzt. Dieser Bezugswert wird dann als Zusatz zur dB-Bezeichnung geführt, und die entstehende Größe wird als *Pegel* bezeichnet.

Ein Spannungspegel in dBV (sprich: dB-Volt) bezieht sich beispielsweise auf den Bezugswert 1 V; 0 dBV entsprechen also 1 V, 20 dBV entsprechen 10 V usw. Operiert man mit kleineren Spannungen, so ist die Angabe in dBmV (sprich: dB-Millivolt) sinnvoller. Bezugsgröße ist hier 1 mV; d. h., 0 dB entsprechen 1 mV.

Pegelangaben in dBm (sprich: dB-m) haben als Bezugsgröße keine Spannung, wie die bisher vorgestellten Pegel – m bedeutet auch nicht Meter, wie man konsequenterweise vermuten könnte – sondern das „m" steht für

1 mW (Milliwatt). Die Bezugsgröße ist hier also eine Leistung, dBm ist somit ein Leistungspegel. **Tabelle 3.16** zeigt die im Rahmen der Feldmesstechnik wichtigsten absoluten dB-Skalen.

Tabelle 3.15 *Systematische Herleitung der Faktoren für dB-Werte*

dB	Ausgangswerte, die man sich merken muss bzw. Bildung aus den Ausgangswerten	R	Faktor für Leistung bzw. Strahlungsdichte	Faktor für Spannung bzw. Feldstärke
0 dB	10 dB – 10 dB	9	10 : 10 = 1 oder $10^0 = 1$	$\sqrt{1} = 1$
1 dB	10 dB – 9 dB	5	10 : 8 = 1,25	$\sqrt{1{,}25} = 1{,}1$
2 dB	10 dB – 8 dB oder 4 dB : 2	7	10 : 6,25 = 1,6 oder $\sqrt{2{,}5} = 1{,}6$	$\sqrt{1{,}6} = 1{,}3$
3 dB	**3 dB**	-	**2**	$\sqrt{2} = 1{,}4$
4 dB	10 dB – 6 dB	4	10 : 4 = 2,5	$\sqrt{2{,}5} = 1{,}6$
5 dB	10 dB : 2	8	$\sqrt{10} = 3{,}2$	$\sqrt{3{,}2} = 1{,}8$
6 dB	3 dB + 3 dB	1	$2 \cdot 2 = 4$	$\sqrt{4} = 2$
7 dB	10 dB – 3 dB	3	10 : 2 = 5	$\sqrt{5} = 2{,}2$
8 dB	4 dB + 4 dB	6	$2{,}5 \cdot 2{,}5 = 6{,}25$	$\sqrt{6{,}25} = 2{,}5$
9 dB	3 dB + 3 dB + 3 dB	2	$2 \cdot 2 \cdot 2 = 8$	$\sqrt{8} = 2{,}8$
10 dB	**10 dB**	-	$\mathbf{10^1}$	$\sqrt{10} = 3{,}2$
20 dB	10 dB + 10 dB	10	$10 \cdot 10 = 10^2 = 100$	$\sqrt{100} = \mathbf{10}$
30 dB	10 dB + 10 dB + 10 dB	11	$10 \cdot 10 \cdot 10 = 10^3 = 1.000$	$\sqrt{1.000} = 31{,}6$
40 dB	10 dB + 10 dB + 10 dB + 10 dB	12	$10 \cdot 10 \cdot 10 \cdot 10 = 10^4 = 10.000$	$\sqrt{10.000} = 100$
– 10 dB	0 dB – 10 dB	13	$1 : 10 = 0{,}1 = 10^{-1}$	$\sqrt{0{,}1} = 0{,}31$
– 20 dB	0 dB – 20 dB	14	$1 : 100 = 0{,}01 = 10^{-2}$	$\sqrt{0{,}01} = \mathbf{0{,}1}$

Tabelle 3.16 *Absolute dB-Skalen*

dB-Skala	Bezugsgröße	Umrechnung in				
		dBV	dBmV	dBµV	dBm	dBW
dBV	1 V	± 0 dBV	+ 60 dBmV	+ 120 dBµV	–	–
dBmV	1 mV	– 60 dBV	± 0 dBmV	+ 60 dBµV	–	–
dBµV	1µV	– 120 dBV	– 60 dBmV	± 0 dBµV	–	–
dBm	1 mW	–	–	–	± 0 dBm	– 30 dBW
dBW	1 W	–	–	–	+ 30 dBm	± 0 dBW

Pegel, die die gleiche physikalische Bezugsgröße enthalten und sich lediglich in der Größenordnung dieser Bezugsgröße unterscheiden, lassen sich ineinander umrechnen (z. B. dBmV in dBµV bzw. dBV, s. Tabelle 3.16). Hierfür ist einfach der dem jeweiligen Größenordnungsfaktor entsprechende – relative – dB-Wert zu addieren bzw. zu subtrahieren. Den Dimensionsstufen mit dem Faktor 1 000 entsprechen bei Spannungen 60 dB, bei Leistungen 30 dB.

Eine Umrechnung von z. B. Spannungs- in Leistungspegel ist nicht möglich, ohne den Widerstand zu kennen, an dem die Spannung abfällt bzw. in dem die Leistung umgesetzt wird. Bei unterschiedlichen Widerständen führt z. B. der gleiche dBm-Wert zu unterschiedlichen Angaben in dBV und umgekehrt! Dies gilt bei Feldgrößen entsprechend für den Wellenwiderstand (s. Kap. 3.1.6).

Zur Umrechnung von Leistungs- und Spannungsgrößen sei abschließend noch erwähnt, dass in der Akustik bzw. Tonstudiotechnik der Spannungspegel dBu zur Aussteuerungsanzeige verwendet wird. 0 dBu entspricht einer seltsam „krummen" Spannung von 0,775 V. Sie rührt aus der Definition von 0 dBu als Leistung von 1 mW an einer Impedanz von 600 Ω. Dies ist traditionell die Referenz-Impedanz in der Tontechnik.

Auch akustische Größen wie Schalldruck, Schallschnelle und Schallintensität werden üblicherweise als Pegel in Dezibel angegeben. Zur näherungsweisen Berücksichtigung der Eigenschaften des menschlichen Gehörs – sehr empfindlich bei mittleren Frequenzen und unempfindlicher bei hohen und tiefen Frequenzen – werden die gemessenen Pegel durch Filter mit definierten Eigenschaften frequenzabhängig bewertet. Hierbei sind die gebräuchlichsten Filterkurven das sogenannte A-Filter und das C-Filter. Um kenntlich zu machen, mit welchem Filter der Schallpegel bewertet ist, wird dem dB-Kürzel der in runde Klammern gesetzte Filterkennbuchstabe angehängt, also dB(A) bzw. dB(C).

3.8.3 Übertragungsfaktoren in Dezibel

Übertragungsstrecken mit mehreren Gliedern lassen sich in Dezibel besonders einfach betrachten. Übertragungsstrecken sind z. B. eine Funkstrecke von der Senderendstufe über die Sendeantenne und den freien Raum bis zur Empfangsantenne. Oder ein Hochfrequenz-Messsystem, bestehend aus Messantenne, Antennenkabel und dem eigentlichen Messgerät zur Messwertanzeige. Die Übertragungseigenschaften der gesamten Strecke

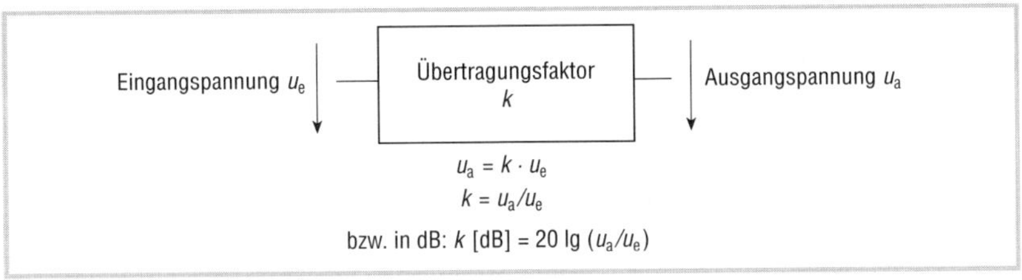

Bild 3.78 *Definition des Übertragungsfaktors*

berechnen sich aus der Multiplikation der Eigenschaften der einzelnen Glieder, die in den Übertragungsfaktoren ausgedrückt werden. Im logarithmischen dB-Maßstab wird hieraus eine einfache Addition. **Bild 3.78** veranschaulicht die Definition des Übertragungsfaktors als Verhältnis von Ausgangs- zur Eingangsspannung.

Wird am Ausgang des Übertragungsgliedes die gleiche physikalische Größe wie am Eingang betrachtet (Spannung, Strom, Feldstärke, Schalldruck), so ist der Übertragungsfaktor eine dimensionslose Verhältniszahl, da sich die Maßeinheit herauskürzt.

Ist die Ausgangsspannung des Übertragungsgliedes größer als die Eingangsspannung ($u_a > u_e$), so ist der Übertragungsfaktor $k > 1$ bzw. k [dB] > 0, es liegt eine Verstärkung des Eingangssignals vor.

Ist die Ausgangsspannung kleiner als die Eingangsspannung ($u_a < u_e$), so ist der Übertragungsfaktor $k < 1$ bzw. k [dB] < 0 (d. h. negativ!), es liegt eine Dämpfung des Eingangssignals vor.

Ein positiver Übertragungsfaktor in dB bedeutet also Verstärkung, ein negativer Übertragungsfaktor in dB bedeutet Dämpfung. Der Begriff „Dämpfung“ ist synonym mit einem negativen Vorzeichen in dB! Mit dem Vorzeichen und dem Begriff „Dämpfung“ darf nicht doppelt gearbeitet werden, denn: *Negative Dämpfung bedeutet Verstärkung.*

Der Übertragungsfaktor kann frequenzabhängig sein – und ist es in den meisten Fällen auch.

Wird am Ausgang des Übertragungsgliedes eine andere physikalische Größe als am Eingang betrachtet, so ist der Übertragungsfaktor eine dimensionsbehaftete Verhältniszahl, da sich die Maßeinheit nicht oder nicht ganz herauskürzt. Man spricht dann von einem physikalischen *Wandler*, der Übertragungsfaktor wird auch als *Wandlungsmaß* bezeichnet.

Solche Wandler sind z. B. Antennen (Spannung → Feldstärke als Sendeantenne, Feldstärke → Spannung als Empfangsantenne), Mikrofone (Schalldruck → Spannung), Lautsprecher (Spannung → Schalldruck), Stromzangen bzw. flexible Strommessschlaufen (Strom → Spannung). Auch bei der Angabe in Dezibel bleibt der „Maßeinheitsrest" erhalten (z. B. beim Antennenwandlungsmaß „dB/m").

Im folgenden Beispiel wird eine aus drei Gliedern bestehende Übertragungsstrecke betrachtet (**Bild 3.79**). Die einzelnen Glieder haben die Übertragungsfaktoren $k_1 = 0{,}1$ (Dämpfung, da $k_1 < 1$), $k_2 = 40$ (Verstärkung) und $k_3 = 0{,}5$ (Dämpfung).

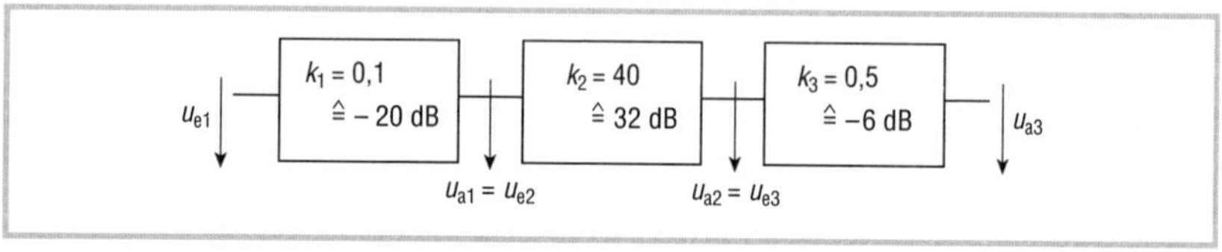

Bild 3.79 *Beispiel einer Überragungsstrecke mit drei Gliedern*

Der Übertragungsfaktor der gesamten Kette $k_{ges} = u_{a3}/u_{e1}$ berechnet sich als lineare Größe aus dem Produkt der drei Übertragungsfaktoren zu $k_{ges} = k_1 \cdot k_2 \cdot k_3 = 0{,}1 \cdot 40 \cdot 0{,}5 = 2$.

In Dezibel betragen die Übertragungsfaktoren k_1 [dB] = −20 dB (Dämpfung, da k_1 negativ), k_2 [dB] = 32 dB (Verstärkung) und k_3 [dB] = −6 dB (Dämpfung). Für die gesamte Strecke ergibt sich k_{ges} [dB] = k_1 [dB] + k_2 [dB] + k_3 [dB] = −20 dB + 32 dB + (−6 dB) = 6 dB. Zur Kontrolle: 6 dB entsprechen bei Spannungen dem Faktor 2.

Im folgenden Beispiel werden die Übertragungseigenschaften einer Sendeantenne betrachtet (**Bild 3.80**). Die Sendeantenne stellt einen Wandler dar, der aus der eingespeisten Spannung eine elektrische Feldstärke erzeugt. Der Übertragungsfaktor wird daher auch als *Antennenwandlungsmaß* k_{As} bzw. *Antennenfaktor* bezeichnet. Er berechnet sich zu $k_{As} = E/u$ mit der Maßeinheit

$$\frac{\frac{V}{\mathrm{m}}}{V} = \frac{1}{\mathrm{m}}$$

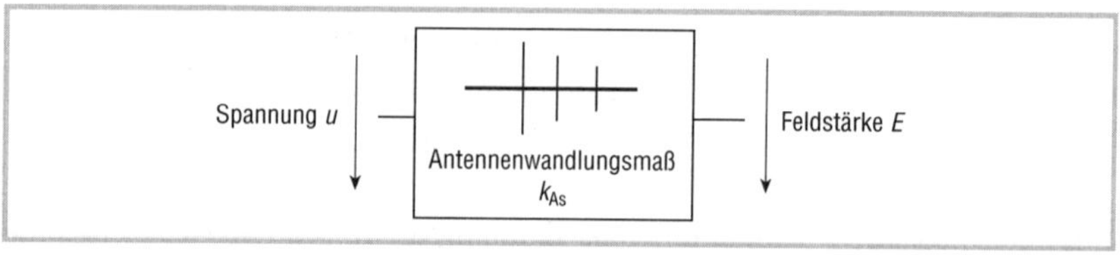

Bild 3.80 *Wandlungsmaß k_{As} einer Sendeantenne (Spannung → Feldstärke)*

In Dezibel ergibt sich $k_{As} = 20 \lg (E/u)$ mit der Maßeinheit [dB/m], da sich im zu logarithmierenden Quotienten nur die Maßeinheit der Spannung herauskürzt und der Faktor 1/m erhalten bleibt.

Kehrt man die Betrachtungsrichtung an der Antenne um, so sieht man die Verhältnisse einer Empfangsantenne (**Bild 3.81**). Hier wird die elektrische Feldstärke am Empfangsort in eine Antennen-Ausgangsspannung umgewandelt. Der Übertragungsfaktor berechnet sich zu $k_{Ae} = u/E$ mit der Maßeinheit

$$\frac{\mathrm{V}}{\frac{\mathrm{V}}{\mathrm{m}}} = \mathrm{m}$$

In Dezibel ergibt sich $k_{Ae} = 20 \lg (u/E)$ mit der Maßeinheit [dB · m], da sich im zu logarithmierenden Quotienten wiederum nur die Maßeinheit der Spannung herauskürzt und der Faktor m erhalten bleibt. Achtung: Die hier ermittelte Maßeinheit dB · m ist etwas völlig anderes als das absolute logarithmische Leistungsmaß dBm und darf nicht mit diesem verwechselt werden!

Vergleicht man die Ergebnisse der beiden obigen Antennen-Beispiele, so erkennt man, dass im linearen Maßstab die beiden Übertragungsfaktoren reziprok zueinander sind, d. h. $k_{Ae} = 1/k_{As}$. Bei der logarithmischen Dezibel-Darstellung ändert sich dagegen das Vorzeichen des dB-Wertes und zusätzlich wird der verbleibende „Maßeinheitsrest“ (hier: m) reziprok behandelt, so dass gilt k_{Ae} [dB · m]= $-k_{As}$ [dB/m].

Bild 3.81 stellt die Situation einer Empfangsantenne dar. Die links im Bild eintreffende Feldstärke wird in eine Antennenausgangsspannung rechts im Bild umgewandelt. Für eine Hochfrequenz-Messeinrichtung stellt sich die typische Frage, wie hoch bei der abgelesenen Antennenspannung die zu messende Feldstärke ist. Zunächst mag es so erscheinen, als ob zur Berechnung der Übertragungsfaktor der Antenne als Empfangsantenne k_{Ae} anzusetzen sei. Der Übertragungsfaktor k_{Ae} „antwortet“ aber auf die Frage: „Wie hoch ist bei gegebener Feldstärke die Antennenspannung?“. Zur Berech-

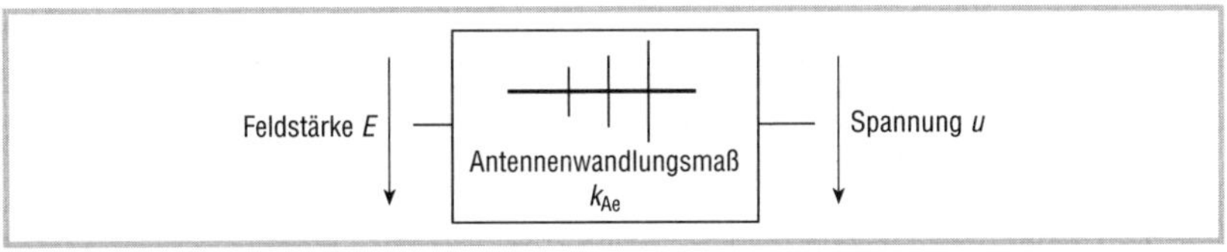

Bild 3.81 *Wandlungsmaß k_{Ae} einer Empfangsantenne (Feldstärke → Spannung)*

nung der Feldstärke aus der Antennenspannung ist daher das Bild 3.81 nicht wie üblich von links nach rechts, sondern von rechts nach links zu betrachten, und wir haben in Wirklichkeit die Fragestellung wie bei einer Sendeantenne! Zur Beantwortung ist daher der Übertragungsfaktor k_{As} einer Sendeantenne heranzuziehen.

Als abschließendes Beispiel zu Übertragungsfaktoren und -strecken im Zusammenhang mit Spannungen bzw. Feldstärken soll nun noch eine reale Hochfrequenz-Messeinrichtung betrachtet werden, bei der die Ausgangsspannung der Messantenne dem eigentlichen Messgerät (z. B. Spektrumanalysator oder Messempfänger) über ein Antennenkabel zugeführt wird. Neben dem Wandlungsmaß der Antenne ist hier auch der Übertragungsfaktor des Antennenkabels zu berücksichtigen, der sich als Dämpfung aufgrund der Kabelverluste darstellt (**Bild 3.82**). Wiederum soll aus der gemessenen Spannung die elektrische Feldstärke berechnet werden bzw. der entsprechende Pegel in Dezibel. Typischerweise wird die Antennenspannung in µV und die Feldstärke in µV/m angegeben.

Für den gemessenen Spannungspegel L_u gilt:

$$L_u\ [\text{dBµV}] = L_E\ [\text{dBµV/m}] + k_{Ae}\ [\text{dB} \cdot \text{m}] + k_K\ [\text{dB}]$$

Hieraus ergibt sich durch Umstellung der Gleichung:

$$L_E\ [\text{dBµV/m}] = L_u\ [\text{dBµV}] - k_{Ae}\ [\text{dB} \cdot \text{m}] - k_K\ [\text{dB}]$$

Ersetzt man das Antennenwandlungsmaß der Empfangsantenne durch dasjenige der entsprechenden Sendeantenne, so ergibt sich:

$$L_E\ [\text{dBµV/m}] = L_u\ [\text{dBµV}] + k_{As}\ [\text{dB/m}] - k_K\ [\text{dB}]$$

Der Kabel-Übertragungsfaktor k_K [dB] stellt eine Dämpfung dar und weist als solche einen negativen Dezibel-Wert auf. Anstatt diesen negativen Wert zu subtrahieren, kann man auch den – positiven – Betrag des Übertragungsfaktors $|-k_K\ [\text{dB}]|$ bzw. den Dämpfungswert $d_K\ [\text{dB}] = |-k_K\ [\text{dB}]|$ addieren, so dass sich schlussendlich ergibt:

$$L_E\ [\text{dBµV/m}] = L_u\ [\text{dBµV}] + k_{As}\ [\text{dB/m}] + d_K\ [\text{dB}]$$

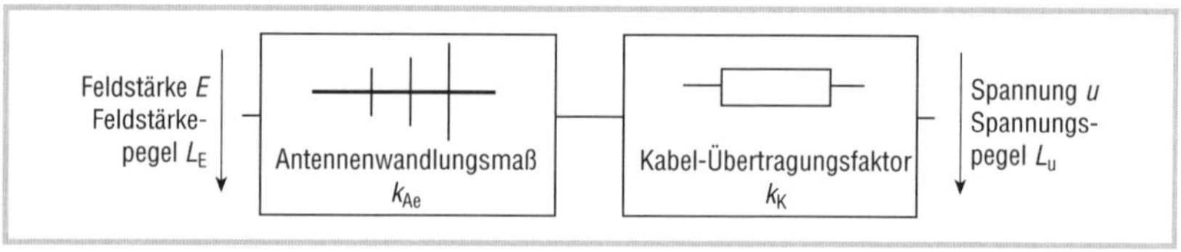

Bild 3.82 *Wandlung der Feldstärke in eine Spannung unter Berücksichtigung von Antennenwandlungsmaß und Kabeldämpfung*

Dies ist die zentrale Formel zur Berechnung der Feldstärke aus der gemessenen Spannung bei der Hochfrequenz-Spektrumanalyse.

Es fällt auf, dass beim Feldstärkepegel auf der linken Seite in den o. a. Gleichungen die Einheit [dBµV/m] auftritt, auf der rechten Seite aber die Addition von [dBµV] + [dB/m] + [dB]. Dies mag auf den ersten Blick falsch oder zumindest unsinnig erscheinen, entpuppt sich aber bei näherer Betrachtung als korrekt. Denn wir bewegen uns hier in der logarithmischen Dezibel-Welt. Alle Dezibel-behafteten Maßeinheiten sind in der Welt der linearen Faktoren nicht zu addieren, sondern zu multiplizieren, wobei die dB selbst als dimensionslos „verschwinden"! Aus der scheinbar unsinnigen „Addition von dB-Äpfeln und dB-Birnen" [dBµV] + [dB/m] + [dB] wird in der linearen Welt die Multiplikation von µV · 1/m · 1 = µV/m. Hätte auch die Kabeldämpfung die gleiche Maßeinheit [dB/m] wie das Antennenwandlungsmaß, so ergäbe sich für die Feldstärke die – offensichtlich falsche – Maßeinheit V/m^2!

Im Folgenden seien nun noch kurz die Verhältnisse bezüglich Leistungsgrößen (Leistung, Strahlungsdichte) im Zusammenhang mit Übertragungsfaktoren und -strecken betrachtet.

Für die Betrachtung von Leistungsgrößen auf einer Übertragungsstrecke gilt (**Bild 3.83**):

$$P_e = \frac{u_e^2}{R_e} \quad \text{und} \quad P_a = \frac{u_a^2}{R_a}$$

$$\frac{P_a}{P_e} = \frac{u_a^2 \cdot R_e}{u_e^2 \cdot R_a} \quad \text{und nur, wenn } R_a = R_e \quad \frac{P_a}{P_e} = \frac{u_a^2}{u_e^2}$$

Wenn R_e und R_a gleich sind, so liegt Leistungsanpassung vor.

Für den Fall und nur für den Fall der Leistungsanpassung gilt:

$$P_a = \frac{u_a^2}{u_e^2} \cdot P_e = \frac{k^2 \cdot u_e^2}{u_e^2} \cdot P_e = k^2 \cdot P_e$$

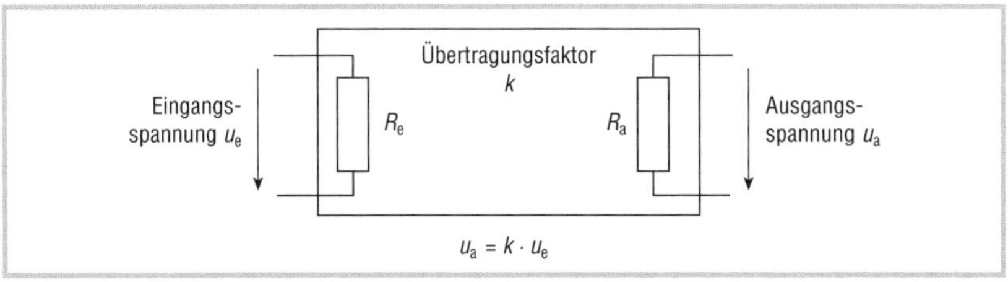

Bild 3.83 *Übertragungsfaktor und Ein-/Ausgangswiderstand*

Bei Leistungsbetrachtungen in der Übertragungskette geht der Übertragungsfaktor also quadratisch ein!

In Dezibel gilt:

$$P_a\,[\mathrm{dBW}] = 10 \cdot \lg\,(k^2 \cdot P_e\,/1\mathrm{W}) = 10 \cdot (\lg k^2 + \lg P_e\,/1\mathrm{W})$$
$$= 10 \cdot \lg k^2 + P_e\,[\mathrm{dBW}] = 20 \lg k + P_e\,[\mathrm{dBW}]$$
$$= k\,[\mathrm{dB}] + P_e\,[\mathrm{dBW}]$$

Entsprechendes gilt für andere Leistungspegelmaße, z. B. dBm.

Achtung:

Bei der Berechnung der Leistungsgrößen selbst wird der Logarithmus mit 10 multipliziert. Der Logarithmus des Übertragungsfaktors k wird dagegen mit 20 multipliziert, da er als Verhältnis von zwei Spannungen definiert ist! In Dezibel dargestellt ergibt sich somit für Spannungen und Leistungen der gleiche dB-Wert des Übertragungsfaktors.

Die obigen Ausführungen gelten bei Wellenausbreitung auch entsprechend für Feldstärken, Leistungsflussdichten und Wellenwiderstände.

4 Baubiologische Feldmesstechnik

Im Folgenden werden die grundlegenden Prinzipien der Feldmesstechnik dargestellt, die das Verständnis für den physikalischen Hintergrund schaffen sollen. Detaillierte Hinweise zur Durchführung der einzelnen Messverfahren im Sinne von Verfahrensanweisungen sind z. B. in den Richtlinien des Berufsverbandes Deutscher Baubiologen VDB e.V. zu finden [13].

4.1 Messung von Vektorfeldern

Bei Vektorfeldern wird die Feldstärke bestimmt durch den *Betrag* („Größe") *und* die *Richtung* im Raum [kartesische *x*-, *y*-, *z*-Koordinaten oder Polarkoordinaten (Betrag und Winkel)].

Die Richtungsinformation kann grundsätzlich für folgende drei Aspekte von Belang sein:

1. Voraussetzung zur korrekten Ermittlung des Betrages (bei eindimensionaler Messung),
2. Rückschluss auf den Ort der Feldquelle; hierzu muss der charakteristische Feldlinienverlauf der Feldart bekannt sein und beachtet werden (Quellenfeld, Wirbelfeld),
3. biologische Relevanz/Risikopotential der Feldrichtung; hierzu ist bisher kaum etwas bekannt.

Feldsonden arbeiten entweder

a) eindimensional: Der Messwert des Betrages hängt davon ab, wie die Messsonde räumlich zum Feld orientiert ist; eine korrekte Ermittlung des Betrages erfolgt nur, wenn die Sonde auf das Maximum ausgerichtet ist, oder
b) dreidimensional (isotrop): Der Messwert des Betrages ist unabhängig davon, wie die Messsonde räumlich zum Feld orientiert ist.

Bei eindimensional arbeitenden Messgeräten muss daher die Sonde so im Raum ausgerichtet werden, dass das lokale Maximum angezeigt wird. Hier ist die Ermittlung der Richtung die Voraussetzung für eine korrekte Messung des Betrages. Gleichzeitig lassen sich aus der Richtung der Sonde Rückschlüsse auf den Ort der Feldquelle ziehen (vgl. oben Punkte 1 und 2).

Bei dreidimensional arbeitenden Messgeräten wird in jeder Raumlage der Sonde richtungsunabhängig der gleiche Betrag angezeigt. Dazu besteht die Feldsonde aus drei orthogonalen Komponenten, die die Feldbeiträge aller drei Raumrichtungen (B_x, B_y, B_z) erfassen. Hieraus wird durch Vektoraddition der Betrag der Ersatzflussdichte bzw. Ersatzfeldstärke berechnet:

$$B = \sqrt{B_x^2 + B_y^2 + B_z^2}$$

Zusätzlich können aus den drei Raumkomponenten die Informationen über die Ausrichtung des Feldes im Raum berechnet werden.

Bei der Messung von hochfrequenten Feldern unter Verwendung von Richtantennen ist außer den Raumrichtungen auch die Polarisationsebene der Welle und der Messantenne zu beachten, um korrekte Betragswerte zu erhalten.

4.1.1 Prinzipieller Aufbau von Feldmessgeräten

Feldmessgeräte bestehen grundsätzlich aus den Komponenten Feldsonde und Auswerteeinheit. Baulich können beide Komponenten in einem Gehäuse integriert oder auch getrennt ausgeführt sein.

Die *Feldsonde* dient als Wandler, der die zu messende Feldgröße in ein äquivalentes Spannungs- oder Stromsignal umwandelt, das von der Auswerteeinheit weiter verarbeitet werden kann.

An dreidimensionalen Feldsonden sind die Raumachsen x, y und z markiert, so dass man eine eindeutige Zuordnung der Feldkomponenten zur räumlichen Lage der Sonde treffen kann. Bei Magnetfeldsonden ist diese Markierung exakt über den Messspulen angebracht.

Für Messungen im Nahbereich von felderzeugenden Geräten gilt es zu beachten, dass das Feld i.d.R. sehr inhomogen ist; schon innerhalb weniger Zentimeter können sich erhebliche Feldstärkeunterschiede ergeben. Für Entfernungsangaben vom felderzeugenden Gerät (Messabstand) ist die Spulenmarkierung am Messgerät maßgeblich, nicht etwa seine Vorderkante. **Bild 4.1** zeigt Beispiele für die unterschiedliche Lage der Messspulen an verschiedenen Messgeräten.

Die *Auswerteeinheit* bereitet die Messdaten auf, zeigt die Messwerte an und verfügt ggf. über Schnittstellen zur Weiterleitung der Daten an externe Geräte. Können Messreihen über längere Zeit aufgenommen und in der Auswerteeinheit gespeichert werden, so spricht man hier häufig von einer „Loggerfunktion".

Zur Signalaufbereitung gehört häufig zunächst eine *Frequenzgangkorrektur,* denn viele Sonden wandeln die zu messende Feldgröße frequenzabhängig in ein elektrisches Signal um und nicht frequenzkonstant. So ist z. B. die in einer Messspule induzierte Spannung nicht nur proportional zur Amplitude des Magnetfeldes, sondern auch proportional zur Frequenz (s. Abschn. 3.3.2). Um die Frequenzabhängigkeit zu neutralisieren, muss das Signal entsprechend gefiltert werden. Ist die Höhe des Messsignals proportional zur Frequenz, so muss es durch ein Filter geführt werden, das die umgekehrte Frequenzabhängigkeit aufweist, dessen Filtercharakteristik also umgekehrt proportional zur Frequenz ist. Dies wird von einem *Tiefpass* erfüllt (Tiefpass: lässt tiefe Frequenzen passieren), wenn der zu messende Frequenzbereich sich nicht über den Durchlassbereich des Filters, sondern über die Filterflanke erstreckt, wie in **Bild 4.2** dargestellt.

Mit f_g wird die *Grenzfrequenz* oder *Eckfrequenz* des Filters bezeichnet. Frequenzen $f < f_g$ liegen im Durchlassbereich des Filters und passieren dieses unbeeinflusst. Dieser Bereich muss somit unterhalb des Frequenzbereiches liegen, für den das Messgerät spezifiziert ist. Als Grenzfrequenz f_g ist diejenige Frequenz definiert, bei der das Signal auf den Wert $1/\sqrt{2}$ abge-

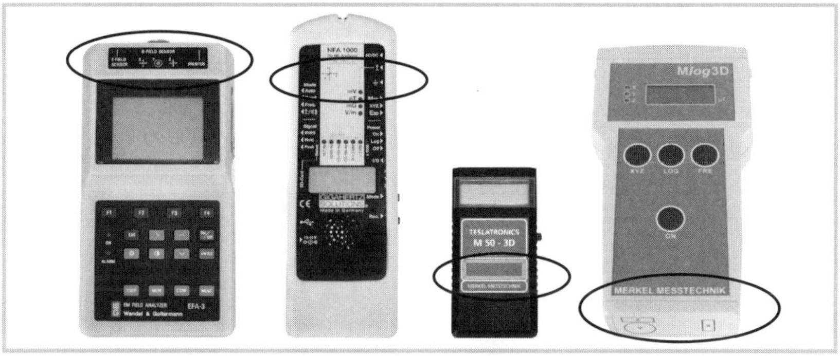

Bild 4.1 *Beispiele für die Markierung der Messspulenlage an verschiedenen Messgeräten*

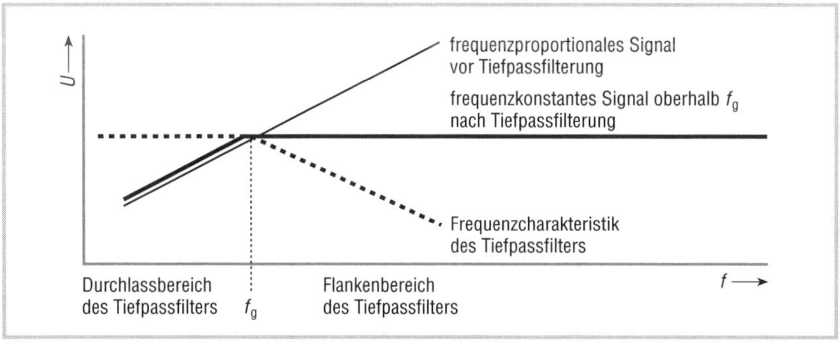

Bild 4.2 *Frequenzgangkorrektur durch Tiefpassfilterung*

sunken ist (entsprechend 3 dB). Weiter oberhalb der Grenzfrequenz wird das Signal je nach Flankensteilheit des Filters proportional zu $1/f$ (Filter 1. Ordnung), $1/f^2$ (Filter 2. Ordnung) usw. abgesenkt. Für die hier gewünschte Frequenzgangkorrektur muss also ein Filter 1. Ordnung gewählt werden.

Während dieses Korrekturfilter für eine frequenzunabhängige Funktion des Gerätes immer zwingend erforderlich ist und daher vom Bediener nicht beeinflusst werden darf und kann, sind die *Auswerteeinheiten* häufig mit zusätzlichen, möglichst steilflankigen Filtern ausgestattet, mit denen der Benutzer bestimmte Frequenzbereiche nach Wunsch selektieren oder ausblenden kann. Hierfür sind die in **Bild 4.3** gezeigten Filtercharakteristiken möglich.

- *Tiefpass (a)*
  Lässt tiefe Frequenzen unterhalb der Grenzfrequenz f_g passieren (Umkehrung des Hochpasses).
- *Hochpass (b)*
  Lässt hohe Frequenzen oberhalb der Grenzfrequenz f_g passieren (Umkehrung des Tiefpasses).
- *Bandpass (c)*
  Lässt einen bestimmten Frequenzbereich $f_u < f < f_o$ zwischen unterer Grenzfrequenz f_u und oberer Grenzfrequenz f_o passieren; bei einem sehr schmalen Bandpassfilter fallen f_u und f_0 zu einer einzigen Durchlassfrequenz zusammen (Umkehrung des Notch-Filters).
- *Bandsperre (d)*
  Auch als *Notch-Filter* (notch: engl. Einbruch, Loch) oder *Sperrfilter* bezeichnet. Lässt alle Frequenzen bis auf den Sperrbereich $f_u < f < f_o$ zwischen unterer Grenzfrequenz f_u und oberer Grenzfrequenz f_o passieren; bei einem sehr schmalen Notch-Filter fallen f_u und f_o zu einer einzigen Sperrfrequenz zusammen (Umkehrung des Bandpasses).

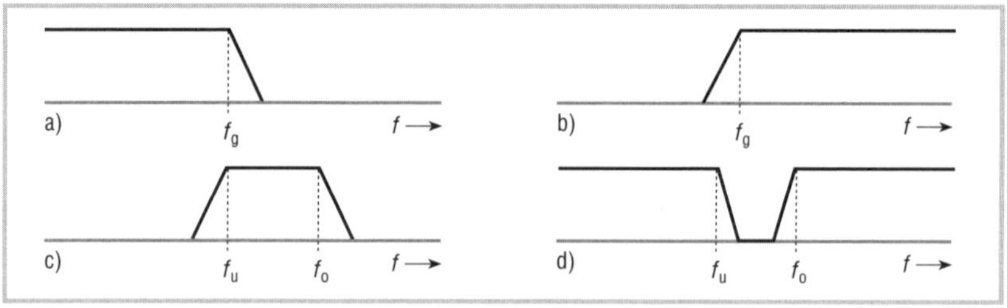

Bild 4.3 *Frequenzcharakteristiken unterschiedlicher Filterarten*
a) Tiefpass b) Hochpass c) Bandpass d) Bandsperre

Für die oben genannten vier Filtertypen wären senkrecht abfallende Filterflanken ideal. Dies würde aber eine unendliche Flankensteilheit bedingen, die technisch nicht realisierbar ist. Reale Filter weisen immer eine begrenzte, endliche Flankensteilheit auf. Dies gilt insbesondere für Analogfilter; mit digital arbeitenden Filtern sind wesentlich größere Flankensteilheiten möglich. Wenn die Flankensteilheit begrenzt ist und zwei Filter auf recht nahe beieinanderliegenden Frequenzen arbeiten, so kann es zu einem *Übersprechen* genannten Effekt kommen. Das folgende Beispiel soll diesen Effekt verdeutlichen.

Betrachten wir ein Messgerät, das über ein 16,7-Hz-Bandpassfilter und ein 50-Hz-Hochpassfilter verfügt. Hierdurch soll es möglich sein, das Feld der Bahnstromversorgung (16,7 Hz) von dem der elektrischen Energieversorgung (50 Hz) zu unterscheiden. Dies würde mit einem idealen Filter (unendliche Flankensteilheit) problemlos gelingen (**Bild 4.4 a**).

Mit realen Filtern können sich aber bei geringer Flankensteilheit Probleme ergeben. Im betrachteten Fall liegen die beiden Filterfrequenzen nur um den Faktor 3 auseinander ($3 \cdot 16{,}7\,\text{Hz} = 50\,\text{Hz}$). Bei einem Filter 1. Ordnung (Flankensteilheit proportional zu $1/f$) wird ein Signal der 3-fachen Eckfrequenz noch mit $1/3 = 33\,\%$ durchgelassen; bei einem Filter 2. Ordnung dementsprechend mit $(1/3)^2 = 1/9 = 11\,\%$ und bei einem Filter 3. Ordnung mit $(1/3)^3 = 1/27 = 4\,\%$. Wird in einem Messgerät ein Filter 3. Ordnung realisiert, so schlagen 50-Hz-Signale im 16,7-Hz-Filter noch mit 4 % ihrer Amplitude zu Buche und umgekehrt ebenso 16,7-Hz-Signale im 50-Hz-Hochpass mit 4 %. (**Bild 4.4 b**). Wenn das Gerät über die Möglichkeit der Datenaufzeichnung verfügt, so sieht man bei starken Signalen in ei-

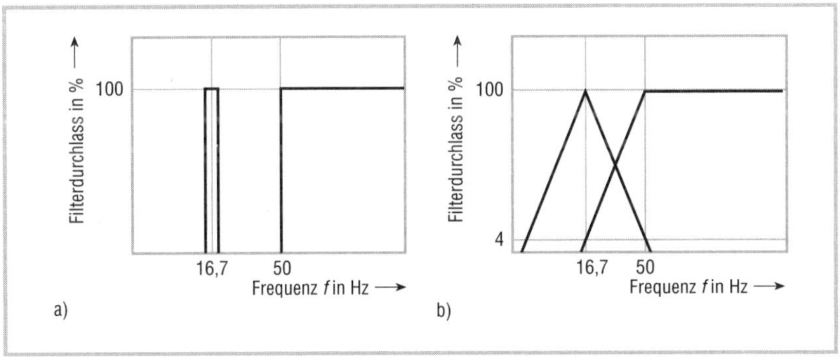

Bild 4.4 *Übersprechen zwischen Filtern begrenzter Flankensteilheit*
a) Ideale Filter, unendliche Flankensteilheiten
b) Reale Filter, begrenzte Flankensteilheiten, hier Filter 3. Ordnung

nem Frequenzbereich ein auf 4 % verkleinertes Abbild des Zeitverlaufs in dem anderen Filterbereich (s. **Bild 4.5** und **4.6**). Wenn man nicht weiß, dass es sich hier um ein Artefakt aufgrund beschränkter Flankensteilheit der verwendeten Filter handelt, so kann dieser Effekt zu peinlichen Fehleinschätzungen der Messergebnisse führen! Dann wird nach Feldverursachern gesucht, die es gar nicht gibt!

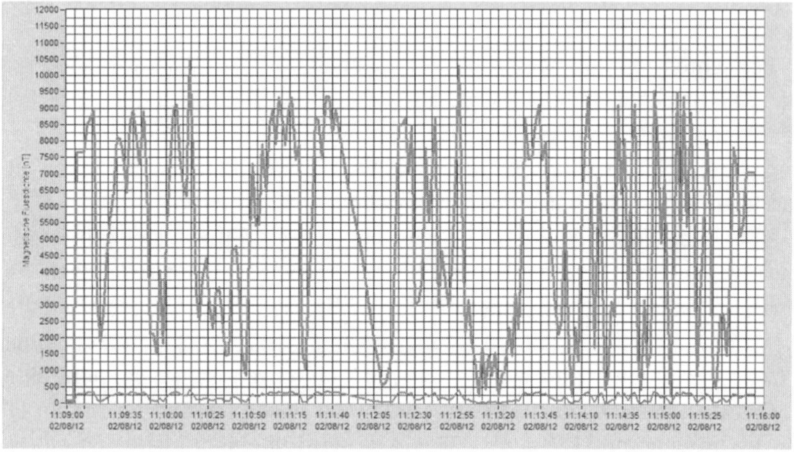

Bild 4.5 *Langzeitaufzeichnung mit „Übersprechen" des 50-Hz-Signals im 16,7-Hz-Filter; dunkle Kurve (oben) 16,7 Hz, helle Kurve (unten) 50 Hz ... 2 kHz*

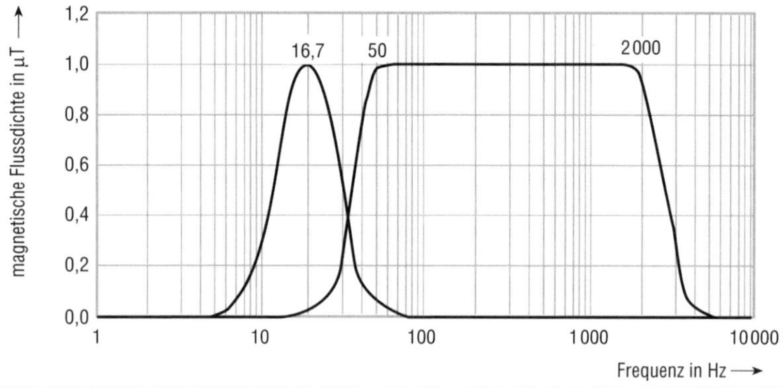

Bild 4.6 *Filterkurven auf der Rückseite des Messgerätes, mit dem die Aufzeichnung in Bild 4.5 durchgeführt wurde; man sieht deutlich die Überschneidung der beiden Filterbereiche zwischen 16,7 Hz und 50 Hz*

Zur graphischen Darstellung von Filterkurven sei noch angemerkt, dass es weitgehend üblich ist, die Filterkurven etwas vereinfacht wiederzugeben, indem man sie ein wenig „begradigt“ – so ist es hier auch in den Bildern 4.3 und 4.4 geschehen. In Wirklichkeit weisen die Filterkurven natürlich keinen Knick auf, sondern einen geschwungenen, kontinuierlichen Verlauf, wie in **Bild 4.7** wiedergegeben. Die Stelle des Knicks befindet sich bei der Eckfrequenz des Filters (3-dB-Grenze).

Hilfreich sind bei Feldmessgeräten die folgenden Filtereinstellmöglichkeiten:

- 16,7 Hz Bandpass: Felder der Bahnstromversorgung,
- 50 Hz Bandpass: Felder der elektrischen Energieversorgung, Grundschwingung,
- 100 Hz ... 2 kHz Bandpass: Oberschwingungen der 50-Hz-Netzgrundschwingung; mit zunehmendem Einsatz von nichtlinearen Verbrauchern (elektronische Steuerungen und Regelungen, Frequenzumrichter, Wechselrichter, Dimmer usw.) steigt der Anteil von Oberschwingungen in diesem Bereich eklatant an.
  Außerdem gilt es für Magnetfeldmessungen zu berücksichtigen, dass bei Geräten mit Zweiweggleichrichtung (d. h. Nutzung beider Halbwellen für die Gleichspannungserzeugung) oft nicht die Netzgrundfrequenz von 50 Hz dominiert, sondern die Frequenz 100 Hz; bei Benutzung des 50-Hz-Bandpassfilters würden diese dominanten Anteile nicht erfasst!
- 5 Hz-... 2 kHz Bandpass oder ersatzweise 2-kHz-Tiefpass: TCO-Band I,

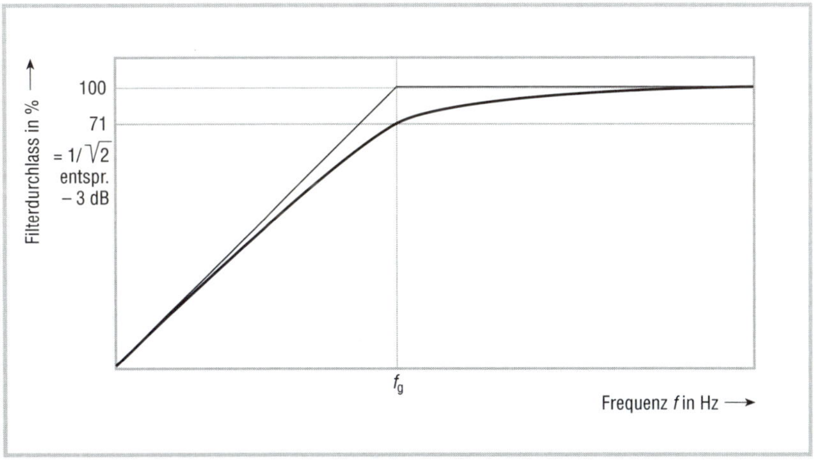

Bild 4.7 *Tatsächliche und vereinfachte („begradigte“) Filtercharakteristik*

- 2 kHz ... 400 kHz-Bandpass oder ersatzweise 2 kHz Hochpass: TCO-Band II; in diesem Frequenzbereich dominieren z. B. Felder von elektronischen Vorschaltgeräten für Leuchstofflampen (EVG), von Induktionskochfeldern, von Schaltnetzteilen sowie Einrichtungen zur drahtlosen Ladung mobiler Gerätschaften wie Mobilfunk-Handys und iPods (Power Mat, Power Box), aber auch Zahnbürsten.

Je nachdem, ob es sich um eine eindimensional oder dreidimensional arbeitende Messsonde handelt, muss in der Auswerteeinheit noch die Berechnung der Ersatzfeldstärke und der Richtungsinformation aus den drei Raumkomponenten des Feldes erfolgen.

Schließlich gibt es noch verschiedene Möglichkeiten zur Wahl des *Detektors,* der Einfluss auf die Höhe des ermittelten und angezeigten Messwertes hat:

- Spitzenwert-Detektor (Peak-Detector),
- Effektivwert-Detektor (RMS-Detektor),
- Mittelwert-Detektor (Average).

Die detaillierte Beschreibung der Eigenschaften der verschiedenen Detektoren erfolgt im Abschnitt 4.1.2. Feldmessgeräte sollten wegen des häufig nicht sinusförmigen Verlaufs der Feldgrößen unbedingt über einen echten Effektivwert-Detektor verfügen und nicht nur über einen Mittelwert-Detektor, der lediglich für sinusförmige Größen korrekte Werte liefert. Ein zusätzlicher Spitzenwert-Detektor kann in bestimmten Fällen von Vorteil sein.

Insgesamt ergibt sich das Blockschaltbild gemäß **Bild 4.8** für den prinzipiellen Aufbau eines dreidimensionalen Feldmessgerätes.

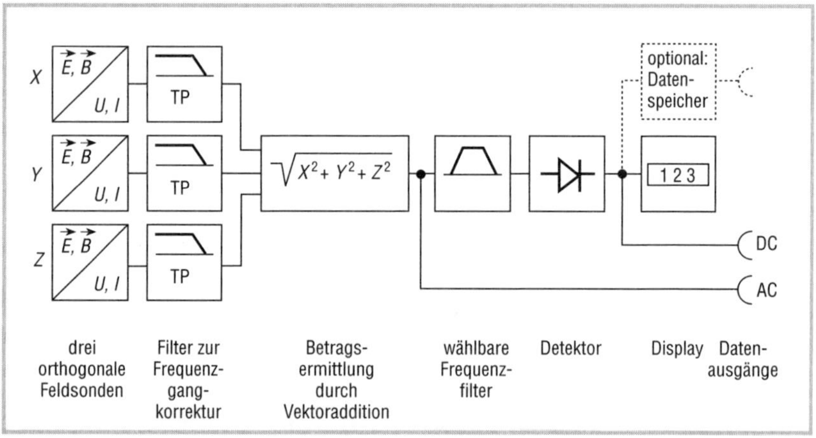

Bild 4.8 *Prinzipielles Blockschaltbild eines 3D-Feldmessgerätes*

An den Datenausgängen können zusätzliche Geräte für weitergehende Auswertungen angeschlossen werden. Am AC-Ausgang (Wechselspannungs-Ausgang) steht das Messsignal ungefiltert in Echtzeit zur Verfügung und kann z. B. mit einem Oszilloskop hinsichtlich seiner zeitlichen Charakteristik oder mit einem FFT-Analysator (Fast Fourier Transformation) hinsichtlich seines Frequenzspektrums untersucht werden. Am DC-Ausgang (Gleichspannungs-Ausgang) hat das Signal den Detektor durchlaufen und ist dadurch in gewisser Weise „vergröbert" worden – es enthält die Informationen über zeitliche Signalcharakteristik und Frequenzspektrum nicht mehr in der Detailliertheit wie am AC-Ausgang. Dafür lässt sich das DC-Signal aber sehr gut für Langzeitaufzeichnungen mit einem externen Datenlogger verwenden.

Bei manchen Geräten ist der Datenlogger auch gleich im Messgerät integriert. Er sollte möglichst Speicherplatz für die Aufzeichnung von Feldern über mehrere Tage im Sekundenrhythmus bieten. Wichtig ist, dass das Gerät auch im Batterie- bzw. Akkubetrieb – ohne zusätzliches Netzteil – über die gleiche Zeitdauer „durchhält". Außerdem ist es wichtig, dass das Gerät 16,7-Hz-Felder der Bahnstromversorgung von den 50-Hz-Feldern der elektrischen Energieversorgung trennen und parallel aufzeichnen kann.

Neuere Geräte bieten teilweise auch schon orientierende Funktionen einer Spektrumanalyse (s. Abschnitt 4.1.3) in größeren Frequenzintervallen, mit der man einen Eindruck davon gewinnt, ob der dominierende Frequenzbereich des Signals z. B. bei 50 Hz oder bei höheren Frequenzen liegt (**Bild 4.9**), oder auch eine detaillierte FFT-Spektrumanalyse (**Bild 4.10**).

4.1.2 Spitzenwert, Effektivwert (RMS) und Average

Wechselspannungen können auf einem digitalen Display nicht direkt angezeigt werden; dazu muss die Wechselspannung zunächst in eine äquivalente Gleichspannung umgewandelt werden. Und hier liegt ein Problem. Denn wozu soll die Gleichspannung äquivalent sein? Hier gibt es mehrere Möglichkeiten, und alle diese Möglichkeiten sind in der Messtechnik gebräuchlich. Die Vielfalt der Möglichkeiten kann zu Verwirrung und unterschiedlichen Messergebnissen mit unterschiedlichen Geräten führen. So sind bei einer Wechselspannung zu unterscheiden:

1. Spitzenwert (Scheitelwert, U_s, $\hat{U}$),
2. Spitze-Spitze-Wert (U_{ss}),
3. Gleichanteil = Mittelwert,

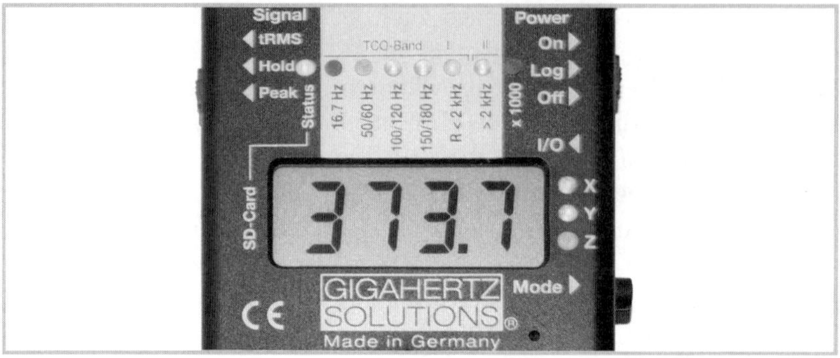

Bild 4.9 *Beispiel für eine orientierende Spektrumanalyse mit Leuchtdioden (LED); das gesamte erfasste Spektrum von 5 Hz bis 1 MHz wird in folgende Frequenzintervalle aufgeteilt:*
Felder der Bahnstromversorgung (16,7 Hz),
Netz-Grundfrequenz der elektrischen Energieversorgung (50 ... 60 Hz),
erste sechs geradzahlige Oberschwingungen der Netzfrequenz,
erste sechs ungeradzahlige Oberschwingungen der Netzfrequenz,
Frequenzbereich 5 Hz ... 2 kHz (R < 2 kHz),
Frequenzbereich > 2 kHz;
die LED des dominanten Intervalls leuchtet rot, die des nächststärkeren Intervalls gelb, die übrigen grün
Foto: Gigahertz Solutions

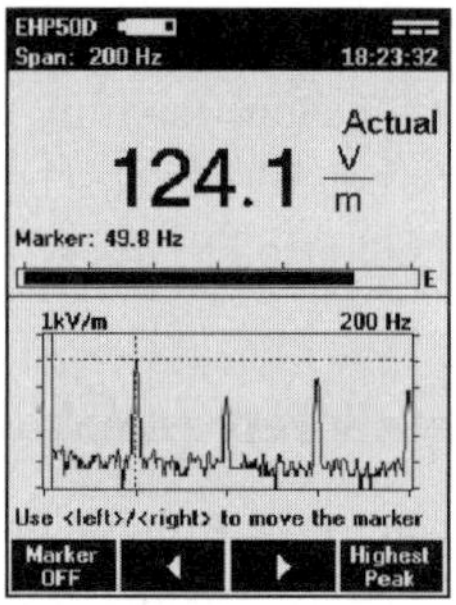

Bild 4.10 *Beispiel für eine detaillierte FFT-Spektrumanalyse direkt auf der Auswerteeinheit*
Bild: Fa. narda STS

4. linearer gleichgerichteter Mittelwert (AVG = Average),
5. Effektivwert (quadratischer Mittelwert des Wechselanteils, RMS),
6. quadratischer Mittelwert des Gleich- und Wechselanteils.

Die einfachste und grundlegende Form der Wechselspannung hat einen sinusförmigen Verlauf. Beschrieben wird sie durch die Zeitfunktion gemäß **Bild 4.11**:

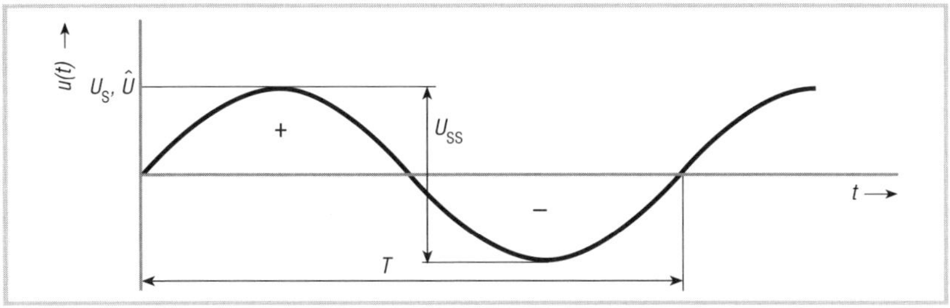

Bild 4.11 *Größen zur Bestimmung einer sinusförmigen Wechselspannung*

$$u(t) = \hat{U} \cdot \sin(2\pi \cdot f \cdot t)$$

$u(t)$ Augenblickswert,
$\hat{U}$ Spitzenwert,
$f = 1/T$ Frequenz,
T Periodendauer.

Spitzenwert

Die mit einem „Dach" (^) versehene Größe $\hat{U}$ (sprich: U Dach) in obiger Gleichung und in Bild 4.11 stellt den Scheitelwert oder Spitzenwert der Wechselspannung dar (auch als U_S bezeichnet). Im zeitlichen Verlauf der Wechselspannung gibt es keinen Augenblickswert, der höher ist als dieser Spitzenwert. Hiermit ist auch schon gesagt, dass es sich beim Spitzenwert um einen Augenblickswert handelt, der bei der Sinusspannung in jedem Schwingungszug nur für einen kurzen Moment erreicht wird.

Allgemein ist der Spitzenwert definiert als der höchste während einer Zeitperiode vorkommende Spannungswert. Der Spitzenwert sagt also nichts über die Zeitdauer aus, in der er erreicht wird.

Spitze-Spitze-Wert

Der Spitze-Spitze-Wert (U_{SS}) gibt die Differenz zwischen Maximal- und Minimalwert an. Bei amplitudensymmetrischen Signalen ist er doppelt so hoch wie der (positive) Spitzenwert (vgl. Bild 4.11).

Mittelwert (Gleichanteil) und linearer gleichgerichteter Mittelwert (AVG = Average)

Wie oben ausgeführt, sagt der Wert einer Spitzenspannung nichts darüber aus, wie häufig oder wie lange dieser Spitzenwert auftritt. Um eine Aussage über die Höhe der Spannung in einem längeren Zeitintervall zu machen, wird der Mittelwert der Spannung über dieses Zeitintervall gebildet. Der *einfache* (auch: lineare) *Mittelwert* berechnet sich aus dem Integral:

$$U_{MW} = \frac{1}{T}\int_0^T u(t)\,dt$$

$u(t)$	Augenblickswert,
$\hat{U}$	Spitzenwert (Amplitude),
$f = 1/T$	Frequenz,
T	Periodendauer.

Im Fall eines reinen Wechselspannungssignals ohne Gleichspannungskomponente ist dieser Wert „dummerweise" gleich null (denn er gibt genau den Gleichspannungsanteil an).

Um eine Aussage über die Wechselspannung zu erhalten, muss man den *Betrag* der Wechselspannung linear mitteln (mathematisch wird die Betragsbildung für eine Größe durch zwei senkrechte Linien dargestellt: $|u(t)|$). Dies entspricht bildlich einem „Hochklappen" oder Spiegeln der negativen Anteile an der Nulllinie (**Bild 4.12**); hardwaremäßig wird dies durch eine sogenannte *Vollweggleichrichtung* realisiert. „Vollweg" bedeutet, dass die negativen Anteile nicht einfach abgeschnitten werden, sondern in positive gleichen Betrages „umgewandelt" werden.

$$U_{AVG} = \frac{1}{T}\int_0^T |u(t)|\,dt$$

Dieser Mittelwert wird üblicherweise gemäß dem englischen Sprachgebrauch als *Average* bezeichnet, abgekürzt *AVG.*

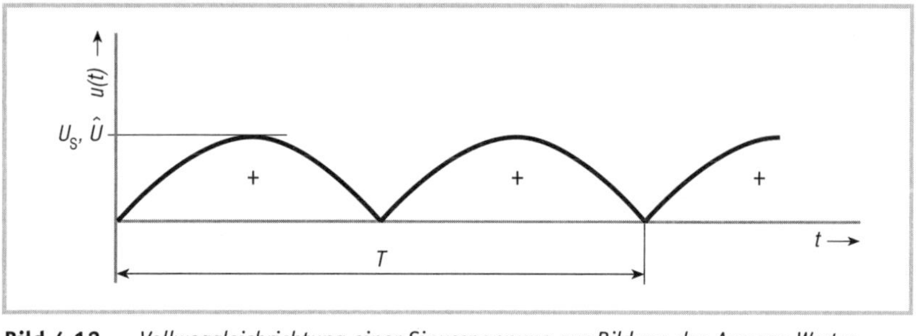

Bild 4.12 *Vollweggleichrichtung einer Sinusspannung zur Bildung des Average-Wertes*

Effektivwert (quadratischer Mittelwert, RMS = Root Mean Square)

Der Effektivwert wird gemäß dem englischen Sprachgebrauch auch als RMS (Root Mean Square) bezeichnet. Er ist definiert als eine der Wechselspannung äquivalente Gleichspannung, die an einem ohmschen Widerstand die gleiche Leistung in Wärme umsetzt. Da die Leistung proportional zum Quadrat der Spannung ist, ergibt sich für den Effektivwert der Wechselspannung

$$U_{\text{eff}} = U_{\text{RMS}} = \sqrt{\frac{1}{T}\int_0^T u^2(t)\,\mathrm{d}t}$$

Bei sinusförmigem Spannungsverlauf beträgt das Verhältnis von Spitzenwert zu Effektivwert genau $\sqrt{2}$, also $\hat{U} = \sqrt{2} \cdot U_{\text{eff}}$.

Der Effektivwert stellt einen quadratischen Mittelwert dar, was auch genau der englischen Bezeichnung entspricht: Root Mean Square = Wurzel aus dem quadratischen Mittelwert. Dessen messtechnische Realisierung ist aufwendig und damit teuer, da die Messelektronik jetzt auch die Quadrierung und Radizierung des Signals bewerkstelligen muss. Viel einfacher ist dagegen die Ermittlung des linear gleichgerichteten Mittelwertes (AVG), da dies mit einer einfachen Gleichrichterschaltung und einem simplen Integrator realisiert werden kann. Für sinusförmige Spannungen stehen der Average und der quadratische Mittelwert in einem festen Verhältnis. Somit kann man *für sinusförmige Spannungen* die Anzeige eines Average-Wertes in Effektivwerten graduieren, was man auch tut. Ein Messgerät mit AVG-Detektor zeigt also nicht den tatsächlichen linearen Mittelwert des Betrages einer Sinusspannung an, sondern den Wert des zugehörigen quadratischen Mittelwertes, somit den um einen festen Faktor abweichenden Wert. Dieser Faktor gilt aber nur für den sinusförmigen Spannungsverlauf; ist die Kurvenform eine andere, so ist auch dieser Faktor ein anderer. Die Konsequenz aus dieser Tatsache ist, dass die Anzeige eines Messgerätes mit AVG-Detektor nur für sinusförmige Spannungen korrekte Messergebnisse liefert. Weicht die Kurvenform der zu messenden Spannung vom sinusförmigen Verlauf ab, so führt das Verfahren der linearen Mittelwertbildung zu Abweichungen und damit zu Messfehlern.

Crestfaktor

Je impulsartiger die zu messende Spannung ist, umso schwieriger ist messtechnisch die Ermittlung des Effektivwertes; d.h. die Ungenauigkeit der Messung steigt.

Der *Crestfaktor* (CF) gibt für periodische Signale im Niederfrequenzbereich das Verhältnis von Spitzenwert zu Effektivwert an:

$$\text{Crestfaktor} = \hat{U} / U_{\text{RMS}}$$

Zu einer aussagekräftigen Beschreibung eines Messgerätes mit RMS-Detektor gehört daher auch die Angabe des Crestfaktors, bis zu dem eine angegebene Messgenauigkeit eingehalten wird. Bei Messgeräten, die den Detektor nicht mit Hardware, sondern softwaremäßig realisiert haben, entfällt diese Beschränkung üblicherweise; hier hat die Höhe des Crestfaktors i. d. R. keine Auswirkung auf die Genauigkeit.

Tabelle 4.1 zeigt beispielhaft die Crestfaktoren von verschiedenen Signalformen.

Tabelle 4.1 *Signalformen und ihre Crest-Faktoren*

Signalform	Crest-Faktor
Gleichspannung	1,000
Symmetrisches Rechteck	1,000
Sinus	1,414
Dreieck	1,732
Puls mit 25,00 % Tastverhältnis	2,000
Puls mit 11,11 % Tastverhältnis	3,000
Puls mit 6,25 % Tastverhältnis	4,000
Puls mit 2,78 % Tastverhältnis	6,000
Puls mit 1,56 % Tastverhältnis	8,000
Puls mit 1,00 % Tastverhältnis	10,000

Tastverhältnis = T_0 / T_P

T_0 Impulsdauer, T_P Periodendauer (s. **Bild 4.13**)

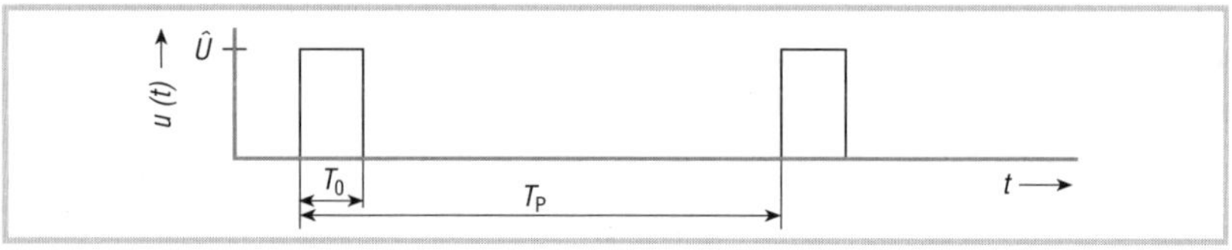

Bild 4.13 *Tastverhältnis bei pulsförmigen Signalen*

Gesamt-Oberschwingungsgehalt THD (Total Harmonic Distortion)

Sind in einem Signal Oberschwingungen enthalten, so kann als Maß für ihre Stärke der Gesamt-Oberschwingungsgehalt THD herangezogen werden. Er gibt als Prozentwert das Verhältnis der Signalleistungen der Oberschwingungen zur Leistung der Grundschwingung an:

$$\text{THD [\%]} = \frac{U_2^2 + U_3^2 + U_4^2 + \ldots + U_n^2}{U_1^2} \cdot 100$$

mit U_1 als Amplitude der Grundschwingung und U_i (i = 2, 3, 4, ... n) als Amplituden der Oberschwingungen i-ter Ordnung (s. Abschnitt 4.1.3.3). Dabei kann der Wert durchaus größer als 100 % werden.

Klirrfaktor *k* (Distortion Factor DF)

Ein weiteres Maß für den Oberschwingungsgehalt stellt der Klirrfaktor *k* bzw. Distortion Factor DF dar. Er wird ebenfalls in Prozent angegeben (k immer < 100 %!), gibt aber die Wurzel aus dem Verhältnis der Signalleistungen der Oberschwingungen zur Gesamtleistung des Signals (Grundschwingung plus Oberschwingungen) an:

$$\mathrm{k}\,[\%] = \sqrt{\frac{U_2^2 + U_3^2 + U_4^2 + \ldots}{U_1^2 + U_2^2 + U_3^2 + U_4^2 + \ldots}} \cdot 100 = \frac{\sqrt{U^2 - U_1^2}}{U} \cdot 100$$

4.1.3 Spektrumanalyse

4.1.3.1 Darstellungsmöglichkeiten von Signalen im Zeit- und im Frequenzbereich

Die Sinusschwingung – „Urmutter" aller Schwingungen

Die *Sinusschwingung* stellt die Basis und die Urform aller Schwingungsvorgänge in der Physik dar. Ihr zeitlicher Verlauf folgt einer Sinuskurve, die seit Urzeiten eingeschaltet ist und unverändert unendlich lange weiterschwingt.

Die sinusförmige Schwingung einer Spannung gemäß **Bild 4.14** (links) lässt sich demnach in ihrem zeitlichen Verlauf mathematisch präzise beschrieben durch die Funktion

$$u = \hat{U} \cdot \sin\,(2\pi \cdot f \cdot t + \varphi_0) = \hat{U} \cdot \sin\,(\varphi + \varphi_0)$$

$\hat{U}$ Scheitelwert der Amplitude, d. h. höchster Wert des Kurvenzuges,
f Frequenz = $1/T$, T = Schwingungsdauer
φ Phasenwinkel; φ_0 = Nullphasenwinkel der Schwingung zum Zeitpunkt $t = 0$.

Betrachtet man die selbe Sinusschwingung aus einer anderen *Perspektive*, nämlich aus der des Frequenzbereichs, so lässt sie sich durch eine einzige Linie auf der Frequenzachse darstellen. Die Position auf der Frequenzachse

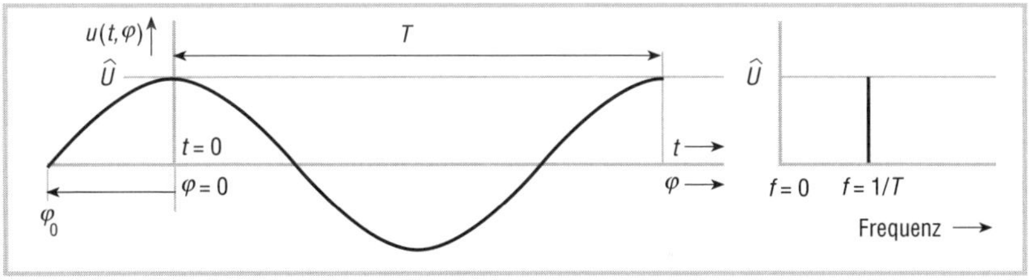

Bild 4.14 *Sinusschwingung mit den sie beschreibenden Größen: Amplitude $\hat{U}$, Frequenz $f = 1/T$, Phase φ_0 Darstellung im Zeitbereich (links) und im Frequenzbereich (rechts)*

entspricht der Schwingungsfrequenz $f = 1/T$ und die Höhe der Linie entspricht der Amplitude $\hat{U}$. Die Information über den Phasenzusammenhang geht bei dieser einfachen Art der Darstellung verloren. Um diese zu erhalten, müsste man zu komplexeren Darstellungen greifen, worauf aber im Rahmen der hier angestellten Betrachtungen schadlos verzichtet werden kann.

4.1.3.2 Impuls – Puls – Periodischer Puls

Wie oben bereits erwähnt, dehnt sich die Sinusschwingung zeitlich unendlich lange aus. Von der zeitlichen Dauer her gesehen stellt den Gegensatz dazu ein einmaliges, kurzes Signalereignis dar – ein solches Ereignis wird üblicherweise nicht als Schwingung, sondern als *Impuls* bezeichnet. Die Form des Impulses variiert; typische Grundformen sind Rechteck, Dreieck, Sägezahn und eine einzelne Sinus-Halbwelle (**Bild 4.15**).

Quasi der Archetyp des Impulses ist dabei der Rechteck-Impuls; er wird auch bei den folgenden Ausführungen im Vordergrund stehen. Eine Folge von Impulsen, die sich – regelmäßig oder unregelmäßig – wiederholen, wird als Puls bezeichnet (**Bild 4.16**).

Einfach, aber treffend kann man sich den Rechteck-Puls wie ein ständiges Ein- und Ausschalten des Signals vorstellen. Erfolgt dieses Ein- bzw. Ausschalten in konstanter, regelmäßiger Folge, so spricht man von *periodi-*

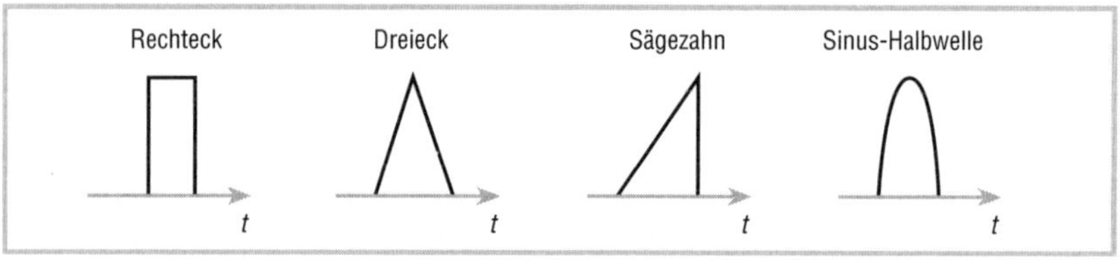

Bild 4.15 *Grundlegende Impulsformen*

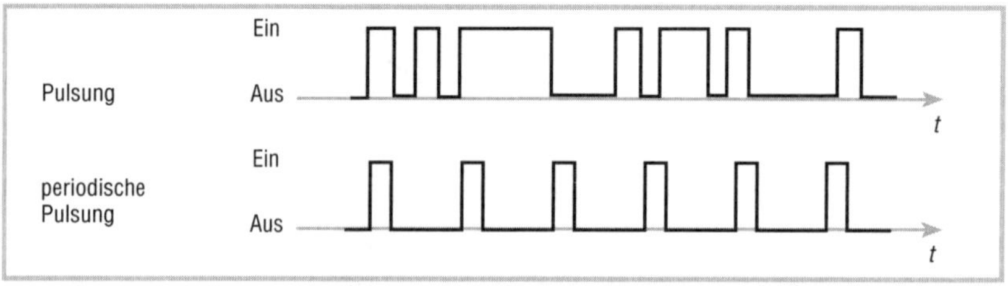

Bild 4.16 *Gegenüberstellung eines nicht periodisch gepulsten (oben) und eines periodisch gepulsten (unten) Signals*

scher Pulsung. Die Häufigkeit des Ein- und Ausschaltens pro Zeiteinheit (soundso oft pro Sekunde) entspricht dann der Pulsfrequenz.

Im optischen Bereich kann man sich die Pulsung sehr anschaulich machen. Benutzt man z. B. eine Taschenlampe gemäß dem Morsealphabet mit kurzen und langen Lichtimpulsen zur Nachrichtenübertragung (beispielsweise als Notsignal in den Bergen), so handelt es sich um ein gepulstes Signal – aber es ist aufgrund der beliebig möglichen Zeichenfolge nicht periodisch gepulst. Ein mit konstanter Frequenz blitzendes Lichtblitzstroboskop dagegen sendet periodisch gepulste Lichtstrahlung aus.

Ein Rechteckimpuls lässt sich durch die in **Bild 4.17** dargestellten Größen Amplitude, Impulsdauer (bzw. Impulsbreite) sowie Anstiegs- und Abfallzeit beschreiben. Anstiegs- und Abfallzeit berücksichtigen die Tatsache, dass sich der Signalzustand nicht in beliebig kurzer Zeit sprunghaft ändern kann; sie charakterisieren die Steilheit und damit sozusagen die „Schärfe" des Impulses.

Ist der Impuls Element eines periodischen Pulses, so tritt als weiteres Beschreibungsmerkmal die Zeitdauer zwischen zwei aufeinander folgenden Impulsen, die Periodendauer, hinzu bzw. – aus Frequenzsicht – die Pulsfrequenz. Das Verhältnis von Impulsdauer zu Periodendauer wird auch als *Tastverhältnis* bezeichnet.

Zur Angabe der Amplitude ist es prinzipiell möglich, den Spitzenwert oder den Effektivwert (quadratischer Mittelwert über der Zeit) heranzuziehen. Während der Spitzenwert unabhängig vom Tastverhältnis ist, nimmt der Effektivwert mit steigendem Tastverhältnis zu.

Bei der Überlagerung von zwei oder mehr Signalen gleicher Pulsfrequenz ist zu beachten, dass sich die Effektivwerte in jedem Fall addieren, die Spitzenwerte aber nur dann, wenn die Pulse synchron sind. Sind sie nicht syn-

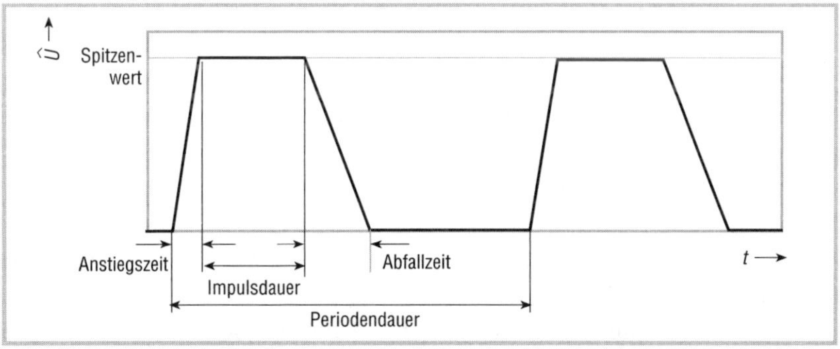

Bild 4.17 *Charakteristische Größen zur Beschreibung eines Rechteckpulses*

chron, so erhöhen sich nicht die Spitzenwerte, sondern es kommt stattdessen zu einer Erhöhung der Pulsfrequenz!

4.1.3.3 Mittler zwischen den Welten Zeit und Frequenz: Fourieranalyse und -synthese

Wie aus Bild 4.14 ersichtlich, stehen die *Frequenzansicht* und die *Zeitansicht* eines Signals über einen mathematischen Zusammenhang miteinander in Verbindung (hier: $f = 1/T$). Jede Variation des Signals auf der Frequenzebene hat eine entsprechende Änderung auf der Zeitebene zur Folge und umgekehrt. Es liegt die Frage nahe, ob es eine eindeutige, mathematisch beschreibbare Transformation zwischen dem Frequenz- und dem Zeitbereich gibt, die für alle Schwingungsformen Gültigkeit hat und nicht nur für die Sinusschwingung.

Als Antwort auf diese Frage stellte sich heraus, dass sich jede Signalform – sei sie in der Zeitebene auch noch so komplex – in eine Reihe von Sinusschwingungen unterschiedlicher Frequenz, Amplitude und Phase zerlegen lässt. Diese Analyse des Signals ist als *Fourier-Analyse* bekannt, benannt nach dem französischen Mathematiker und Physiker *Jean Baptiste Joseph Fourier* (1768–1830). Wenn es sich um ein periodisches Signal handelt, so stehen die Frequenzen der einzelnen Sinusschwingungen in einem besonderen Verhältnis zueinander: Es handelt sich ausschließlich um ganzzahlige Vielfache der Frequenz der Grundschwingung. Die Grundschwingung ist gekennzeichnet durch die niedrigste im Signalverlauf auftretende Periodizität. Die Frequenzen oberhalb der Grundschwingung werden *Oberschwingungen* (häufig auch, nicht ganz korrekt, *Oberwellen*) oder *Harmonische* genannt. Eine Oberschwingung mit der n-fachen Frequenz der Grundschwingung wird als Harmonische n-ter Ordnung bezeichnet.

Umgekehrt kann man mittels der *Fourier-Synthese* beliebige Schwingungsformen durch die Addition von Sinusschwingungen unterschiedlicher Frequenz, Amplitude und Phase erzeugen. **Bild 4.18** zeigt einen rechteckähnlichen, zur Zeitachse symmetrischen Kurvenzug als Summe von vier phasengleichen Sinusschwingungen ungerader Ordnung (Grundfrequenz $f_0 + 3 \cdot f_0 + 5 \cdot f_0 + 7 \cdot f_0$). Bei Addition weiterer Oberschwingungen ungerader Ordnung nähert sich die Summe immer mehr einer idealen Rechteckschwingung an.

In der Akustik finden die hier beschriebenen Phänomene einen – auch begrifflich – spezifischen Niederschlag. So wird eine reine Sinusschwingung

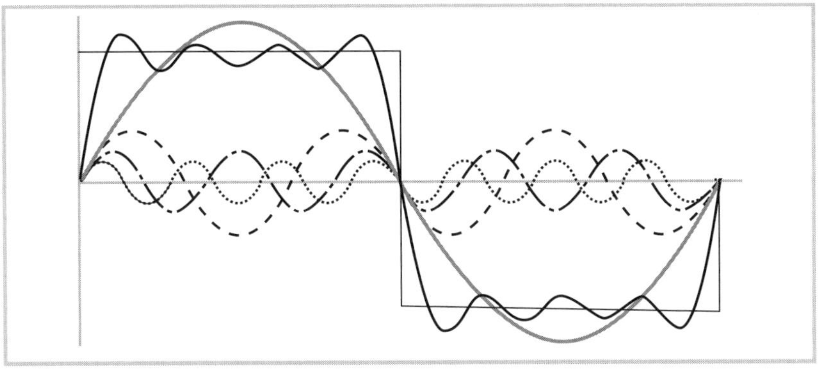

Bild 4.18 *Fourier-Synthese: rechteck-ähnliche symmetrische Schwingung als Summe von vier phasengleichen Sinusschwingungen ungerader Ordnung (Grundfrequenz $f_0 + 3 \cdot f_0 + 5 \cdot f_0 + 7 \cdot f_0$).*

als „Ton" bezeichnet, wie er z. B. insbesondere von Flöten erzeugt wird. Oberschwingungshaltige Schallsignale werden dagegen als „Klang" bezeichnet, wobei die Zusammensetzung des Oberschwingungsspektrums den spezifischen *Klangcharakter* eines Musikinstruments ausmacht, so dass man zwei verschiedene Instrumente (z. B. Flöte und Trompete), die den gleichen Ton spielen, voneinander unterscheiden kann. Es ist eine Domäne des Gehörs, solche harmonischen Zusammenhänge zu erkennen und zu dem Hörereignis *Klangfarbe* zu verknüpfen. Bestimmte Zusammensetzungen von Oberschwingungen werden dabei als disharmonisch, störend bis unerträglich empfunden. Dies tritt z. B. bei minderwertigen Audio-Verstärkern auf, die dem ursprünglichen Signal aufgrund ihrer schlechten Übertragungseigenschaften einen starken Anteil künstlicher Oberschwingungen hinzufügen – solche Verstärker weisen einen hohen *Klirrfaktor* auf.

Oszillogramm

Die in Bild 4.14 (links) und 4.18 dargestellten Signalverläufe über der Zeitachse werden als *Oszillogramme*[7] bezeichnet. Messgeräte, mit denen man sie erfassen und in dieser Weise darstellen kann, heißen dementsprechend *Oszilloskope*[8].

7 Oszillogramm/Oszilloskop: griech. Schwingungsschrieb/Schwingungsseher

8 Auch Hochfrequenz-Spektrumanalysatoren (s. u.) verfügen über die Möglichkeit der oszilloskopischen Darstellung von Signalverläufen über der Zeit, indem der Spektrumanalysator auf die Mittenfrequenz des zu untersuchenden Hochfrequenzsignals abgestimmt und dann in die Betriebsart „Zero Span" geschaltet wird.

Spektrum

Die Darstellung eines Signals im Frequenzbereich bezeichnet man als *Spektrum*. Die einfachste Form eines Spektrums ist in Bild 4.14 (rechts) für die Sinusschwingung wiedergegeben. Das Spektrum eines rechteckförmigen Pulses gemäß Bild 4.17 mit einer Periodendauer der Grundschwingung von 2,5 ms und dementsprechend einer Pulsfrequenz von 400 Hz ist in **Bild 4.19** zu sehen. Ein Rechteckpuls mit der Wiederholdauer T_P kann gemäß Fourier-Analyse dargestellt werden als Summe der Grundschwingung mit der Frequenz $f_P = 1/T_P$ plus ihren Oberschwingungen. Genau diese Oberschwingungen finden sich im Spektrum als *diskrete Spektrallinien* bei 400 Hz, 800 Hz, 1 200 Hz usw. wieder. Je höher die Pulsfrequenz, desto weiter liegen die Spektrallinien auseinander.

Aber auch die Impulsdauer T_0 findet im Spektrum ihren Niederschlag. Die einhüllende Kurve der Spektrallinien stellt eine sogenannte si-Funktion dar, wobei „si" für die Funktion sin(x)/x steht. Die Nulldurchgänge[9] dieser Funktion liegen bei der Frequenz $f_0 = 1/T_0$ und ihren ganzzahligen Vielfachen. Je kürzer die Dauer der Impulse, desto breiter verläuft die einhüllende si-Kurve. Kurze Impulse bedeuten immer hohe Frequenzen und damit

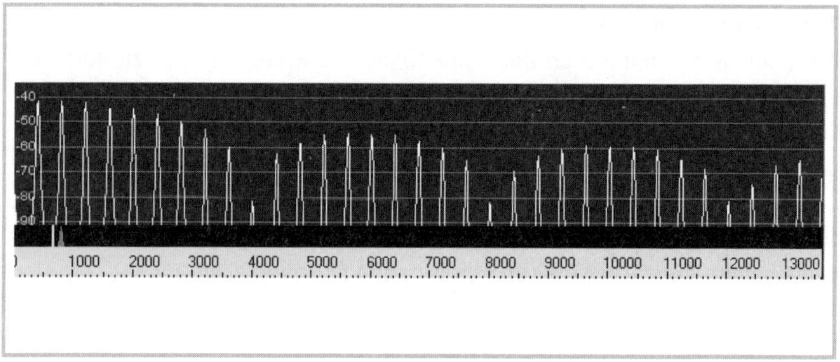

Bild 4.19 *Spektrum[10] eines Rechteckpulses mit der Pulsfrequenz 400 Hz und einem Tastverhältnis 1:10*

9 Die si-Funktion weist nach dem ersten Nulldurchgang negative Werte auf, nach dem zweiten Nulldurchgang wieder positive usw. Da ein HF-Spektrumanalysator im Zero Span nur den Betrag des gemessenen Signals im Display anzeigt, erscheinen die negativen Teile der si-Funktion in den positiven Bereich „hochgeklappt", die Nulldurchgänge erscheinen als Minima der Einhüllenden.

10 Die Spektrumanalyse des Signals in Bild 4.19 und in den folgenden Abbildungen wurde – falls nicht ausdrücklich anders erwähnt – in Echtzeit mittels *Fast Fourier Transformation* (FFT) vorgenommen.

große Bandbreite. In Bild 4.19 liegt der erste Nulldurchgang bei 4 kHz, dem Zehnfachen der Pulsfrequenz von 400 Hz. Dies bedeutet, dass das Tastverhältnis der Pulsfolge 1:10 beträgt; d. h., die Impulsdauer erstreckt sich über ein Zehntel der Periodendauer.

Wasserfalldiagramm und Spekrogramm

Bild 4.20 zeigt den Zusammenhang zwischen Frequenz- und Zeitbereich in einer etwas anderen Darstellung. Hier sind beide Achsen sichtbar, die gemeinsam eine Frequenz-Zeit-Ebene aufspannen. Schaut man von links auf die Zeitachse, so sieht man die gewohnte Oszilloskopdarstellung des zeitlichen Signalverlaufs als Summensignal (linker Kurvenzug). Blickt man dagegen senkrecht dazu auf die Frequenzachse, so sieht man das aus vier Sinusschwingungen zusammengesetzte Linienspektrum, bestehend aus der Grundfrequenz f_0 und den ersten drei Oberschwingungen (doppelte, dreifache und vierfache Frequenz der Grundschwingung).

Betrachtet man die gesamte Ebene, so lassen sich auch zeitliche Veränderungen der spektralen Signalzusammensetzung erkennen, während im Spektrum immer nur der aktuelle Momentanwert ersichtlich ist. Aus der Darstellung „Amplitude über Frequenz versus Zeit“ in Bild 4.20 lässt sich das sogenannte *Wasserfalldiagramm* ableiten. Es hat seinen Namen von der sich ergebenden wasserfallähnlichen dreidimensionalen Darstellung, die

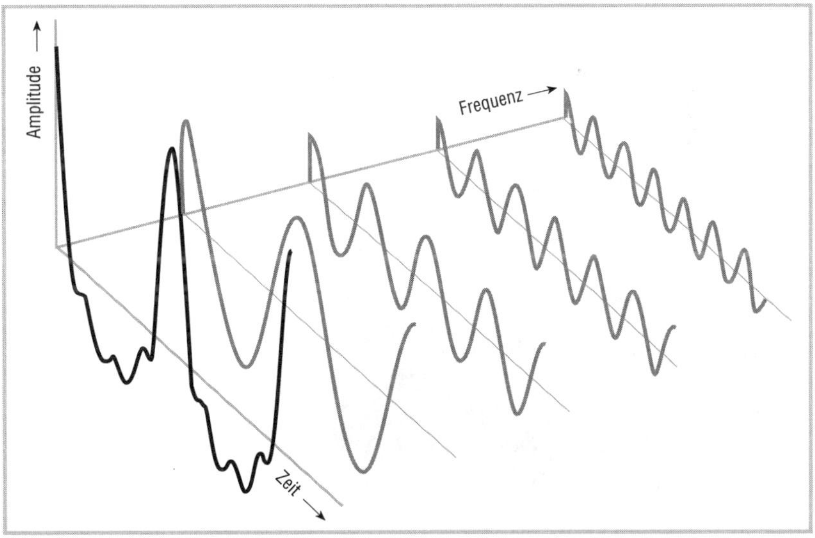

Bild 4.20 *Frequenz versus Zeit: Zusammenhang zwischen Frequenz- und Zeitbereich*

allerdings bei komplexeren Signalverläufen sehr leicht unübersichtlich bis undurchschaubar werden kann.

Als Alternative wählt man daher auch die zweidimensionale Darstellung mit den Achsen Frequenz und Zeit und bildet die Amplitude nicht als dritte Raumachse, sondern durch unterschiedliche Farben ab. Diese Variante wird als Spektrogramm bezeichnet.

In den hier gezeigten Spektrogrammen entsprechen helle Farben großen Amplituden, dunklere Farben dementsprechend kleinen. Auch wenn in diesen Abbildungen auf die Farbwiedergabe verzichtet wurde, sind die entsprechenden Graustufen doch aussagekräftig genug, um die wesentlichen Zusammenhänge erkennen zu können.

Exemplarisch zeigt **Bild 4.21** das Spektrogramm des Pulses mit dem Spektrum aus Bild 4.19. Hier wie in den folgenden Abbildungen ist über dem Wasserfalldiagramm immer noch das Spektrum zum letzten dargestellten Zeitpunkt wiedergegeben. Die Zeitachse verläuft senkrecht; das Spektrogramm entwickelt sich im Zeitablauf von oben nach unten; d. h., der aktuelle Zeitpunkt, an dem die Messung gestoppt wurde, befindet sich oben; auf der Zeitachse liegt die Vergangenheit unten.

Das Spektrogramm in Bild 4.21 kann nicht wirklich aufregend genannt werden, da das betrachtete Signal ja zeitlich konstant ist. Der Erkenntnisgewinn besteht vielmehr darin, dass zeitlich konstante Einzelfrequenzen sich deutlich als scharf abgegrenzte Linien bemerkbar machen.

Die ausgeprägte und klare Darstellung der Spektrallinien ist typisch für streng periodische Signale. Bei nichtperiodischen Signalen, wie sie typischerweise von Geräuschen (z. B. Meeresrauschen, Verkehrslärm) repräsen-

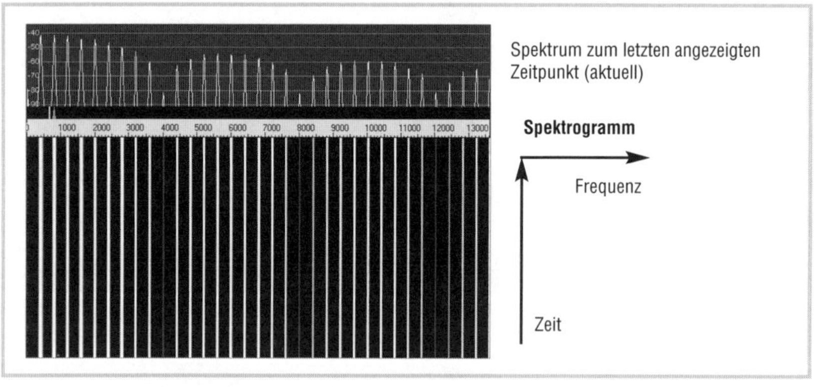

Bild 4.21 *Spektrum (oben) und Spektrogramm (unten) eines Rechteckpulses der Frequenz 400 Hz, Tastverhältnis 1:10*

tiert werden, sind keine Spektrallinien zu erkennen, sondern breite, relativ gleichmäßig belegte Frequenzbereiche. In Sprache und Musik ist zu einem hohen Grad eine nicht ganz so ausgeprägte Periodizität wie in technischen Systemen vorhanden. Dies äußert sich im Spektrum in Form von verbreiterten, „verwaschenen“ oder schwankenden Spektrallinien.

Zur Veranschaulichung ist in **Bild 4.22** das Spektrogramm eines Musikstückes dargestellt. Man erkennt auch hier teilweise Spektralbereiche, die bevorzugt belegt sind, aber keine so scharfen Spektrallinien wie bei dem technischen Signal in Bild 4.21.

Bild 4.23 zeigt schließlich das Spektrogramm eines Rauschsignals. Hier sind überhaupt keine hervorgehobenen Spektrallinien zu erkennen, sondern eine gleichmäßige Belegung der gesamten Frequenz-Zeit-Ebene. Die Signalschwankungen sind völlig zufällig und statistischer Art. Der allmähliche Abfall zu den höheren Frequenzen hin macht sich durch eine entsprechende großflächige Farb- bzw. Graustufenänderung bemerkbar. Es handelt sich hier also nicht um ein über den gesamten Frequenzbereich gleichmäßiges, sogenanntes „weißes Rauschen“, sondern um ein „rosa Rauschen“. Diese gängigen Bezeichnungen knüpfen an das Spektrum des sichtbaren Lichts an, denn in weißem Licht sind alle Farben des Spektrums gleichmäßig enthalten, während bei rotem oder rosa Licht die tieferen Frequenzen (in Richtung Infrarot) stärker vertreten sind.

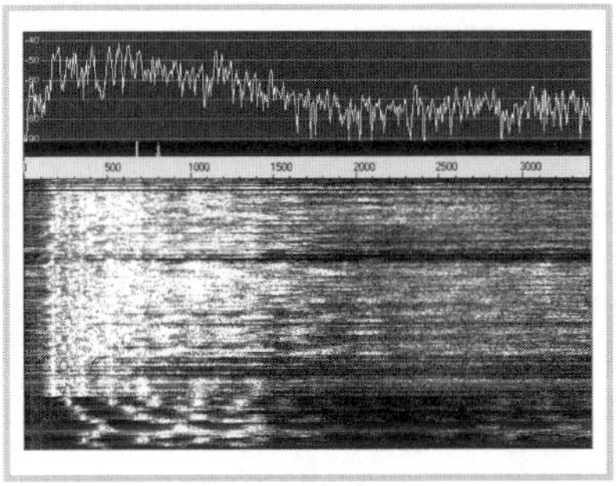

Bild 4.22 *Aktuelles Spektrum und Spektrogramm eines Musikstücks*

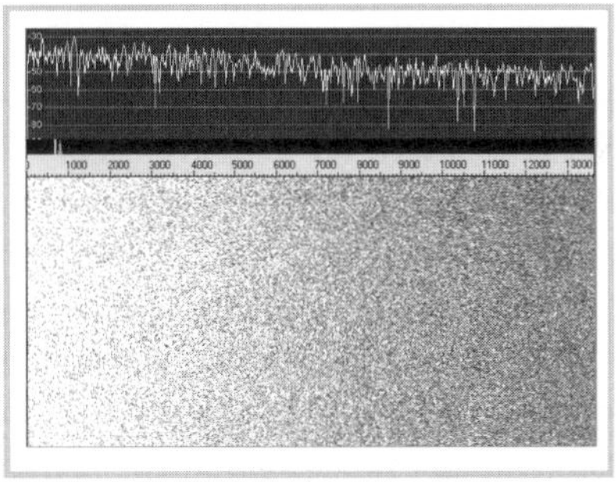

Bild 4.23 *Aktuelles Spektrum und Spektrogramm von „rosa gefärbtem“ Rauschen*

4.1.3.4 Technische Realisierung der Spektrumanalyse

Zur technischen Realisierung der Spektrumanalyse stehen zwei grundsätzlich unterschiedliche Verfahren zur Verfügung:

FFT – Fast Fourier Transformation
Filter Sweep – Durchstimmbares Filter

FFT

Die FFT basiert auf einem Rechenverfahren (mathematische Transformation von der Zeit- in die Frequenzebene) und wird überwiegend im Bereich der niederfrequenten EMF-Messtechnik und in der Akustik eingesetzt. Analysatoren, die nach dem Prinzip des Filter Sweep arbeiten, sind in der Hochfrequenzmesstechnik gebräuchlich. Um auch hier vollständig mit FFT arbeiten zu können, reicht bei den hohen Frequenzen die Rechengeschwindigkeit der heute verfügbaren Prozessoren bei weitem noch nicht aus.

Bei sogenannten Hybrid-Analysatoren sind beide Messprinzipien miteinander vereint: Mittels Filter Sweep gelangt man auch in hohe Frequenzbereiche und kann dort in einem eingeschränkten Bereich (z. B. heutzutage über maximal 60 ... 80 MHz) die Signale mittels FFT in Echtzeit analysieren.

Filter Sweep

Hierbei wird der eingestellte Frequenzbereich (= Span = Stopfrequenz – Startfrequenz) mit einem variablen Filter wählbarer Bandbreite (= RBW = Resolution Bandwidth) und wählbarer Geschwindigkeit (Sweep Time) durchfahren; der Effekt ist vergleichbar mit dem Scannen eines Bildes. Als Ergebnis erhält man auf dem Bildschirm des Gerätes das Spektrum als Graphik. Die Höhe der Ausschläge ist ein Maß für die Amplitude des Signals (üblicherweise im logarithmischen Dezibel-Maßstab), ihre Lokalisation auf der horizontalen Frequenzachse ein Maß für die Frequenz des betreffenden Signals.

Mit Analysatoren, die nach dem Prinzip des durchstimmbaren Filters arbeiten, können sehr hohe Frequenzen bis in den zweistelligen Gigahertz-Bereich untersucht werden. Nachteil ist jedoch, dass keine Echtzeit-Messsungen (Realtime) möglich sind. Denn während sich das durchstimmbare Filter gerade auf einer Frequenz „befindet“, ist es für alle anderen Frequenzen des eingestellten Span „blind“. Ändert sich also ein Signal im untersuchten Span, während das Filter gerade auf einer anderen Frequenz „nachschaut“, so bleibt diese Änderung unbemerkt. Dies hat insbesondere zur Folge, dass sehr kurze Impulse, die mit einer niedrigen Wiederholfrequenz abgestrahlt werden (z. B. WLAN im Standby, Pulsradar) sehr leicht übersehen oder massiv unterbewertet werden können.

RBW und Sweep Time müssen auf die Charakteristik des untersuchten Signals abgestimmt sein, sonst kann es zu Über- oder Unterbewertungen kommen. Für amplitudenkorrekte Messungen muss die RBW so groß wie die Signalbandbreite sein. Für die modernen digitalen Funkdienste mit Bandbreiten von mehreren MHz stehen aber häufig nicht genügend breite Filter zur Verfügung; außerdem steigt mit zunehmender RBW auch das Rauschen, d. h., die Messeinrichtung wird unempfindlicher und schwächere Signale lassen sich nicht mehr messen. Man greift in solchen Fällen zum Modus der Channel Power Messung. Hierbei wird mit einer RBW, die nur wenige Prozent der Signalbandbreite beträgt, quasi das Dichtespektrum des Signals gemessen und über die signalspezifisch eingestellte Channel Bandwidth integriert.

Wird der Span auf null eingestellt, so wird der Analysator vergleichbar einem Radio- oder Fernsehempfänger auf eine feste Frequenz abgestimmt (Modus Zero Span). In diesem Modus kann wie bei einem Oszilloskop der Zeitverlauf des Signals analysiert werden. Allerdings wird hier nur der Betrag des Zeitsignals angezeigt; negative Anteile werden in den positiven Bereich „hochgeklappt".

4.1.3.5 Betrachtung von Signalen exemplarischer Funkdienste

Bild 4.24 zeigt das zur Trägerfrequenz symmetrische Hochfrequenzspektrum, wie es auf dem Display eines HF-Spektrumanalysators im Modus „Filter Sweep" zu sehen ist.

Die übrigen Spektren und die Spektrogramme wurden mittels FFT-Spektrumanalyse erstellt. Hierzu wurde das vom HF-Spektrumanalysator im Modus „Zero Span" demodulierte und am Kopfhörerausgang bereitgestellte Signal der FFT-Analyse unterzogen.

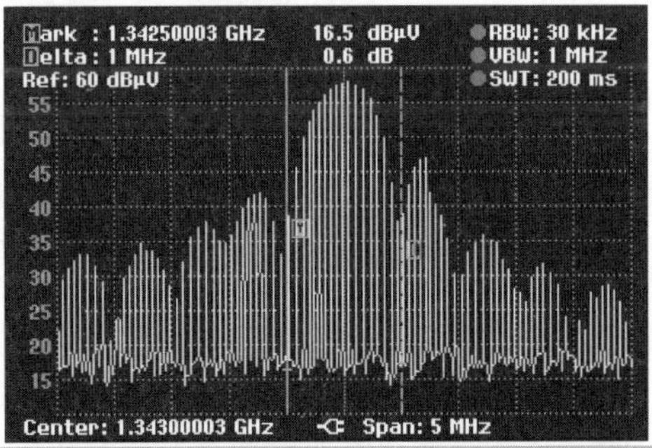

Bild 4.24 *Von einem Pulsradar erzeugtes Linienspektrum (Messung mittels Filter Sweep)*

Pulsradar (Spektrumanalyse mittels Filter Sweep)

Beim Pulsradar sind die typischen „Spuren“ der periodischen Pulsung im Hochfrequenzspektrum klar ersichtlich. Es zeigt sich hier das typische Linienspektrum eines Rechteckpulses mit kleinem Tastverhältnis (Bild 4.24). Die beiden senkrechten Hilfslinien kennzeichnen die Lage der ersten Nulldurchgänge der si-Funktion links und rechts von der Mittenfrequenz. Die Frequenzdifferenz – im Diagramm als „Delta“ ausgewiesen – beträgt 1 MHz. Hieraus lässt sich die Impulsdauer T_P von 2 µs berechnen: $T_P = 1/(f_P/2) = 2/f_P = 2/1\ \text{MHz} = 2\ \mu s$.

DECT Schnurlostelefon (Spektrumanalyse der Modulation mittels FFT)

Bild 4.25 zeigt den Zeitverlauf eines DECT-Signals im Bereitschaftszustand (d. h., es wird kein Telefonat geführt). Es handelt sich um einen steilflankigen Impuls mit einer Breite von 0,09 ms. Die Pulsfrequenz beträgt gemäß DECT-Spezifikation 100 Hz.

Zusätzlich wird durch den periodischen Wechsel der Polarisationsebene der Telefonantenne zwischen horizontal und vertikal die Aussendung noch von einem Takt im Rhythmus von etwa 1 Hz überlagert. Dies macht sich als „Ausfransungen“ in den Spektrallinien des Spektrogramms bemerkbar.

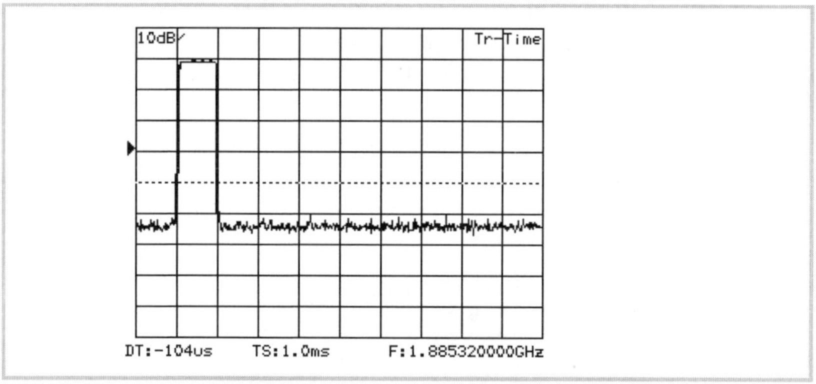

Bild 4.25 *Zeitverlauf eines DECT-Signals;
Zeitachse: 1 ms, Impulsdauer: 0,09 ms; Messung mittels HF-Spektrumanalysator im Modus „Zero span“; Analysator abgestimmt auf die Trägerfrequenz F = 1,88532 GHz; Zeitachse (Sweep Time TS = 1 ms)*

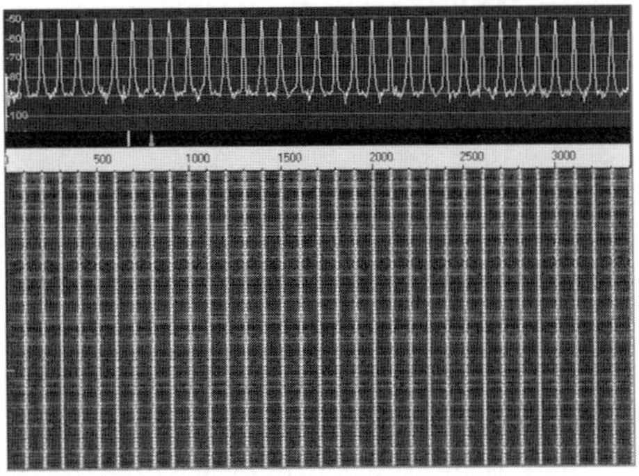

Bild 4.26 *FFT-Spektrum und Spektrogramm eines DECT-Signals im Bereitschaftszustand; dargestellter Spektralbereich bis 3400 Hz.*
Die Pulsfrequenz von 100 Hz führt zu einem dichten Teppich entsprechender Spektrallinien in Abständen von 100 Hz. Durch den überlagerten 1-Hz-Takt kommt es zu den kleinen „Ausfransungen" in den Linien des Spektrogramms.

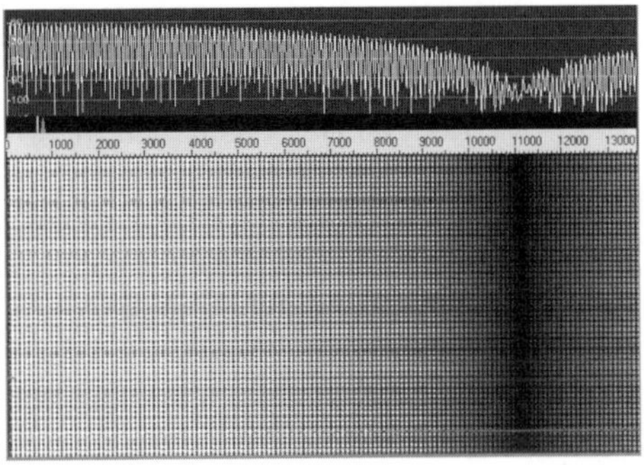

Bild 4.27 *FFT-Spektrum und Spektrogramm eines DECT-Signals im Bereitschaftszustand; dargestellter Spektralbereich bis 13600 Hz.*
Bei dieser weit reichenden Skalierung der Frequenzachse wird der erste Nulldurchgang der einhüllenden si-Funktion sichtbar. Gemäß Bild 4.26 beträgt die Impulsdauer 0,09 ms; hieraus resultiert ein Nulldurchgang bei 1 / 0,09 kHz = 11,1 kHz. Dies stimmt sehr gut mit der Darstellung in diesem Bild überein.

4.2 Elektrische Wechselfelder

4.2.1 Übersicht über die direkten und indirekten Messverfahren

Messungen des elektrischen Feldes sind generell sehr diffizil, weil das E-Feld durch das Einbringen der Messapparatur bereits verzerrt werden kann, was zu falschen Messergebnissen führt. Insbesondere leitfähige Gegenstände (z. B. Metallstative), aber auch der Körper der messenden Person können das Messergebnis stark verfälschen.

Bei der Messung elektrischer Wechselfelder sind mehrere verschiedene Verfahren gebräuchlich, die sich grob in Verfahren der direkten Feldmessung und in indirekte Verfahren unterteilen lassen. Bei den *direkten* Verfahren wird mit Feldsonden die elektrische Feldstärke selbst gemessen; bei den *indirekten* Verfahren werden andere Messgrößen (z. B. Spannung, Strom) an einer im Feld befindlichen Versuchsperson oder einem Dummy ermittelt, aus denen dann die Höhe der elektrischen Feldstärke abgeleitet wird bzw. die als Indikator für die Stärke des elektrischen Feldes angesehen werden.

Bild 4.28 zeigt eine Übersicht der verschiedenen Messverfahren.

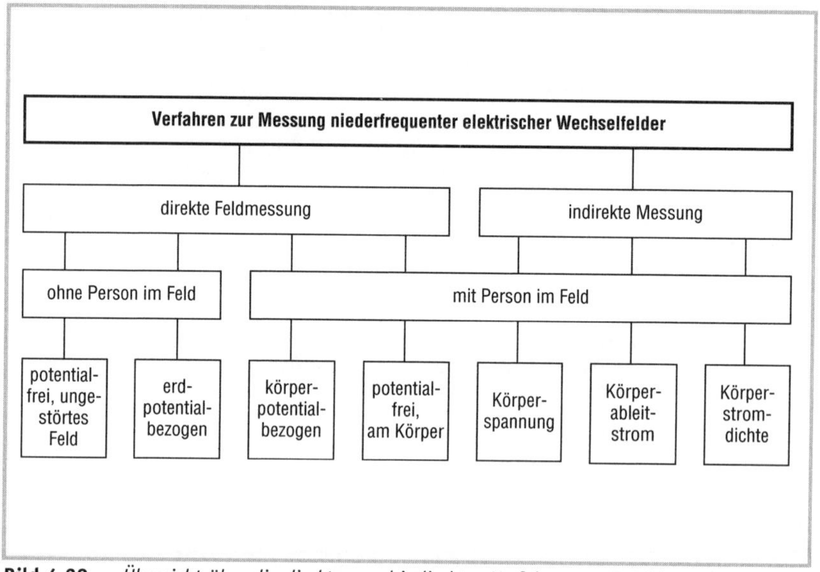

Bild 4.28 *Übersicht über die direkten und indirekten Verfahren zur E-Feldmessung*

4.2.2 Beschreibung der Messverfahren und Messgeräte

4.2.2.1 Potentialfreie Messung des ungestörten E-Feldes

Die potentialfreie Messung erlaubt es, das weitgehend ungestörte E-Feld zu messen und es durch den Messvorgang möglichst wenig zu beeinflussen. Daher muss die Person, die die Messung durchführt, mindestens 3 m Abstand zur Messsonde halten. Als Datenleitung zwischen Messsonde und Auswerteeinheit wird ein Glasfaserkabel verwendet, um das Feld nicht durch eine metallene Leitung zu beeinflussen. Trotzdem wird das Feld durch das Einbringen der Messsonde ein wenig gestört, was aber in der Feldmesspraxis unter Nicht-Laborbedingungen vernachlässigt werden kann.

Die *Messsonde* besteht pro Raumrichtung aus zwei gleich großen, einander gegenüberliegenden ebenen Platten (Feldplattenpaar), die aufgrund ihres Abstandes im elektrischen Feld auf unterschiedlichen Potentialen liegen. Verbindet man die Feldplatten über ein Amperemeter, so fließt ein Strom, der ein Maß für die elektrische Feldstärke ist (**Bild 4.29**). Dieser Strom ist frequenzabhängig und nimmt mit wachsender Frequenz zu; für eine frequenzunabhängige Funktion des Feldmessgerätes muss daher eine Frequenzgangkorrektur mit einem Tiefpassfilter (TP) vorgenommen werden (s. Abschn. 4.1.1).

Um den Raum zwischen den Feldplatten für die Unterbringung der Sondenelektronik nutzen zu können, muss die Sondenelektronik vor dem direkten Einfluss des elektrischen Feldes geschützt werden. Dies geschieht, indem man sie komplett mit einer leitfähigen Umhüllung als Faraday'scher Käfig umgibt (**Bild 4.30**). Häufig wird für die Realisierung der inneren Abschirmung und der Feldplatte ein gemeinsames Bauteil eingesetzt, nämlich eine doppelseitig kupferkaschierte Platine aus nichtleitendem Trägermaterial, wie sie allgemein zur Herstellung sogenannter „gedruckter Schaltungen“ Verwendung findet. Die äußere Kupferschicht dient hier als Feldplatte, die innere als Abschirmfläche; die Dicke der Platine und damit der Abstand zwischen den beiden Kupferflächen beträgt typischerweise 1 ... 2 mm.

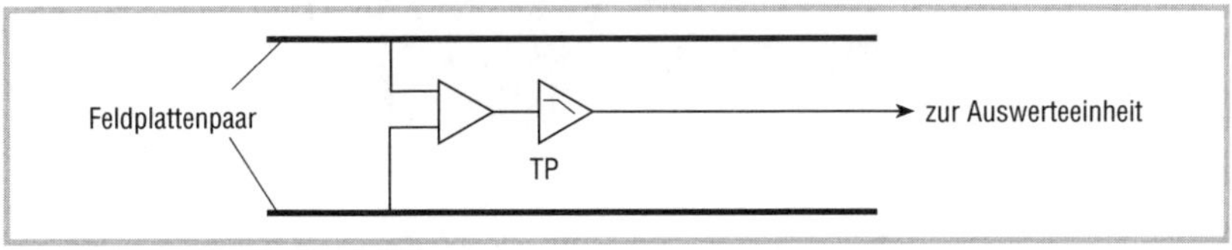

Bild 4.29 *Prinzipschaltbild einer potentialfreien, eindimensionalen E-Feld-Sonde*

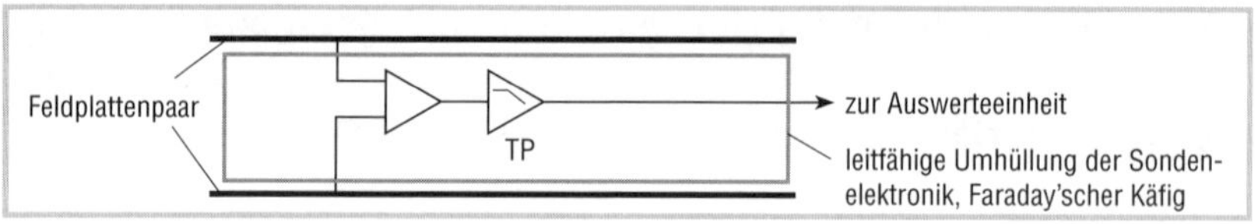

Bild 4.30 *Realiserung einer potentialfreien, eindimensionalen E-Feld-Sonde durch Integration der Sondenelektronik zwischen den Feldplatten innerhalb eines Faraday'schen Käfigs*

Verfügt die Feldsonde nur über ein Plattenpaar, so handelt es sich um eine *eindimensionale Sonde,* die im Feld auf das Maximum der Anzeige ausgerichtet werden muss. Von Vorteil ist, dass sich sehr flache Sonden konstruieren lassen, die das elektrische Feld nur äußerst wenig beeinflussen. Eine solche Sonde bieten Messgerätehersteller als Zubehör sehr preiswert an. Sie ermöglicht einen kostengünstigen Einstieg in die potentialfreie Feldmesstechnik, wenn man über ein zugehöriges Basisgerät bereits verfügt (**Bild 4.31**).

Die ersten Versuche zur Entwicklung potentialfreier E-Feldsonden erfolgten mit solchen eindimensionalen Flachsonden. Als grundlegende Arbeit zur potentialfreien Messtechnik gilt die Dissertation von *Georg Bahmeier* „Feldsonden für Kalibrierzwecke und zur Bestimmung von Betrag und Richtung der elektrischen Feldstärke" [14]. Die Sonde in **Bild 4.32** ist einer der ersten Prototypen auf diesem Gebiet.

Dreidimensional und damit isotrop messende Feldsonden erhält man, indem drei Plattenpaare zu einer würfelförmigen Sonde zusammengepackt werden. Diese sogenannten Würfelsonden sind häufig als eigenständige Sonden mit einer Plattenfläche von 100 cm^2 ausgeführt (**Bild 4.33 a** bis **d**).

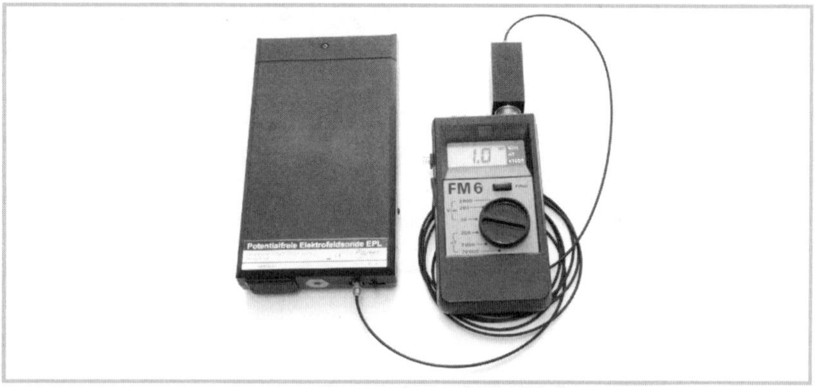

Bild 4.31 *Eindimensionale potentialfreie E-Feldsonde mit abgesetzter Auswerteeinheit*
Foto: Fa. Fauser Elektrotechnik

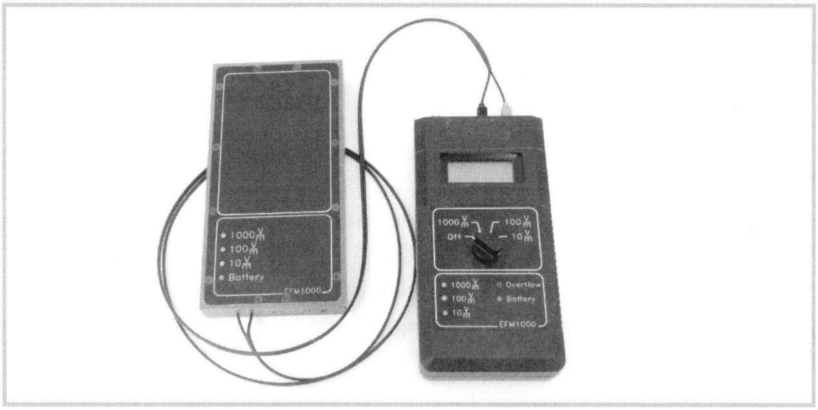

Bild 4.32 *Von G. Bahmeier entwickelte potentialfreie Flachsonde mit abgesetzter Auswerteeinheit (Prototyp)*

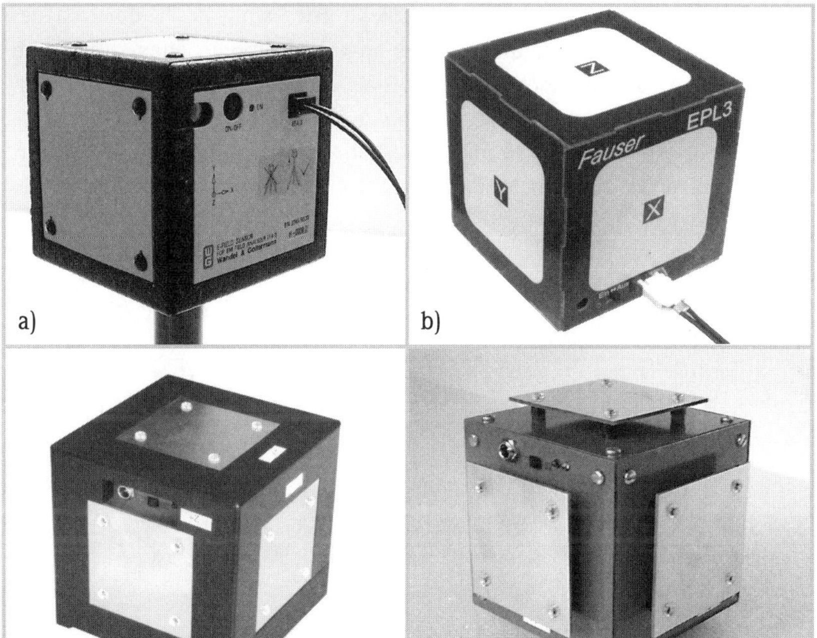

Bild 4.33 *Dreidimensionale „Würfelsonden" zur potentialfreien Messung elektrischer Wechselfelder*
Fotos: Fa. narda/Wandel & Goltermann (a), Fa. Fauser Elektrotechnik (b), Fa. ROM Elektronik (c mit Kantenschutz, d ohne Kantenschutz)

Bei abgenommenem Kantenschutz in Bild 4.33 d sieht man deutlich die etwas abstehenden Feldplatten und das symmetrisch zwischen den Platten angeordnete Gehäuse, das die Elektronik zur Ansteuerung der Sonde und zur Datenübertragung per Glasfaserleitung enthält.

Es gibt aber auch eine kleinere würfelförmige Ausführung in einem kombinierten E-M-Feldmessgerät, bei dem die dreidimensionale E-Feldsonde gemeinsam mit einer dreidimensionalen Magnetfeldsonde im kugelförmigen Sensorteil des Gerätes untergebracht ist. Innerhalb der vom Gehäuse über ein ca. 15 cm langes Rohr abgesetzten Kugel hat aber nur die Magnetfeldsonde tatsächlich Kugelform – darin eingebettet ist ein auf die Kante gestellter kleiner E-Feld-Würfel (**Bild 4.34**).

Während die bisher betrachteten Würfelsonden von der Bauform her in allen drei Raumachsen symmetrisch sind, wurde im Jahr 2010 erstmals ein kombiniertes E-M-Feldmessgerät mit integrierter quaderförmiger potentialfreier E-Feldsonde auf den Markt gebracht. Hier sind die Feldplatten den Abmessungen des Messgerätegehäuses angepasst und in allen drei Raumrichtungen sowohl unterschiedlich groß als auch unterschiedlich weit voneinander entfernt, so dass diese verschiedenen geometrischen Gegebenheiten von der Auswerteelektronik zusätzlich kompensiert werden müssen!

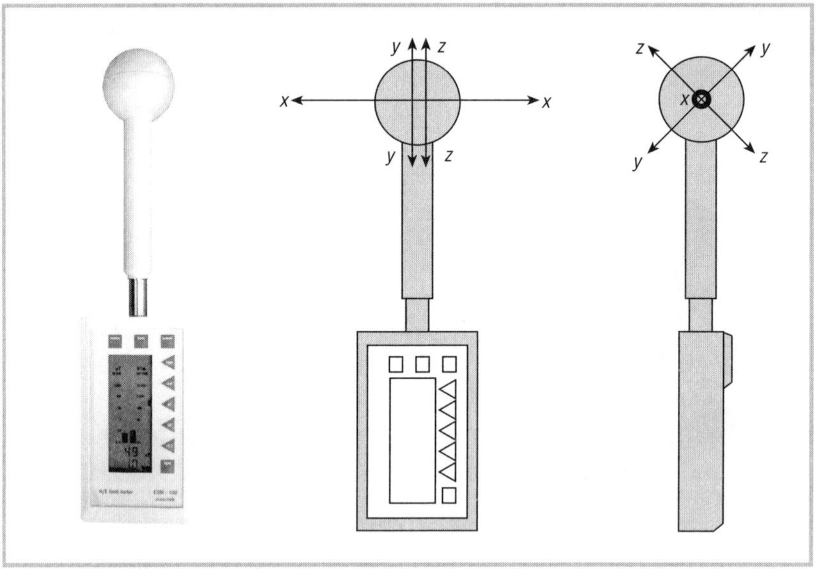

Bild 4.34 *E-Feld-Würfel in einer E-M-Kombisonde*
Foto und Skizze: Fa. Maschek Elektronik

Bild 4.35 zeigt in vier Darstellungen von rechts nach links

- die Platine mit der gesamten Elektronik des Kombi-Messsystems inklusive der drei Magnetfeld-Sensorspulen oben links, umgeben von den beiden Feldplattenpaaren an den schmalen Gehäuseseiten oben/unten und links/rechts mit den Durchbrüchen für Bedienelemente (Schalter, Buchsen),
- zusätzlich die Abdeckung von Vorder- und Rückseite durch das dritte Feldplattenpaar mit Durchbrüchen für Display, LEDs und Lautsprecher,
- das gesamte Gehäuse und
- das Gehäuse mit zusätzlichem Schutzholster aus Weichplastik.

Um den Einfluss von Wirbelströmen auf den E-Feldplatten für die Magnetfeldmessung möglichst gering zu halten, sind die Feldplatten mit einer speziellen Lochung versehen. Die Feldplatten bestehen – wie oben beschrieben – aus doppelseitig kupferbeschichteten Platinen, deren Rückseiten den Faraday'schen Käfig für die Abschirmung der im Inneren untergebrachten Elektronik bilden.

Wie sorgfältig bei der Entwicklung und der Handhabung von Messgeräten für elektrische Felder gearbeitet werden muss und wie „filigrane" Einflussfaktoren zu berücksichtigen sind, möge folgendes Beispiel verdeutlichen: Das o. a. quaderförmige Messgerät wird serienmäßig mit einem übergezogenen Schutzholster aus Weichplastik ausgeliefert, das die Gehäusekanten und die Schmalseiten schützen soll (Bild 4.35, ganz links). Dieser Plastikwerkstoff hat andere dielektrische Eigenschaften als das Kunststoffgehäuse. Alleine hierdurch wird das elektrische Feld schon so stark beein-

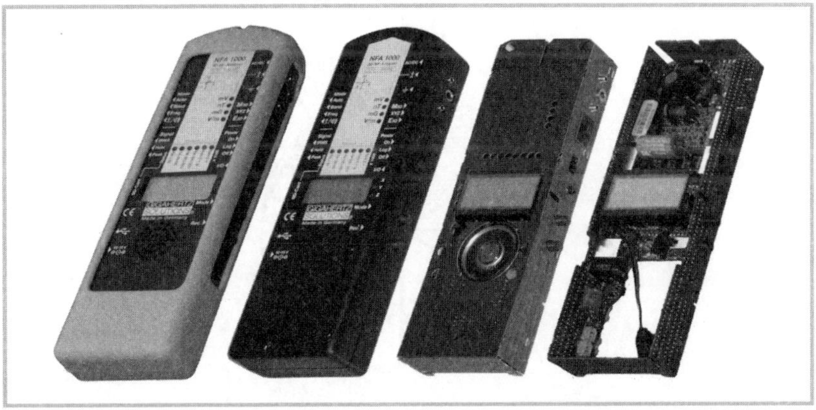

Bild 4.35 *Quaderförmiger 3D-E-Feldsensor in einem kombinierten E-M-Feldmessgerät (Explosionsdarstellung)*

flusst, dass für Messungen mit und ohne Holster eigene Kalibrierfaktoren ermittelt und eingestellt werden müssen.

Eine andere Lösungsmöglichkeit für 3D-Sonden besteht in der Anordnung der sechs Sondenflächen auf der Oberfläche einer Kugel (**Bild 4.36**). Wegen der Kugelsymmetrie wird hier das elektrische Feld noch weniger als beim Würfel und unabhängig vom Einfallswinkel verzerrt. Aufgrund der aufwändigen Fertigung und der damit verbundenen hohen Kosten hat sich dieses System aber nicht am Markt behaupten können.

Bei Messungen mit Flach- und insbesondere mit 3D-Sonden in unmittelbarer Nähe (< 5 cm) von leitfähigen Gegenständen oder Körpern ist zu beachten, dass es hier zu Wechselwirkungen der leitfähigen Fläche mit der nächstliegenden Sondenplatte kommt. Dieser sogenannte *Näherungseffekt* führt zu einer erhöhten Feldstärkeanzeige und wächst mit geringer werdendem Abstand. Zur Berücksichtigung bzw. Verringerung des Näherungseffekts sind folgende Maßnahmen möglich:

1. Rechnerische Korrektur durch entfernungsabhängige Korrekturfaktoren.
2. Einhaltung eines Mindestabstands von 5 cm zu leitfähigen Flächen. Als Unterlage zur Erzielung des gewünschten Abstands über horizontalen Flächen (z. B. Bettmatratze bei Schlafplatzuntersuchungen) sollten nicht beliebige Kunststoffe benutzt werden, sondern ausschließlich möglichst reines Styropor, um Messverfälschungen möglichst gering zu halten. Empfehlenswert ist die Verwendung des Styroportyps PS 20, da er weniger Feuchtigkeit aufnimmt als der üblicherweise angebotene PS 10.

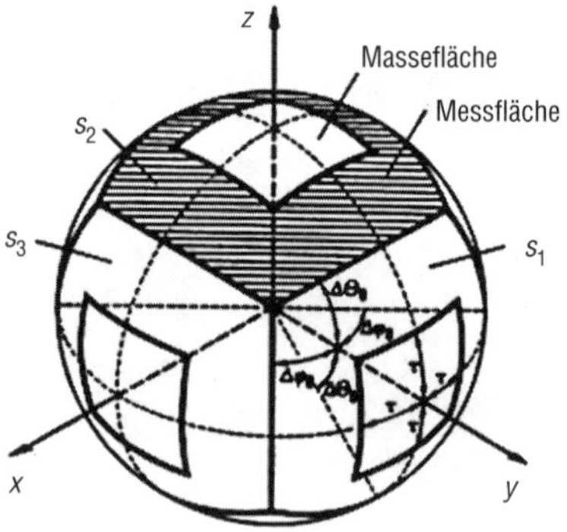

Bild 4.36 *Isotroper E-Feldsensor in Kugelform* [28]

3. Vermeidung der Parallellage von leitfähigen Flächen und den Sondenplatten. Dies wird erreicht durch Positionierung der Sonde auf einer ihrer Ecken, gestützt durch einen Styroporblock mit entsprechender Aussparung (**Bild 4.37**).

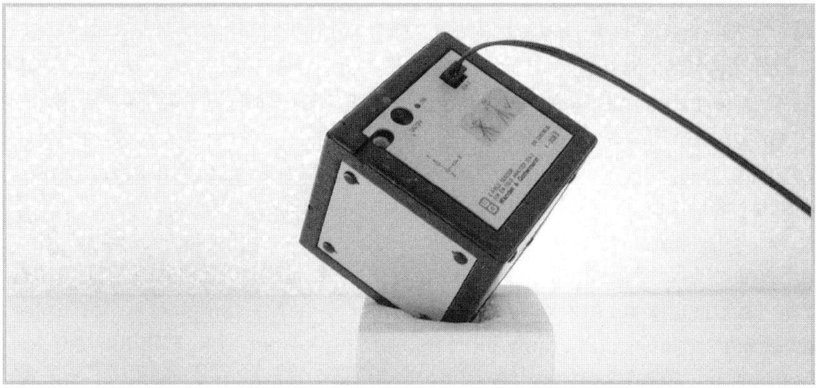

Bild 4.37 *Positionierung einer 3D-Würfelsonde auf der Spitze zur Reduzierung des Näherungseffekts über einer leitfähigen Fläche*

4.2.2.2 Erdpotentialbezogene E-Feldmessung

Während die potentialfreie Messung die Erfassung des *ungestörten* elektrischen Feldes zum Ziel hat, wird bei der erdpotentialbezogenen Messung eine Veränderung des Feldes in Kauf genommen bzw. bewusst provoziert (s. Abschn. 4.2.3.2).

Die Sonde besteht wie im potentialfreien Fall ebenfalls aus einem Feldplattenpaar, jedoch wird nun eine der Feldplatten auf Erdpotential gelegt. Entsprechende E-Feldsonden für erdpotentialbezogene Messungen werden über eine hierfür vorgesehene Buchse und Erdungsmessleitung mit dem Erdpotential verbunden. Solche Feldmeter sind für potentialfreie Messungen (durch Weglassen des Anschlusses an Erdpotential) *nicht* geeignet! Feldsonden für erdpotentialbezogene Messungen sind immer eindimensionale Sonden.

Wichtig für erdpotentialbezogene E-Feld-Messungen ist es, dass auch wirklich ein einwandfreies Erdpotential zur Verfügung steht, an das die Feldsonde angeschlossen wird. Außerdem darf die Messung nicht in der unmittelbaren Nähe von Gegenständen (Bettgestell, Matratze, Wand) durchgeführt werden; hier ist ein Abstand von mindestens 20 ... 30 cm einzuhalten.

Die Geräte zur erdpotentialbezogenen E-Feldmessung werden in zwei Gruppen eingeteilt:

- MPR-/TCO-Sonden (Tellersonden) und
- Kleinsonden.

Die klassische Sonde zur erdpotentialbezogenen Messung ist die *Tellersonde* für Messungen gemäß MPR und TCO (schwedische Standards für strahlungsarme Computermonitore, Drucker, Kopierer und Faxgeräte), s. **Bild 4.38**. Die mechanischen Abmessungen sind von MPR/TCO genau spezifiziert. Das im Zentrum befindliche Feldplattenpaar ist konzentrisch umgeben von einer breiten, ringförmigen Fläche, die – zusammen mit der rückwärtigen Feldplatte – ebenfalls auf Erdpotential gelegt wird.

Bei den sogenannten *Kleinsonden* fehlt dieser äußere, geerdete Ring; außerdem ist die Sondenfläche deutlich kleiner als bei den MPR-/TCO-Sonden und häufig rechteckig ausgeführt. Bei den Kleinsonden ist zu unterscheiden nach Geräten, die vom Hersteller für körperferne Haltung (am ausgestreckten Arm) bei der Messung kalibriert sind, und solchen, die für körpernahe Haltung kalibriert sind (**Bild 4.39**). Bei identischer Handhabung kommt es zu deutlichen Unterschieden im Messergebnis zwischen diesen beiden Sondentypen. Beide Ergebnisse unterscheiden sich wiederum mehr

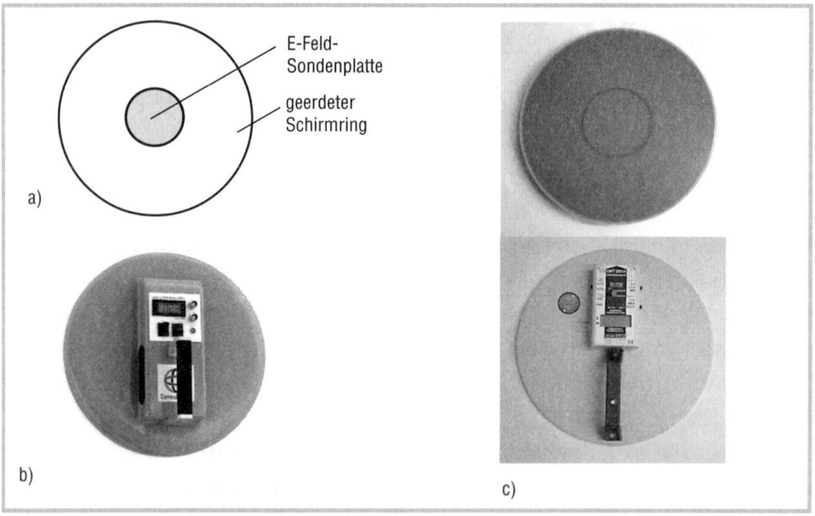

Bild 4.38 *MPR/TCO-Tellersonden*
a) prinzipieller Aufbau (Vorderansicht)
b) Gerätebeispiel Fa. EnviroMentor (Rückseite mit Auswerteeinheit)
c) Gerätebeispiel Fa. Gigahertz Solutions
(oben: Vorderseite, unten: Rückseite mit Auswerteeinheit)

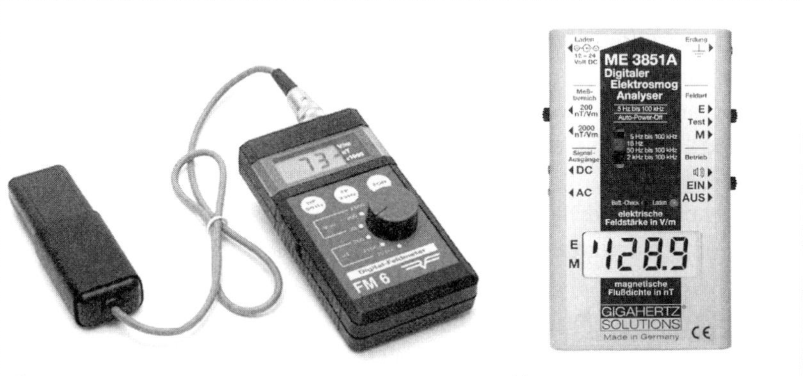

a) b)

Bild 4.39 *Kleinsonden*
a) von der Auswerteeinheit abgesetzte Sonde für körperferne Haltung
Foto: Fa. Fauser Elektrotechnik
b) in die Auswerteeinheit integrierte Sonde für körpernahe Haltung
Foto: Fa. Gigahertz Solutions

oder weniger stark von den Messergebnissen, die man mit TCO-Sonden erhält. Somit sind Messergebnisse, die mit verschiedenen Sondentypen erzielt wurden, nicht untereinander vergleichbar.

4.2.2.3 Körperpotentialbezogene E-Feldmessung

Bei diesem Messverfahren wird die elektrische Feldstärke an der Körperoberfläche einer im elektrischen Feld befindlichen Person gemessen – so, wie es durch diese Person beeinflusst ist. Hierzu werden Geräte benutzt, die für eine erdpotentialbezogene Messung entwickelt sind. Anstatt auf Erdpotential wird die rückwärtige Sondenplatte – und bei MPR-/TCO-Sonden damit auch der äußere Schirmring – auf das Körperpotential der im elektrischen Feld befindlichen Person gelegt.

Hierzu bringt die im Feld befindliche Person die „Erdungs“leitung der für erdpotentialbezogene Messungen vorgesehenen Sonde in Kontakt mit dem Körper, indem sie z. B. den „Erdungs“stecker direkt in eine Hand nimmt, oder unter Verwendung einer Handsonde. Da der gesamte Körper eine Äquipotentialfläche bildet und elektrische Feldlinien immer senkrecht zu den Äquipotentialflächen verlaufen, muss die Messsonde senkrecht zum Körper gehalten werden; der Abstand der Sonde vom Körper soll möglichst gering sein. Um keine Feldverzerrungen durch andere Personen hervorzurufen, hält die Versuchsperson selbst die Sonde in der anderen Hand (z. B. linke Hand „Erdungs“stecker, rechte Hand Sonde). Anstelle einer „Erdungs“leitung kann in die „Erdungs“buchse des Feldmessgerätes auch ein Blindstecker gesteckt werden, den die Versuchsperson dann mit einem Finger berührt und somit auf ihr Körperpotential bringt.

Gemessen wird an mehreren Stellen des Körpers, z. B. im Kopf-, Brust- und Bauchbereich sowie an Ober- und Unterschenkeln.

Das Verfahren wurde 1999 von *R. Elschenbroich* in [15] vorgestellt. Der Beitrag steht auf der Webseite des Autors zum Download zur Verfügung.

Bei der Verwendung von Tellersonden nach MPR-/TCO-Bauart ist zu beachten, dass sich bei diesen Sonden das Display meist auf der Rückseite der Tellersonde befindet. Da die Rückseite bei diesem Messverfahren auf der Körperoberfläche aufliegt, ist das Display dann allerdings schlichtweg nicht ablesbar. Es muss in diesem Fall über eine möglichst kurze Leitung ein Zusatzdisplay – oder ersatzweise ein Digitalvoltmeter – angeschlossen werden, oder es sind Messgeräte mit von der Auswerteeinheit abgesetzter Sonde zu verwenden.

Die verwendete Leitung zur Verbindung von Sonde und Anzeigeeinheit bzw. von Messgerät und Zusatzdisplay sollte so kurz wie möglich gehalten werden, wobei eine vernünftige Handhabung noch gewährleistet sein muss. Auch die Leitung, mit der der Kontakt zum Körperpotential hergestellt wird, sollte nicht länger sein als für eine praktikable Handhabung erforderlich. Beide Leitungen sollen möglichst dicht am Körper der Versuchsperson aufliegen.

4.2.2.4 Potentialfreie E-Feldmessung an der Körperoberfläche

Prinzipiell zu den gleichen Ergebnissen wie bei der körperpotentialbezogenen Messung gelangt man mit der potentialfreien Messung an der Körperoberfläche einer im Feld befindlichen Person. Hierfür ist am besten eine eindimensionale Flachsonde geeignet. Aber auch mit 3D-Würfelsonden erzielt man gute Resultate, wenn man den Näherungseffekt berücksichtigt.

4.2.2.5 Körperspannungsmessung

Die Körperspannungsmessung (nach *Erich W. Fischer)* basiert auf dem Prinzip der *kapazitiven Ankopplung.* Hierbei liegt der Körper der Person isoliert im Bett; die Abnahme der Körperspannung erfolgt an einer Hand (z. B.

mittels Handelektrode) und wird gegen Erdpotential gemessen. Das verwendete Voltmeter muss gemäß Standard der Baubiologischen Messtechnik (SBM) einen Eingangswiderstand von 10 MΩ aufweisen; die Eingangskapazität darf maximal 100 pF betragen. Wird die Verbindung zur Handelektrode über ein abgeschirmtes Kabel hergestellt, so ist die Kabelkapazität zur Eingangskapazität des Voltmeters zu addieren. Man beachte, dass typische Kapazitäten von Koaxialkabeln in der Größenordnung von 100 pF/m liegen! Die Eingangskapazitäten handelsüblicher Digitalvoltmeter mit 10 MΩ Eingangswiderstand liegen zwischen 30 und 50 pF.

Voraussetzung für eine korrekte Messung ist auch hier – wie bei allen erdpotentialbezogenen Messverfahren – ein einwandfreies Erdpotential.

Die Körperspannungsmessung stellt im Gegensatz zur punktuellen direkten Feldmessung ein summarisches oder integrales Messverfahren dar, da der Messwert nicht Ergebnis der Feldverhältnisse an *einem* Messpunkt ist, sondern *alle* Feldeinflüsse auf den *gesamten Körper* repräsentiert (der gesamte Körper fungiert als „Messsonde"). Außerdem gehen bestimmte Eigenschaften des Körpers, z. B. seine Größe, sowie seine i. d. R. nicht exakt reproduzierbare Lage im meist inhomogenen E-Feld mit in die Messung ein.

Aus elektrotechnischer Sicht bildet der Körper gemäß **Bild 4.40** einen *kapazitiven Spannungsteiler*. Er koppelt über die Kapazität C_N an die Netzspannung (Feldquelle) an. Gleichzeitig bildet er gegenüber der Erde (Feldsenke) die Kapazität C_E. Somit ergibt sich ein kapazitiver Spannungsteiler; es stellt sich aufgrund der Ankopplung eine Körperspannung U_K ein. Dieser kapazitive Spannungsteiler lässt sich zusammen mit der Netzspannungs-

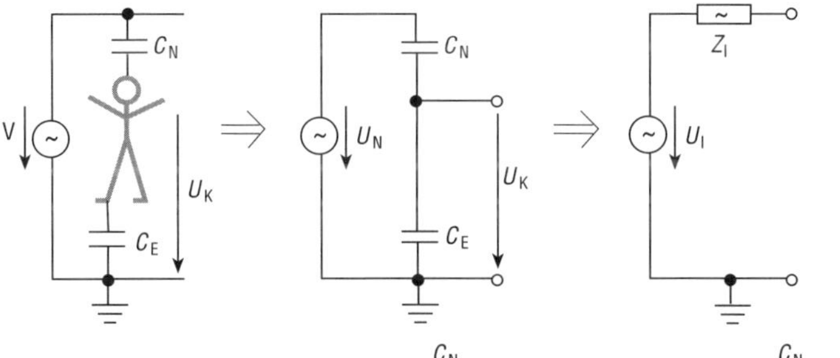

$$U_K = U_N \frac{C_N}{C_N + C_E}$$

$$U_I = U_K = U_N \frac{C_N}{C_N + C_E}$$

$$Z_I = \frac{1}{j \cdot \omega \cdot (C_N + C_E)}$$

Bild 4.40 *Modell des kapazitiven Spannungsteilers bei der Körperankopplung* $(\omega = 2 \cdot \pi \cdot f)$

quelle als Ersatzschaltbild darstellen und umrechnen in eine Ersatzspannungsquelle für die Körperspannung mit der Leerlaufspannung U_I und dem kapazitiven Innenwiderstand Z_I.

Da die kapazitive Ankopplung im Wohnbereich zumeist nur schwach ist – das heißt, die Koppelkapazitäten zu den Feldquellen sind klein –, liegen entsprechend hochohmige Verhältnisse vor. Unter „Normalbedingungen" in Wohnräumen sind für die Koppelkapazitäten Werte in den Größenordungen von $C_N = 1$ pF und $C_E = 100$ pF typisch. Der kapazitive Innenwiderstand der Ersatzspannungsquelle liegt für diese Werte bei 50 Hz in der Größenordnung von 30 MΩ. Bei der Messung mit einem Voltmeter, das 10 MΩ ohmschen Eingangswiderstand aufweist und zusätzlich noch eine Eingangskapazität bis zur Höhe der Koppelkapazität des Körpers gegen Erde, wird die Ersatzspannungsquelle durch das Messgerät stark belastet und somit nur ein Bruchteil der tatsächlichen Körperspannung gemessen, erfahrungsgemäß ca. die Hälfte bis ein Viertel. **Bild 4.41** zeigt die Erweiterung des kapazitiven Spannungsteilers um die Eingangsimpedanz des Voltmeters.

Bild 4.42 zeigt die Einflüsse des Voltmeter-Eingangswiderstandes sowie der Koppelkapazitäten C_N und C_E auf das Verhältnis der gemessenen Körperspannung zur tatsächlichen Körperspannung.

Je niederohmiger der Innenwiderstand der Ersatzspannungsquelle ist – d. h. je größer die Koppelkapazitäten sind –, umso weniger wird sie durch das Messgerät belastet und umso genauer entspricht die gemessene der tatsächlichen Körperspannung. Dieser Fall wird in Bild 4.33 durch die linke Kurve repräsentiert; er entspricht beispielsweise der Messung, wenn die Person auf einer elektrischen Heizdecke liegt. Je schwächer die Ankopplung

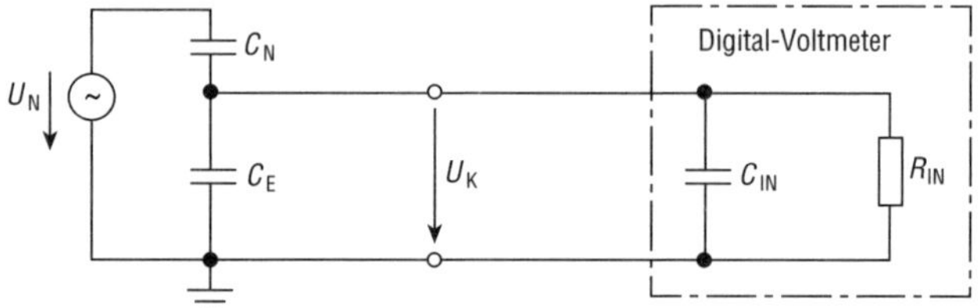

$$U_K = U_N \frac{1}{\sqrt{\left(\frac{C_N + C_E + C_{IN}}{C_N}\right)^2 + \left(\frac{1}{\omega \cdot R_{IN} \cdot C_N}\right)^2}}$$

Bild 4.41 *Ersatzschaltbild für die Messung der Körperspannung mit einem realen Voltmeter (d. h. $R_{IN} \neq \infty$ und $C_{IN} \neq 0$), ($\omega = 2 \cdot \pi \cdot f$)*

wird – d. h. je kleiner die Koppelkapazitäten sind – umso stärker wird das Messergebnis durch die Impedanz des Messgerätes beeinflusst.

Die bisher angestellten Betrachtungen gelten für den Fall, dass der Körper nur an einen einzigen Außenleiter der elektrischen Stromversorgung ankoppelt. Da wir es bei der elektrischen Energieversorgung aber mit Dreiphasensystemen zu tun haben, ist das Ersatzschaltbild der Körperspannung gemäß **Bild 4.43** auf drei Phasen zu erweitern, wobei die drei Netzspannungen U_{N1}, U_{N2} und U_{N3} in der Phase um jeweils 120° gegeneinander verschoben sind und die Koppelkapazitäten C_{N1}, C_{N2} und C_{N3} i.d.R. unterschiedliche Werte aufweisen. Die Effekte des Dreiphasensystems auf die Körperspannung werden in Abschnitt 4.2.4 diskutiert.

Schließlich ist noch Folgendes zu beachten: Mit der Körperspannung misst man das *Potential* des Körpers gegen Erde. Dieses Potential ist aber von der relativen Lage des Körpers zur Feldquelle bzw. -senke abhängig. Aus diesem Grund gibt es prinzipbedingt keinen eindeutigen Zusammenhang zwischen Körperspannung und elektrischer Feldstärke.

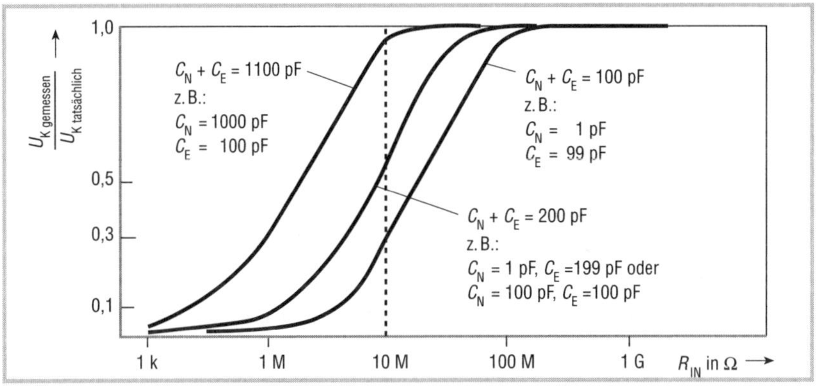

Bild 4.42 *Einfluss von Eingangswiderstand R_{IN} sowie Koppelkapazitäten C_N und C_E auf die gemessene Körperspannung*

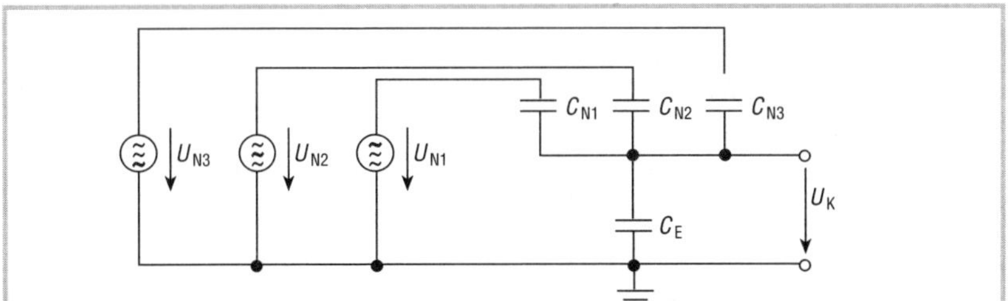

Bild 4.43 *Ersatzschaltbild für die Körperspannung bei Dreiphasen-Netzankopplung*

4.2.2.6 Messung des Körperableitstromes

Der *Gesamtkörperableitstrom* ist der Strom, der durch die Füße einer aufrecht im elektrischen Wechselfeld stehenden, 165 cm großen „Norm“-Person oder Körpernachbildung zum Erdpotential fließt. Das verwendete Amperemeter muss einen Innenwiderstand von weniger als 10 Ω haben. Es lässt sich dann aus dem gemessenen Gesamtkörperableitstrom I und seiner Frequenz f die äquivalente homogene elektrische Feldstärke E nach folgender empirisch ermittelter Formel näherungsweise berechnen:

$$E = 3500 \cdot I/f$$

E in V/m,
I in µA,
f in Hz.

Die Messung des Gesamtkörperableitstromes dient zur Prüfung einer möglichen Personengefährdung in sehr starken elektrischen Feldern, wo durch (unbeabsichtigten) Erdkontakt des Körpers lebensgefährlich große Körperströme fließen könnten.

4.2.2.7 Messung der Körperstromdichte

Das von *Zeisel* vorgestellte Verfahren zur Messung der Körperstromdichte [16] ist wenig bekannt und wird in der Praxis kaum eingesetzt. Außerdem ist seine Aussagekraft und Praktikabilität nicht unumstritten [17].

Die Grundzüge des Verfahrens seien im Folgenden kurz skizziert (nach [16] zitiert):

„Zur Ermittlung der Körperbelastung durch elektrische ... Wechselfelder bedienen sich die Baubiologen bzw. die Elektrobiologen der Meßgeräte, mit denen ... die elektrische Feldstärke in Volt/m bzw. die sog. kapazitive Ankopplung in Volt gemessen wird. Wichtig ist hier die Feststellung, daß dabei das extrakorporale Feld gemessen wird. Die Körperbelastung, also der Gegenstand der baubiologischen Untersuchung, ist allerdings durch das intrakorporale Feld, letztendlich durch die vom Feld verursachten intrakorporalen Ströme gegeben.

Wie kommt man aber an die im Körper fließenden Ströme heran, ohne invasive Techniken zu benutzen? Eine Teilantwort auf diese Frage will dieser Beitrag geben. ...

Beim Eintauchen des menschlichen Körpers in das Feld wird dieses auf zweierlei Weise gegenüber seinem ursprünglichen Zustand verändert:

- *in der Form (Feldlinienverzerrung),*
- *in der Feldstärke (Feldstärkenerhöhung).*

Die extra- und intrakorporalen Feldstärken sind unterschiedlich groß und verhalten sich zueinander wie die spezifischen Widerstände der Feldmedien außerhalb und innerhalb des Körpers. Mit vertretbarem Aufwand ist nur die äußere Feldstärke meßbar. Die daraus resultierende innere Strombelastung kann daher nur sehr ungenau bestimmt werden. ...

Das in diesem Beitrag vorgeschlagene Meßverfahren stellt eine ... modifizierte Feldstärkemessung dar, bei der es keinerlei Umrechnung der extrakorporalen Feldstärke in intrakorporale Stromdichte bedarf. Das Verfahren beruht auf der Tatsache, daß an der Grenze Körper/Umgebung die extra- und intrakorporalen Stromdichten gleich sind. Mittels Messung der extrakorporalen Stromdichte an der Körperoberfläche erhält man ohne Umweg einer Umrechnung die unter der Oberfläche wirkende intrakorporale Stromdichte.

Prinzip des Meßverfahrens zur Bestimmung der intrakorporalen Stromdichte.

Befindet sich ein (menschlicher) Körper (MK) im elektrischen Wechselfeld, fließt im Körper ein der Feldstärke proportionaler Verschiebungsstrom, dessen Stromdichte $S = I/A$ über die Flächengröße A und den Verschiebungsstrom I innerhalb dieser Fläche ermittelt werden kann ... Um die Stromstärke innerhalb der Teilfläche A messen zu können, muß vom Körper MK dieses Flächenstück abgetrennt, d. h. isoliert und zwischen ihm und dem restlichen Körperteil ein geeignetes Amperemeter eingefügt werden ... In so einer Anordnung ist der Verschiebungsstrom des Körpers bzw. des abgetrennten Flächenteils gleich dem Leitungsstrom des Amperemeters I_A. Aus gemessener Stromstärke und bekannter Flächengröße ergibt sich die gesuchte, am Meßort im Körper wirkende Stromdichte oder, bildlich, die Anzahl der Feldlinien pro Flächeneinheit.

Die Problematik der Messung reduziert sich auf die Realisierbarkeit des vom Körper isolierten Flächenteils. Verwirklicht wird dies mit einer leitenden Platte gleichen spezifischen Widerstandes, wie es die Bindegewebsschichten an der Oberfläche des menschlichen Körpers haben. So eine Platte (Meßsonde) wird dicht, jedoch isoliert an die Körperstelle plaziert, an welcher die Stromdichte gemessen werden soll.

Im inhomogenen Feld ist an jedem Ort des Körpers eine andere Stromdichte zu finden. Es ist Sache der Medizin, diejenigen Körperteile bzw. Orte zu benennen, welche die größte Empfindlichkeit gegenüber Feldströmen aufweisen. Die Messung kann dann auf diese Stellen beschränkt werden.

Aus bisherigen Erfahrungen weiß man, dass sich die größte Belastung ergibt bei Orientierung des elekt. Feldes in der Körper-Längsachse und des magn. Feldes quer zur Längsachse in seitlicher „Arm zu Arm-"Richtung. Beide so gerichteten Feldarten haben zur Folge einen in Körper-Längsachse fließenden Strom. Es wird deshalb sinnvoll sein, die Stromdichte vor allem an der Schädeldecke und den Fußsohlen zu messen. Die in der Regel vorhandene Inhomogenität des Feldes wird an diesen Meßstellen unterschiedliche Werte mit sich bringen. Die Erfahrung mit der Meßmethode muß zeigen, wie das hinsichtlich der Grenzwerte zu bewerten ist. ...

Mit dem hier vorgeschlagenen Verfahren wird der in den Körper fließende Wechselstrom in Form seiner Dichte gemessen und zwar an der durch die Ortslage und Flächengröße der Meßsonde gegebenen Körperstelle. Es kann freilich nicht auf einfache Weise ermittelt werden, wie sich dieser Strom im Körper auf die einzelnen Organe verteilt."

4.2.3 Eigenschaften und Grenzen der Messverfahren

„Ich hab's sehr gründlich nachgeprüft", sagte der Computer, „und das ist ganz bestimmt die Antwort. Das Problem ist, glaub ich, wenn ich mal ganz ehrlich zu euch sein darf, dass ihr selber wohl nie richtig gewusst habt, wie die Frage lautet." (Per Anhalter durch die Galaxis [18], S. 164)

Bei der Vielfalt der dargestellten Verfahren zur Messung elektrischer Wechselfelder ist es von Bedeutung, die Eigenschaften und Grenzen der einzelnen Verfahren zu kennen und – um bei dem o. a. Literaturzitat zu bleiben – die jeweilige Fragestellung zu kennen, auf die die einzelnen Messverfahren Antwort geben.

4.2.3.1 Homogenes elektrisches Feld und potentialfreie E-Feldmessung

Das homogene elektrische Feld ist im Rahmen der baubiologischen Messtechnik als Modell und theoretisches Konzept anzusehen, das es ermöglicht, überhaupt nachvollziehbare Überlegungen zu den grundsätzlichen Effekten bei der Feldmessung anzustellen. In der Praxis trifft man so gut wie nie auf homogene Felder, aber grundsätzliche Überlegungen mit inhomogenen Feldern anzustellen wäre nicht mehr verständlich und erforderte beliebig komplizierte Annahmen.

Ein homogenes elektrisches Feld existiert im Inneren eines Plattenkondensators, dessen Plattenabstand *d* klein gegenüber den Kantenlängen der Platten ist. Die Plattenflächen muss man sich dementsprechend deutlich größer vorstellen, als in den folgenden Bildern aus Platzgründen dargestellt (z. B. **Bild 4.44**); die Bilder zeigen also nur einen repräsentativen Plattenausschnitt aus der deutlich größeren Gesamtfläche.

Bei den folgenden Überlegungen wird die linke Kondensatorplatte als geerdet betrachtet (Potential: Erde, Feldsenke); die rechte liegt auf dem Potential *U* (Feldquelle). Definitionsgemäß ist die elektrische Feldstärke an jedem Punkt zwischen den Platten – also im homogenen Feld – gleich groß und somit unabhängig vom Abstand *x* des Messpunktes zu den Platten. Die Feldstärke berechnet sich aus der Spannung der Feldquelle *U* gegenüber der Feldsenke (Erde) und dem Plattenabstand *d* zu

$$E(\mathrm{x}) = U/d = \mathrm{const}$$

Bringt man eine ideale E-Feldsonde in das homogene Feld und misst potentialfrei die Feldstärke, so misst man in allen Stellen den gleichen Betrag (und auch die gleiche Richtung). Entlang der *x*-Achse kann man daher nicht feststellen, ob man sich auf die Feldquelle zubewegt oder von ihr weg.

Der Verlauf des elektrischen Potentials *P* zwischen den Kondensatorplatten ist in **Bild 4.45** dargestellt.

Das Potential steigt von null an der geerdeten Platte linear bis auf den Wert *U*. *U* entspricht der Potentialdifferenz und damit der Spannung zwischen den beiden Kondensatorplatten. Hieraus ist ersichtlich, dass das Potential jeden beliebigen Wert zwischen null und *U* annehmen kann – ausschließlich in Abhängigkeit von der Lage des Messpunktes auf der *x*-Achse. Bei der Körperspannungsmessung entspricht dieses positionsabhängige Potential der Körperspannung. Je nachdem, in welcher Entfernung sich der

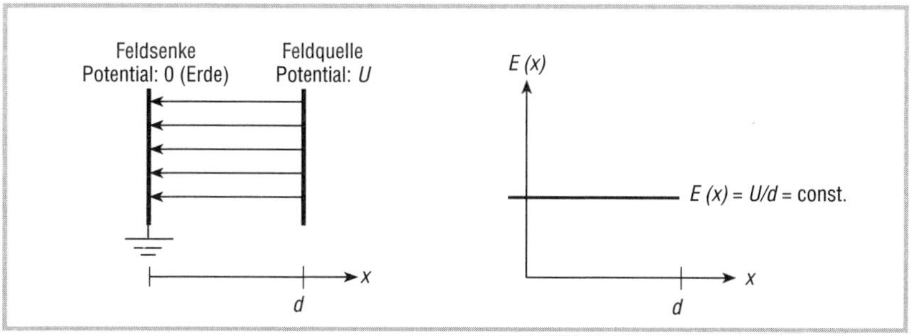

Bild 4.44 *Feldstärke im homogenen elektrischen Feld*

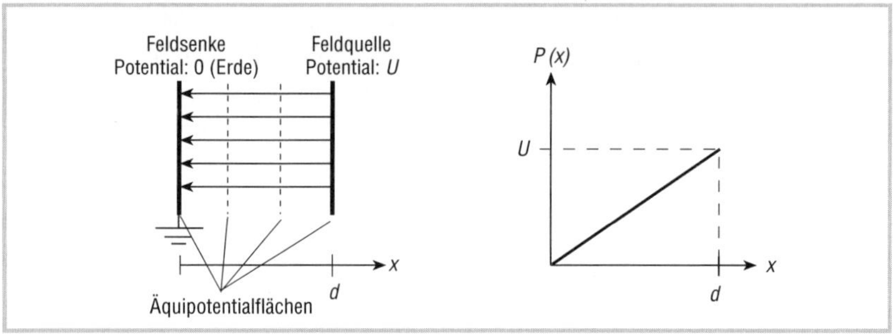

Bild 4.45 *Homogenes elektrisches Feld mit seinen Äquipotentialflächen und Potentialverlauf*

Körper – und damit der Messpunkt – von der Feldsenke befindet, kann jede beliebige Körperspannung zwischen null und U gemessen werden – bei in allen Fällen *gleicher* Feldstärke! Die Körperspannung entspricht der Potentialdifferenz zwischen dem Ort, an dem sich der Körper befindet, und Erde. Aufgrund von Körperspannungsmessungen können daher keine Aussagen über die Höhe der Feldstärke getroffen werden.

Flächen gleichen Potentials heißen ***Äquipotentialflächen.*** Alles, was den natürlichen Verlauf der Äquipotentialflächen verändert, wie leitfähige Körper/Gegenstände (z. B. menschliche Körper oder aber Feldplatten von Messsonden) und geerdete Körper/Gegenstände („aufgezwungenes" Erdpotential), führt zu Verzerrungen des elektrischen Feldes!

Zur Erinnerung: Elektrische Feldlinien stehen immer senkrecht auf Äquipotentialflächen (s. Abschn. 3.2.4).

4.2.3.2 Erdpotentialbezogene E-Feldmessung

Bei Sonden zur erdpotentialbezogenen E-Feldmessung ist eine der beiden Sondenplatten – die sogenannte *Gegenelektrode* – geerdet. Dadurch wird – durch das Messprinzip selbst bedingt – das Erdpotential in das Ursprungsfeld eingebracht und das Feld somit verändert. Abhängig von der örtlichen Verteilung der Potentiale und der Messsondenausrichtung werden meist entweder zu hohe oder aber zu niedrige Messwerte gegenüber dem unveränderten Feld angezeigt.

Sonden-Vorderseite in Richtung der Feldquelle

Einfluss des Abstandes zwischen Sonden-Vorderseite und Feldquelle

Zeigt die Sonden-Vorderseite in Richtung der Feldquelle, so ist die Feldstärke, die sich zwischen der Messsonde und der Feldquelle ausbildet, eine Funktion des Abstandes a der Messsonde zur Feldquelle (mit $a = d - x$). Idealerweise (ohne zusätzliche Effekte der Feldstärkeüberhöhung in Abhängigkeit vom Sondentyp) ist die gemessene Feldstärke (**Bild 4.46**):

$$E(x) = U/a = U/(d - x) \neq \text{const.} \sim 1/a$$

Nur wenn $x = 0$ und somit $a = d$ ist und die Potentiale sowie die Sondenausrichtung entsprechend Bild 4.46 gegeben sind, wird die gleiche Feldstärke wie im ungestörten bzw. potentialfreien Fall gemessen. Am Ort $x = 0$ (und nur an diesem Ort) liegt auch die natürliche Äquipotentialfläche auf Erdpotential und wird daher durch das von der Feldsonde „aufgezwungene" Erdpotential nicht verändert.

Die erdpotentialbezogene Messung provoziert prinzipbedingt eine Erhöhung der gemessenen Feldstärke, wenn die Sonden-Vorderseite in Richtung Feldquelle ausgerichtet ist! Das Maß der Erhöhung ist variabel und hängt ab vom Abstand der Messsonde zur Feldquelle! Die Höhe der gemessenen Feldstärke ist damit von der Messanordnung abhängig. Reproduzierbare und vergleichbare Messergebnisse kann man nur erhalten, wenn die Messanordnung (und damit der Abstand zwischen Feldsonde und Feldquelle) bei jeder Messung gleich ist. Außerdem ist es nicht sinnvoll, die Messsonde sehr nahe an die Feldquelle zu bringen, da sich dann fast beliebig hohe Feldstärken „messen" – besser gesagt „erzeugen" – lassen. Daher ist es angezeigt, einen Mindestabstand zur Feldquelle festzulegen, der nicht unterschritten werden darf. Andererseits ist die erdpotentialbezogene Messung aufgrund ihres Effektes der Feldstärkeerhöhung bei Annäherung an die

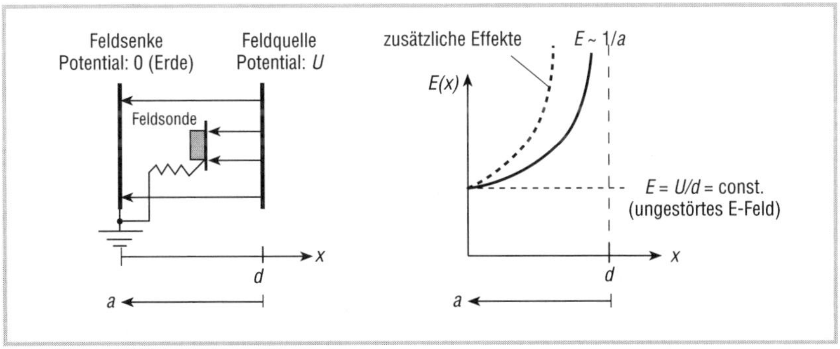

Bild 4.46 *Durch die erdpotentialbezogene Messung beeinflusstes elektrisches Feld, die Sonden-Vorderseite zeigt in Richtung Feldquelle: —> Tendenz zur* ***erhöhten*** *Feldstärkeanzeige gegenüber der Situation ohne eingebrachte Sonde*

Quelle sehr gut dazu geeignet, Feldquellen aufzuspüren und zu lokalisieren.

Genau genommen kann man sagen, dass die erdpotentialbezogene Messanordnung überhaupt nicht das vorhandene Feld misst, sondern ein Feld, das lediglich vom Potential der Feldquelle und dem Abstand zur Feldsonde abhängt ($E = U/a$). Das ohne die erdpotentialbezogene Messanordnung vorhandene Feld hängt von zwei Größen ab: dem Potential der Feldquelle und dem Abstand *d* der Kondensatorplatten ($E = U/d$). Eine potentialfreie Messung reagiert exakt auf Veränderungen beider Parameter. Die erdpotentialbezogene Messung reagiert dagegen nur auf Veränderungen des Quellenpotentials; Feldstärkeänderungen aufgrund von Variationen des Abstandes *d* (z. B. durch Anbringen einer geerdeten Abschirmfläche) werden nicht „registriert", da durch die Messanordnung der Abstand *a* bestimmt ist, der maßgeblich für die gemessene Feldstärke ist (dies stellt den theoretischen Idealfall dar; wie weiter unten gezeigt wird, gibt es in der Praxis noch eine weitere Einflussgröße).

Diese „Blindheit für den Hintergrund" ist eine unverzichtbare Eigenschaft für die Messung von *Feldemissionen,* die von elektrischen Geräten (z. B. Computermonitoren) ausgehen. Aufgrund der Festlegung der Feldsenke durch das Messverfahren selbst wird eine ortsunabhängige Vergleichbarkeit verschiedener Geräte als Emittenten hinsichtlich ihrer Stärke als Feldquelle überhaupt erst möglich. Die potentialfreie Messung würde beim gleichen Gerät in verschiedenen Umgebungen mit unterschiedlichen räumlichen Erdverhältnissen unterschiedliche Messergebnisse liefern – auch bei stets gleichem Abstand zwischen Messsonde und Feldquelle.

Bei der Messung von Feldemissionen nach den schwedischen Standards MPR und TCO sind das Messverfahren und der Messaufbau sehr genau definiert. Diese Messungen haben zum Ziel die Bewertung der Feldarmut bzw. der Wirksamkeit der eingesetzten Abschirmmaßnahmen gegenüber elektrischen Feldern an Bürogeräten, wie Computermonitoren, Druckern, Kopierern und Faxgeräten bei unterschiedlichen Gerätetypen und Fabrikaten, *unabhängig von Umgebungseinflüssen.* Ergebnis ist die Vergabe einer Prüfplakette für das untersuchte Gerät unter den Messbedingungen der MPR-/TCO-Norm mit genau definiertem Ort des Erdpotentials (30 cm Entfernung) an der großflächigen Messsonde. Die dabei gewonnenen Messergebnisse sagen jedoch wenig über die tatsächliche Feldsituation im praktischen Einsatz der Geräte aus, wo die Orte des Erdpotentials in beliebigen Entfernungen liegen können. Da diese Entfernungen aber immer größer als 30 cm sein werden, ist die elektrische Feldstärke im praktischen Einsatz auf jeden Fall kleiner als die unter MPR-/TCO-Bedingungen gemessene.

Genau genommen handelt es sich bei der E-Feldmessung nach MPR/TCO um ein Vehikel zur Ermittlung des Potentials der Feldquelle. Die Einhaltung des TCO-Richtwertes von $E = 10\,\mathrm{V/m}$ in $a = 30\,\mathrm{cm}$ Messabstand bedeutet eigentlich, dass das Gerät an seiner Oberfläche kein höheres Potential als $P = E \cdot a = 10 \cdot 0{,}3\,\mathrm{V} = 3\,\mathrm{V}$ aufweist. Mit Bezug auf das anschauliche Beispiel des Potentialgebirges in Abschnitt 3.2.4 lässt sich die MPR-/TCO-Messung mit der Bestimmung der Berghöhe vergleichen. Hier geht man in der Geodäsie einen äquivalenten Weg: Wenn der horizontale Abstand zu einer Bergspitze bekannt ist, lässt sich aus der Messung des Winkels, unter dem die Bergspitze in der Horizontalen auf der Höhe des Bergfußes erscheint, die Höhe des Berges berechnen. Setzt man in der Analogie das Potential am Fuß des Berges zu null (Erdpotential) und den gemessenen Winkel mit der gemessenen Feldstärke gleich (Feldstärke = Potentialgefälle), so erhält man unter Einbeziehung des horizontalen Abstandes (Messentfernung) das Potential an der Oberfläche des Gerätes.

Außer der Abstandsabhängigkeit gibt es bei erdpotentialbezogenen Messungen noch weitere Effekte, welche die gemessene Feldstärke zusätzlich beeinflussen können, z. B. die Ausführung der Sondenfläche, insbesondere ob sie mit einem Schirmring versehen ist oder nicht. Unterschiedliche Sondenausführungen werden demgemäß zu unterschiedlichen Messergebnissen führen. Außerdem kann das Messergebnis durch weitere Faktoren beeinflusst werden, z. B. die Haltung der Sonde durch die messende Person (körpernah oder körperfern bei Kleinsonden, Körper der messenden Person geerdet oder nicht geerdet).

MPR/TCO schafft definiertere Verhältnisse durch den großflächigen geerdeten Ring um die Sonde, der das Feld vor der Sonde „homogenisiert" und die Empfindlichkeit gegenüber seitlichen oder rückwärtigen Feldeinwirkungen – wie sie für die Kleinsonden ohne Erdungsring typisch ist – stark reduziert (Bild 4.38). Tellersonden haben damit eine wesentlich ausgeprägtere „Richtwirkung" als die Kleinsonden. Vergleichbare und reproduzierbare Messwerte gibt es hier aber auch nur dann, wenn man aus den oben genannten Gründen bei allen Messungen exakt den gleichen Abstand zur Feldquelle einhält. Dies geht bei der Messung von Geräte*emissionen* hervorragend (z. B. Monitor, Netzanschluss- oder Verlängerungskabel), da es sich um eine einzelne Feldquelle handelt, deren Ort und Geometrie genau bekannt sind. Bei den üblichen baubiologischen Messungen am Schlafplatz ist das Feld dagegen diffus, setzt sich aus Anteilen unterschiedlicher Quellen zusammen, die räumlich großenteils nicht exakt lokalisierbar und von unterschiedlicher Ausdehnung sind. Daher gibt es hier auch keinen definierten Abstand zu „der" Feldquelle.

Einfluss des Abstandes zwischen Sonden-Rückseite und Flächen mit Erdpotential

In der Praxis verhalten sich die Messsonden nicht wie im einfachen theoretischen Idealfall, sondern es spielen weitere Effekte eine Rolle, die berücksichtigt werden müssen. So kommt es zu *Beugungseffekten,* die sich auf das Messergebnis unterschiedlich stark auswirken, je nachdem, wie weit eine größere, auf Erdpotential liegende Fläche (z. B. geerdete Abschirmung) auf der Sonden-Rückseite von der Sonde entfernt ist und quasi mit der ebenfalls auf Erdpotential liegenden Sondenfläche „in Konkurrenz" tritt.

Befinden sich auf Erdpotential liegende Flächen weit von der Sonden-Rückseite entfernt, so „zieht die Sonde die elektrischen Feldlinien an"; es kommt zu einer Konzentration durch Beugungseffekte (**Bild 4.47 a**). Befindet sich dagegen eine große, auf Erdpotential liegende Fläche dicht hinter der Sonde, so werden die Feldlinien nicht mehr zur Sonde hin konzentriert, da Sonde und Fläche potentialmäßig nahezu wie eine Einheit wirken (**Bild 4.47 b**).

Obwohl im Fall b) die elektrische Feldstärke gegenüber Fall a) ansteigt, zeigt die erdpotentialbezogene Messsonde aufgrund des oben beschriebenen Effektes im Fall b) eine Verringerung. In der Praxis entspricht dies beispielsweise Vergleichsmessungen vor einer abgeschirmten Wand, wenn a) die Abschirmung nicht geerdet ist und b), wenn sie geerdet ist. Der hier beschriebene Effekt wirkt sich umso stärker aus, je näher sich die geerdete Fläche hinter der Messsonde befindet. Die erdpotentialbezogene E-Feldmes-

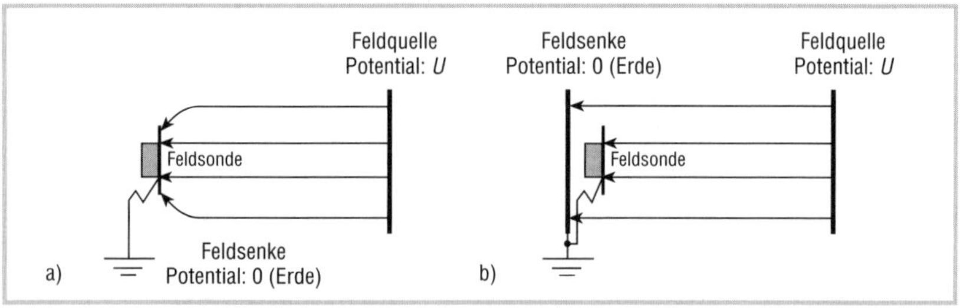

Bild 4.47 *Beugungseffekte bei der erdpotentialbezogenen Messung in Abhängigkeit vom Ort des Erdpotentials hinter der Messsonde*
a) Erdpotential von der Sonden-Rückseite weit entfernt
b) große, auf Erdpotential liegende Fläche dicht hinter der Sonde

sung ist also auch aufgrund dieses Effektes für Vergleichsmessungen bei großflächigen, geerdeten Abschirmmaßnahmen nicht anwendbar.

Sonden-Vorderseite in Richtung Erdpotential

Zeigt die Sonden-Vorderseite bei der erdpotentialbezogenen Messung zu einer Fläche, die auf Erdpotential liegt (z. B. geerdete Abschirmung), so besteht die Tendenz zur verringerten Feldstärkeanzeige gegenüber der Situation ohne in das Feld eingebrachte Sonde (**Bild 4.48**). Denn die auf Erdpotential liegende Sonde „sieht" jetzt ebenfalls Erdpotential; idealerweise ist die Potentialdifferenz gleich null und damit die gemessene Feldstärke ebenso. Realerweise werden jedoch noch „Restfeldstärken" gemessen, die aus Beugungseffekten an der Sonde resultieren. Je weiter die Sonde von der auf Erdpotential liegenden Fläche entfernt ist, umso stärker wirken sich diese Beugungseffekte aus. Außerdem hat auch die Sondenform (TCO-Tellersonde mit Erdungsring bzw. Kleinsonde ohne Erdungsring) Einfluss auf die Stärke der Beugungseffekte.

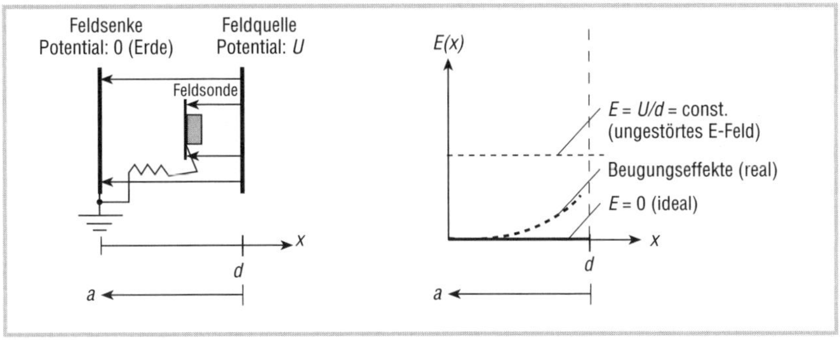

Bild 4.48 *Erdpotentialbezogene Messung mit umgekehrter Sondenrichtung wie in Bild 4.46, die Sonden-Vorderseite zeigt nun in Richtung Feldsenke mit Erdpotential: —>Tendenz zur **verringerten** Feldstärkeanzeige gegenüber der Situation ohne eingebrachte Sonde*

4.2.3.3 Körperpotentialbezogene E-Feldmessung

Wie in Abschnitt 4.2.3.2 gezeigt wurde, führt die erdpotentialbezogene Messung – dann und nur dann – zu keiner Feldstörung und damit zu korrekten Messergebnissen, wenn sich die Feldsonde am Ort des „natürlichen" Erdpotentials befindet.

Allgemein gesagt führt eine potentialbezogene Messung zu keiner Störung, wenn sich die Gegenelektrode der Messsonde auf dem natürlicherweise sowieso vorhandenen Potential des untersuchten Raumpunktes befindet. Dies gilt entsprechend auch für eine Feldmessung direkt an der Körperoberfläche, wenn sich die Gegenelektrode auf Körperpotential befindet – also bei einer körperpotentialbezogenen Feldmessung.

Die körperpotentialbezogene E-Feldmessung kann aus einem anderen Blickwinkel auch als ein Grenzfall der potentialfreien Messung betrachtet werden. Führt man mit einem potentialfreien Messgerät eine Messung direkt an der Körperoberfläche durch, so befindet sich die auf dem Körper aufliegende, isolierte Sondenplatte auf dem gleichen Potential wie der Körper. Verbindet man nun diese Sondenplatte elektrisch leitfähig mit dem Körper, so ändert sich an den Feldverhältnissen nichts. Vom Prinzip her gelten somit für die körperpotentialbezogene Messung die gleichen Vorteile bzw. Einschränkungen wie für die potentialfreie Messung direkt am Körper (s. Abschn. 4.2.2.4 und 4.2.3.4).

Da der Körper mit Rumpf, Kopf und Extremitäten unterschiedlich große Körperteile aufweist, sind die lokalen Feldverzerrungen – und damit Feldstärkeerhöhungen – an den einzelnen Körperteilen verschieden. Eine körperpotentialbezogene Feldmessung muss daher an verschiedenen Stellen des Körpers vorgenommen werden, um das Maximum und ggf. die Feldstärkedifferenzen zwischen den Körperregionen zu ermitteln.

Die körperpotentialbezogene E-Feldmessung ist bisher in der baubiologischen Messpraxis – wie auch in der Feldmesstechnik überhaupt – wenig geläufig; sie stellt aber einen vielversprechenden und zukunftsweisenden Ansatz dar.

Bei Vergleichsmessungen werden die Tendenzen zur Feldstärkeerhöhung bzw. -verringerung korrekt wiedergegeben, sowohl bei Maßnahmen des Emissionsschutzes an der Feldquelle (Abschalten, Phasentausch) als auch bei Maßnahmen des Immissionsschutzes mit räumlicher Verschiebung des Ortes des Erdpotentials (großflächige geerdete Abschirmungen). Um zu solchen qualitativen Aussagen zu gelangen, kann jedes beliebige E-Feldmessgerät verwendet werden, das für die erdpotentialbezogene Messung entwickelt wurde.

Es kann allerdings nicht grundsätzlich davon ausgegangen werden, dass ein für die erdpotentialbezogene Messung hergestelltes und kalibriertes Messgerät bei körperbezogener Verwendung auch quantitativ korrekte Messergebnisse liefert.

In einer Untersuchung an einem quaderförmigen, leitfähigen Dummy mit Körpergröße konnte gezeigt werden, dass die Messwerte – im Vergleich zur potentialfreien Messung an der Körperoberfläche (s. Abschnitt 4.2.3.4)

– umso genauer sind, je flacher die verwendete Messsonde ist und umso weniger sie sich damit von der Körperoberfläche abhebt ([19], **Bild 4.49**). Dies wird insbesondere bei den *MPR-/TCO-Tellersonden* deutlich, deren Bauhöhe entscheidend von der Größe des Handgriffs auf der Sondenrückseite bestimmt wird. Die „beste" – und mit einer Bauhöhe von 4,5 cm flachste – Sonde zeigte gegenüber der potentialfreien Referenzmessung am Dummy-Körper eine um 2 % höhere Feldstärke bei 50-Hz-Filterung an; bei breitbandiger Messung (5 Hz ... 400 kHz) ergab sich eine Erhöhung um 9 % (hier spielt offensichtlich auch das Eigenrauschen des Gerätes eine Rolle). Die stärkste Anzeigeerhöhung von 60 % ergab sich bei einem Gerät mit 15 cm Bauhöhe.

Bei den untersuchten *Kleinsonden,* die allesamt eine relativ große Bauhöhe von 13 ... 16 cm aufweisen, scheint ein anderer Effekt für die unterschiedlichen Messergebnisse maßgeblich zu sein. Interessanterweise lagen die Messwerte der für körperferne Haltung kalibrierten Kleinsonde nur 5 ... 7 % über den Referenzwerten der potentialfreien Messung. Die für körpernahe Haltung kalibrierten Kleinsonden wiesen dagegen Erhöhungen zwischen 40 und 80 % auf.

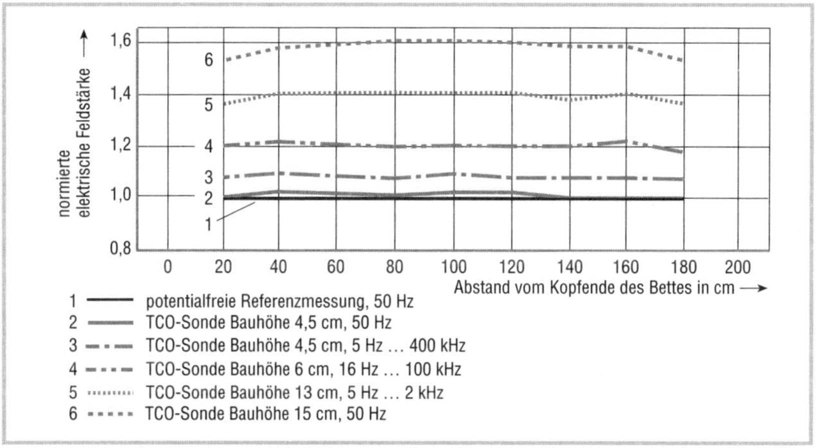

Bild 4.49 *Feldstärkeanzeigen bei körperpotentialbezogener Messung mit Dummy im E-Feld; TCO-Tellersonden; Messwerte normiert auf potentialfreie Referenzmessung; die Frequenzangaben beziehen sich auf die verwendeten Filtereinstellungen*

4.2.3.4 Leitfähiger Körper im homogenen E-Feld: potentialfreie E-Feldmessung an der Körperoberfläche

Ein leitfähiger Körper (mit der Länge l) im elektrischen Feld führt zu einer Erhöhung der Feldstärke, da er den effektiven Abstand zwischen Feldquelle und -senke „verkürzt" (**Bild 4.50** und **Bild 4.51**).

Mit feldstärkebestimmend auf der Linie des Körpers ist hierbei die Abstandsdifferenz $d - l$; die sich ausbildende Feldstärke beträgt dort idealerweise

$$E = U/(d - l)$$

Der gesamte Körper liegt auf gleichem Potential; er bildet eine Äquipotentialfläche (genauer: ein *Äquipotentialvolumen*). Die Höhe seines Potentials hängt wiederum vom Abstand des Körpers zur Feldsenke ab.

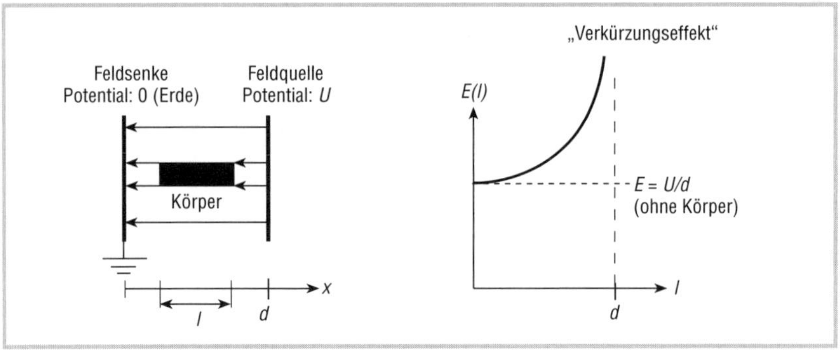

Bild 4.50 *Leitfähiger Körper im elektrischen Feld und längenabhängige Feldstärkeerhöhung durch den „Feldverkürzungseffekt"*

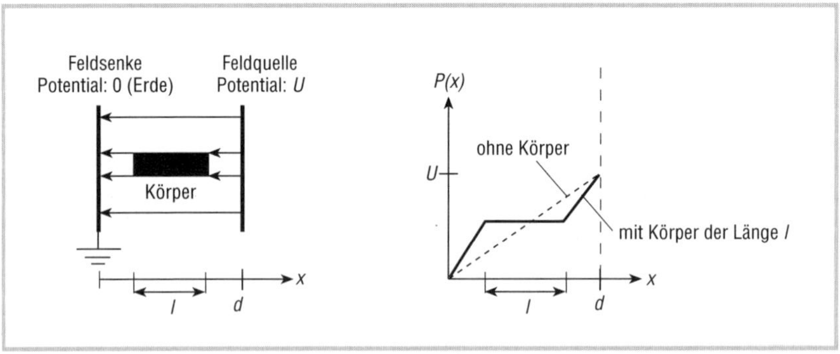

Bild 4.51 *Leitfähiger Körper im elektrischen Feld mit zugehörigem Potentialverlauf*

Allerdings weist der menschliche Körper eine wesentlich differenziertere Geometrie auf als der hier angenommene einfache Quader. Es kommt damit auch zu lokal differenzierten Feldstärkeerhöhungen, die z. B. am Kopf wesentlich höher ausfallen als am Rumpf. Messungen am Körper müssen daher an mehreren, repräsentativen Punkten vorgenommen werden.

Theoretisch korrekt wäre eine potentialfreie Messung der E-Feldstärke direkt an der Oberfläche des Körpers. Dann hat man alle möglichen Einflüsse der Feldstärkeerhöhung durch den Körper erfasst, erzeugt jedoch durch das Messverfahren selbst keine weitere Feldverzerrung.

Potentialfreie Messgeräte sind allerdings ursprünglich nicht für diesen Anwendungsfall gedacht. In einer Studie durchgeführte Versuche haben aber gezeigt, dass der Einsatz von handelsüblichen potentialfreien Messgeräten zu korrekten Ergebnissen führt und praktikabel ist, wenn man den Näherungseffekt berücksichtigt [20]. Weil die elektrischen Feldlinien immer senkrecht auf dem Körper stehen, da seine leitfähige Oberfläche eine Äquipotentialfläche bildet, sind eindimensional arbeitende Messgeräte (1D) für diesen Einsatzfall völlig ausreichend; allerdings sind solche Sonden am Markt nicht erhältlich. Aufgrund ihrer flachen Bauform haben sie sogar Vorteile gegenüber den würfelförmigen, dreidimensional messenden Sonden, die aufgrund ihrer höheren Bauform mit drei orthogonalen Plattenpaaren das elektrische Feld stärker beeinflussen und einen deutlichen Näherungseffekt mit Überbewertung der Feldstärke in unmittelbarer Körpernähe aufweisen. Messungen am Körper mit 3D-Sonden sollten zur Reduzierung des Näherungseffektes so durchgeführt werden, dass die Würfelsonde auf einer ihrer Spitzen steht (s. Bild 4.37).

Bisher überhaupt nicht berücksichtigt werden in der baubiologischen Messpraxis Untersuchungen der elektrischen Feldstärke unterhalb des im Bett liegenden Körpers (Messungen zwischen Körper und Matratze). Hierfür bieten flache 1D-Soden natürlich auch Vorteile.

4.2.3.5 Messfehler-Fallen

Feldmessverfahren sollen auch geeignet sein, effektive Sanierungsvorschläge zur Feldverringerung zu erarbeiten und die Wirksamkeit von durchgeführten Sanierungsmaßnahmen zu kontrollieren.

Bei den Sanierungsmaßnahmen für elektrische Felder sind im Wesentlichen zu unterscheiden:

1. Feldquellen abschalten (z. B. mittels „Netzfreischalters"; *Emissionsschutz*),

2. Feldquellen kompensieren (z. B. durch Phasentausch; *Emissions*schutz),
3. Feldquellen abschirmen
   a) durch abgeschirmtes Installationsmaterial (*Emissions*schutz),
   b) durch großflächige Wandabschirmung/Abschirmvlies (*Immissions*schutz).

Während sich die Punkte 1, 2 und 3 a als Maßnahmen des Emissionsschutzes immer auf Veränderungen an Feldquellen beziehen, sind von Punkt 3 b (Immissionsschutz) auch Feldsenken betroffen. Dies trifft typischerweise bei der Abschirmung von Wänden und dem Einsatz von Abschirmvliesen zu; insbesondere, wenn nicht alle Feldquellen von der Abschirmung erfasst sind. Dann wird durch die Erdung der Abschirmung das Erdpotential näher an die restlichen Feldquellen gebracht, was zu einer Vergrößerung der Feldstärke führen kann.

Körperspannungsmessung

Die Körperspannung hängt im Wesentlichen von der Stärke (d. h. dem Potential) der Feldquelle (z. B. Leitungen der Elektroanlage) und vom Abstand des Körpers zur Feldsenke (Erde) ab.

Vergleichende Körperspannungsmessungen liefern nur dann eine verwertbare Aussage über die Feldsituationen, wenn zwischen den Messungen der Abstand des Körpers zur Feldsenke bzw. der Abstand der Feldsenke zum Körper nicht geändert wird. Diese Bedingung ist bei Maßnahmen des Emissionsschutzes an der Feldquelle erfüllt.

Bei Abschirmmaßnahmen mit geerdeten Wandfarben oder Abschirmvliesen (Immissionsschutz) ist eine solche Änderung aber unvermeidlich. Durch die geerdete Abschirmung wird das Erdpotential näher an den Körper gebracht, er wird also auf ein tieferes Potentialniveau „gezogen". Besonders stark ist dieser Effekt bei der Verwendung eines Abschirmvlieses unter oder gar auf der Matratze; dann ist der Körper der Person sehr nahe am Erdpotential, und die Körperspannung geht drastisch zurück, auch wenn noch große Feldstärken herrschen. Wird die geerdete Abschirmung fälschlicherweise vor der Feld*senke* angebracht und nicht vor der Feld*quelle,* so wird durch den jetzt verringerten Abstand zwischen Quelle und Senke die Feldstärke erhöht! Eine Körperspannungsmessung gaukelt aber demjenigen, der glaubt, die Höhe der Körperspannung und die Höhe des elektrischen Feldes verliefen proportional zueinander, eine Verringerung vor!

Bild 4.52 veranschaulicht diese Verhältnisse an einem Beispiel. Betrachtet werden die Auswirkungen auf Feldstärke und Körperspannung am Punkt

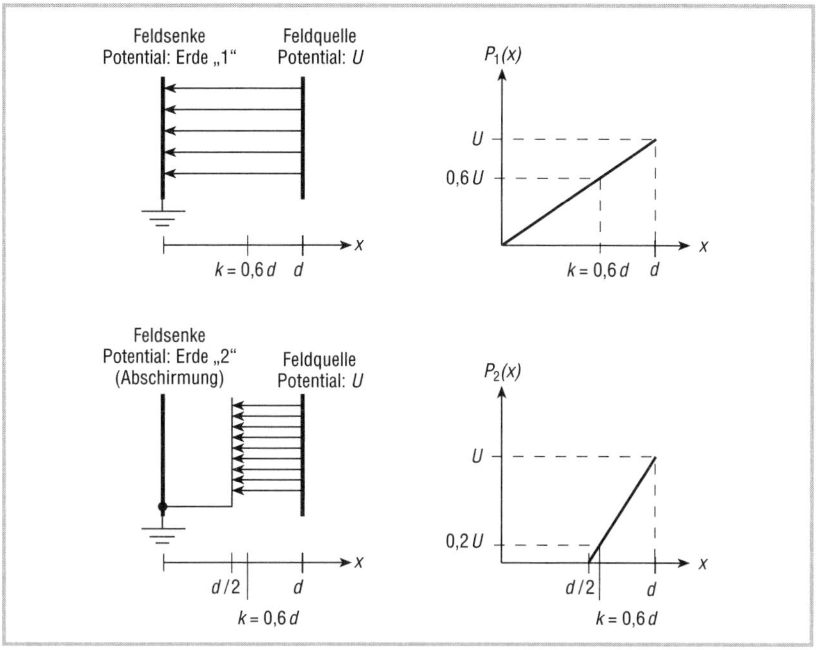

Bild 4.52 *Körperspannung vor (oben) und nach (unten) der Abschirmung einer Feldsenke*

k (k gewählt zu $0{,}6 \cdot d$) bei einer Verschiebung der linken Fläche mit Erdpotential (Erde „1") in Richtung Feldquelle durch den Einbau einer Abschirmfläche bei $x = d/2$ (Erde „2"). Hier verdoppelt sich die Feldstärke durch die Abschirmung ($E_2 = 2 \cdot E_1$, da $d_2 = d_1/2$). Das Potential und damit die Körperspannung am Punkt k reduziert sich aber (bei einem Potential der Feldquelle von $U = 230\,\text{V}$) von $0{,}6 \cdot 230\,\text{V} = 138\,\text{V}$ auf $0{,}2 \cdot 230\,\text{V} = 46\,\text{V}$ und somit auf ⅓, da der Abstand von der geerdeten Abschirmung nun nur noch ⅕ des Abstandes der Kondensatorplatten ausmacht (von 0,6 auf 0,2 bzw. von ⅗ auf ⅕ reduziert).

In der Praxis kann der oben geschilderte Fall eintreten, wenn man mit geerdeten Wandabschirmungen oder Abschirmvliesen arbeitet – aber leider nicht 100%ig – und dabei Feldquellen übersieht oder nicht sanieren kann. Für diese restlichen Feldquellen, die nicht abgeschirmt oder abgeschaltet wurden, wirkt die geschaffene Abschirmung wie eine Verkürzung des Kondensators; die von den Restquellen hervorgerufene Feldstärke wird gegenüber der Ausgangssituation vergrößert! Die Körperspannungsmessung kann dabei aber eine Verbesserung vortäuschen!

Die vergleichende Körperspannungsmessung darf daher bei Abschirmmaßnahmen des *Immissions*schutzes (Abschirmung von Wänden und Einsatz von Abschirmvliesen) nicht angewendet werden! Aufgrund der Verschiebung des Erdpotentials durch die Abschirmung selbst sind die Messwerte nicht miteinander vergleichbar. Es kann zu falschen Sanierungsempfehlungen und zur Fehlinterpretation der Feldsituation nach der Durchführung von – ggf. kontraproduktiven – Abschirmmaßnahmen kommen.

Erdpotentialbezogene E-Feldmessung

Wie in Abschnitt 4.2.3.2 ausgeführt, sind die Ergebnisse der erdpotentialbezogenen Feldmessung sehr stark vom Abstand zwischen Feldsonde und Feldquelle abhängig. Bei Vergleichsmessungen „reagiert“ die erdpotentialbezogene Feldmessung nur auf Änderungen des Potentials der Feldquelle mit der richtigen Tendenz, nicht aber bei Feldstärkeänderungen, die durch eine räumliche Verschiebung von Flächen mit Erdpotential „hinter“ der Sonde zustande kommen. Daher gilt für erdpotentialbezogene Vergleichsmessungen die wichtige Einschränkung: Tendenzen der Feldveränderung aufgrund von Veränderungen an der Feld*quelle* können mit diesem Verfahren korrekt gemessen werden (Feldstärkeerhöhung bzw. -verringerung), Feldveränderungen aufgrund von Veränderungen an der Feld*senke* (geerdete Abschirmungen des Immissionsschutzes vor Feldsenken) dagegen nicht.

Dies kann zu Fehlinterpretationen der Feldsituation und zu falschen Sanierungsempfehlungen führen. Diese Gefahr besteht insbesondere, wenn mehrere Feldquellen existieren, aber nur ein Teil von ihnen abgeschirmt wird. Dann wird die abgeschirmte, geerdete Teilfläche zur „willkommenen“ Feldsenke der nicht abgeschirmten übrigen Feldquellen.

Auch bei der Mischung von Sanierungsmaßnahmen, also teilweiser Abschirmung von Wänden (bzw. Einsatz von Abschirmvliesen) und zusätzlicher Abschaltung von Stromkreisen, besteht die Gefahr der Fehlmessung, wenn trotz aller dieser Maßnahmen noch ein Restfeld bleibt. So würde das Abschalten eines Stromkreises z. B. zu einer korrekt ausgewiesenen Tendenz zur Verringerung der gemessenen Feldstärke führen; die durch ein zusätzlich angebrachtes Abschirmvlies unter der Matratze tatsächlich hervorgerufene Feldstärkeerhöhung würde aber fälschlicherweise mit einem unveränderten oder gar verringerten Messwert quittiert.

Diese Messfehler können bei potentialfreier und körperpotentialbezogener Feldmessung prinzipbedingt nicht auftreten.

4.2.3.6 Fazit und die Fragen zu den Antworten

Aus den o. a. Ausführungen lässt sich folgendes Fazit für die baubiologische Messtechnik ziehen:

1. Zur **Messung des ungestörten elektrischen Feldes** in unbekannten Feldsituationen – ohne Person im Feld – eignet sich nur das **potentialfreie Messverfahren.**
   Vergleichsmessungen bei Abschirmmaßnahmen des Emissions- und des Immissionsschutzes – auch an Feldsenken – führen zu korrekten Aussagen hinsichtlich der Sanierungsqualität.
2. Zur Bestimmung von E-Feld**emissionen** aus einem einzelnen elektrischen Gerät ist die **erdpotentialbezogene Feldmessung** in definiertem Abstand geeignet. Das **Verfahren nach MPR/TCO mit Tellersonde und großflächigem Erdring** ist dasjenige, das die am besten reproduzierbaren und vergleichbaren Messergebnisse liefert, weitgehend unabhängig von den lokalen Erdpotentialverhältnissen im Messraum.
3. Die **erdpotentialbezogene Messung** ist aufgrund ihres Effektes der Feldstärkeerhöhung bei Annäherung an die Quelle sehr gut dazu geeignet, **Feldquellen aufzuspüren und zu lokalisieren.** Zur Ermittlung der ungestörten elektrischen Feldstärke ist sie nicht geeignet bzw. nur dann, wenn die Feldsituation bekannt ist und die Sonde sich am Ort des natürlicherweise vorhandenen Erdpotentials befindet, sie also keine Veränderung der Potentialverhältnisse bewirkt. Dies ist in Innenräumen i. d. R. nicht gegeben. **Vergleichende erdpotentialbezogene Messungen sind zum Test oder zur Kontrolle von Abschirmmaßnahmen des Immissionsschutzes** (Abschirmung von Raumbegrenzungsflächen und Einsatz von Abschirmvliesen) **ungeeignet.** Es kann zur Fehlinterpretation der Feldsituation und zu falschen Sanierungsempfehlungen kommen.
4. Für die Messung von diffusen, aus verschiedenen und möglicherweise unbekannten Quellen stammenden E-Feld**immissionen** am Schlafplatz liefern die **potentialfreie** und die **körperpotentialbezogene Feldmessung** diejenigen Messwerte, die am ehesten der tatsächlichen Feldbelastung des Körpers entsprechen, wenn **direkt am Körper gemessen** wird. Die Messergebnisse sind u. a. abhängig von den individuellen Eigenschaften des Körpers [Größe, räumliche Lage relativ zum Feld, Messpunkt am Körper (z. B. Kopf, Rumpf, Bein)].
   Vergleichsmessungen bei Abschirmmaßnahmen des Emissions- und des Immissionsschutzes – auch an Feldsenken – führen zu korrekten Aussagen hinsichtlich der Sanierungsqualität.

5. Die **Körperspannungsmessung ist keine Feldstärkemessung, sondern eine Potentialmessung. Sie ist zur korrekten Ermittlung der Belastung durch elektrische Wechselfelder sowie zum Test und zur Kontrolle von Abschirmmaßnahmen des Immissionsschutzes** (Abschirmung von Raumbegrenzungsflächen und Einsatz von Abschirmvliesen) **ungeeignet.** Aufgrund der Verschiebung des Erdpotentials durch die Abschirmung selbst sind die Messwerte nicht miteinander vergleichbar. Es kann zur Fehlinterpretation der Feldsituation und zu falschen Sanierungsempfehlungen kommen.
   Vergleichende Messungen bei Maßnahmen des Emissionsschutzes (Abschalten von Stromkreisen) zeigen jedoch korrekt die Tendenz der Wirksamkeit (besser/schlechter).

Wie die vorstehenden Ausführungen zeigen, gibt es nicht *„das* eine richtige“ Verfahren zur Messung niederfrequenter elektrischer Wechselfelder, sondern je nach Fragestellung haben verschiedene Messverfahren ihre Berechtigung.

Die **Tabelle 4.2** stellt in aller Kürze den häufigsten Messaufgaben die zu deren Lösung am besten geeigneten Messverfahren gegenüber.

Tabelle 4.2 *Zuordnung der Messverfahren zu den Messaufgaben*

Frage	Antwort
Wie wird ein in gegebener Umgebung vorhandenes E-Feld (Immission) möglichst störungsfrei gemessen, d. h. ohne es durch Personen oder die Messanordnung selbst zu beeinflussen (Wirkung von Feldquelle und -senke)?	potentialfreie E-Feldmessung (3D)
Wie wird die E-Feldstärke (Immission) gemessen, die auf einen im elektrischen Feld befindlichen (leitfähigen) Körper einwirkt, der selbst das Feld beeinflusst (Wirkung von Feldquelle, -senke und Körper)?	potentialfreie E-Feldmessung am Körper (1D oder 3D, ggf. Korrekturfaktor für Näherungseffekt beachten oder 3D-Sonde auf eine Ecke stellen) oder körperpotentialbezogene E-Feldmessung
Wie spürt man möglichst genau Feldquellen auf und ortet sie (Wirkung der Feldquelle)?	erdpotentialbezogene E-Feldmessung, Sondenform beliebig
Wie misst man vergleichbar und reproduzierbar die von *einer* definierten elektrischen Feldquelle (= Gerät) ausgehende E-Feldemission (Wirkung der Feldquelle)?	erdpotentialbezogene E-Feldmessung in definiertem Abstand von der Feldquelle, mit MPR-/TCO-Tellersonde (im ansonsten feldarmen Raum)
Welches Messverfahren ermöglicht in Ergänzung zur direkten E-Feldmessung eine einfache Kontrolle der Wirksamkeit von Sanierungsmaßnahmen durch Abschalten von Stromkreisen (Wirkung von Feldquelle, -senke und Körper)?	Körperspannungsmessung

4.2.3.7 Gegenüberstellung von Körperspannungsmessung und potentialfreier E-Feldmessung oder: „Entspannt ist nicht entfeldet"

Die Werbebotschaft bei „Abschirmdecken und -matten"

„Abschirmdecke erden, und schon können Sie entspannen!" Um mit solchen oder ähnlichen frohen Botschaften konfrontiert zu werden, muss man sich heutzutage nicht mehr auf die große Butterfahrt machen – Internet und Produktwerbung von Bettwarenherstellern bringen sie einem direkt ins elektrosmogverseuchte Haus. Die Rede ist von Abschirmdecken und -matten, die die Elektrosmoggefahr im heimischen Bett bannen und für eine drastische Verbesserung der Schlafqualität sorgen sollen. Als Beweis für die physikalische Wirksamkeit der Abschirmung gegen niederfrequente elektrische Wechselfelder wird die Messung der Körperspannung angeführt. Denn die Spannung, die man gegen Erdpotential an einer Person misst, welche auf oder unter einer solchen elektrisch leitfähigen und geerdeten Decke bzw. Matte liegt, reduziert sich deutlich.

Mit dem Slogan „Geborgenheit und Vertrauen" wirbt z. B. ein Hersteller für sein Produkt. Nach dem Prinzip „Kritische Prüfung, Kontrolle und Wissen, was tatsächlich passiert" sollen im folgenden Abschnitt die Abschirmprodukte für das Bett näher unter die Lupe genommen werden.

In der Werbung und auch in gerne vorgezeigten Gutachten einer internationalen Forschungsgesellschaft wird die Reduzierung der Körperspannung als das alleinige Kriterium für die Wirksamkeit der Maßnahme herangezogen und direkt mit einer Verbesserung der Schlafqualität gleichgesetzt. Dabei wird dem potentiellen, gesundheitsbewussten Käufer suggeriert, dass sich bei Verwendung der Abschirmdecke bzw. -matte das von den Installationen, Leitungen und Geräten der elektrischen Energieversorgung ausgehende niederfrequente elektrische Wechselfeld am Schlafplatz ebenfalls verringert. Interessant ist, dass eine solche Feldreduzierung früher häufig explizit behauptet wurde, während in jüngerer Zeit oft nur die Reduzierung der Körperspannung erwähnt wird. Ob Anbieter und „Gutachter" inzwischen gemerkt haben, dass sie sich auf dünnem Eis bewegen?

Die physikalische Realität

Zur Abschirmung externer elektrischer Wechselfelder benötigt man ein leitfähiges Material, das eine komplett geschlossene Hülle darstellt (sogenannter Faraday'scher Käfig). Hier ist das Innere des „Käfigs" aufgrund des Influenzeffektes – auch ohne Erdung – feldfrei. Ist die Hülle aber nicht komplett geschlossen, sondern werden nur einzelne Flächen abgeschirmt, so müssen die Abschirmflächen geerdet werden (s. Abschnitt 3.2.3). Nun baut sich das elektrische Feld zwischen der Quelle und diesen Flächen als Feldsenke auf. Der hinter einer Abschirmfläche befindliche Raum ist dann feldfrei – allerdings nur, wenn sich dort keine Feldquelle befindet.

Betrachten wir nun exemplarisch die Verhältnisse an einem Schlafplatz. Ob durch eine elektrisch leitfähige und geerdete Decke bzw. Matte ein Abschirmeffekt erzielt wird oder nicht – oder ob ggf. sogar eine Erhöhung der elektrischen Feldstärke provoziert wird – ist abhängig von der relativen Lage von Feldquelle, Person und Feldsenke (geerdete Decke/Matte) zueinander.

In **Bild 4.53** ist der Fall dargestellt, dass sich die Feldquelle unterhalb des Bettes befindet. Oberhalb und unterhalb der Person ist durch potentialfreie Messung eine elektrische Feldstärke nachweisbar (E_{u1} unterhalb der Person, E_{o1} oberhalb der Person). Ein an den Körper der Person angeschlossenes Digitalmultimeter zeigt gegen Erdpotential eine Körperspannung U_{k1} an.

Wird nun, wie in **Bild 4.54**, unter den Körper der Person eine leitfähige Matte eingebracht und diese geerdet, so ist der Raum oberhalb der Matte und damit der Raumbereich, in dem die Person liegt, – zumindest im theoretischen Idealfall – feldfrei ($E_{o2} = 0$). Unterhalb der Matte ist die Feldstärke nun gegenüber Bild 4.53 angestiegen, da der Abstand zwischen Feldquelle und Erdpotential durch die geerdete Matte verkürzt worden ist. Die Körperspannung ist – idealerweise – auf null oder in der Praxis auf einen Wert nahe null gesunken, da der Körper sich nun in unmittelbarer Nähe zu einer Fläche befindet, die auf Erdpotential liegt und das Körperpotential damit auch in Richtung null „gezogen“ wird. In diesem Fall ist die Maßnahme als erfolgreich zu bezeichnen, wie die Feldstärkemessung beweist. Diese Aussage scheint auch von der Körperspannungsmessung gestützt zu werden.

In **Bild 4.55** befindet sich die Feldquelle nun oberhalb des Bettes. Hier wird ober- und unterhalb der Person ein elektrisches Feld gemessen (E_{u3} bzw. E_{o3}), ebenso wie eine Körperspannung U_{k3}.

Wird nun gemäß **Bild 4.56** wieder die geerdete „Abschirmmatte“ unter der Person eingebracht, so stellt man fest, dass hier die „falsche Seite“ abgeschirmt wird. Der Bereich unterhalb des Bettes ist zwar nun feldfrei, jedoch in dem Bereich, in dem die Person liegt, ist die Feldstärke angestiegen! Hier ist die „Abschirmdecke“ kontraindiziert und führt zu einer Verschlimmerung der Feldsituation! Eine Körperspannungsmessung zeigt

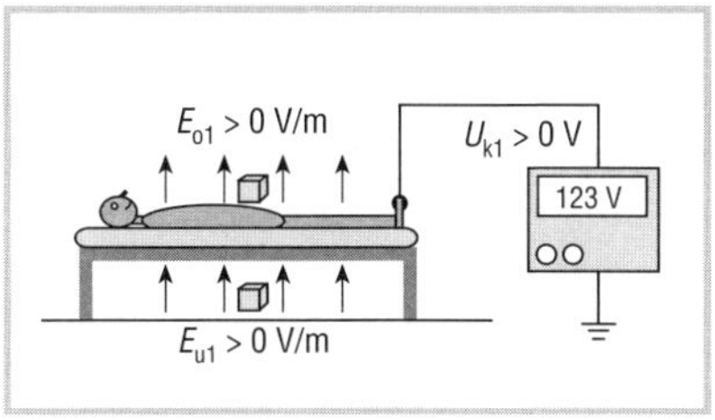

Bild 4.53 *Ausgangssituation: Feldquelle unter dem Bett*

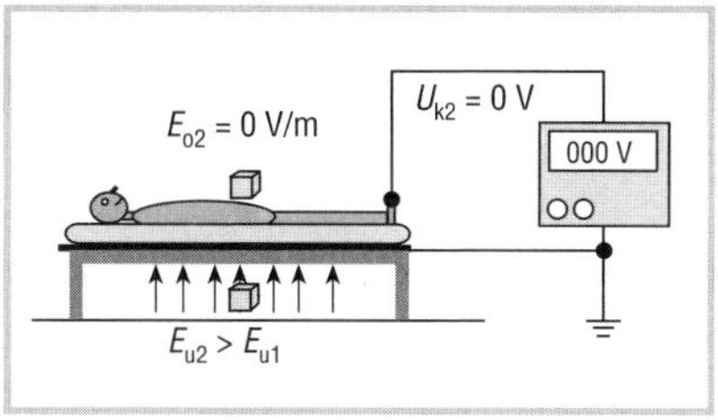

Bild 4.54 *Feldquelle unter dem Bett, geerdete Matte unter der Matratze*

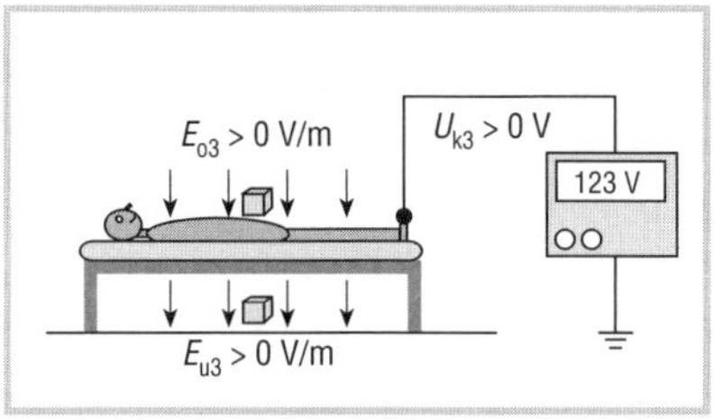

Bild 4.55 *Ausgangssituation: Feldquelle über dem Bett*

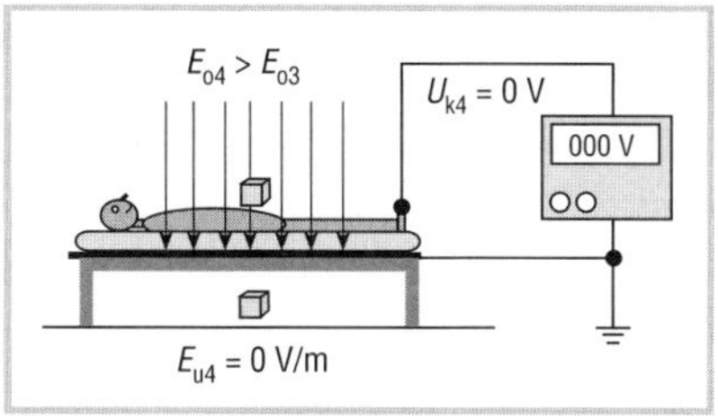

Bild 4.56 *Feldquelle über dem Bett, geerdete Matte unter der Matratze*

aber das gleiche Ergebnis wie in Bild 4.54, da sie nur auf das Potential reagiert, das in beiden Fällen gleich ist.

Fazit

1. Werden Abschirmdecken oder -matten einfach auf Verdacht eingesetzt, ohne die konkret vorliegende Feldsituation mittels eines geeigneten Messverfahrens untersucht zu haben, besteht ein hohes Risiko, die Feldsituation nicht zu verbessern, sondern sie zu verschlechtern und die Feldbelastung am Schlafplatz zu erhöhen.

2. Die Körperspannungsmessung ist – ebenso wie andere erdpotentialbezogene Feldmessverfahren – nicht geeignet, Veränderungen der Feldsituation durch das Einbringen von geerdeten leitfähigen Flächen in das Feld korrekt zu erfassen. Die Anwendung dieser Verfahren im hier besprochenen Einsatzfall ist als grober Kunstfehler zu betrachten. Die Reduzierung der Körperspannung ist kein eindeutiger Indikator für eine Reduzierung des elektrischen Feldes.
(Quelle: [21])

4.2.3.8 Abnahmemessung bei baubiologischer Elektroinstallation mit geschirmten Komponenten

Ziel einer baubiologischen Elektroinstallation ist es, die Elektroanlage so auszuführen, dass das Wohn- bzw. Arbeitsumfeld mit möglichst geringen Belastungen hinsichtlich elektrischer, magnetischer und elektromagnetischer Felder (EMF) versehen ist.

Nach Abschluss der Installationsarbeiten haben Bauherr und Handwerker ein berechtigtes Interesse daran sich zu vergewissern, ob bzw. inwieweit die gesteckten Ziele hinsichtlich Feldarmut auch tatsächlich erreicht worden sind und zu prüfen, dass die Elektroanlage keine Schwachstellen oder Fehler enthält, die den möglichen Feldreduzierungseffekt schmälern.

Dies geschieht durch entsprechende Abnahme-Messungen. Hierbei kommt den niederfrequenten elektrischen Wechselfeldern eine besondere Rolle zu. Zum einen bestehen hier effektive und vielfältige Möglichkeiten, durch den Einsatz entsprechender Komponenten die von der Elektroanlage ausgehenden Felder zu reduzieren (z. B. geschirmte Leitungen und Elektrodosen). Zum anderen stellt sich bei den elektrischen Wechselfeldern die Frage der adäquaten Messmethode, da hier zwei Messverfahren existieren, die sich in ihrer Aussagekraft deutlich unterscheiden:

- das potentialfreie Messverfahren und
- das erdpotentialbezogene Messverfahren.

Im folgenden Abschnitt wird die Eignung dieser beiden Messverfahren zur Abnahmemessung für baubiologische Elektroinstallationen diskutiert. (Quelle: [22], siehe auch [13]).

Wie in den voraufgehenden Abschnitten gezeigt wurde, ist die potentialfreie E-Feldmessung dazu geeignet, die in einem Raum vorhandene elektrische Feldstärke zu messen, ohne das Feld durch den Messvorgang selbst nennenswert zu beeinflussen. Dies ist eine unverzichtbare Eigenschaft für *Immission*smessungen zur Feststellung der Belastung der Raumnutzer durch elektrische Wechselfelder.

Für diesen Zweck ist die erdpotentialbezogene Messung prinzipbedingt nicht geeignet. Denn sie führt i.d.R. zu deutlichen Feldveränderungen gegenüber dem Ursprungszustand, weil durch den Erdpotentialbezug nicht mehr das Ursprungsfeld gemessen wird, sondern das Feld zwischen der Feldquelle und der Sonde als Feldsenke.

Durch diese verfahrensimmanente „Ersatzumgebung“ ist das erdpotentialbezogene Messverfahren dazu geeignet, Geräte hinsichtlich ihrer *Emissionen*, unabhängig von der ortsindividuellen Lokalisierung des Erdpotentials im Raum, zu vergleichen.

Die Frage, welches Verfahren nun „das richtige“ für Abnahmemessungen von baubiologischen Elektroinstallationen ist, fokussiert sich somit auf die Frage, ob es sich um eine Emissions- oder um eine Immissionsmessung handeln soll.

Abnahmemessung aus Sicht des ausführenden Elektrohandwerkers

Nehmen wir einmal vereinfachend an, dass der Abstand zum Ort des Erdpotentials mit der Geschosshöhe eines Hochhauses steigt. Warum sollte dann aus Sicht des Elektrohandwerkers eine Elektroanlage im z. B. 25. Stockwerk anders beurteilt werden, als eine von ihm mit gleichem Aufwand und gleicher Sorgfalt erstellte im Erdgeschoss?

Aus seiner Sicht ist es sicherlich richtig, die Elektroanlage wie ein großes „Gerät“ zu betrachten, dessen Emissionen in Anlehnung an MPR/TCO *erdpotentialbezogen gemessen* werden.

Abnahmemessung aus Sicht des Bauherrn bzw. Raumnutzers

Aus Sicht des Bauherrn bzw. Raumnutzers kann sich die Situation dagegen anders darstellen. Er ist eher daran interessiert, sein Umfeld auf Basis der tatsächlich vorhandenen Immissionen zu beurteilen. Wobei man sinnvollerweise dann die Situation des voll ausgestatteten Raumes betrachten sollte. Denn durch im Raum aufgestellte elektrische Geräte, z. B. der Unterhaltungs- oder Büroelektronik, durch ihre – i.d.R. nicht abgeschirmten – Anschlussleitungen, durch Verlängerungskabel und Steckdosenleisten werden Feldquellen in den Raum eingebracht, die nichts mit der eigentlichen Elektroanlage zu tun haben und für die der Elektrohandwerker dementsprechend nicht verantwortlich gemacht werden kann. Für diese abschließende summarische Immissionsmessung unter Nutzungsbedingungen ist die *potentialfreie Messmethode* einzusetzen.

Praktische Durchführung der Emissions-Abnahmefeldmessung

Schon kleine Fehler, wie beispielsweise das Fehlen von Kontaktierungen von Beidrähten der Leitungsabschirmung, können den Erfolg einer baubiologischen Elektroinstallation deutlich schmälern oder sogar ganz verhindern. Aufgrund der „Richtwirkung“ der eindimensional messenden erdpotentialbezogenen Sonden können solche Fehler mit hoher Sicherheit detektiert werden. Allerdings ist es hierzu erforderlich, die gesamte installierte Elektroanlage, insbesondere an den Elektrodosen, detailliert und gründlich zu überprüfen. Die Messergebnisse sollen in einem Abnahmeprotokoll dokumentiert werden.

In der Praxis hat sich folgende Vorgehensweise bewährt:

- Die Messungen erfolgen gemäß **Bild 4.57** auf dem Umfang eines Kreises mit dem Radius von 25 cm um die installierten Verbindungs-, Verteilungs-, Schalt- und Steckvorrichtungen herum. Die Sonde wird mit ihrer Mitte auf dem Kreisumfang geführt.
- In einem Abstand von 10 cm zur Wand wird mit einer erdpotentialbezogenen Feldsonde – möglichst einer Kleinsonde – das elektrische Feld auf dem Umfang des Kreises gemessen. TCO-Sonden sind wegen ihrer großen Fläche nicht empfehlenswert.

Der dabei ermittelte Maximalwert sollte nicht über 5 V/m liegen. Sind die Werte höher, so ist von einer Unregelmäßigkeit bzw. einem Fehler in der Anlage auszugehen, z. B. Kontaktierungsfehler von Beidrähten der Leitungsabschirmung oder Potentialableitern von geschirmten Elektrodosen.

Zu berücksichtigen ist, dass insbesondere bei Neubauten und umfangreichen Erweiterungen bzw. Renovierungen mit Maurer- und Putzarbeiten die Baufeuchte erheblichen Einfluss auf die Messergebnisse haben kann. Daher sollten neben den üblichen Angaben auch die Umgebungsbedingungen in einem vollständigen Messprotokoll enthalten sein.

Wichtig für erdpotentialbezogene E-FeldMessungen ist es, dass auch wirklich ein einwandfreies Erdpotential (Messbezugspotential) zur Verfügung steht, an das die Feldsonde angeschlossen wird; insbesondere in Gebäuden mit TN-C- oder TN-C-S-System (s. Abschnitt 3.3.1) kann es zu erheblichen Messfehlern kommen.

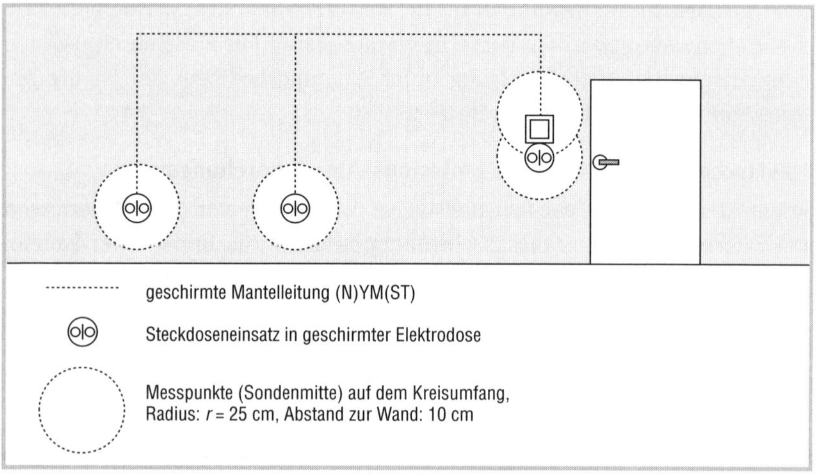

Bild 4.57 *Festlegung der Messpunkte bei einer Abnahmefeldmessung*

Speziell bei Reihen- und Mehrfamilienhäusern sollte auch überprüft werden, ob eventuell Feldeinkopplungen aus fremden (benachbarten) Elektroinstallationen vorliegen. Dazu wird die gesamte Neuinstallation vom Netz getrennt. Danach wird an allen raumumgebenden Flächen – insbesondere in Richtung der Nachbarwohnungen – mit der erdbezogenen Feldsonde in einem Abstand von 10 cm zu den Flächen überprüft, welche Feldstärke vorliegt. Bei Feldstärken über 5 V/m ist eine Abnahmemessung nicht sinnvoll möglich. Es sollte dann zunächst der Verursacher der eingekoppelten Felder ermittelt und die Ursache beseitigt werden.

4.2.4 Messungen bei Dreiphasensystemen/Dreh„spannungs"-systemen

Die elektrische Versorgung unserer Gebäude erfolgt heute in der Regel durch ein Mehrphasensystem. Auch wenn vom Stromkreisverteiler die meisten Leitungen als Einphasenleitungen in die verschiedenen Räume abzweigen: Der Netzbetreiber liefert die elektrische Energie über ein Dreiphasennetz – das *Drehstromnetz* – in das Gebäude.

An den drei Außenleitern liegen gleich große sinusförmige Spannungen an, die zeitlich um jeweils ⅓ ihrer Schwingungsdauer gegeneinander verschoben sind und als *Phasen* L1, L2 sowie L3 bezeichnet werden (L für Außenleiter). Die Phasen haben gegenüber dem Neutralleiter jeweils eine Spannungshöhe von 230 V (Effektivwert). Zwischen jeweils zwei Phasen gemessen ergeben sich $\sqrt{3} \cdot 230\,\text{V} = 400\,\text{V}$. Daher findet man bei Drehstromsystemen auch die Angabe 230/400 V.

Die Phasenverschiebung muss bei der Betrachtung von Immissionen am jeweiligen Einwirkungsort berücksichtigt werden. Denn die Immissionen elektrischer Wechselfelder an einem Ort können sich aus den Emissionen mehrerer Stromkreise mit gleicher oder auch unterschiedlicher Phasenlage zusammensetzen. In der Summe kann es so zu Verstärkungen, aber auch zu Kompensationseffekten kommen. Damit ergibt sich eine Möglichkeit der Immissionsreduzierung durch gezielten Phasentausch bzw. Anschluss entsprechender Stromkreise an definierte Außenleiter [22a]. Dies soll im Folgenden näher erläutert werden.

Der technische Zusammenhang lässt sich in Form von phasenverschobenen Sinuskurven grafisch darstellen. Die drei Sinusschwingungen in **Bild 4.58** sind um jeweils 1/3 ihrer Schwingungsdauer, d. h. 360°/3 = 120°

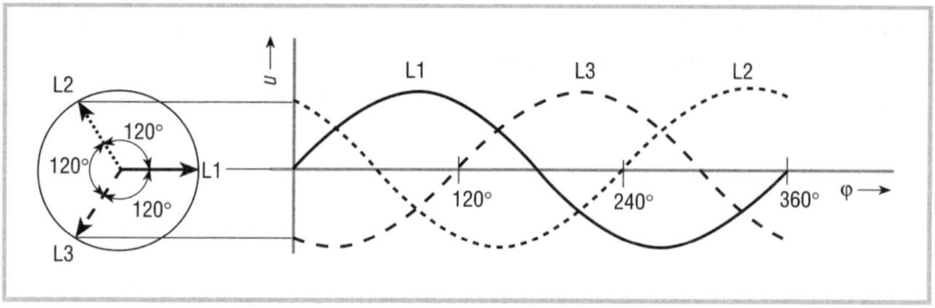

Bild 4.58 *Sinusförmiger Spannungsverlauf der drei Phasen eines Drehstromsystems*

gegeneinander phasenverschoben. Bei einer Frequenz von 50 Hz beträgt die Schwingungsdauer für einen kompletten Durchlauf des Schwingungszuges 1 s/50 = 20 ms; die Phasenverschiebung von 120° entspricht demnach einem zeitlichen Versatz von 20 ms/3 = 6,666 ms.

Viel übersichtlicher und in der Elektrotechnik gebräuchlich ist die Darstellung mit *Zeigerdiagrammen.* Denn zur Betrachtung der Zusammenhänge und Effekte braucht man nicht den zeitlichen Ablauf ständig mit darzustellen. Da die Frequenz konstant ist (50 Hz), genügt es, die Phasenbeziehungen der einzelnen Spannungen untereinander zu einem beliebigen Zeitpunkt zu beschreiben; sie gelten dann genauso für jeden beliebigen anderen Zeitpunkt. Der Einfachheit halber wählt man als Bezugspunkt ($\varphi = 0$) den Zeitpunkt, wenn der Phasenwinkel des Außenleiters L1 gleich null ist.

Das Zeigerdiagramm eines Dreiphasennetzes ist aus dem linken Teil von Bild 4.58 ersichtlich. Der Neutralleiter (N) entspricht dem Mittelpunkt; die Phasen L1, L2 und L3 werden durch die drei Zeiger repräsentiert. Die Phasenwinkel zwischen den Zeigern betragen jeweils 360°/3 = 120°; man bezeichnet dies auch als *Phasenverschiebung* von jeweils 120°. Die Zeigerlängen sind proportional zur Höhe (= dem Effektivwert) der Spannung.

Der Zusammenhang zwischen Zeigerdiagramm und den zeitlichen Verläufen der Sinuskuren ist nun folgender: Lässt man das Zeigerdiagramm mathematisch positiv (d. h. im Gegenuhrzeigersinn) mit der Netzfrequenz von 50 Hz rotieren, so ergibt der gemeinsame Sinuswert des – sich kontinuierlich ändernden – Rotationswinkels plus des – konstanten – Phasenverschiebungswinkels den aktuellen Effektivwert der jeweiligen Wechselspannung. Der Sinuswert entspricht der Projektion des Zeigers auf die Spannungsachse (u-Achse).

In **Bild 4.59** ist das Zeigerdiagramm allein dargestellt. Hier und in den folgenden Zeigerdiagrammen ist der besseren Übersichtlichkeit halber L1 senkrecht nach oben aufgetragen.

Die folgenden Betrachtungen gelten gleichermaßen für elektrische Netzwechselspannungen, die damit verbundenen elektrischen Wechselfelder und die Potentiale von leitfähigen Gegenständen bzw. Körpern, die sich im elektrischen Feld befinden. Da es hier um die Betrachtung des Zeitverhaltens und seine geschickte Nutzung zur Feldreduzierung geht, wird im Folgenden der Einfachheit halber das Potential als skalare Größe betrachtet. Zur Darstellung der grundlegenden Effekte anhand der elektrischen Feldstärke wäre die Beschreibung von räumlicher Abhängigkeit (Raumvektor!) und zeitlicher Abhängigkeit erforderlich. Dies ist sehr komplex, äußerst unanschaulich und ohne das Hilfsmittel der Vektoralgebra nicht zu leisten.

x + x = x?

Die von den verschiedenen Phasen hervorgerufenen Potentiale an einem beliebigen Punkt des Feldes überlagern sich. Nehmen wir einmal an, dass zwei Phasen über ihre elektrischen Felder am Betrachtungspunkt zwei Potentiale hervorrufen, die betragsmäßig gleich groß sind (L1 und L2 in **Bild 4.60**). Ihre Überlagerung entspricht im Zeigerdiagramm einer geometrischen Addition. Bei grafischer Durchführung dieser Addition wird durch Parallelverschiebung ein Zeiger so positioniert, dass sich sein Anfang an der Spitze des anderen Zeigers befindet, wobei die Zeigerrichtungen und -längen nicht verändert werden. In Bild 4.60 ist L2 bis an die Spitze von L1 parallel nach oben verschoben und dort gestrichelt dargestellt. Mittels dieser Methode erhält man als geometrische Summe einen resultierenden Zeiger

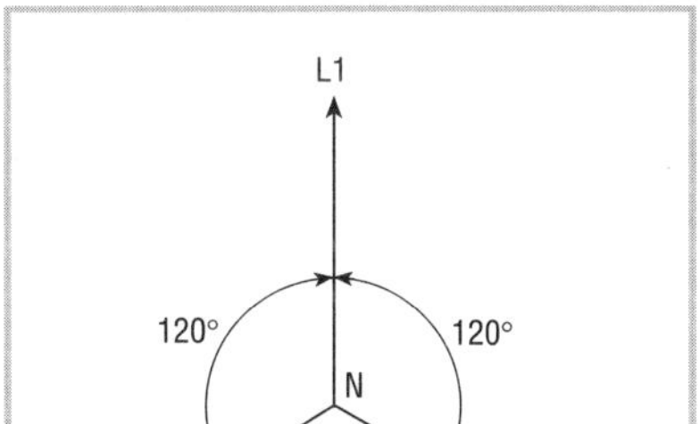

Bild 4.59 *Zeigerdiagramm der Spannungen des Dreiphasennetzes (Drehstromnetz)*

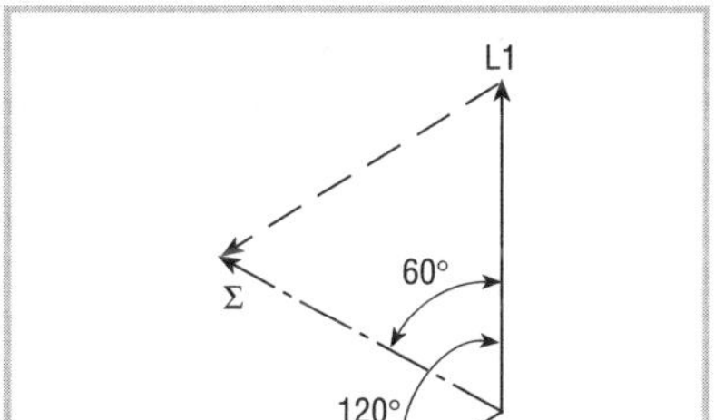

Bild 4.60 *Addition von zwei phasenverschobenen Spannungen im Zeigerdiagramm*

(Σ, strichpunktiert) mit dem gleichen Betrag wie die beiden ursprünglichen (weil in diesem speziellen Fall die drei Zeiger ein gleichseitiges Dreieck bilden) und mit einem Phasenwinkel von 60°.

Dieses überraschende Ergebnis zeigt die Bedeutung der Phase! Misst man nur die Beträge der Potentiale, so scheint sich durch die Addition gegenüber den Einzelpotentialen nichts geändert zu haben. Es wird der Anschein erweckt, als habe gar keine Addition stattgefunden. Erst wenn man die Phase mit betrachtet, sieht man, was wirklich geschehen ist.

Dieser Zusammenhang ist von großer praktischer Bedeutung, wenn man den umgekehrten Weg geht und die Addition aufhebt. In der Praxis bedeutet dies, eine der beiden Phasen im Stromkreisverteiler abzuschalten. Dann scheint bei Betrachtung nur des Betrages diese Abschaltung nämlich überhaupt nichts oder nur wenig zu bewirken. Entsprechendes gilt für die zweite Phase. In Wirklichkeit starke vorhandene Felder können damit leicht als unbedeutend angesehen werden. Erst die Abschaltung *beider* Phasen führt zum Verschwinden oder zur drastischen Reduzierung des Feldes und des Potentials. Mit der Kenntnis dieser Zusammenhänge erklärt sich bereits ein Teil des manchmal „seltsamen Verhaltens" des z. B. als „Körperspannung" gemessenen Potentials beim Schalten der Sicherungen.

Bild 4.61 zeigt die oben beschriebene Addition noch einmal in der Gegenüberstellung von Zeigerdiagramm und Zeitverlauf der beiden phasenverschobenen Sinusspannungen.

Wo etwas verschoben wird, kann auch etwas verschwinden

Eine Besonderheit des Drehstromnetzes mit seinen drei gegeneinander verschobenen Phasen ist von großer Bedeutung für Maßnahmen zur Feldminimierung. Dieses Netz hat nämlich die Eigenschaft, dass sich seine Spannungen zu null addieren, wenn sie *symmetrisch* sind; d. h. wenn die Winkel zwischen den Phasen gleich sind (360°/3 = 120°) und die Beträge der drei

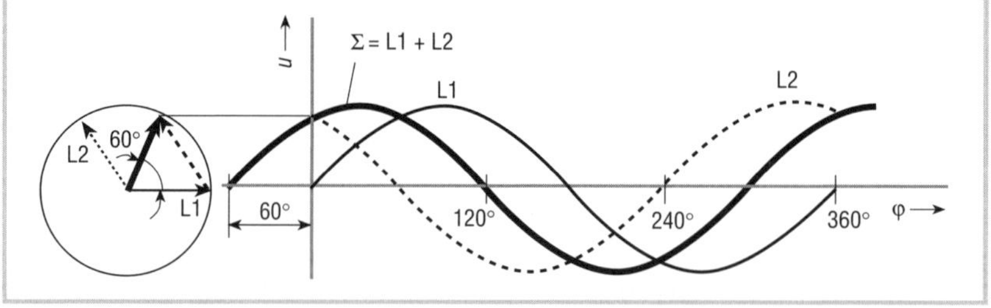

Bild 4.61 *Addition von zwei phasenverschobenen Sinusspannungen gleichen Betrages*

Spannungen jeweils gleich groß sind. Symmetrie der Netzspannung liegt so gut wie immer vor. Und wo symmetrische Netzspannungen zu symmetrischen E-Feldern führen, resultieren auch symmetrische Potentiale, die sich gegenseitig aufheben. **Bild 4.62** zeigt die geometrische Addition zu null durch Parallelverschiebung im Zeigerdiagramm.

Bild 4.63 zeigt die Addition noch einmal in der Gegenüberstellung von Zeigerdiagramm und Zeitverlauf der drei phasenverschobenen Sinusspannungen.

Generell gilt, dass die Addition von Sinusschwingungen *gleicher Frequenz* wieder eine Sinusschwingung dieser Frequenz ergibt, wobei resultierender Betrag und Phasenwinkel sich ändern können. Bei symmetrischen Komponenten (symmetrisch nach Betrag *und* Phase) ergibt sich der Sonderfall, dass der Betrag zu null wird und verschwindet.

Die Drehstromleitung: eingebaute Symmetrie

So weit zum theoretischen Hintergrund. In der Praxis gelingt die Feldkompensation des Drehstromnetzes umso besser, je näher die drei Leiter beieinander liegen. Bei der Drehstromleitung hängt der Abstand der Leiter vom Kupferquerschnitt der Adern und der Dicke ihrer Isolierung ab, so dass sich die Felder nicht exakt zu null addieren können, sondern ein Restfeld bleibt.

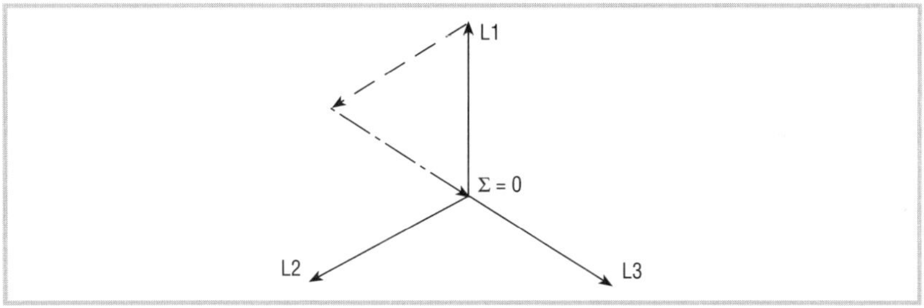

Bild 4.62 *Addition von drei phasenverschobenen Spannungen im Zeigerdiagramm zu null*

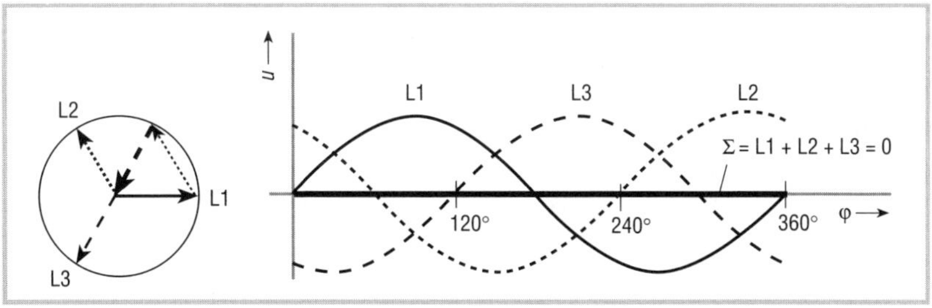

Bild 4.63 *Addition von drei phasenverschobenen Sinusspannungen gleichen Betrages*

Aber auf jeden Fall verursacht eine Drehstromleitung mit drei Außenleitern erheblich niedrigere Felder als eine Wechselstromleitung mit nur einem Außenleiter. Typische Feldstärken der beiden Leitungsarten bei Messung nach dem TCO-Standard sind in **Tabelle 4.3** aufgeführt.

Der Kompensationseffekt der symmetrischen Drehstromleitung ist in der baubiologischen Messpraxis anschaulich nachvollziehbar, wenn man eine Sicherung eines Drehstromverbrauchers abschaltet. Hier steigt mit dem Abschalten einer der drei Phasen (alle anderen einphasigen Kreise ebenfalls abgeschaltet!) das elektrische Feld an, weil die Kompensation der beiden anderen Phasen durch diese nun fehlende Phase nicht mehr erfolgt.

Würde man in der gesamten Hausinstallation nur Drehstromleitungen verwenden – ohne besondere Abschirmung –, so wären die elektrischen Wechselfeldstärken aus den oben erläuterten Gründen deutlich niedriger als bei den üblichen Einphasenleitungen.

Nun lässt sich beim Schalten der Sicherungen aber auch beobachten, dass elektrische Feldstärke und Potential am Messpunkt nicht nur ansteigen, wenn eine der Sicherungen von *Drei*phasenleitungen abgeschaltet wird, sondern dass sie auch ansteigen können, wenn *ein*phasige Kreise abgeschaltet werden.

„Feldsalat" in den Räumen

Die Erklärung dieses Effektes lässt sich aus dem oben dargestellten Beispiel der Drehstromleitung ableiten, und es geschieht hier nichts wesentlich anderes. Der Unterschied besteht lediglich darin, dass die verschiedenen Phasen nicht in *einer* Mantelleitung eng zusammen liegen, sondern räumlich voneinander entfernt und über das ganze Gebäude verteilt sind. Denn üblicherweise werden die verschiedenen Einphasen-Stromkreise bei der Installation nicht alle auf dieselbe Phase gelegt, sondern im Dreierrhythmus abwechselnd an die Phasen L1, L2 und L3 angeschlossen. Wie stark die Phasen der einzelnen Stromkreise sich auf die elektrische Feldstärke im Raum auswirken, hängt ab vom individuellen Verlauf der Leitungen und ihrer Entfernung zum Betrachtungsort, von der Art der Leitungen, baulichen Gegebenheiten, verwendeten Baustoffen (ggf. kapazitive Ankoppelung),

Tabelle 4.3 *Elektrische Wechselfeldstärken bei Einphasen- und Dreiphasen-Mantelleitung (in Luft, Messung nach TCO-Standard in 30 cm Abstand)*

Leitungsart	Feldstärke in V/m
Einphasen-Mantelleitung, 230 V	≈ 50
Dreiphasen-Mantelleitung, 230 / 400 V	≈ 2

Feuchte der einzelnen Wände und Kontakt zum Erdpotential (ggf. Abschirmwirkung) usw. Dadurch kommt es in jedem Raum zu einem unterschiedlichen „Feldmix“ mit meist unsymmetrischen Komponenten.

Sind die Felder in einem Raum alle von derselben Phase hervorgerufen, so führt das Abschalten eines Stromkreises zur Verringerung der Gesamtfeldstärke und des Potentials. Bei unterschiedlichen Phasen muss dies durchaus nicht sein; es kann ebenso zu einem Anstieg kommen. Das folgende Beispiel macht dies deutlich.

Auf einen Schlafplatz mögen die elektrischen Wechselfelder von fünf Stromkreisen einwirken und Potentiale verursachen, die gemäß **Tabelle 4.4** auf die einzelnen Phasen verteilt sind.

Aus diesen Daten lässt sich ein Zeigerdiagramm konstruieren (**Bild 4.64**). Die niedrigeren Potentiale werden auf jedem Phasenpfeil zweckmäßigerweise innen aufgetragen, die großen Beträge außen. Man sieht in Bild 4.64

Tabelle 4.4 *Von den einzelnen Stromkreisen abhängige Potentiale, geordnet nach Phasen (Stromkreis 1: Schlafzimmerstromkreis)*

	Potential in mV		
Stromkreis-Nr.	**Phase L1**	**Phase L2**	**Phase L3**
1	500		
4	200		
2		110	
5		200	
3			90

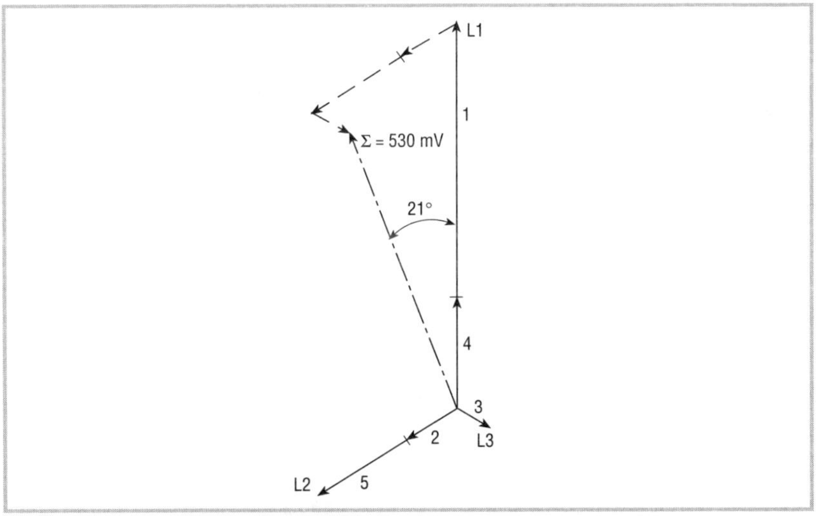

Bild 4.64 *Zeigerdiagramm zu Tabelle 4.4, alle Stromkreise ein*

deutlich, dass hier von einer Symmetrie der Summenpotentiale der drei Phasen keine Rede sein kann. Dementsprechend ist ein relativ hohes Gesamtpotential zu erwarten.

Die geometrische Addition der drei Potentialpfeile durch Parallelverschiebung liefert dieses resultierende Gesamtpotential (Σ), dessen Betrag man bei Untersuchungen misst, wenn alle Sicherungen eingeschaltet sind. Der Betrag liegt in unserem Beispiel bei 530 mV. Außerdem erkennt man aus Bild 4.65, dass die Phase des resultierenden Summenpotentials gegenüber L1 des Schlafzimmerstromkreises um 21° verschoben ist.

Was geschieht, wenn man gedanklich den Schlafzimmerstromkreis abschaltet? Dann entfällt der Potentialanteil des Stromkreises Nr. 1 im Diagramm, und gemäß **Bild 4.65** ergibt sich ein neues resultierendes Summenpotential mit verändertem – hier glücklicherweise verkleinertem – Betrag von 220 mV *und* veränderter Phase.

Nun soll versuchsweise zusätzlich der Stromkreis Nr. 4 abgeschaltet werden. Er liegt auf derselben Phase wie Stromkreis Nr. 1, dessen Abschalten das Potential deutlich vermindert hatte. Man sieht in **Bild 4.66** auf einen Blick, dass dies die unsymmetrischste aller bisher betrachteten Versionen ist; die Phase L1 fehlt völlig. Es ergibt sich ein resultierendes Summenpotential von 280 mV. Hier ist der Fall eingetreten, dass das Potential durch Abschalten eines Stromkreises in seinem Betrag gestiegen ist; natürlich hat sich auch die Phasenlage verändert.

Schaltet man Stromkreis Nr. 4 wieder ein und stattdessen Stromkreis Nr. 5 aus, so zeigt **Bild 4.67** das resultierende Summenpotential. Mit einem Betrag von 100 mV hat es sich weiter verringert; die drei Phasenkomponenten sind jetzt symmetrischer geworden.

Die Ideallösung in diesem Beispiel ist mit Abschalten nicht erreichbar –

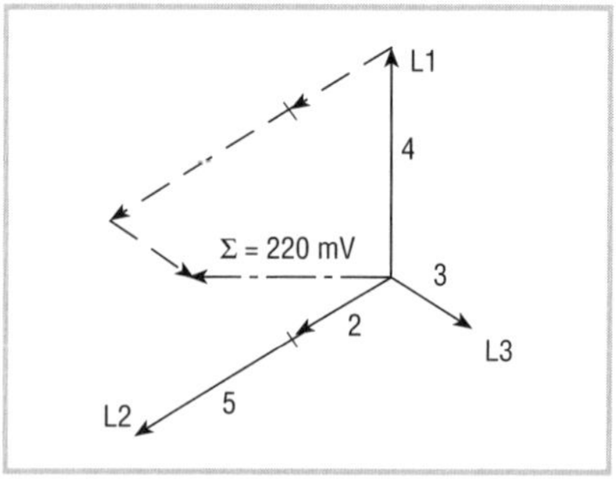

Bild 4.65 *Zeigerdiagramm zu Tabelle 5.10, Stromkreis Nr. 1 aus*

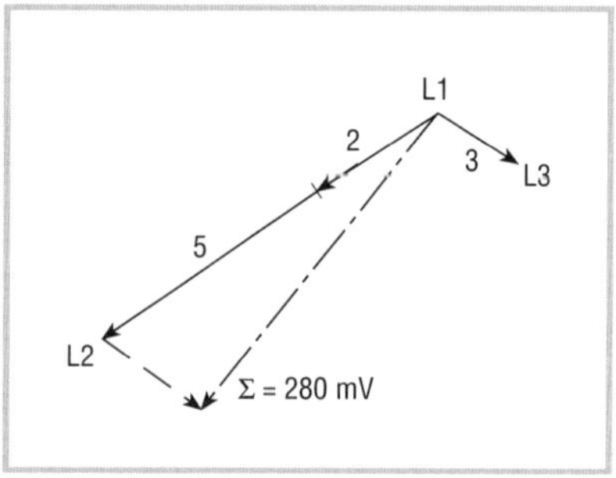

Bild 4.66 *Zeigerdiagramm zu Tabelle 5.10, Stromkreise Nr. 1 und 4 aus*

außer der Triviallösung, *alle* Stromkreise abzuschalten. Was geschieht aber, wenn man versuchsweise die Phase tauscht, z. B. Stromkreis Nr. 2 von Phase L2 auf L3 legt und nur Stromkreis Nr. 1 abgeschaltet lässt? Mit etwas Glück wird durch diesen Phasentausch eine völlig symmetrische Konstellation geschaffen, und das resultierende Summenpotential verschwindet zu null (**Bild 4.68**)!

Auch an diesem Beispiel erkennt man, wie wichtig es ist, nicht nur den Betrag des Potentials zu betrachten, sondern auch über die Phasenbeziehungen Bescheid zu wissen.

Führt man die Phasenabschaltung und/oder den Phasentausch zur Minimierung der elektrischen Felder in einem Schlafzimmer durch, so ist die Auswirkung dieser Maßnahmen auch in ggf. weiteren vorhandenen Schlafräumen zu kontrollieren. Denn sie können dort andere, eventuell schwächere oder sogar entgegengesetzte Resultate zeigen, da der „Feldmix" in jedem Zimmer anders zusammengesetzt ist.

Fassen wir die bisherigen Erkenntnisse zusammen, so sehen wir: Ziel sollte es sein, zur Minimierung elektrischer Wechselfelder das elektrische Feld am Betrachtungsort möglichst symmetrisch zu machen. Oder anders ausgedrückt: Es kommt nicht darauf an, durch Netzabkoppler möglichst viele Stromkreise spannungsfrei zu machen. Vielmehr sind die Stromkreise, die am Betrachtungsort elektrische Felder erzeugen, so auf die drei Phasen zu verteilen, dass die Felder sich möglichst gut kompensieren. Dies geschieht durch sinnvolle, gezielte Abschaltung *und* Phasentausch.

Der Phasentausch hat gegenüber der Abschaltung zusätzlich den Vorteil, dass seine Effekte *immer* wirken und nicht nur während bestimmter Zeiten, in denen kein Strom und damit auch keine Netzspannung benötigt wird.

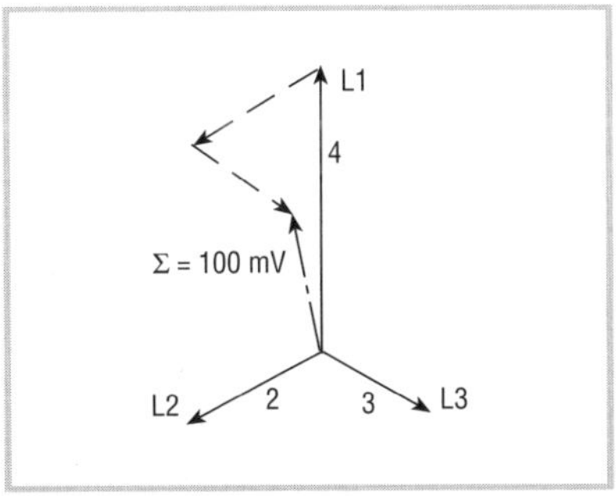

Bild 4.67 *Zeigerdiagramm zu Tabelle 5.10, Stromkreise Nr. 1 und 5 aus*

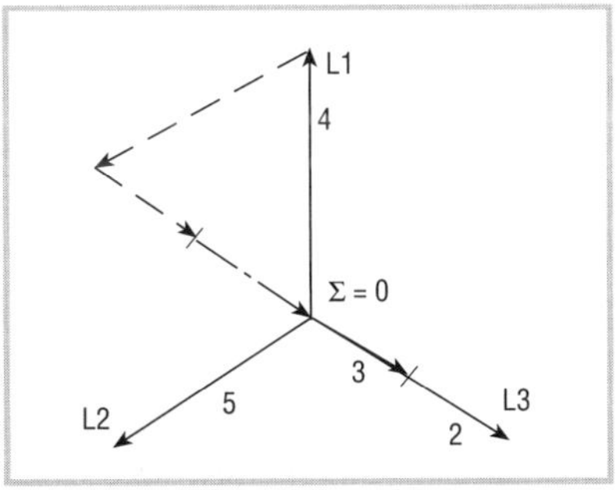

Bild 4.68 *Zeigerdiagramm zu Tabelle 5.10, Stromkreis Nr. 1 aus, Nr. 2 von Phase L2 auf L3 getauscht*

Körperspannungsmessung einmal anders

Die aufgezeigten Effekte von Dreiphasenfeldern eröffnen einen neuen Weg der Körperspannungsmessung. In einem analytischen Messverfahren kann auf systematische Weise die Phasenkonstellation der Stromkreise für eine optimale Feldkompensation ermittelt werden. Wie bereits erwähnt, soll aus Gründen der Einfachheit die Darstellung über eine skalare Größe (Potential) erfolgen; die im Folgenden beschriebene Vorgehensweise ist grundsätzlich ebenso mit einer potentialfreien, dreidimensionalen Feldmesstechnik durchführbar.

Dazu geht man folgendermaßen vor: Am Stromkreisverteiler wird die aktuelle Zugehörigkeit der einzelnen Stromkreise zu den drei Phasen ermittelt. Nicht-Elektrofachkräfte benötigen hierfür ein spezielles, kontaktlos arbeitendes Phasentestgerät, um die Abdeckhaube der Sicherungen nicht öffnen zu müssen, oder die Hilfe einer Elektrofachkraft.

Dann werden *sämtliche* Stromkreise abgeschaltet; am Betrachtungsort (Schlafplatz) wird alles für eine Körperspannungsmessung vorbereitet. Da Bewegungen der Versuchsperson die Messergebnisse beeinflussen können, ist es vorteilhaft, anstelle einer Person einen „Dummy“ (leitfähiges Vlies in Körpergröße) zu verwenden, an den das Voltmeter angeschlossen wird. Nun wird systematisch nacheinander jeweils eine Sicherung eingeschaltet, die zugehörige Körperspannung gemessen und die Sicherung wieder ausgeschaltet. Die Messergebnisse werden in einer Tabelle (z. B. wie Tabelle 4.4) zusammengestellt. Zeichnet man mit diesen Daten das zugehörige Dreiphasen-Zeigerdiagramm, so lässt sich mit einiger Erfahrung durch scharfes „Hinsehen“ und Probieren die optimale Phasenkombination herausfinden. Dieses analytische Verfahren hat den Vorteil, dass man beliebige Kombinationen in ihren Wirkungen auf dem Papier simulieren kann. Die grafische Zeigermethode ist dabei sehr anschaulich und in ihrer Genauigkeit für die Praxis ausreichend.

Das beschriebene Verfahren funktioniert nur so einfach, wenn die betrachteten E-Felder ausschließlich von den Installationen der untersuchten Wohnung verursacht werden. Das Kriterium hierfür ist, dass nach Abschalten *aller* Sicherungen die Körperspannung auf null zurückgeht. Dies wird i. d. R. bei Einfamilienhäusern der Fall sein. Streuen aber externe Felder ein, so bleibt auch nach Abschalten aller Sicherungen ein Restfeld, das relativ schwach, aber auch sehr stark sein kann; letzteres insbesondere in Stadtwohnungen mit hoher Nachbarwohnungs- und Installationsdichte. Da dieses externe Feld nicht abschaltbar ist, kann man lediglich durch Phasentausch an der eigenen Installation versuchen, es so gut wie möglich zu kompensieren. Dieses externe Feld messtechnisch zu erfassen ist aber nicht mehr ganz einfach, da man es auch hinsichtlich seiner Phasenlage messen müsste, wofür ein spezielles Phasenmessgerät mit interner Referenzphase erforderlich wäre.

Fazit

Die bisher in der Baubiologie üblichen Methoden zur Verringerung elektrischer Wechselfelder – Abschirmung und Abschaltung – werden durch den gezielten Phasentausch von Stromkreisen um ein neues Verfahren ergänzt. Ziel des Phasentauschs – ggf. in Kombination mit Netzabkopplern – ist es, am Untersuchungsort eine symmetrische Ausprägung der drei Phasenkomponenten des elektrischen Feldes zu erreichen und dadurch die resultierende Gesamtfeldstärke zu minimieren.

4.3 Magnetische Wechselfelder (Niederfrequenz)

4.3.1 Funktionsprinzipien von Magnetfeldmessgeräten

Magnetfeldmessgeräte für Wechselfelder können auf zwei unterschiedlichen physikalischen Prinzipien beruhen:

1. Induktionseffekt in einer Messspule (s. Abschn. 3.3.2),
2. Hall-Effekt in einer Hall-Sonde.

1D-Geräte auf Basis der Messspule verfügen über nur eine Spule; diese muss im Magnetfeld auf das Maximum der Anzeige ausgerichtet werden. Die isotropen und damit richtungsunabhängigen 3D-Geräte enthalten drei orthogonal angeordnete Spulen. Hier sind zwei verschiedene Technologien im Einsatz.

Bei der einen Variante verwendet man Spulen, die mechanisch voneinander unabhängig, meist direkt auf der Leiterplatte des Messgerätes und in die Auswerteeinheit integriert, nebeneinander angeordnet sind (**Bild 4.69**). Mit dieser Lösung lässt sich ein Frequenzbereich zwischen 5 ... 15 Hz (untere Grenzfrequenz) und 1 ... 2 kHz (obere Grenzfrequenz) erfassen.

Bei höheren Anforderungen an die obere Grenzfrequenz müssen dagegen Spulen in konzentrischer Anordnung (Kreuzspulen) zur Anwendung kommen (**Bild 4.70**). Dieser „ineinander verflochtene" 3D-Spulensatz ist aufwändiger in der Herstellung und wird i.d.R. für von der Auswerteeinheit abgesetzte Magnetfeldsonden verwendet.

Bild 4.69 *Orthogonaler 3D-Spulensatz auf einer Leiterplatte*
Foto: Fa. Merkel Messtechnik

Bild 4.70 *3D-Spulensatz mit Kreuzspulen in konzentrischer Ausführung*
Foto: Fa. narda/Wandel & Goltermann

Messgeräte mit sogenannten *Hall-Sonden* gibt es ebenfalls in 1D- und 3D-Ausführung. Sie nutzen den physikalischen Hall-Effekt als Messprinzip. Hiermit lassen sich magnetische Wechselfelder, aber auch Gleichfelder messen. Hall-Sonden werden daher u. a. in Magnetometern zur Messung des Erdmagnetfeldes bzw. seiner Störungen eingesetzt. Außerdem finden sie in Strommesszangen Verwendung, wie sie in der baubiologischen Messtechnik z. B. zur Erfassung von Ausgleichsströmen eingesetzt werden.

Für die direkte Messung niederfrequenter magnetischer Wechselfelder dominieren allerdings Messgeräte mit Induktionsspulen. Auch Strommesszangen gibt es in der Version mit Messspulen.

4.3.2 Direkte Messverfahren

4.3.2.1 Messung an einem Punkt

Magnetfelder durchdringen Baustoffe und den menschlichen Körper nahezu ungehindert, sie lassen sich nicht so leicht „ablenken" wie elektrische Felder. Eine nennenswerte Beeinflussung tritt nur durch ferromagnetische Werkstoffe, insbesondere solche mit hoher Permeabilität auf.

Von daher gestalten sich Messungen von magnetischen Feldern viel einfacher, zuverlässiger und reproduzierbarer als die von elektrischen Feldern.

Andererseits sind Magnetfeldmessungen mit einer besonderen Problematik behaftet, die bei elektrischen Wechselfeldern so gut wie keine Rolle spielt. Die Netzspannung ist mit 230 V ± 10 % zeitlich ziemlich konstant, die elektrischen Wechselfelder in Wohnungen und Büroräumen sind es daher ebenso, wenn nicht Leitungsabschnitte geschaltet werden. Magnetfelder, die durch elektrische Ströme hervorgerufen werden, schwanken dagegen mit der Stromstärke. Die Stromstärke ändert sich mit der Art und Anzahl der elektrischen Verbraucher, die ständig ein- und ausgeschaltet werden. **Bild 4.71** zeigt den typischen *Tagesgang* der magnetischen Flussdichte (50 Hz) an einem Schlafplatz. Ursache des Magnetfeldes ist hier in erster Linie das Erdkabel des Netzbetreibers (NB) unter dem Bürgersteig vor dem Haus. Vom Bahnstrom verursachte Magnetfelder spielen hier so gut wie keine Rolle.

Man erkennt, dass die 50-Hz-Werte nicht nur kurzfristig stark schwanken, sondern dass auch der Trend der Kurve sich im Verlauf des Tages deutlich ändert. Die Spitzenwerte liegen um die Mittagszeit und in den früheren Abendstunden, während die Flussdichte nachts ihr Minimum erreicht. Das Messergebnis ist also in hohem Maße davon abhängig, zu welcher Tageszeit gemessen wird.

Einen völlig anderen Verlauf zeigt die Aufzeichnung in **Bild 4.72.** Hier ist zum einen ein deutlicher Einfluss des Bahnstromes zu erkennen, der allerdings in der Zeit zwischen 1 Uhr und 5 Uhr nachts stark zurückgeht. Dafür bewegen sich die 50-Hz-Werte in der Zeit von etwa 20 Uhr bis 9 Uhr über die gesamte Nacht auf einem durchschnittlich konstant hohem Level. Hier

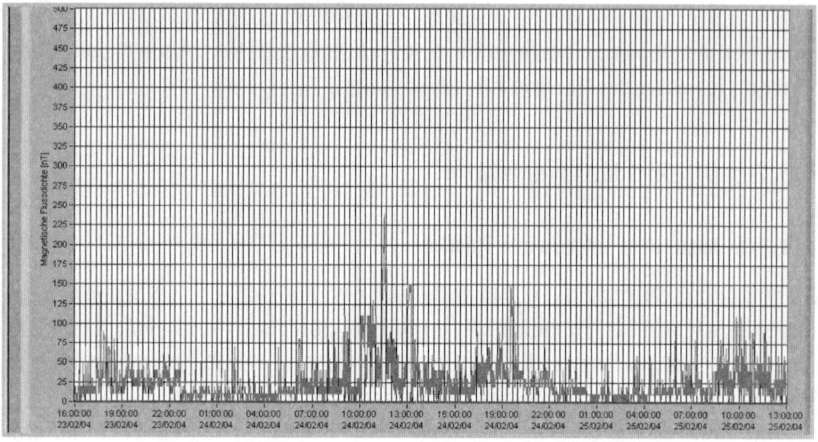

Bild 4.71 *Langzeitaufzeichnung des 50 Hz-Magnetfeldes über 45 h mit typischem Tagesgang*

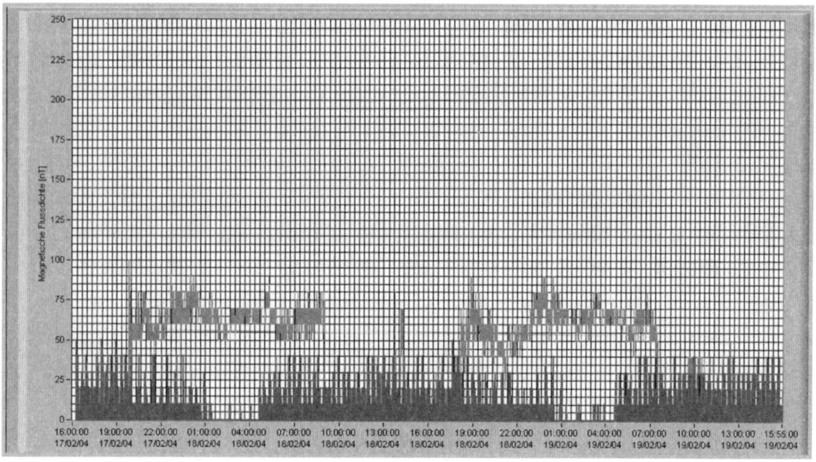

Bild 4.72 *Langzeitaufzeichnung des NF-Magnetfeldes über 48 h in einem Wohngebiet mit hohem Nachtstromverbrauch*
dunkle Kurve 16,7 Hz, helle Kurve 50 Hz … 2 kHz

schlägt sich die massive Nutzung des billigeren Nachtstromes in der Magnetfeldaufzeichnung nieder.

In der Regel kann daher auf eine Langzeitaufzeichnung über mindestens 24 h nicht verzichtet werden, und auch hier wird man am Wochenende häufig zu anderen Messergebnissen kommen als an den Werktagen, im Sommer zu anderen als im Winter und in Ferienzeiten zu anderen als außerhalb der Ferien.

Die obigen Beispiele zeigen auch, wie bedeutsam es ist, bei der Messung nach den beiden wichtigsten technischen Frequenzen, nämlich 16 ⅔ Hz des Bahnstromes und 50 Hz der Energieversorgung, differenzieren zu können.

Alle Geräte, die zur Messung von magnetischen Wechselfeldern herangezogen werden, sollten mit echter RMS-Gleichrichtung ausgestattet sein (Feldmessgeräte, Digitalmultimeter an Messspulen), da Ströme und damit die Magnetfelder häufig alles andere als sinusförmig sind (s. Abschn. 4.1.2).

Wie für alle Feldmessverfahren gilt es auch bei Magnetfeldmessungen zu beachten, dass in inhomogenen Feldern die Abmessungen der Messsonde klein sein müssen gegenüber der räumlichen Ausdehnung der Inhomogenitäten, so dass das zu messende Feld innerhalb der Sonde immer homogen ist.

4.3.2.2 Messung der räumlichen Magnetfeldverteilung – Rastermessung

Will man die räumliche Verteilung des Magnetfeldes ermitteln, darf man aufgrund der Zeitabhängigkeit nicht einfach mit einem Messgerät an mehreren – zweckmäßigerweise rasterförmig angeordneten – Raumpunkten nacheinander Messungen durchführen, da sich räumliche und zeitliche Änderungen dann nicht voneinander unterscheiden lassen. Erhöht sich z. B. der gemessene Wert von einem Messpunkt zum anderen, so weiß man nicht, ob am zweiten Messpunkt raumabhängig die Immissionen generell höher sind als am ersten, oder ob zwischenzeitlich die Emission beim Feldverursacher gestiegen ist.

Man benötigt daher zwei gleichartige 3D-Messgeräte mit gleichen Filtereinstellungen, mit denen gleichzeitig an zwei verschiedenen Raumpunkten gemessen wird. Ein Raumpunkt wird dabei als Referenzpunkt definiert; zu allen Messwerten an den verschiedenen Messpunkten wird auch immer der jeweilige Messwert am Referenzpunkt erfasst.

Dies kann entweder mit zwei Personen auf Zuruf geschehen, von denen eine am Referenzpunkt stehen bleibt und das Kommando zur Messwertablesung gibt, wenn der Wert für zumindest einige Sekunden konstant ist. Die zweite Person geht nacheinander die Messpunkte ab, liest auf das Kommando der Person am Referenzpunkt den Messwert am jeweiligen Messpunkt ab und teilt ihn der Person am Referenzpunkt mit, die dann beide Messwerte protokolliert.

Ist aber die messende Person alleine oder schwankt das Magnetfeld zeitlich so schnell, dass eine gemeinsame Ablesung auf Zuruf nicht sicher möglich ist (z. B. bei Magnetfeldern der Bahnstromversorgung), so kann auch ein Magnetfeldlogger am Referenzpunkt platziert werden, während die messende Person mit einem zweiten Magnetfeldlogger nacheinander die einzelnen Messpunkte abgeht. Wichtig für korrekte Messergebnisse ist hierbei, dass

- die beiden Magnetfeldlogger kurz vor der Messung exakt synchronisiert wurden und
- beide Messgeräte sich in gleicher Höhe befinden.

An jedem Messpunkt muss dokumentiert werden, wann „die Messung gilt“. Dies geschieht entweder, indem die Uhrzeit aufgeschrieben wird (was sich meist nachträglich als nicht sonderlich präzise herausstellt) oder indem man den Magnetfeldlogger während der Fortbewegung von einem Messpunkt zum nächsten kräftig hin- und herschüttelt. Insbesondere im 16,7-Hz-Bereich führt dies zu kontinuierlichen, heftigen Messwert-Artefakten, die lediglich dokumentieren sollen, dass der Messpunkt – und damit der gültige Messzeitpunkt – noch nicht erreicht wurde. Einfacher gestaltet sich der Vorgang, wenn der Magnetfeldlogger über eine Markertaste verfügt, die an jedem Messpunkt betätigt wird und den gültigen Zeitpunkt markiert, der dann ausgewertet wird.

Tabelle 4.5 zeigt für die beschriebenen Vorgehensweisen ein Beispiel in den Spalten „Messwerterfassung“.

Alle Messwerte werden anschließend auf den jeweiligen *zeitgleichen* Messwert am Referenzpunkt normiert (Spalte B_{MP}/B_{Ref} in Tabelle 4.5). Dieser Quotient gibt die räumliche Verteilung des Magnetfeldes bezogen auf den Referenzpunkt und bereinigt von den zeitlichen Schwankungen an. Ist der Quotient gleich 1, so ist das Magnetfeld am jeweiligen Messpunkt genau so groß wie am Referenzpunkt. Ist der Quotient kleiner als 1, so ist das Magnetfeld am Messpunkt entsprechend kleiner als am Referenzpunkt usw.

Tabelle 4.5 *Erfassung und Auswertung einer Magnetfeld-Rastermessung*

	Messwerterfassung		Auswertung		
Mess-punkt Nr.	gemessene magnetischeFluss-dichte am Mess-punkt B_{MP} in nT	gemessene magnetische Fluss-dichte am Referenz-punkt (MP Nr. 1) B_{Ref} in nT	$\frac{B_{MP}}{B_{Ref}}$	Mittelwert am Referenzpunkt aus Magnetfeldlogger-Aufzeichnung $B(MW)_{Ref}$ in nT	$\frac{B_{MP}}{B_{Ref}} \cdot B(MW)_{Ref}$ in nT
1 (Ref.)	100	100	1,00	110	110
2	100	125	0,80		88
3	100	70	1,42		156
4	140	145	0,97		107

Auf Basis der Quotienten können nun die Minima, Maxima, Mittelwerte usw. an den einzelnen Messpunkten bestimmt werden, indem man die Quotienten mit den entsprechenden Werten des Referenzpunktes multipliziert. Ein Beispiel für diese Berechnung mit dem Mittelwert am Referenzpunkt ist in Tabelle 4.5 in den Spalten „Auswertung“ gegeben.

Als Referenzpunkt sollte derjenige Punkt gewählt werden, der am nächsten beim Feldverursacher liegt, damit die zeitlichen Schwankungen möglichst gut deutlich werden.

Die obige Vorgehensweise darf nur angewendet werden, wenn sichergestellt ist, dass das Magnetfeld von einem einzigen Verursacher (z. B. Erdkabel, Freileitung) herrührt. Bei mehreren, voneinander unabhängigen Verursachern sind die zeitbedingten Veränderungen nicht mehr eindeutig zuzuordnen. In diesem Fall müssen Aufzeichnungen mit mehreren Magnetfeldloggern durchgeführt werden.

4.3.2.3 Bestimmung des Ortes des Magnetfeld-Verursachers

Führt man eine in Abschnitt 4.3.2.2 beschriebene Rastermessung auf einer Linie durch, so lässt sich aus der Messreihe häufig bestimmen, in welcher Entfernung vor dem ersten Messpunkt sich der Magnetfeld-Verursacher befindet. Voraussetzung hierfür ist, dass es sich bei den Verursachern um gerade Leitungen handelt und die Messlinie senkrecht zum Verursacher bzw. zu den Verursachern liegt.

Diese Fragestellung kann von Bedeutung sein, wenn ermittelt werden soll, ob z. B. auf einem Grundstück die dominanten Magnetfeld-Immissionen von einer Hochspannungsleitung in vielleicht 100 m Entfernung stammen oder von dem lokalen Erdkabel unter dem nahe gelegenen Bürgersteig. Oder ob auf einem Grundstück festgestellte Magnetfelder der Bahnstromversorgung tatsächlich ihre Ursache in einer mehr als 200 m entfernten Bahntrasse haben.

Je nachdem, ob es sich beim Verursacher um Ein- oder Zweileiterströme handelt, folgt die Abnahme der magnetischen Flussdichte mit zunehmender Entfernung r vom Feldverursacher der Gesetzmäßigkeit $1/r$ oder $1/r^2$. Nimmt man denjenigen Messpunkt, der dem vermuteten dominanten Verursacher am nächsten liegt, als Referenz und berechnet von diesem Punkt ausgehend die magnetischen Flussdichten, die sich an den einzelnen Messpunkten für den Abstand des vermuteten Feldverursachers ergeben würden, so müssen die Messwerte an den einzelnen Messpunkten in den „Trichter“ fallen, der von den berechneten Kurven gemäß $1/r$ und $1//r^2$ aufgespannt wird.

Bild 4.73 zeigt eine solche Berechnung und Auswertung, die für eine Bahntrasse in 250 m Entfernung als vermuteter Feldverursacher durchgeführt wurde (obere Kurvenschar „ab Bahnlinie"). Da der Feldverursacher ziemlich weit entfernt ist, ist das Feld schon recht homogen und fällt mit zunehmender Entfernung nur allmählich ab. Die Messwerte an den Messpunkten 2 bis 4 fallen dagegen wesentlich schneller ab und liegen weit unterhalb des „Trichters" für 250 m Abstand vom Feldverursacher. Nimmt man den Feldverursacher aber lediglich in 15 m Entfernung vom ersten Messpunkt an, so fallen die Messwerte in den berechneten „Trichter" mit der Bezeichnung „ab B9". In 15 m Entfernung vom ersten Messpunkt verläuft aber der Bürgersteig einer innerstädtischen Bundesstraße – offensichtlich mit elektrisch gut leitfähigen Versorgungsleitungen im Untergrund, in die der Bahn-Rückstrom einkoppelt.

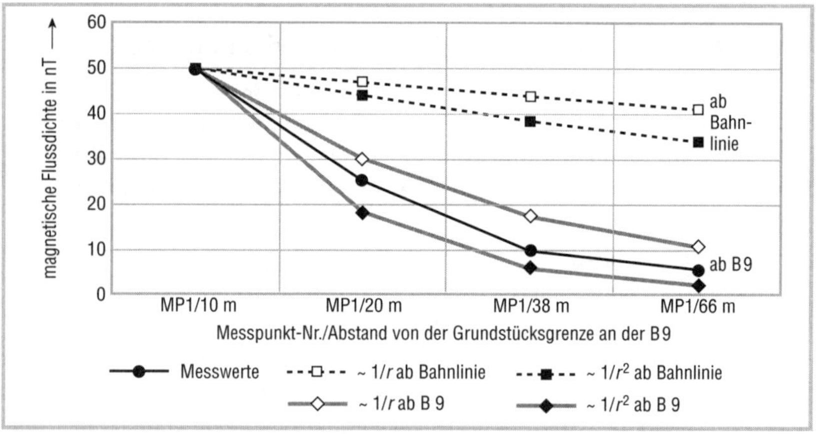

Bild 4.73 *Gemessener und berechneter Verlauf der magnetischen Flussdichte an den Messpunkten 1 bis 4 als Funktion des Abstands von der Feldquelle, normiert auf die Flussdichte am MP 1; die Entfernungsangaben bei den Messpunkten beziehen sich auf die Grundstücksgrenze in Richtung Bahnlinie*
Neu skalieren mit z. B. 400 nT an MP1

4.3.3 Indirekte Messverfahren

Differenz- und *Ausgleichsströme* können magnetische Felder von beträchtlicher Stärke und großflächiger Ausdehnung verursachen.

Diese Ströme können einfach mit Stromzangen oder flexiblen Stromwandlern gemessen werden, ohne dass die Strom führenden Gas-/Wasser-/Heizungsrohre, Kabelfernsehleitungen oder sonstigen Installationen aufgetrennt werden müssen (**Bild 4.74**); es gibt sie als Komponenten zum

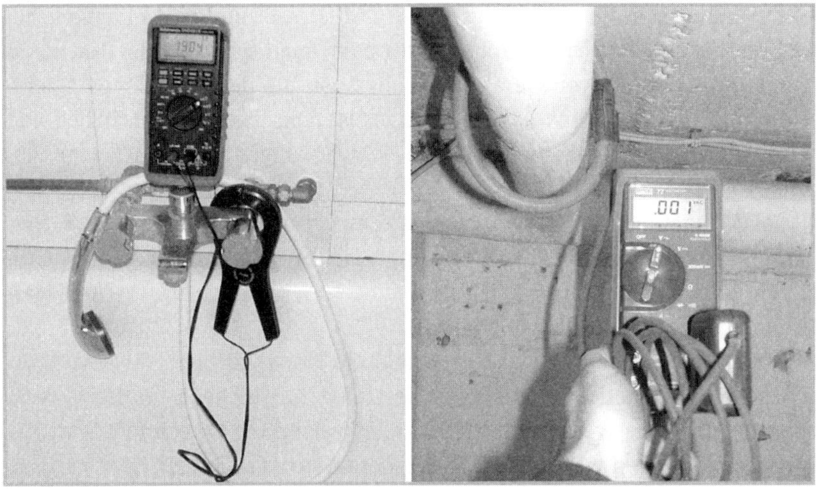

Bild 4.74 *Stromzange (links) und flexibler Stromwandler (rechts) im Einsatz*

Anschluss an ein Multimeter oder als Komplettgeräte. Gegenüber Stromzangen haben flexible Stromwandler den Vorteil, dass sie größere Durchmesser umfassen und leichter auch an unzugänglichen Stellen um das zu untersuchende Rohr geführt werden können.

Stromzangen und Stromwandlern ist gemeinsam, dass sie den durch die umschlossene Fläche hindurchfließenden Summenstrom unter Berücksichtigung der Flussrichtung messen. Ist eine Leitung umschlossen, in der ein gleich großer Hin- und Rückstrom fließt, so ist der angezeigte Summenstrom null! Ist der Rückstrom z. B. aufgrund von Parallel-Strompfaden kleiner als der Hinstrom, so wird die Differenz der beiden Stromstärken angezeigt. Diese Geräte eignen sich also zur Ermittlung der besonders feldintensiven Einleiterströme.

4.3.4 Aspekte bei der Bewertung von Magnetfeld-Immissionen

4.3.4.1 Zeitverhalten von niederfrequenten magnetischen Wechselfeldern

Typisch für das zeitliche Verhalten magnetischer 50-Hz-Wechselfelder der elektrischen Energieversorgung (Immissionen) sind mehr oder weniger starke, sehr kurzfristige und mittelfristige Schwankungen. Die mittelfristigen Schwankungen äußern sich als sogenannter Tagesgang, d. h., der Trend der

Werte ändert sich im Verlauf des Tages und ist z. B. um die Mittagszeit besonders hoch (wenn viel gekocht wird) oder auch während der Nachtzeit (wenn eine Vielzahl von Geräten installiert ist, die den verbilligten Nachtstrom nutzen). Der Trend des Tagesganges ist typischerweise zusätzlich von sehr kurzfristigen, großenteils starken Schwankungen überlagert. (vgl. Abschnitt 4.3.2.1).

Bei Magnetfeldern, die vom Bahnstrom verursacht werden (16,7 Hz), kommt es typischerweise zu kurzen Impulsspitzen, danach gehen die Werte häufig bis auf Nnull zurück. Dieser Zeitverlauf ist durch das Verkehrsaufkommen auf der Bahnstrecke bedingt.

Aufgrund dieses Zeitverhaltens besteht die Notwendigkeit, für eine Beurteilung von Magnetfeld-Immissionen festzulegen, welcher gemessene Wert oder aus den Messwerten einer Langzeitaufzeichnung berechnete Statistik-Wert herangezogen werden soll. Dies ist der *Beurteilungswert.*

4.3.4.2 Gebräuchliche Beurteilungswerte

Der Beurteilungswert dient zum Vergleich der Messergebnisse mit Grenz- und Richtwerten. Je nach Grenz-/Richtwert ist definiert, ob als Beurteilungswert der Maximalwert, der Mittelwert oder eine nach sonstigen Kriterien aus den Messwerten berechnete Größe heranzuziehen ist.

MIN: Minimum, kleinster Wert im Untersuchungszeitraum

MAX: Maximum, größter Wert im Untersuchungszeitraum

AVG oder MW: Linearer Mittelwert (Average) über den Untersuchungszeitraum

$$\mathrm{AVG} = \Sigma\, B_\mathrm{i}/n$$

mit

n = Anzahl der Messwerte

B_i = Messwert i, $1 \leq \mathrm{i} \leq n$

STD oder σ: Standardabweichung, Streuung

$$\sigma = \sqrt{\Sigma\, (B_\mathrm{i} - \mathrm{AVG})^2/(n-1)}$$

AVG+: $\mathrm{AVG+} = \mathrm{AVG} + 2 \cdot \mathrm{STD} = \mathrm{AVG} + 2\,\sigma$

95. Perzentil: Perzentile unterteilen die Reihe der vorliegenden Messwerte in Schritten von 1 %. Ein x. Perzentil gibt dann an, bei welchem Messwert x Prozent aller Werte kleiner sind als eben dieser Wert. Beim 95. Perzentil liegen also 95 % aller Messwerte unter dem betreffenden Wert und 5 % darüber.

Bei einer Gaußverteilung der Messwerte (die allerdings bei Magnetfeldimmissionen i.d.R. nicht gegeben ist, s. u.), entspricht der Wert AVG+ = AVG + 2 s recht genau dem 95. Perzentil.

Zur Ermittlung der Gesamtimmission ist bei magnetischen Flussdichten unterschiedlicher Frequenzen nicht die lineare Summe, sondern die quadratische Summe zu bilden:

$$B_{\text{gesamt}} = \sqrt{B^2_{16{,}7\text{ Hz}} + B^2_{50\text{ Hz}}}$$

4.3.4.3 AVG+ und 95. Perzentil im Vergleich (SBM-2003/SBM-2008)

Als Beurteilungswert für die Langzeitaufzeichnung von magnetischen Wechselfeldern wurde bei den Richtwerten für Schlafplätze zum Standard der baubiologischen Messtechnik im SBM-2003 der Wert „AVG+ = Mittelwert plus doppelte Standardabweichung" eingeführt. Bei einer Gaußverteilung der Messwerte entspricht der Wert AVG+ = AVG + 2 σ ca. 95,5 % aller Messwerte. Die Verwendung des AVG+ ist daher streng genommen nur bei gaußverteilten Messwerten korrekt.

Nun sind die Messwerte von Magnetfeld-Langzeitaufzeichnungen typischerweise aber nicht gaußverteilt. Es hat sich in der Praxis gezeigt, dass der Wert AVG+ trotzdem in vielen Fällen das gewünschte Ergebnis recht brauchbar darstellt (s. **Bild 4.75**).

Es können aber Fälle vorkommen, in denen der Wert des AVG+ völlig unrealistisch und damit für eine Bewertung unbrauchbar ist; nämlich, wenn aufgrund einer großen Standardabweichung der – berechnete – AVG+ höher ausfällt als der real überhaupt aufgetretene Maximalwert! Zwei solche Beispiele sind in **Bild 4.76** und **Bild 4.77** dargestellt.

Den Nachteil, dass bei bestimmten Wertekonstellationen bzw. -verteilungen der Beurteilungswert unbrauchbar wird, weil er größer ist als der höchste überhaupt gemessene Wert, vermeidet das 95. Perzentil, weil es verteilungsunabhängig ist und definitionsgemäß nie größer als das Maximum werden kann. Daher wurde mit dem SBM-2008 das 95. Perzentil als Beurteilungswert eingeführt.

Dennoch gibt es Fälle, in denen auch beim 95. Perzentil als Beurteilungswert Vorsicht geboten ist. Und zwar immer dann, wenn die Werte der Messreihe im Wesentlichen zwischen zwei Werten hin und her pendeln.

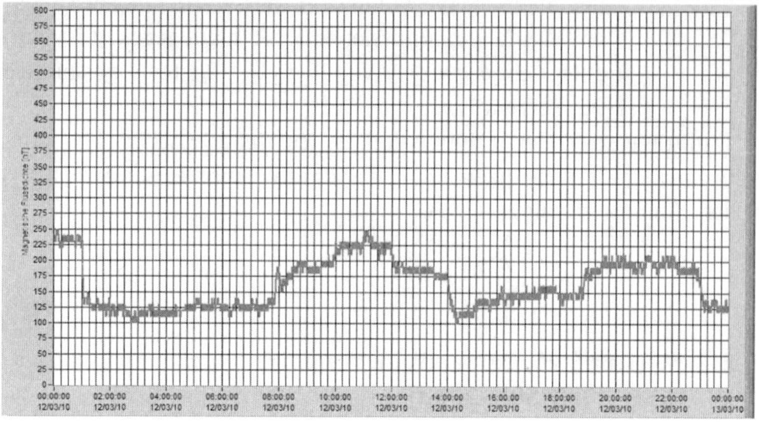

Frequenz	Minimum	Maximum	AVG	STD	**AVG+**	**95. Perzentil**
50 Hz	100,0 nT	250,0 nT	162,4 nT	38,1 nT	**238,6 nT**	**230,0 nT**

Bild 4.75 *50-Hz-Langzeitaufzeichnung über 24 Stunden; AVG+ entspricht mit 238,6 nT recht gut dem 95. Perzentil von 230,0 nT*

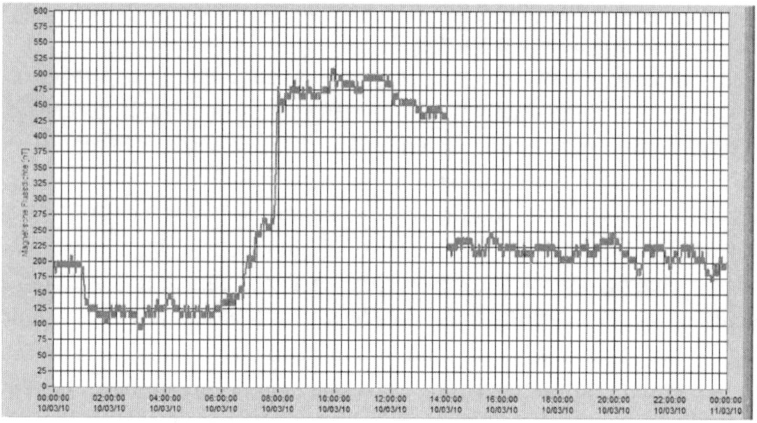

Frequenz	Minimum	**Maximum**	AVG	STD	**AVG+**	95. Perzentil
50 Hz	90,0 nT	**510,0 nT**	259,2 nT	129,3 nT	**517,8 nT**	490,0 nT

Bild 4.76 *50-Hz-Langzeitaufzeichnung über 24 Stunden; AVG+ ist mit 517,8 nT etwas höher als der Maximalwert von 510,0 nT*

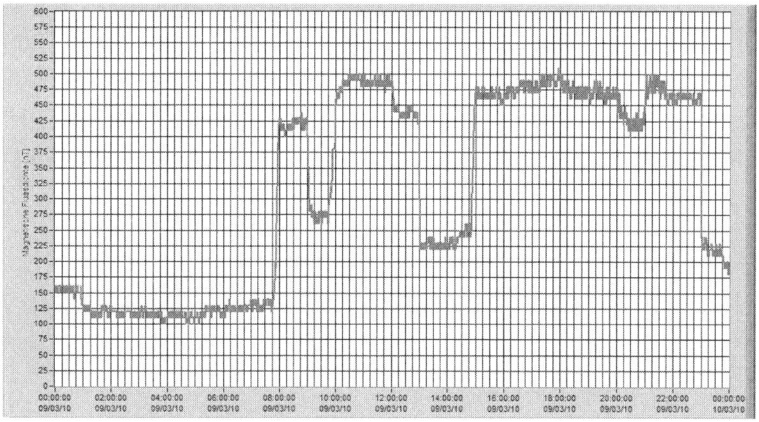

Frequenz	Minimum	**Maximum**	AVG	STD	**AVG+**	95. Perzentil
50 Hz	100,0 nT	**510,0 nT**	316,3 nT	156,1 nT	**628,5 nT**	490,0 nT

Bild 4.77 *50-Hz-Langzeitaufzeichnung über 24 Stunden; AVG+ ist mit 628,5 nT wesentlich höher als der Maximalwert von 510,0 nT*

Das folgende Beispiel möge dies verdeutlichen.

Eine Messreihe umfasse 100 Messwerte (n = 1 ... 100), von denen 96 den Wert 10 nT haben und 4 den Wert 2 000 nT. Dann beträgt das 95. Perzentil 10 nT (s. **Bild 4.78 a** und **Bild 4.79 a**). Haben aber nur 95, 94 oder 93 Messwerte 10 nT, so erreicht ihr Anteil an der Gesamtzahl nicht mehr über 95 %, und das 95. Perzentil springt von 10 nT auf das Maximum von 2 000 nT (s. **Bild 4.78 b** und **Bild 4.79 b**). In diesem Extrembeispiel, das den Effekt verdeutlichen soll, bringt also schon die Änderung eines einzelnen Messwertes den Beurteilungswert über eine große Spanne „zum Kippen".

Besonders deutlich wird dieser Effekt – und die Einsicht, dass man in bestimmten Fällen auch mit der Anwendung des 95. Perzentils bei der Bewertung von Magnetfeldern vorsichtig sein und mit Verstand vorgehen muss –, wenn bei einer Langzeitaufzeichnung über einen größeren Zeitraum die meisten Messwerte gleich null sind und nur sporadisch kurzzeitige Peaks auftauchen. Dies ist typischerweise bei der Aufzeichnung von Magnetfeldern des Bahnstroms der Fall.

Bild 4.80 zeigt ein solches Beipiel: Hier ist das 95. Perzentil gleich null, obwohl deutliche kurzzeitige Immissionen vorhanden sind. In Fällen, wo

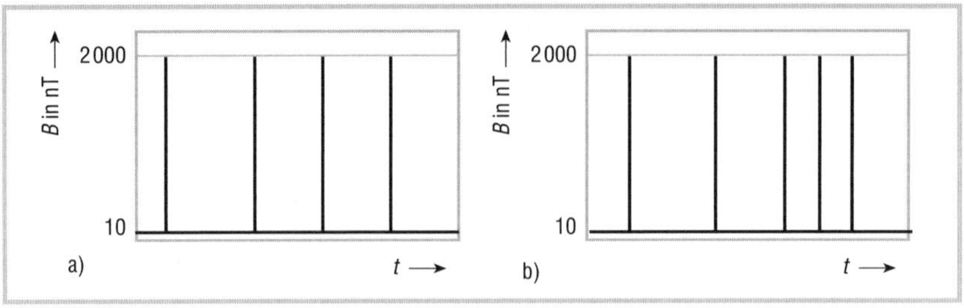

Bild 4.78 *Messwerte der Langzeitaufzeichnung über der Zeitachse*
a) 4 von 100 Messwerten = 2.000 nT → 95. Perzentil = 10 nT
b) 5 oder mehr von 100 Messwerten = 2.000 nT → 95. Perzentil = 2.000 nT

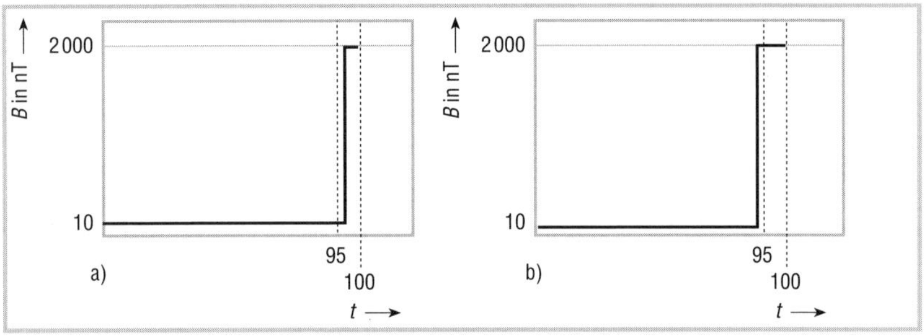

Bild 4.79 *Statistische Verteilung der Messwerte der Langzeitaufzeichnung*
a) 4 von 100 Messwerten = 2.000 nT → 95. Perzentil = 10 nT
b) 5 oder mehr von 100 Messwerten = 2.000 nT → 95. Perzentil = 2.000 nT

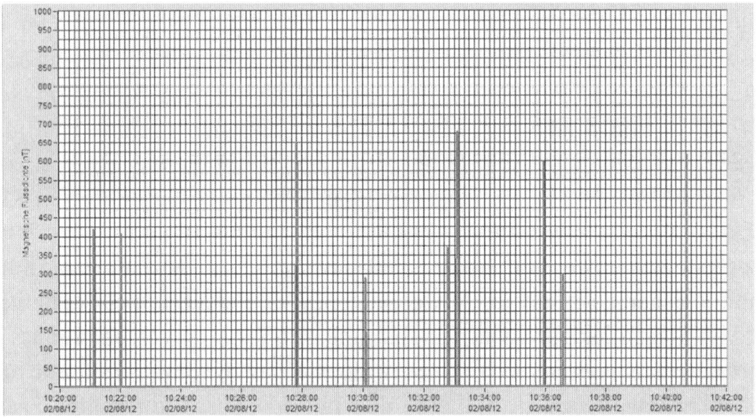

Frequenz	Minimum	Maximum	AVG	STD	AVG+	**95. Perzentil**
16,7 Hz	0,0 nT	680,0 nT	9,2 nT	68,2 nT	145,5 nT	**0,0 nT**

Bild 4.80 *Beispiel für 95. Perzentil = 0 beim Vorhandensein deutlicher Peaks*

das 95. Perzentil kleiner ist als der Mittelwert, sollte zur baubiologischen Bewertung nicht das 95. Perzentil herangezogen werden, sondern mindestens der Mittelwert oder aber AVG+ (= AVG + 2 · STD), sofern dieser Wert nicht größer ist als das Maximum.

4.3.4.4 Bewertung von Immissionen auf Basis der TCO-Richtwerte

Die TCO-Richtlinie definiert keine Immissionsmessung, sondern eine Emissionsmessung in definiertem Abstand (30 cm) für die von einer kleinräumigen *Quelle mit konstantem Betriebszustand* emittierten Felder eines Gerätes. Diese Felder sind damit auch zeitlich konstant.

Die statistischen Werte einer Langzeitaufzeichnung MIN, MAX, AVG und AVG+ bzw. 95. Perzentil sind in einem solchen Fall alle gleich, die Standardabweichung STD = 0.

Werden die TCO-Richtwerte zur Bewertung von Magnetfeld-Immissionen herangezogen, die üblicherweise zeitlichen Schwankungen unterliegen, so ist festzulegen, welche statistische Größe als Beurteilungswert dienen soll. Hierzu eignen sich grundsätzlich der Mittelwert AVG, das 95. Perzentil oder das Maximum.

4.3.4.5 Bewertung von Immissionen bei maximaler Anlagenauslastung

Gesetzlich verankerte Grenzwerte fordern i.d.R. die Einhaltung dieser Grenzwerte bei maximaler Anlagenauslastung. Werden Immissionsmessungen z. B. an Hochspannungsleitungen oder Trafoanlagen durchgeführt, so wird in den meisten Fällen die maximale Anlagenauslastung aktuell gar nicht erreicht.

In solchen Fällen ist daher der während des Messzeitraums zu einem bestimmten – frei wählbaren – Zeitpunkt aufgetretene Grad der Anlagenauslastung zu ermitteln und hiervon ausgehend linear auf 100 % Auslastung hochzurechnen.

Bei Trafoanlagen kann der Auslastungsgrad i.d.R. an entsprechenden Strom-Messgeräten im zugehörigen Verteilerschrank abgelesen werden; der Maximalstrom des Transformators ist auf seinem Typenschild angegeben. Das Typenschild sollte daher immer fotografiert werden.

Bei Hochspannungsleitungen sind die aktuelle Auslastung und der thermische Grenzstrom der Leitung bei der zuständigen Schaltstelle des jeweiligen Netzbetreibers zu erfragen. Es empfiehlt sich, mindestens einen Tag vor der Messung bei der Schaltstelle anzurufen und einen Zeitpunkt für die

Auslastungsbestimmung zu vereinbaren. Dabei muss eindeutig definiert sein, um welche Hochspannungsleitung es sich handelt und möglichst auch, in der Nähe von welchem Mast die Messung durchgeführt werden soll. Diese Informationen sind am Mastfuß vermerkt (**Bild 4.81**).

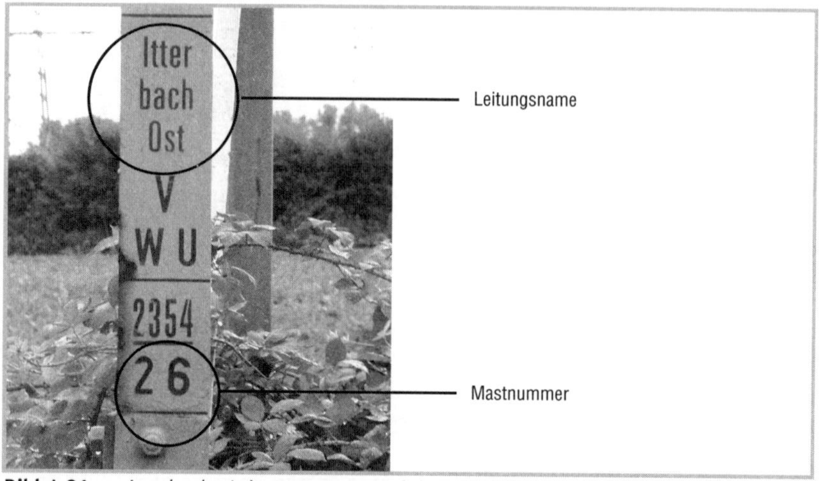

Bild 4.81 *Angabe des Leitungsnamens und der Mastnummer am Mastfuß*

4.4 Der Kilohertz- und untere Megahertz-Bereich: Netzoberschwingungen, „Dirty Power", PLC – Powerline Communication

Einflüsse im Kilohertz- und unteren Megahertz-Bereich, die leitungsgebunden in Elektroanlagen transportiert werden, können auf zwei Arten gemessen werden:

- direkt als Spannung bzw. Strom auf der Leitung,
- indirekt über die von den Leitungen der Elektroanlage abgestrahlten elektrischen und magnetischen Felder.

4.4.1 Spannungs- und Strommessungen

Digital-Multimeter

Digital-Multimeter werden zur Messung von Spannungen und Strömen eingesetzt. Misst man solche Größen, die stark mit Oberschwingungen behaftet sind, so erhält man nur dann ein korrektes Ergebnis, wenn es sich um eine echte Effektivwertmessung (Quadratischer Mittelwert, True RMS, TRMS) handelt (s. Abschnitt 4.1.2). Bei einfacheren, meist preiswerteren Multimetern wird der Messwert aus dem linear gleichgerichteten Mittelwert (AVG = Average) des Signals gebildet, der dann auf den Effektivwert für Sinusform skaliert wird. Dieser Messwert kann je nach Oberschwingungsspektrum deutlich zu niedrig sein. Steht ein Gerät mit TRMS- und eines mit AVG-Anzeige zur Verfügung, oder ist ein Messgerät zwischen diesen beiden Betriebsarten umschaltbar und die Messgröße zeitlich konstant, so kann aus dem Unterschied der beiden Messwerte auf den Oberschwingungsgehalt geschlossen werden. Sind beide Messwerte etwa gleich groß, so ist der Oberschwingungsgehalt gering; ist die AVG-Anzeige dagegen deutlich niedriger als die TRMS-Anzeige, so liegt ein relevanter Oberschwingungsgehalt vor. Bei solchen Messungen sind auch die oberen Grenzfrequenzen der verwendeten Multimeter zu beachten – diese sind gerade bei preiswerten Modellen erstaunlich niedrig und häufig für Strom und Spannung unterschiedlich.

Strom- bzw. Leistungsmesszangen

Auch bei der Verwendung von Strom- und Leistungsmesszangen in Netzstromkreisen oder Erdungssystemen ist darauf zu achten, dass diese den echten Effektivwert (TRMS) anzeigen und eine hinreichend hohe obere Grenzfrequenz aufweisen. Hochwertigere Modelle können zusätzlich auch Messgrößen ausweisen, die Rückschlüsse auf den Oberschwingungsgehalt ermöglichen, z. B. der Gesamt-Oberschwingungsgehalt THD (Total Harmonic Distortion), Klirrfaktor DF (Distortion Factor) oder Scheitelfaktor CF (Crest Factor). Bei einigen Modellen ist auf dem Display der Zange sogar die Darstellung der Kurvenform als Oszillogramm oder des Oberschwingungsspektrums mittels FFT möglich.

Netzstör- und Netzqualitäts-Analysatoren (Power Analyzer)

Netzstör- und Netzqualitäts-Analysatoren (**Bild 4.82**) gehören ebenso wie Multimeter und Messzangen mittlerweile zur Standardausrüstung einer qualifizierten Elektrofachkraft.

Sie messen ein- oder mehrkanalig (z. B. für alle drei Phasen gleichzeitig) neben den einzelnen Oberschwingungen auch Zwischenharmonische und können diese Messgrößen auf Speichermedien längerfristig aufzeichnen. Sie ermöglichen eine sehr detaillierte Analyse der Netzqualität bzw. von Netzstörungen, auch wenn diese nur zeitweise oder sporadisch auftreten.

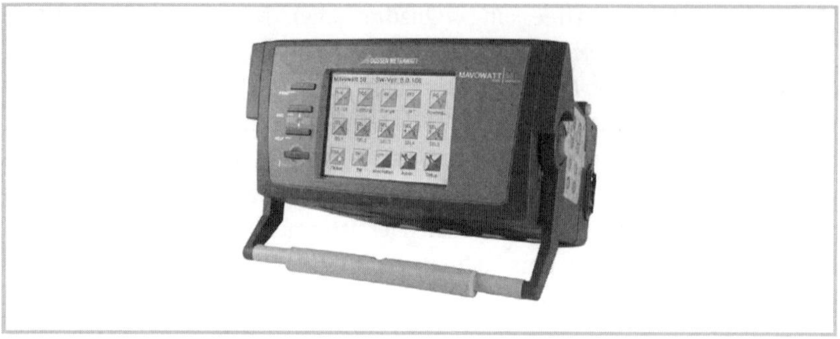

Bild 4.82 *Power Analyzer*
Foto: Fa. GMC-I Gossen Metrawatt

Auskoppeladapter für Spektrumanalysator oder Oszilloskop

Der Auskoppeladapter besteht aus einem Hochpassfilter, mit dem die Grundschwingungung der Netzfrequenz von 50 Hz/230 V unterdrückt wird und das nur die höherfrequenten Anteile passieren lässt (**Bild 4.83**). Der Anschluss an die Elektroanlage (input) erfolgt über den Schukostecker an einer Steckdose; am Filterausgang (output) kann als Anzeigegerät ein Spektrumanalysator oder ein Oszilloskop angeschlossen werden, mit dem man das (Stör-)Signal im Frequenz- oder Zeitbereich untersucht.

Da die recht hohe Netzspannung von 230 V unterdrückt werden muss, können keine steilflankigen aktiven Filter verwendet werden. Aufgrund der relativ geringen Flankensteilheit liegt die untere Grenzfrequenz bei ca. 1 kHz bzw. 9 kHz bis minimal 1 kHz. Der Oberschwingungsbereich von 100 Hz bis 1 kHz bzw. 9 kHz kann je nach Gerät also nicht untersucht werden. Bevorzugtes Einsatzgebiet sind dann höherfrequente Störanteile, z. B. bei Wechselrichtern oder PLC-Systemen. Der Frequenzgang des Auskoppeladapters ist je nach Modell nicht über den gesamten spezifizierten Frequenzbereich konstant, so dass er ggf. rechnerisch oder bei der Spektrumanalyse über entsprechend hinterlegte „Transducer Faktoren" (vergleichbar dem Antennenfaktor bei einer Messantenne) korrigiert werden muss.

Ein Beispiel für den Einsatz eines Auskoppeladapters bei dLAN-Messungen ist in Abschnitt 3.4.2 gegeben.

Die Ausgangsimpedanz der Adapter beträgt 50 Ω, so dass ein Spektrumanalysator mit 50 Ω Eingangsimpedanz richtig angepasst ist. Oszilloskope weisen dagegen typischerweise eine wesentlich höhere Eingangsimpedanz von 1 MΩ auf, so dass eine um den Faktor zwei zu hohe Spannung angezeigt wird. Wenn es nicht nur um qualitative Betrachtungen, sondern um

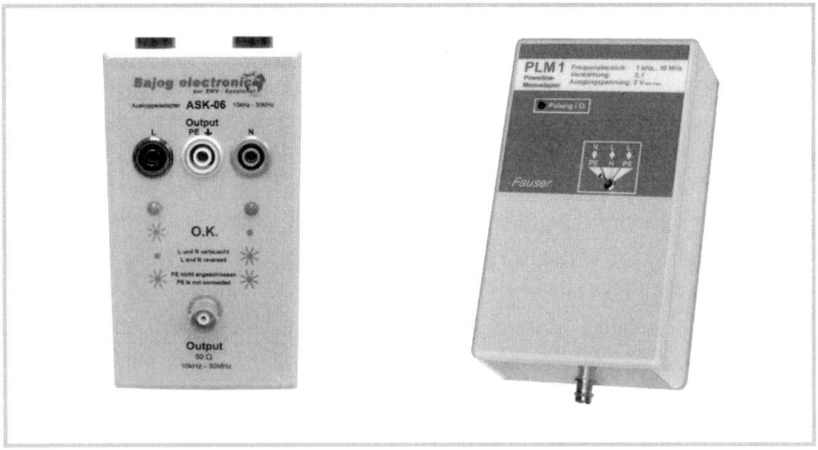

Bild 4.83 *Auskoppeladapter 9 kHz ... 30 MHz (links), Auskoppeladapter 1 kHz ... 10 MHz (rechts)*
Foto: Bajog electronic (links), Fauser Elektrotechnik (rechts)

die Ermittlung genauer Messwerte geht, muss daher zwischen Auskoppeladapter und Eingang des Oszilloskops ein 50-Ω-Anpassglied eingeschleift werden.

Grundsätzlich sollten die Messungen zügig durchgeführt werden und der Adapter samt Anzeigegerät nicht unnötig lange am Netz verbleiben. Denn es können im Netz z. B. durch Schaltvorgänge zufällige *Transienten* und *Spikes* (kurze Spannungsspitzen) auftreten, die die Eingangsstufe des empfindlichen Anzeigegerätes nicht nur übersteuern, sondern auch zerstören können. Die Verwendung eines speziellen Impulsbegrenzers (auch als Limiter bezeichnet) ist daher anzuraten. Allerdings weisen Impulsbegrenzer eine zusätzliche Dämpfung im Signalweg auf, die typischerweise bei ca. 10 dB liegt. Der Impulsbegrenzer muss natürlich auch über eine Impedanz von 50 Ω verfügen.

4.4.2 Feldmessungen

Im hier betrachteten Kilohertz- und unteren Megahertz-Bereich überschneiden sich Nieder- und Hochfrequenzbereich und damit auch die Einsatzbereiche der jeweiligen Feldmessgeräte.

Niederfrequenzmessgeräte weisen durchaus obere Grenzfrequenzen von 100 kHz, 400 kHz (in Anlehnung an MPR/TCO) oder mittlerweile sogar 1 MHz auf.

Messantennen und Spektrumanalysatoren der HF-Messtechnik (vgl. Abschnitt 3.5.4 und 4.5.2) können für Messungen ab 9 kHz aufwärts eingesetzt werden (Achtung: Einige Handheld-Spektrumanalysatoren weisen eine spezifizierte untere Grenzfrequenz von 100 kHz auf!). Der Oberschwingungsbereich von 100 Hz bis 9 kHz kann mit der HF-Ausrüstung i.d.R. nicht untersucht werden. Bei den Antennen handelt es sich meist um aktive Antennen, die sehr breitbandig sind und mit konstantem Antennenfaktor z. B. einen Bereich von 9 kHz bis 30 MHz oder sogar bis 300 MHz abdecken.

Die höchsten Frequenzen im hier betrachteten Frequenzbereich treten mit ca. 30 MHz beim Einsatz von PLC-Systemen auf. Bei 30 MHz beträgt die Wellenlänge 10 m; bei Messungen in Innenräumen befindet man sich daher immer im Nahfeld. Elektrisches Feld und magnetisches Feld sind deshalb getrennt zu messen. Als Immissionsmesswerte sind die entsprechenden Feldstärken anzugeben; es darf nicht mit den für Fernfeldbedingungen geltenden Formeln aus einer gemessenen Feldstärke die Strahlungsdichte berechnet werden!

4.5 Elektromagnetische Wellen (Hochfrequenz)

4.5.1 Breitbandige Messungen

Bei breitbandigen Messungen wird die zum Messzeitpunkt aktuell herrschende elektrische Feldstärke bzw. die Leistungsflussdichte als Summenwert über den gesamten Frequenzbereich ermittelt, für den das Breitband-Messgerät mit seiner Antenne bzw. Sonde spezifiziert ist (z. B. 800 MHz ... 2,5 GHz). Es kann nicht nach den Beiträgen einzelner Funkdienste am Summenwert differenziert werden. Dieser Umstand wird bei einigen Geräten jüngerer Bauart dadurch gemildert, dass hier funkdienstspezifische Filter zur Verfügung stehen. Damit ist es möglich, die Summenimmissionen innerhalb eines Frequenzbandes, das nur von einem Funkdienst belegt ist, zu erfassen, z. B. GSM 900 (D-Netz), GSM 1800 (E-Netz), DECT oder WLAN.

Mit Breitband-Messgeräten kann außerdem bei auslastungsabhängigen Immissionen (z. B. bei Mobilfunkdiensten) nicht die Grundbelastung (Immissionsminimum) durch die permanent aktiven Organisations- bzw. Pilotkanäle ermittelt und dann auf die Immissionen bei maximaler Anlagenauslastung (Immissionsmaximum) hochgerechnet werden.

Bild 4.84 und **Bild 4.85** zeigen einige typische Breitbandmessgeräte. Die für den industriellen Einsatz entwickelten Breitbandmessgeräte weisen eine wesentlich robustere Konstruktion und Ausführung auf als die für den baubiologischen Kundenkreis entwickelten Geräte. Auch ist der abgedeckte Frequenzbereich durch Wechselsonden und die obere Aussteuerungsgrenze höher; die Sonden sind durchweg isotrop, wodurch die Messungen sehr schnell durchgeführt werden können. Jedoch ist die Empfindlichkeit (untere Nachweisgrenze) deutlich geringer und für baubiologische Zwecke, z. B. bei Schlafplatzuntersuchungen, i.d.R. zu gering.

Eine Besonderheit bei den für baubiologische Zwecke entwickelten Geräten ist, dass es hier auch Versionen gibt, die im spezifizierten Frequenzbereich nicht den Summenwert der Immissionen anzeigen, sondern nur den Wert des stärksten Signals. Der dadurch entstehende Fehler ist unbedeutend, wenn es nur ein einziges dominantes Signal gibt und alle anderen Signale auf anderen Frequenzen deutlich schwächer sind. Sind aber mehrere

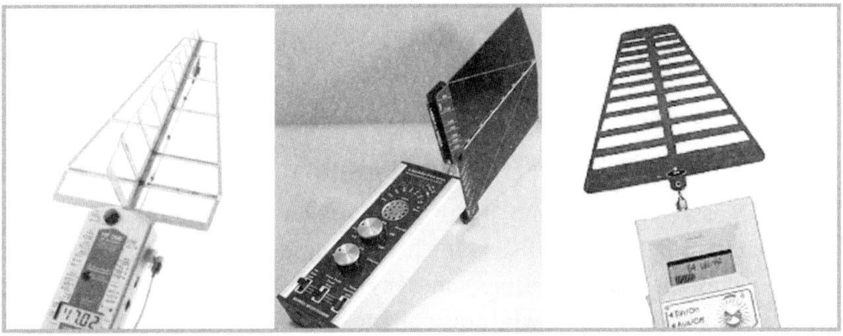

Bild 4.84 *Für die baubiologische Messtechnik entwickelte Breitband-Messgeräte*

Bild 4.85 *Exemplarisches Breitband-Messgerät für den industriellen Einsatz*
Foto: Fa. Narda STS

Signale auf verschiedenen Frequenzen etwa gleich stark, so kann es zu einer signifikanten Unterbewertung kommen (z. B. um 3 dB bei zwei gleich starken Signalen).

Für Immissionsmessungen ist generell mit der Messantenne das lokale Feldstärkemaximum am Messpunkt zu suchen. Da dies auch für frequenzselektive Messungen mit einem Spektrumanalysator gilt, ist die für die Maximumsuche einzusetzende sogenannte Schwenkmethode im nachfolgenden Abschnitt 4.5.3 beschrieben.

Für die baubiologische Messtechnik entwickelte Breitband-Messgeräte verfügen über einen eingebauten Lautsprecher. Damit ist es möglich, amplitudenmodulierte Funkdienste an ihrem funkdienstspezifischen Geräuschmuster zu erkennen. Eine Vielzahl von funkdienstspezifischen Geräuschcharakteristiken kann von einer Demonstrations-CD mit entsprechenden Beispielen erlernt werden [23].

Ein ausführlicher Testbericht über Breitbandmessgeräte ist in [24] zu finden. Auch wenn er schon etwas älteren Datums ist, so lassen sich daraus wichtige Schlüsse über die Eigenschaften und Genauigkeiten verschiedener HF-Breitbandmessgeräte ziehen.

4.5.2 Frequenzselektive Messungen

Höhere Messgenauigkeit und mehr Informationen als mit der Breitband-Messtechnik kann man mit der Spektrumanalyse erzielen (vgl. Abschnitt 4.1.3), allerdings erfordert diese von den Messgeräten und der Ausbildung des Messtechnikers her sowie hinsichtlich des Zeiteinsatzes bei der Messung einen höheren Aufwand.

Durch den Einsatz der Spektrumanalyse kann genau ermittelt werden, welche Funkdienste bzw. welche einzelnen Sender Immissionen am Untersuchungsort verursachen und wie stark diese sind. Bei auslastungsabhängigen Immissionen (z. B. bei Mobilfunkdiensten) lässt die Grundbelastung (Immissionsminimum) durch die permanent aktiven Organisations- bzw. Pilotkanäle ermitteln und dann auf die Immissionen bei maximaler Anlagenauslastung (Immissionsmaximum) hochrechnen. Für den Mobilfunkdienst UMTS benötigt man hierfür allerdings spezielle Spektrumanalysatoren, die das WCDMA-Signal decodieren und auf der Ebene der Codekanäle die Stärke der permanent aktiven Pilotkanäle ermitteln, welche unabhängig von der Anlagenauslastung stets mit gleicher Leistung gesendet werden (vgl. Abschnitt 3.5.7.4).

Außerdem kann in der Betriebsart „Zero Span“ eine Analyse der zeitlichen Signalcharakteristik vorgenommen werden.

Jeder Funkdienst erfordert eigene Analysatoreinstellungen, die auf seine spezifische Signalcharakteristik abgestimmt sind, vgl. Abschnitt 4.1.3.4. Details sind in [13] zu finden.

Spektrumanalysatoren gibt es als Tischgeräte (**Bild 4.86**) und als tragbare Geräte (sogenannte Handhelds, **Bild 4.87**). Um einen Spektrumanalysator betreiben zu können, benötigt man zusätzlich eine oder mehrere kalibrierte Messantennen (s. Abschnitt 3.5.4.6) und ein kalibriertes Antennenkabel. Bei einigen wenigen Spektrumanalysatoren gibt es integrierte Lösungen mit fest angeschlossener Messantenne.

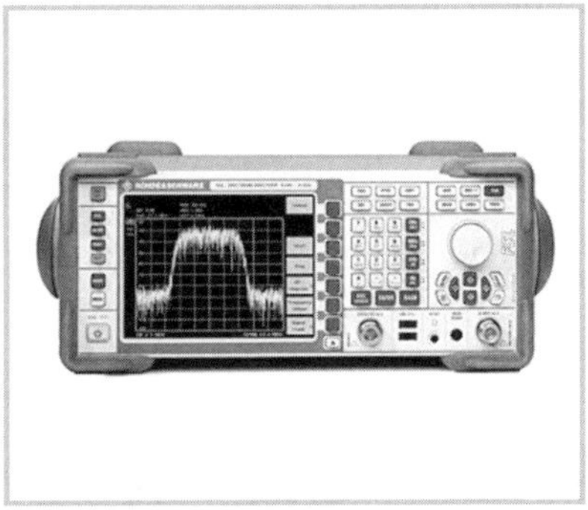

Bild 4.86 *Spektrumanalysator als Tischgerät*

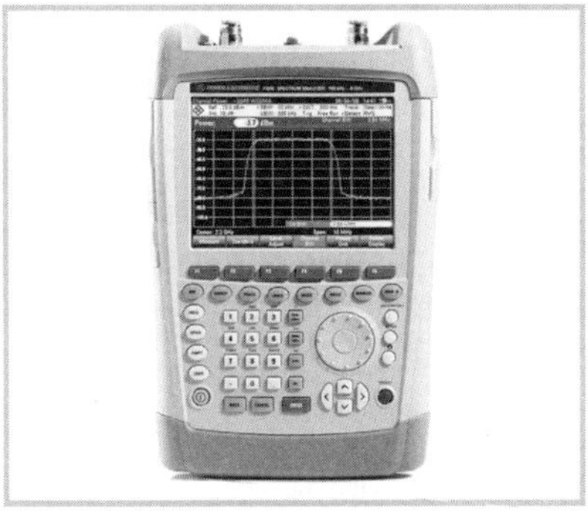

Bild 4.87 *Spektrumanalysator als tragbares Handheld*

4.5.3 Handhabung der Messantenne/Schwenkmethode

Für Immissionsmessungen ist mit der handgeführten Messantenne das lokale Feldstärkemaximum am Messpunkt zu suchen; dies gilt sowohl für Messungen mit einem Breitbandmessgerät als auch bei der Spektrumanalyse.

Zur Handhabung der Messantenne bei der Messung sind prinzipiell drei verschiedene Verfahren möglich:

- Punktrastermethode,
- Drehmethode und
- Schwenkmethode.

„Zur Bestimmung der maximalen Immissionen eines Bereiches oder Raumvolumens, dem Messpunkt, ist bereits aus Plausibilitätsgründen die Schwenkmethode am besten geeignet.“ [25]

Innerhalb des Messvolumens muss für die beteiligten Frequenzen das Feldstärke-Maximum gesucht werden, und zwar in Bezug auf:

- Stehwellen im Raum,
- Polarisation der Messantenne,
- Ausrichtung der Messantenne.

Bei nichtisotropen Antennen (Antennen mit Richtwirkung) muss in Bezug auf alle drei o. a. Parameter das Maximum gesucht werden. Dazu tastet man das gesamte Messvolumen mit einer handgeführten Messantenne in allen Raumrichtungen ab, wobei gleichzeitig die Vorzugsrichtung und die Polarisationsrichtung der Messantenne variiert werden. Bei dieser Abtastung des Volumens soll mit der Antenne immer ein minimaler Abstand von 50 cm zu Wänden, Boden, Decke und Mobiliar eingehalten werden. Während des gesamten Abtastvorgangs wird der höchste Messwert mit der Maximum Hold-Funktion des Messgerätes kontinuierlich erfasst. (Nach [25])

Bei isotropen Antennen muss nur das Maximum in Bezug auf Stehwellen gesucht werden; solche Messungen gehen daher wesentlich schneller vonstatten als bei Verwendung von gerichteten Antennen. Erfahrungsgemäß fallen die Messergebnisse mit isotropen Antennen (und auch bereits mit Dipolen und Bikonen) bei ansonsten gleichen Randbedingungen um ca. 2 ... 3 dB höher aus als mit gerichteten Antennen (z. B. logarithmisch-periodischen).

4.5.4 Ortsabhängigkeit der Immissionen in Innenräumen

Zu diesem Thema hat das Institut für Mobil- und Satellitenfunktechnik GmbH (IMST) in Kamp-Lintfort im Rahmen des Abschlussberichtes „Untersuchung der Immissionen durch Mobilfunkbasisstationen" im Auftrag des Ministeriums für Umwelt und Naturschutz, Landwirtschaft und Verbraucherschutz des Landes Nordrhein-Westfalen (MUNLV NRW), eine überzeugende Untersuchung durchgeführt, aus der im Folgenden zitiert wird [26, S. 39–40]:

„Um einen Eindruck von der Größenordnung möglicher kleinstskaliger Variationen der Immissionen in Innenräumen zu bekommen, wurden detaillierte Messungen in einem Innenraum durchgeführt. Hierbei ist zu beachten, dass die Person des Messenden an sich auch wesentlich zu Verzerrungen und Unregelmäßigkeiten im Immissionsverlauf beiträgt. Um diesen Faktor auszuschließen, wurde quasi unter Laborbedingungen mit einem automatischen Scannersystem gearbeitet, das in einem Innenraum auf einer Strecke von 1,36 m in Schritten von 2 cm die Immission aufnahm und protokollierte. Die Sendeantenne (1,9 GHz, vergleichbar mit GSM 1800) be-

fand sich im gleichen Gebäude eine Etage höher. Die Empfangsantenne hatte eine omnidirektionale Richtcharakteristik, um aus unterschiedlichen Raumrichtungen einfallende Signale exakt berücksichtigen zu können.

***Bild 4.88** zeigt den Verlauf der Leistungsflussdichte über den abgescannten Bereich. Deutlich sind die ortabhängigen, kleinstskaligen Schwankungen zu erkennen, die durchaus einen Faktor 100 (bezüglich der Leistungsflussdichte) ausmachen können. Die absoluten Werte sind bei dieser Messung nicht von Belang, sondern nur die relativen Schwankungen.*

Die hier dokumentierten Schwankungen bestätigen die Notwendigkeit, bei der Messung der Immissionen vor allem in Innenräumen eine geeignete Methodik zur Ermittlung des Maximums anzuwenden (z. B. Schwenkmethode mit Max Hold).“

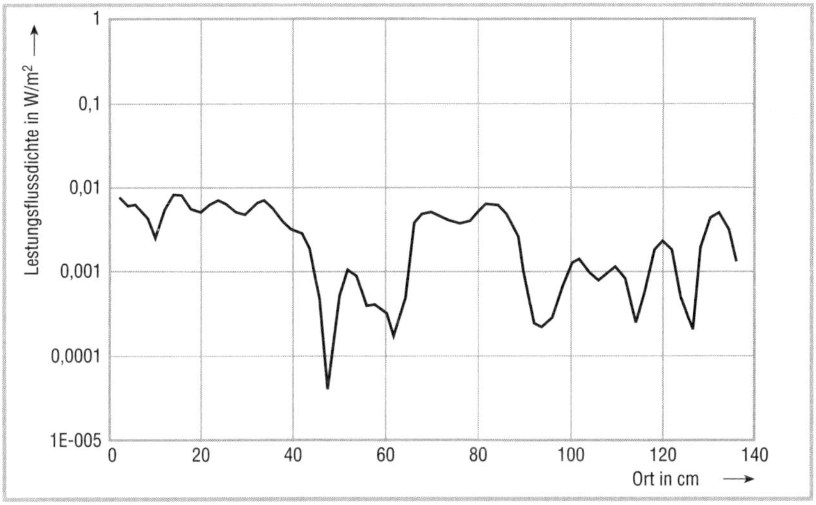

Bild 4.88 *Immissionsverlauf in einem Innenraum über einer Strecke von 1,36 m; Frequenz 1,9 GHz [26, S. 39]*

4.6 Elektrische Gleichfelder

Zur Messung elektrischer Gleichfelder werden vorzugsweise sogenannte *Feldmühlen* eingesetzt (**Bild 4.89**). Sie tragen ihren Namen nach dem sich drehenden Flügelrad, mit dem das Gleichfeld in eine äquivalente Wechselspannung umgewandelt wird, welche dann messtechnisch weiter verarbeitet wird. Die Messung erfolgt gegen Erdpotential, so dass hier die gleiche

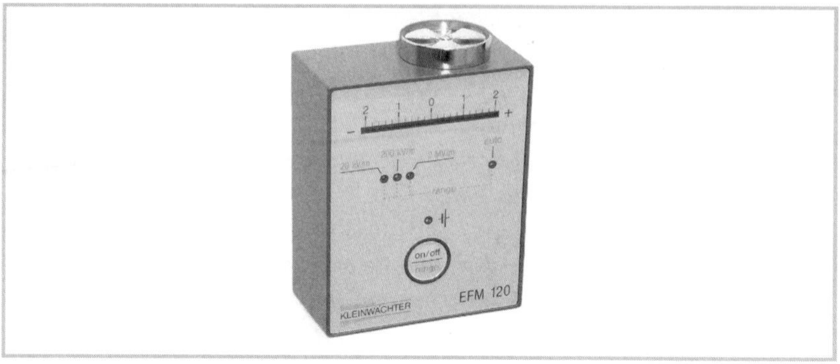

Bild 4.89 *Feldmühle zur Messung elektrischer Gleichfelder*
Foto: Fa. Kleinwächter

Problematik vorliegt wie bei der erdpotentialbezogenen Messung niederfrequenter elektrischer Wechselfelder (s. Abschn. 4.2.3.2). Die so bestimmte elektrische Feldstärke wird auch als „Luftelektrizität" bezeichnet.

Als weitere Messgröße ermittelt man die sogenannte Oberflächenspannung von Einrichtungsgegenständen. Als *Oberflächenspannung* wird das Potential an der Oberfläche eines elektrisch geladenen Gegenstandes gegenüber Erde bezeichnet. Für diesen Einsatzzweck ist das erdpotentialbezogene Messverfahren korrekt; es ist vergleichbar mit der erdpotentialbezogenen Messung elektrischer Wechselfelder gemäß MPR/TCO. Die Oberflächenspannung wird berechnet aus der gemessenen elektrischen Feldstärke, multipliziert mit dem Messabstand zu der geladenen Oberfläche. Zur Ermittlung der Oberflächenspannung wird auf der zu messenden Oberfläche durch leichtes Reiben eine Aufladung hervorgerufen; einige Sekunden nach der Reibung liest man den Messwert ab.

Die Entladezeit, innerhalb derer die durch die Reibung hervorgerufene Aufladung wieder abgeklungen ist, ist eine weitere Messgröße im Zusammenhang mit elektrischen Gleichfeldern.

Da elektrische Gleichfelder u. a. auch von Klimaparametern abhängig sind (höhere Feldstärken bei trockener Luft), sollten als Randbedingungen die Temperatur und die relative Feuchtigkeit der Raumluft gemessen werden.

4.7 Magnetische Gleichfelder

Das natürliche magnetische Gleichfeld der Erde verläuft etwa in Nord-Süd-Richtung mit lokalen magnetischen Flussdichten zwischen etwa 30 und 60 µT, abhängig von der geografischen Lage. Wird es von Gleichfeldern technischen Ursprungs überlagert, so treten Verzerrungen bzw. Störungen des natürlichen Feldes bezüglich Betrag und Richtung auf.

Folgende Messgeräte kommen zum Einsatz:

- *3D-Magnetometer*
  Hierbei handelt es sich um sehr empfindliche, dreidimensional messende Geräte mit hoher Auflösung zur Bestimmung von absolutem Betrag und Richtung der magnetischen Flussdichte (**Bild 4.90**). Bei der Betrachtung von Flussdichtedifferenzen zwischen zwei Messpunkten ist unbedingt zu beachten, dass hier die Vektordifferenz gebildet werden muss und nicht einfach die beiden gemessenen Beträge voneinander subtrahiert werden dürfen (**Bild 4.91**). Um die Vektordifferenz überhaupt bilden zu können, müssen an jedem Messpunkt natürlich die drei Raumkomponenten des Magnetfeldes B_x, B_y und B_z gemessen werden und nicht nur der Betrag. Der Betrag der Vektordifferenz berechnet sich dann zu

  $$|\vec{B}_1 - \vec{B}_2| = \sqrt{(B_{1x} - B_{2x})^2 + (B_{1y} - B_{2y})^2 + (B_{1z} - B_{2z})^2} \neq |\vec{B}_1| - |\vec{B}_2|$$

- *Magnetfeldindikator*
  Mit einem Magnetfeldindikator wird die Differenz zwischen den Beträgen der magnetischen Flussdichte an den zu untersuchenden Messpunkten und an einem Referenzpunkt ermittelt. Bei dieser Relativmessung des Betrags wird der Messwert am Referenzpunkt zu null gesetzt. Bei eindimensional messenden Magnetfeldindikatoren ist der angezeigte Betrag richtungsabhängig. Diese Geräte müssen daher an allen Messpunkten und am Referenzpunkt so gehalten werden, dass die räumliche Ausrichtung zu allen drei Raumachsen nicht verändert wird. Als Bewegung zwischen den Punkten ist demnach nur Translation und keinerlei Rotation zulässig.
- *Kompass*
  Mit einem Kompass wird in der horizontalen Ebene die Richtungsabweichung des Magnetfeldes von der Nordrichtung ermittelt. Bei dieser Relativmessung der Richtung wird die Nordrichtung an einem ungestörten Referenzpunkt ermittelt. Einen solchen ungestörten Referenzpunkt in

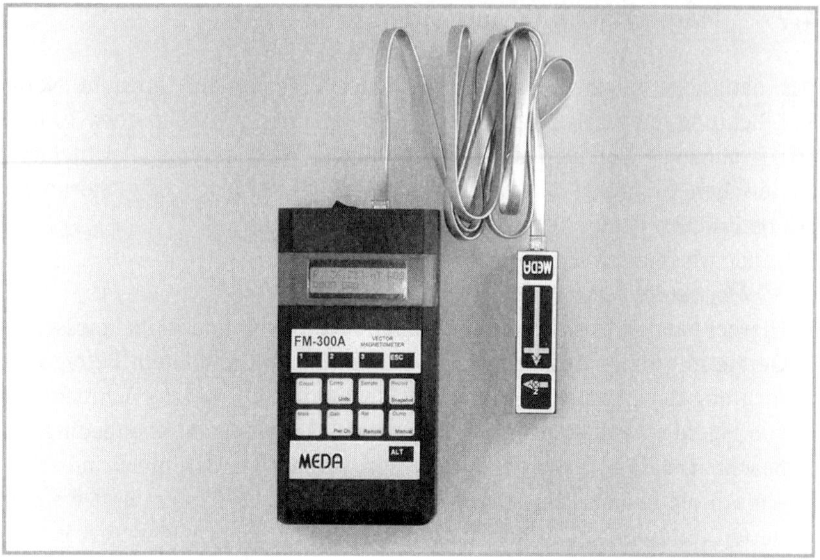

Bild 4.90 *3D-Magnetometer*
Foto: Fa. Meda

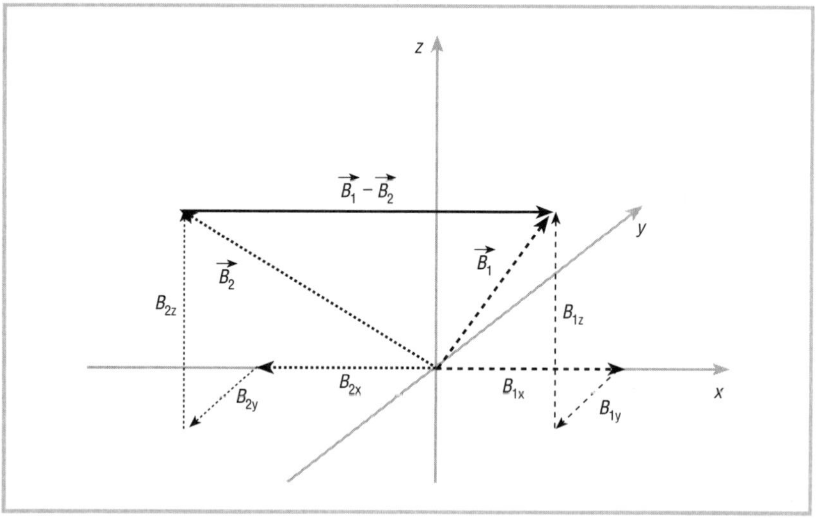

Bild 4.91 *Beispiel zur Berechnung der Vektordifferenz: Die beiden Vektoren $\vec{B1}$ und $\vec{B2}$ haben hier den gleichen Betrag, aber unterschiedliche Richtungen; die Differenz der Beträge $|\vec{B1}| - |\vec{B2}|$ ist gleich null, die Vektordifferenz $\vec{B1} - \vec{B2}$ ist aber deutlich ungleich null*

einem Wohn- bzw. Schlafraum innerhalb eines modernen Gebäudes zu finden, ist gar nicht so einfach: Metallene Bettbeschläge, Federkernmatratzen, Heizkörper oder Haltestangen und Kleiderbügel in den Kleiderschränken sorgen für vielfältige Aberrationen. Hier sollte mehrfach überprüft werden, dass man ganz sicher die tatsächliche, ungestörte Nordrichtung bestimmt hat. Auch der Kompass muss an allen Messpunkten und am Referenzpunkt so gehalten werden, dass die räumliche Ausrichtung zu allen drei Raumachsen nicht verändert wird; als Bewegung zwischen den Punkten ist nur Translation und keine Rotation zulässig.

5 Anhang

5.1 Vorsätze für dezimale Vielfache und Teile von Einheiten

Tabelle 5.1 *Vorsätze für dezimale Vielfache und Teile von Einheiten*

Vorsatz	Kurzzeichen	Zehnerpotenz
Yokto	y	10^{-24}
Zepto	z	10^{-21}
Atto	a	10^{-18}
Femto	f	10^{-15}
Piko	p	10^{-12}
Nano	n	10^{-9}
Mikro	µ	10^{-6}
Milli	m	10^{-3}
Zenti	c	10^{-2}
Dezi	d	10^{-1}

Vorsatz	Kurzzeichen	Zehnerpotenz
Deka	da	10^{1}
Hekto	h	10^{2}
Kilo	k	10^{3}
Mega	M	10^{6}
Giga	G	10^{9}
Tera	T	10^{12}
Peta	P	10^{15}
Exa	E	10^{18}
Zetta	Z	10^{21}
Yotta	Y	10^{24}

5.2 Frequenzaufteilung nach IEC

Tabelle 5.2 *Frequenzaufteilung in Dekaden nach IEC (International Electrotechnical Commission)*

Bereich	Frequenz	Wellenlänge	Bezeichnung nach IEC	Anmerkung
Radio Frequency (RF)	> 0 Hz … 30 Hz	> 10^4 km	SELF Sub-Extremely Low Frequencies	
	30 Hz … 300 Hz	10^4 km … 10^3 km	ELF Extremely Low Frequencies	
	300 Hz … 3 kHz	10^3 km … 100 km	VF Voice Frequencies	Sprachfrequenz
	3 kHz … 30 kHz	100 km … 10 km	VLF Very Low Frequencies	Längstwellen
	30 kHz … 300 kHz	10 km … 1 km	LF Low Frequencies	Langwellen (LW)
	300 kHz … 3 MHz	1 km … 100 m	MF Medium Frequencies	Mittelwellen (MW)
	3 MHz … 30 MHz	100 m … 10 m	HF High Frequencies	Kurzwellen (KW)
	30 MHz … 300 MHz	10 m … 1 m	VHF Very High Frequencies	Ultrakurzwellen (UKW)
Microwave (Mikrowellen)	300 MHz … 3 GHz	1 m … 10 cm	UHF Ultra High Frequencies	Dezimeterwellen
	3 GHz … 30 GHz	10 cm … 1 cm	SHF Super High Frequencies	Zentimeterwellen
	30 GHz … 300 GHz	1 cm … 1 mm	EHF Extremely High Frequencies	Millimeterwellen

5.3 HF-Bänder im Mikrowellenbereich

In den Mikrowellenbereichen ist international eine Einteilung in *Bänder* gemäß **Tabelle 5.3** gebräuchlich. Diese Einteilung stellt keinen offiziell verbindlichen Standard dar, sondern eine informelle Übereinkunft, die teilweise in einzelnen Staaten oder von einzelnen Laboratorien nach ihren jeweiligen Gesichtspunkten modifiziert wird.

Da die mit einem Großbuchstaben gekennzeichneten Bänder (P-, L-, S-, X-Band usw.) sehr breit sind, werden sie mit einem zweiten Buchstaben als Index in Subbänder unterteilt (z. B. L_z von 1,450 … 1,550 GHz).

Tabelle 5.3 *HF-Bänder im GHz-Bereich* [1]

Band	Subband	Frequenz in GHz	Wellenlänge in cm
P-Band		0,225	133,3
		0,390	76,9
L-Band	*p*	0,390	76,9
	c	0,465	64,5
	l	0,510	58,8
	y	0,725	41,4
	t	0,780	38,4
	s	0,900	33,3
	x	0,950	31,6
	k	1,150	26,1
	f	1,350	22,2
	z	1,450	20,7
		1,550	19,3
S-Band	*e*	1,55	19,3
	f	1,65	18,3
	t	1,85	16,2
	c	2,00	15,0
	q	2,40	12,5
	y	2,60	11,5
	g	2,70	11,1
	s	2,90	10,3
	a	3,10	9,67
	w	3,40	8,32
	h	3,70	8,10
	*z**	3,90	7,69
	d	4,20	7,14
		5,20	5,77
X-Band	*a*	5,20	5,77
	q	5,50	5,45
	*y**	5,75	5,22
	d	6,20	4,84
	b	6,25	4,80
	r	6,90	4,35
	c	7,00	4,29
	l	8,50	3,53
	s	9,00	3,33
	x	9,60	3,13
	f	10,00	3,00
	k	10,25	2,93
		10,90	2,75
K-Band	*p*	10,90	2,75
	s	12,25	2,45
	e	13,25	2,26
	c	14,25	2,10
	*u***	15,35	1,95
	t	17,25	1,74
	*q***	20,50	1,46
	r	24,50	1,22
	m	26,50	1,13
	n	28,50	1,05
	l	30,70	0,977
	a	33,00	0,909
		36,00	0,834
Q-Band	*a*	36,0	0,834
	b	38,0	0,790
	c	40,0	0,750
	d	42,0	0,715
	e	44,0	0,682
		46,0	0,652
V-Band	*a*	46,0	0,652
	b	48,0	0,625
	c	50,0	0,600
	d	52,0	0,577
	e	54,0	0,556
		56,0	0,536
W-Band		56,0	0,536
		100,0	0,300

* C-Band von S_z bis X_y (3,90 … 6,20 GHz)

** K_1-Band von K_u bis K_q (15,35 … 24,50 GHz)

5.4 Dezibel-Tabelle

Tabelle 5.4 *Dezibel-Tabelle*

Dezibel	Faktor für Strahlungsdichte bzw. Leistung	Faktor für E- oder M-Feldstärke bzw. Spannung oder Strom
0 dB	1,0	1,0
1 dB	1,3	1,1
2 dB	1,6	1,3
3 dB	2,0	1,4
4 dB	2,5	1,6
5 dB	3,2	1,8
6 dB	4,0	2,0
7 dB	5,0	2,2
8 dB	6,3	2,5
9 dB	7,9	2,8
10 dB	10,0	3,2
13 dB	20,0	4,5
15 dB	32,0	5,6
16 dB	40,0	6,3
17 dB	50,0	7,1
20 dB	100,0	10,0
30 dB	1000,0	31,6
40 dB	10 000,0	100,0
50 dB	100 000,0	316,2
60 dB	1 000 000,0	1000,0
70 dB	10 000 000,0	3162,3
80 dB	100 000 000,0	10 000,0
90 dB	1 000 000 000,0	31 622,8
100 dB	10 000 000 000,0	100 000,0

5.5 Hochfrequenzdämpfung von exemplarischen Baustoffen und Abschirmmaterialien

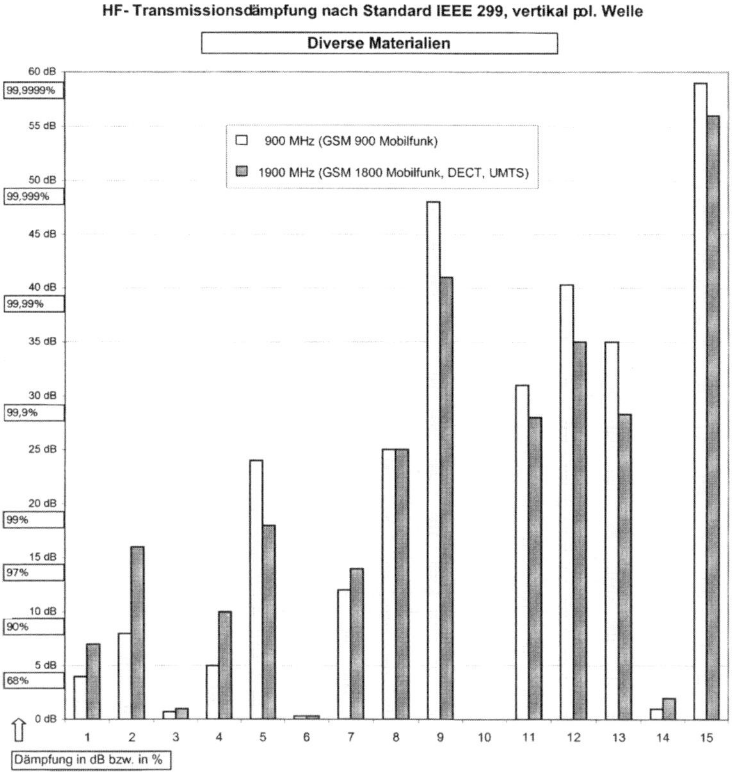

Nr.	Bezeichnung	Typ und Anmerkung
1	Kalksandstein 24 cm	1800 kg/m^3
2	Hochlochziegel 24 cm	1200 kg/m^3, hohes Raumgewicht
3	typische Fertighauswand in Holzrahmenkonstruktion	23 cm, 170 kg/m^3
4	Fichte, Tanne 17 cm	400 kg/m^3 (Fa. Thoma)
5	Sto-Abschirmgewebe	bei dünnschichtigen Mörteln WDVS, 5 mm x 5 mm (Fa. Sto)
6	Gipskartonplatte, Holpaneele, Dämmstoffe	–
7	Schutzplatte LaVita	Gipskartonplatte 12,5 mm (Fa. Knauf)
8	Lesando Abschirmputz MENO	Lehmabschirmputz 1,5 mm (Fa. Lesando)
9	Cuprotect	Kupfergewebe, 1 mm x 1 mm (Fa. Kessel)
10	Ein-, Mehrfach und Isolierverglasungen	–
11	SGG EMS Stapid Protect PLT N	2-Scheiben-Wärmedämmglas (Fa. St.-Gobain, Dt. Glas Kinon)
12	Swiss Shield Naturell	feines Baumwollgewebe mit Metallfäden (Fa. Biologa)
12	Elektrosmog-Schutzgitter	Insektenschutzgitter (Fa. Neher)
14	Tondachziegel 1,3 cm	–
15	Sisalex 514	Dampfsperre (Fa. Ampack)

Bild 5.1 *Dämpfung von exemplarischen Baustoffen und Abschirmmaterialien bei 900 MHz (GSM D-Netz) und 1900 MHz (GSM E-Netz, DECT)* [2]

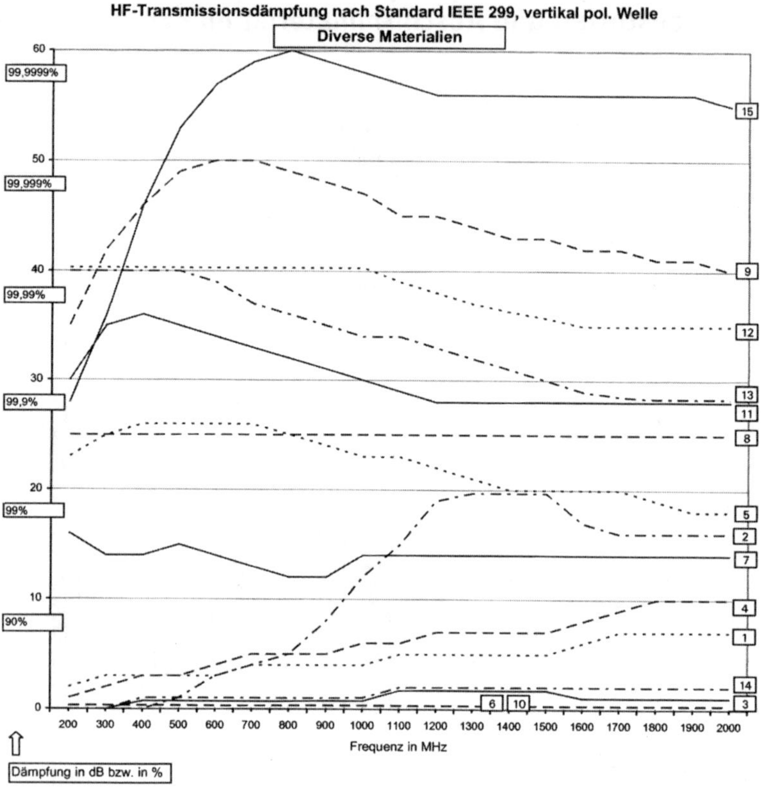

Nr.	Bezeichnung	Typ und Anmerkung
1	Kalksandstein 24 cm	1800 kg/m³
2	Hochlochziegel 24 cm	1200 kg/m³, hohes Raumgewicht
3	typische Fertighauswand in Holzrahmenkonstruktion	23 cm, 170 kg/m³
4	Fichte, Tanne 17 cm	400 kg/m³ (Fa. Thoma)
5	Sto-Abschirmgewebe	bei dünnschichtigen Mörteln WDVS, 5 mm x 5 mm (Fa. Sto)
6	Gipskartonplatte, Holpaneele, Dämmstoffe	–
7	Schutzplatte LaVita	Gipskartonplatte 12,5 mm (Fa. Knauf)
8	Lesando Abschirmputz MENO	Lehmabschirmputz 1,5 mm (Fa. Lesando)
9	Cuprotect	Kupfergewebe, 1 mm x 1 mm (Fa. Kessel)
10	Ein-, Mehrfach und Isolierverglasungen	–
11	SGG EMS Stapid Protect PLT N	2-Scheiben-Wärmedämmglas (Fa. St.-Gobain, Dt. Glas Kinon)
12	Swiss Shield Naturell	feines Baumwollgewebe mit Metallfäden (Fa. Biologa)
12	Elektrosmog-Schutzgitter	Insektenschutzgitter (Fa. Neher)
14	Tondachziegel 1,3 cm	–
15	Sisalex 514	Dampfsperre (Fa. Ampack)

Bild 5.2 *Dämpfung von exemplarischen Baustoffen und Abschirmmaterialien im Frequenzbereich von 200 bis 2000 MHz* [2]

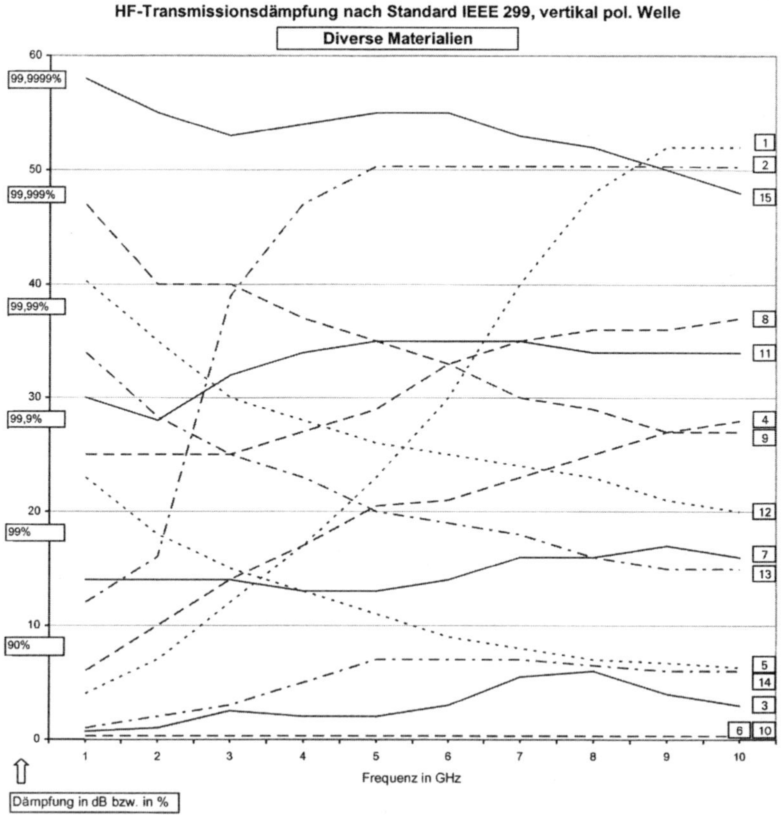

Nr.	Bezeichnung	Typ und Anmerkung
1	Kalksandstein 24 cm	1800 kg/m³
2	Hochlochziegel 24 cm	1200 kg/m³, hohes Raumgewicht
3	typische Fertighauswand in Holzrahmenkonstruktion	23 cm, 170 kg/m³
4	Fichte, Tanne 17 cm	400 kg/m³ (Fa. Thoma)
5	Sto-Abschirmgewebe	bei dünnschichtigen Mörteln WDVS, 5 mm x 5 mm (Fa. Sto)
6	Gipskartonplatte, Holpaneele, Dämmstoffe	–
7	Schutzplatte LaVita	Gipskartonplatte 12,5 mm (Fa. Knauf)
8	Lesando Abschirmputz MENO	Lehmabschirmputz 1,5 mm (Fa. Lesando)
9	Cuprotect	Kupfergewebe, 1 mm x 1 mm (Fa. Kessel)
10	Ein-, Mehrfach und Isolierverglasungen	–
11	SGG EMS Stapid Protect PLT N	2-Scheiben-Wärmedämmglas (Fa. St.-Gobain, Dt. Glas Kinon)
12	Swiss Shield Naturell	feines Baumwollgewebe mit Metallfäden (Fa. Biologa)
12	Elektrosmog-Schutzgitter	Insektenschutzgitter (Fa. Neher)
14	Tondachziegel 1,3 cm	–
15	Sisalex 514	Dampfsperre (Fa. Ampack)

Bild 5.3 *Dämpfung von exemplarischen Baustoffen und Abschirmmaterialien im Frequenzbereich von 1 bis 10 GHz* [2]

5.6 Abkürzungsverzeichnis

AM
Amplitudenmodulation

AVG
Average (linearer, gleichgerichteter Mittelwert)

CDMA
Code Division Multiple Access (Codemultiplex)

CENELEC
Comité Européen de Normalisation Electrotechnique (Europäisches Komitee für Elektrotechnische Normung)

CF
Crest-Faktor, Verhältnis von Spitzenwert zu Effektivwert

COFDM
Coded Orthogonal Frequency Division Multiplexing (Codiertes Multiple-Carrier-Verfahren)

DAB
Digital Audio Broadcasting (digitaler Tonrundfunk im VHF-Bereich und bei 1,5 GHz)

dBm
logarithmische Maßeinheit der Leistung, bezogen auf 1 mW (0 dBm entspricht 1 mW)

dBmV
logarithmische Maßeinheit der Spannung, bezogen auf 1 mV (0 dBmV entspricht 1 mV)

DIN
Deutsches Institut für Normung, Berlin

DMM
Digitalmultimeter

DRM
Digital Radio Mondiale [digitaler Tonrundfunk im Frequenzbereich 9 kHz ... 30 MHz (Lang-, Mittel- und Kurzwelle)]

DSSS
Direct Sequence Spread Spectrum

DVB
Digital Video Broadcasting (digitales Fernsehen)

DVM
Digitalvoltmeter

EIRP
Equivalent Isotropically Radiated Power (äquivalente Leistung eines isotropen Kugelstrahlers)

EMF
Sammelbezeichnung für (statische und niederfrequente) elektrische, magnetische und (hochfrequente) elektromagnetische Felder

EMV
elektromagnetische Verträglichkeit

EMV-G
elektromagnetische Verträglichkeit – Geräte

EMV-U
elektromagnetische Verträglichkeit – Umwelt

EVG
elektronisches Vorschaltgerät

EVU
Elektrizitätsversorgungsunternehmem (s. NB)

FDD
Frequency Division Duplex (Frequenzduplex)

FDMA
Frequency Divison Multiple Access (Frequenzmultiplex, Bildung von Frequenzkanälen)

FHMA
Frequency Hopping Multiple Access [Frequenzsprungverfahren (= FHSS)]

FHSS
Frequency Hopping Spread Spectrum, [Frequenzsprungverfahren (= FHMA)]

FM
Frequenzmodulation

FSK
Frequency Shift Keying (digitales Modulationsverfahren der Frequenzumtastung)

GPRS
General Packet Radio Service

GSM
Global System for Mobile Communications (digitales Mobilfunksystem der 2. Generation)

HF
Hochfrequenz

IEC
International Electrotechnical Commission (Internationale Elektrotechnische Kommission)

IR
Infrarotstrahlung

IEV
International Electrotechnical Vocabulary (internationaler elektrotechnischer Sprachgebrauch)

ISDN
Integrated Services Digital Network (digitales Telekommunikationsnetz für die Übertragung von Sprache, Daten und Bild)
übertragen werden)

LTE
Long Term Evolution (digitales Mobilfunksystem der jüngsten Generation, erlaubt besonders hohe Datenraten)

MPR
National Board for Measurement and Testing (Schweden)

NB
(Versorgungs)Netzbetreiber (früher: EVU = Elektrizitätsversorgungsunternehmen)

NF
Niederfrequenz

OFDM
Orthogonal Frequency Division Multiplexing (Multiple-Carrier-Verfahren)

PM
Phasenmodulation

PSK
Phase Shift Keying (digitales Modulationsverfahren der Phasenumtastung)

RCD
Residual Current Protective Device (Fehlerstromschutzeinrichtung)

RF
Radio Frequency (Frequenzbereich 9 kHz ... 300 MHz)

RMS
Root Mean Square (Effektivwert, quadratischer Mittelwert)

SAR
spezifische Absorptionsrate

SDMA
Space Divison Multiple Access (Vielfachzugriff durch Raumaufteilung)

TCO
Tjänstemännens Central Organisation (Dachverband der schwedischen Angestelltengewerkschaft)

TD-CDMA
Time Division-Code Division Multiple Access (Zeit- und Codemultiplex)

TDD
Time Division Duplex (Zeitduplex)

TDMA
Time Divison Multiple Access (Zeitmultiplex, Zeitschlitzverfahren)

TRMS
True RMS (echter Effektivwert)

UKW
Ultrakurzwelle (Tonrundfunk)

UMTS
: Universal Mobile Telecommunication System (digitales Mobilfunksystem der 3. Generation)

USV
: unterbrechungsfreie Strom-Versorgung

UV
: Ultraviolettstrahlung

UWB
: Ultra Wide Band (Funksystem mit sehr großer Bandbreite und extrem kurzen Impulsen)

VDB
: Berufsverband Deutscher Baubiologen e.V., www.baubiologie.net

VDE
: Verband der Elektrotechnik Elektronik Informationstechnik e.V., Frankfurt am Main

W-CDMA
: Wideband-Code Division Multiple Access (Breitband-Codemultiplex)

WHO
: World Health Organization (Weltgesundheitsorganisation)

WLAN
: Wireless Local Area Network

5.7 Glossar

Äquipotentialfläche
Fläche gleichen Potentials

Äquipotentiallinie
Linie gleichen Potentials

Ausgleichsstrom
Strom, der bei Potentialdifferenzen z. B. über Gebäudeteile und Kabelschirme fließt

Average (abgek. AVG)
linearer, gleichgerichteter Mittelwert
Baubiologie
Lehre von der Beziehung des Menschen zu seiner bebauten Umwelt

Baubiologie
Lehre von der Beziehung des Menschen zu seiner bebauten Umwelt

Bluetooth
Funksystem zur Daten- und Sprachübertragung im ISM-Band 2,4 GHz

breitbandig
Messung, bei der die Gesamtamplitude über einen größeren Frequenzbereich ermittelt wird, ohne die Amplitudenbeiträge nach einzelnen Frequenzen aufzuschlüsseln (vgl. „frequenzselektiv")

Crest-Faktor
Verhältnis von Spitzenwert zu Effektivwert

Dezibel
dimensionsloses, logarithmisches Maß für das Verhältnis zweier Größen zueinander

Dipol
„Zweipol", Grundform der Stabantennen

Divergenz
Maß für die Stärke eines Quellenfeldes

Drehstrom
auch Dreiphasenwechselstrom genannt, entsteht durch Dreiphasenwechselspannung, welche aus drei gleich großen jeweils 120° phasenverschobenen Wechselspannungen gleicher Frequenz besteht

Effektivwert (abgek. RMS)
quadratischer Mittelwert, Wurzel aus der Summe der Quadrate der Einzelwerte; entspricht der Höhe einer Gleichspannung, die die gleiche Leistung umsetzt

Elektret
Material, das ein permanentes elektrisches Gleichfeld erzeugt, ohne dass eine Spannung angelegt werden muss

elektromagnetisch
Feld mit einer elektrischen und einer magnetischen Komponente (hochfrequente elektromagnetische Welle)

Elementarladung
Ladung e des Elektrons, kleinste in der Natur vorkommende Ladungseinheit; $e = -1{,}6021 \cdot 10^{-19}$ As

Endstromkreis
Stromkreis, an den unmittelbar Verbrauchsmittel oder Steckdosen angeschlossen sind

Erdpotential
Potential der Erdoberfläche, wird zu null gesetzt und daher auch als Nullpotential bezeichnet

Fehlerstrom
Strom, der durch einen Isolationsfehler entsteht

Fehlstrom
: auch als Differenzstrom bezeichnet; Betriebs-Rückstrom, der über metallene Rohrsysteme (Gas, Wasser, Heizung) oder das Erdreich fließt

Feldmühle
: Gerät zur Messung elektrischer Gleichfelder (erdpotentialbezogen) bzw. zur Ermittlung der Oberflächenspannung elektrisch geladener Gegenstände gegen Erdpotential

Feldsonde
: Messwandler, der eine Feldgröße in eine äquivalente, elektrisch weiter verarbeitbare Größe (z. B. Spannung) umwandelt

Fernfeld
: Feldbereich, in dem die freie Ausbreitung einer elektromagnetischen Welle erfolgt; elektrische und magnetische Feldkomponente sind über den Wellenwiderstand fest und eindeutig miteinander verknüpft

ferromagnetisch
: Material mit hoher magnetischer Permeabilität

Filter
: Einrichtung zur Hervorhebung oder Unterdrückung bestimmter Frequenzbereiche

FI-Schutzschalter
: veraltete Bezeichnung für Fehlerstromschutzeinrichtung (RCD)

Frequency Hopping
: Frequenzsprungverfahren

Frequenzgang
: Verlauf einer physikalischen Größe im Frequenzbereich zwischen unterer und oberer Grenzfrequenz

frequenzselektiv
: Messung, bei der die Amplitudenverteilung über der Frequenz ermittelt wird (vgl. breitbandig)

Funktionserdung
: Erdung eines Betriebsmittels, mit der eine beabsichtigte Funktion sichergestellt wird (z. B. bei Telefonanlagen wird durch Erdtastendruck die Amtsholung herbeigeführt)

Gauß
: in den USA übliche Maßeinheit für die magnetische Flussdichte; 1 G = 10^{-4} T, 1 mG = 100 nT

Geo-Magnetometer
: Gerät zur Messung magnetischer Gleichfelder, insbesondere des Erdmagnetfeldes, i.d.R. dreidimensional messend

Gleichfeld
: zeitlich konstantes Feld

Grenzfrequenz
: obere und/oder untere Frequenz, bei der die Amplitude gegenüber dem höchsten Wert um 3 dB abgesunken ist

Grundwelle
: Grundschwingung eines oberwellenhaltigen (nicht sinusförmigen) Signals mit der niedrigsten im Frequenzgemisch enthaltenen Frequenz

Hall-Sonde
: Sonde zur Messung von Magnetfeldern (Gleich- und Wechselfelder)

Hauptpotentialausgleich
: Verbindung von Hauptschutzleiter, Haupterdungsleiter, Blitzschutzerder, Hauptwasserrohren, Hauptgasrohren sowie anderen metallenen Rohrsysteme und Metallteilen der Gebäudekonstruktion (soweit möglich, meist in der Nähe des Hausanschlusskastens)

Hochfrequenz
: Frequenzbereich, in dem Wellenabstrahlung erfolgt

homogen
gleichmäßig im Raum verteilt

Impuls
im Zeitverlauf rechteckförmiges Signal mit steiler Anstiegs- und Abfallflanke

Induktion, magnetische
1. Synonym für magnetische Flussdichte
2. Bezeichnug für den physikalischen Effekt, dass ein sich zeitlich änderndes Magnetfeld ein elektrisches (Wirbel)Feld „induziert"

Informationstechnik
Technik, mit der Informationen in Form von Daten verarbeitet, vermittelt und übertragen werden

inhomogen
ungleichmäßig im Raum verteilt

ionisieren
Herauslösen von Elektronen aus der Atomhülle

isotrop
in alle Richtungen gleichmäßig, ohne Vorzugsrichtung

Kleinsonde, elektrische
Sonde zur Messung niederfrequenter elektrischer Wechselfelder, erdpotentialbezogen; relativ kleine Sondenoberfläche

konzentrischer Leiter
Drahtgeflecht, welches z. B. bei Erdkabeln die isolierten Adern umhüllt (Schirm); wird häufig als PEN-Leiter verwendet

Körperspannung
Spannung des menschlichen Körpers, der sich in einem elektrischen Feld befindet, gegenüber dem Erdpotential (auch als kapazitive Ankopplung bezeichnet)

Leistungsflussdichte
von einer Antenne abgestrahlte Leistung pro Flächeneinheit; Einheit W/m^2

Lichtgeschwindigkeit
Ausbreitungsgeschwindigkeit des Lichts c; im freien Raum ist näherungsweise $c = 300\,000$ km/s

Luftelektrizität
elektrisches Gleichfeld in einem Raum oder im Freien

Magnetfeldindikator
Gerät zur Messung magnetischer Gleichfelddifferenzen gegenüber dem Feld an einem Referenzpunkt

Magnetometer
Gerät zur Messung magnetischer Gleichfelder, i. d. R. dreidimensional messend

Mikrowellen
Wellen im Frequenzbereich 300 MHz ... 300 GHz

Mittelwert, linearer
Summe der Einzelwerte, geteilt durch die Anzahl der Werte

Mittelwert, quadratischer
siehe Effektivwert

Monopol
„Einpol", Form der $\lambda/4$-Antenne

Näherungseffekt
überhöhte Feldstärkeanzeige bei potentialfreien E-Feldsonden in unmittelbarer Nähe von leitfähigen Flächen

Nahfeld
Feldbereich, in dem elektrische und magnetische Feldkomponenete unabhängig voneinander betrachtet werden müssen

Netzabkoppler
(früher auch „Netzfreischalter“ genannt) Schaltgerät, das meist in den Stromkreisverteiler eingebaut wird und den angeschlossenen Stromkreis vom Wechselspannungsnetz abkoppelt, sobald kein Strom mehr fließt (alle Geräte sind ausgeschaltet bzw. ausgesteckt). Bei Inbetriebnahme eines Gerätes koppelt der Netzabkoppler automatisch die Netzspannung wieder zu.

nichtlinearer Verbraucher
elektronisches Betriebsmittel, welches keinen sinusförmigen Strom aufnimmt

Niederfrequenz
Frequenzbereich, in dem keine Wellenabstrahlung erfolgt

Nullleiter
frühere Bezeichnung für PEN-Leiter

Oberflächenspannung
elektrische Spannung elektrostatisch geladener Gegenstände gegenüber dem Erdpotential (Gleichspannung)

Oberwelle
ganzzahlige (harmonische) Vielfache der Grundfrequenz eines nicht sinusförmigen Signals

Oszillogramm
Darstellung des zeitlichen Verlaufs eines Signals

Polarisation
Richtung der elektrischen Feldstärkekomponente einer elektromagnetischen Welle im Raum; typischerweise horizontal, vertikal, unter ± 45° kreuzpolarisiert oder zirkular polarisiert

Powerline Communication
Gebäudesystemtechnik, bei der die Daten über die Energieleitung übertragen werden

Puls
regelmäßige Folge von Impulsen mit konstanter Wiederholfrequenz (Pulsfrequenz)

quasistationär
zeitlich langsam veränderlicher Zustand, es findet ein Energietransport statt

quasistatisch
zeitlich langsam veränderlicher Zustand, es wird keine Energie transportiert

Quellenfeld
Feld, bei dem die Feldlinien Anfang und Ende haben

Rotation
Maß für die Stärke eines Wirbelfeldes

Sektorantenne
Antenne mit ausgeprägter Richtwirkung

Spannungsverschleppung
unerwünschter Transport von elektrischen Potentialen über leitfähige Materialien

Spektrogramm
Darstellung der zeitlichen Veränderung eines Spektrums

Spektrum
Frequenzbereich

Spitzenwert
höchster Wert einer Messgröße

stationär
zeitlich konstanter Zustand, es findet ein Energietransport statt

statisch
zeitlich konstanter Zustand, es wird keine Energie transportiert

Strahlungsdichte
siehe Leistungsflussdichte

Stromwandler
Einsatzzweck und Funktion wie Stromzange, aber mit flexibler Schlaufe statt Zangenöffnung, so dass auch Leiter mit großem Durchmesser umschlossen werden können

Stromzange
zangenförmiger Messwandler, der um einen Strom führenden Leiter gelegt wird und die Messung des Stromes erlaubt, ohne den Leiter auftrennen zu müssen; befinden sich mehrere Leiter innerhalb der Zangenöffnung, so wird die Summe der Einzelströme gemessen

TCO-Sonde
Sonde zur Messung niederfrequenter elektrischer Wechselfelder, erdpotentialbezogen; kreisförmige Sondenoberfläche gemäß TCO-Spezifikation mit geerdetem Abschirmring („Tellersonde")

Tellersonde
siehe TCO-Sonde

vagabundierender Strom
auch parasitärer Bypassstrom genannt; Fehlstrom, der nicht über den Rückleiter fließt, sondern z. B. über Gebäudekonstruktionen, Rohre, Erdreich

Vektor
„Zeiger", physikalische Größe, die durch Betrag und Richtung im Raum beschrieben wird

Wechselfeld
sich zeitlich änderndes Feld (niederfrequent oder hochfrequent)

Wechselstrom
Strom, der sich periodisch in Polarität und Stromstärke ändert

Wellenlänge
Länge eines Schwingungszuges einer elektromagnetischen Welle, die sich im Raum ausbreitet

Wellenwiderstand
Verhältnis von elektrischer zu magnetischer Feldstärke bei einer sich ausbreitenden elektromagnetischen Welle

Wirbelfeld
Feld, bei dem die Feldlinien in sich geschlossen sind (ohne Anfang und Ende)

Würfelsonde
dreidimensional arbeitende Sonde in Würfelform zur potentialfreien Messung niederfrequenter elektrischer Wechselfelder

ZigBee
Funksystem zur Datenübertragung im ISM-Band 2,4 GHz

Literaturverzeichnis

Kapitel 1 und 2

[1] *Cherry, N. J.:* Human intelligence: The brain, an electromagnetic system sychronized by the Schumann resonance signal: Medical Hypothesis (2003) 60 (6); S. 843–844

[2] National Geophysical Data Center (NGDC): Geomagnetic field frequently asked questions; www.ngdc.noaa.gov/geomag/faqgeom.shtml

[3] http://de.wikipedia.org/wiki/Richard_Christopher_Carrington

[3a] *Schumann, W. O.:* Über die strahlungslosen Eigenschwingungen einer leitenden Kugel, die von einer Luftschicht und einer Ionosphärenhülle umgeben ist. Zeitschrift für Naturforschung 1952, Teil A, Vol. 7, S. 149

[4] *König, H. L.:* Unsichtbare Umwelt – Der Mensch im Spielfeld elektromagnetischer Kräfte. München: Eigenverlag Herbert L. König, 1977

[5] http://people.bath.ac.uk/eesmf/eicrssn.html

[6] *Burch, J. B.; Reif, J.S.; Yost, M. G.:* Geomagnetic disturbances are associated with reduced nocturnal excretion of a melatonin metabolite in humans. In: Neurosci. Lett. 1999 May 14, 266(3); S. 209–212

[7] *Cherry, N.:* Schumann resonance, a plausible biophysical mechanism for the human health effects of solar/geomagnetic activity; 2002; www.neilcherry.com

[8] *Cherry, N.:* Schumann resonance and sunspot relations to human health effects in Thailand, 2002; www.neilcherry.com

[9] *Reiter, R.:* Meteorobiologie und Elektrizität der Atmosphäre. Leipzig: Akademische Verlagsgesellschaft, 1960

[10] *Sönning, W.; Baumer, H.:* Das natürliche Impuls-Frequenzspektrum der Atmosphäre (CD-Sferics a.t.B.) und seine biologische Wirksamkeit, 2002; www.e-smog.ch/wetter

[11] *Ruhenstroth-Bauer, G.; Baumer, H.; Burkel, E. M.; Sönning , W.; Filipiak, B.:* Myocardial infarction and the weather: A significant positive correlation between the onset of heart infarct and 28 kHz atmospherics – A pilot study. In: Clin. Cardiol. 8 (1985); S. 149–151

[12] *Ruhenstroth-Bauer, G.; Vogl, S.; Baumer, H.; Moritz, C.; Weinmann, H. M.:* Natural atmospherics and occurence of seizures in six

adolescents with epilepsy: a cross correlation study. In: Seizure 1995, 4; S. 303–306

[13] *Schienle, A.; Stark, R.; Walter, B.; Vaitl, D.:* Effects of low-frequency magnetic fields on electrocortical activity in humans: A sferics simulation study. In: Intern. J. Neuroscience, Vol. 90 (1–2); S. 21–36

[13a] *Virnich, M.:* DECT „zero" – Strahlungsfrei im Standby; www.baubiologie-virnich.de/pdf/DECT_zero.pdf

[13b] *Haubrich, H.-J.:* Elektrische Energieversorgungssysteme – Technische und wirtschaftliche Zusammenhänge. Skriptum zur Vorlesung „Elektrische Anlagen I", 3. Auflage 1996, Aachener Beiträge zu Energieversorgung des Instituts für Elektrische Anlagen und Energiewirtschaft an der RWTH Aachen

[14] *Schreier, N.; Huss, A.; Röösli, M.:* 2006. The prevalence of symptoms attributed to electromagnetic field exposure: a cross-sectional representative survey in Switzerland. Soz. Praventivmed. 51, S. 202–209

[14a] *Pauli, P.; Moldan; D.:* Reduzierung hochfrequenter Strahlung – Baustoffe und Abschirmmaterialien. Iphofen: Eigenverlag, 2003

[15] *Röösli, M.; Moser, M.; Baldinini, Y.; Meier, M.; Braun-Fahrländer, C.:* 2004. Symptoms of ill health ascribed to electromagnetic field exposure – a questionnaire survey. Int. J. Hyg. Environ. Health 207, S. 141–150

[16] *Friedman, J.; Kraus, S.; Hauptman, Y.; Schiff, Y.; Seger, R.:* 2007. Mechanism of short-term ERK activation by electromagnetic fields at mobile phone frequencies. Biochem. J. 405, S. 559–568.

[17] *Simkó, M.:* 2007. Cell Type Specific Redox Status is Responsible for Diverse Electromagnetic Field Effects. Current Medicinal Chemistry, 2007, 14, S.1141–1152

[18] Explaining "Unexplained Illnesses": Disease Paradigm for Chronic Fatigue Syndrome, Multiple Chemical Sensitivity, Fibromyalgia, Post-Traumatic Stress Disorder. Gulf War Syndrome, and Others. Pall Martin L.; Harrington Park Press; 2007

[19] *Bedard, K.; Krause, K. H.:* 2007. The NOX Family of ROS-Generating NADPH Pacher P, Beckman JS, Liaudet L. 2007. Nitric oxide and peroxynitrite in health and disease. Physiol Rev. 2007 Jan;87(1), S. 315–424. www.ncbi.nlm.nih.gov/pmc/articles/PMC2248324/pdf/nihms38119.pdf and Pathophysiology; Physiol Rev 87, S. 245–313

[20] *Pacher, P.; Beckman, J. S.; Liaudet, L.*: 2007. Nitric oxide and peroxynitrite in health and disease. Physiol Rev. 2007 Jan;87(1): S. 315–424. www.ncbi.nlm.nih.gov/pmc/articles/PMC2248324/pdf/nihms38119.pdf

[21] *Desai, N. R.; Kesari, K. K.; Agarwal, A.:* 2009. Pathophysiology of cell phone radiation: oxidative stress and carcinogenesis with focus on male reproductive system. Reprod Biol Endocrinol. Oct 22;7, S. 114

[22] UN Resolution 48/96, Anhang 20. Dezember 1993; www.un.org/esa/socdev/enable/dissre00.htm

[23] *Wertheimer, N.; Leeper, E.:* Electrical wiring configurations and childhood cancer. In: Am. J. Epidemiol. 1979 Mar, 109(3); S. 273–284

[24] *Wertheimer, N.; Leeper, E.:* Adult cancer related to electrical wires near the home. In: Int. J. Epidemiol. 1982 Dec, 11(4); S. 345–355

[25] *Stevens, R. G.:* Electric power use and breast cancer: a hypothesis. In: Am. J. Epidemiol. 1987 Apr, 125(4); S. 556–561

[26] *Milham, S.; Ossiander, E. M.:* Historical evidence that residential electrification caused the emergence of the childhood leukemia peak. In: Medical Hypotheses (2001) 56(3); Harcourt Publishers Ltd; S. 290–295; www.idealibrary.com

[27] *Ahlbom, A.; Day, N.; Feychting, M.; Roman, E.; Skinner, J.; Dockerty, J.; Linet, M.; McBride, M.; Michaelis J.; Olsen, J. H.; Tynes, T.; Verkasalo, PK.*: 2000. A pooled analysis of magnetic fields and childhood leukaemia. Br J Cancer. 2000 Sep;83(5): S. 692–698

[27a] Council Recommendation of 12 July 1999 on the limitation of exposure for the general public to electromagnetic fields (0 Hz to 300 GHz); (1999/519/EC)

[28] *Greenland, S.; Sheppard, A. R.; Kaune, W.; Poole, C.; Kelsh, M.a.:* 2000. A pooled analysi,s of magnetic fields, wire codes, and childhood leukemia. Childhood Leukemia-EMF Study Group. Epidemiology. 2000 Nov;11(6): s. 624–34

[29] *Foliart, D. E.; Pollock, B. H.; Mezei, G.; Iriye, R.; Silva, J. M.; Ebi, K. L.; Kheifets, L.; Link, M. P.; Kavet, R.:* 2006. Magnetic field exposure and long-term survival among children with leukaemia. Br J Cancer. 2006 Jan 16;94(1): S. 161–164

[30] *Fedrowitz, M.; Kamino, K.; Loscher, W.* 2004. Significant differences in the effects of magnetic field exposure on 7,12-dimethylbenz(a)anthracene-induced mammary carcinogenesis in two substrains of Sprague-Dawley rats. Cancer Res. 2004 Jan 1;64(1): S. 243–251

[31] *Baum, A.; Mevissen, M.; Kamino, K.; Mohr, U.; Loscher, W.:* 1995. A histopathological study on alterations in DMBA-induced mammary carcinogenesis in rats with 50Hz, 100 muT magnetic field exposure. Carcinogenesis. 1995 Jan;16(1): S. 119–125

[32] *Mevissen, M.; Haussler, M.; Lerchl, A.; Loscher, W:.* 1998. Acceleration of mammary tumorigenesis by exposure of 7,12-dimethylbenz(a)anthracene-treated female rats in a 50-Hz, 100-microT magnetic field: replication study. J Toxicol Environ Health A. 1998 Mar 13;53(5): S. 401–418

[33] *Thun-Battersby, S.; Mevissen, M.; Loscher W.* :1999. Exposure of Sprague-Dawley rats to a 50-Hertz, 100-microTesla magnetic field for 27 weeks facilitates mammary tumorigenesis in the 7,12-dimethylbenz(a)-anthracene model of breast cancer. Cancer Res. 1999 Aug 1;59(15): S. 3627–3633

[34] *Anderson, L. E.; Boorman, G. A.; Morris, J. E.; Sasser, L. B.; Mann, P. C.; Grumbein, S. L.; Hailey, J. R.; McNally, A.; Sills, R. C.; Haseman, J. K.:* 1999. Effect of 13 week magnetic field exposures on DMBA-initiated mammary gland carcinomas in female Sprague-Dawley rats. Carcinogenesis. 1999 Aug;20(8): S. 1615–1620

[35] *Boorman, G. A.; Anderson, L. E.; Morris, J. E.; Sasser, L. B.; Mann, P. C.; Grumbein, S. L.; Hailey, J. R.; McNally, A.; Sills, R. C.; Haseman, J. K.:* 1999a. Effect of 26 week magnetic field exposures in a DMBA initiationpromotion mammary gland model in Sprague-Dawley rats. Carcinogenesis. 1999 May;20(5): S. 899–904

[36] *Boorman, G. A.; McCormick, D. L.; Findlay, J. C.; Hailey, J. R.; Gauger, J. R.; Johnson, T. R.; Kovatch, R. M.; Sills, R. C.; Haseman, J. K:.* 1999b. Chronic toxicity/oncogenicity evaluation of 60Hz (power frequency) magnetic fields in F344/N rats. Toxicol Pathol. 1999 May–Jun;27(3): S. 267–278

[37] *Anderson, L. E.; Morris, J. E.; Sasser, L. B.; Loscher, W.:* 2000. Effects of 50- or 60-hertz, 100 microT magnetic field exposure in the DMBA mammary cancer model in Sprague-Dawley rats: possible explanations for different results from two laboratories. Environ Health Perspect. 2000 Sep;108(9): S. 797–802

[38] *Fedrowitz, M.; Loscher, W.:* 2006. Power Frequency Magnetic Fields Increase Cell Proliferation in the Mammary Gland of Female Fischer 344 Rats but Not Various Other Rat Strains or Substrains. Oncology. 2006 Jan 16;69(6): S. 486–498

[39] *Lai, H.; Singh, NP.*: 2004. Magnetic-field-induced DNA strand breaks in brain cells of the rat. Environ Health Perspect. 2004 May;112(6): S. 687–694

[40] *Milham, S.:* Dirty Electricity: Electrification and the Diseases of Civilization, iUniverse, Bloomington, 2010; ISBN 978-1-4502-3821-2

[41] *Young, I. S.; Woodside, J. V.:* 2001. Antioxidants in health and disease. J Clin Pathol. 2001 Mar;54(3): S. 176–186

[42] *Klaunig, J. E.; Kamendulis, L. M.:* 2004. The role of oxidative stress in carcinogenesis. Annu Rev Pharmacol Toxicol. 2004;44:239–167

[43] *Henshaw, D. L.; Reiter, R. J.*: 2005. Do magnetic fields cause increased risk of childhood leukemia via melatonin disruption? Bioelectromagnetics. 2005;Suppl 7: S. 86–97

[44] *Blask, D. E.; Sauer, L. A.; Dauchy, R. T.; Holowachuk, E. W.; Ruhoff, M. S.; Kopff, H. S.:* 1999. Melatonin inhibition of cancer growth in vivo involves suppression of tumor fatty acid metabolism via melatonin receptor-mediated signal transduction events. Cancer Res. 1999 Sep 15;59(18): S. 4693–4701

[45] *Blackman, C. F.; Benane, S. G.; House, D. E.*: 2001.The influence of 1.2 microT, 60Hz magnetic fields on melatonin- and tamoxifen-induced inhibition of MCF-7 cell growth. Bioelectromagnetics. 2001 Feb;22(2): S. 122–128

[46] *Ishido, M.; Nitta, H.; Kabuto, M.:* 2001. Magnetic fields (MF) of 50Hz at 1.2 microT as well as 100 microT cause uncoupling of inhibitory pathways of adenylyl cyclase mediated by melatonin 1a receptor in MF-sensitive MCF-7 cells. Carcinogenesis. 2001 Jul;22(7): S. 1043–1048

[47] *Girgert, R.; Schimming, H.; Korner, W.; Grundker, C.; Hanf, V.:* 2005. Induction of tamoxifen resistance in breast cancer cells by ELF electromagnetic fields. Biochem Biophys Res Commun. 2005 Nov 4;336(4): S. 1144–1149

[48] *Erren, T. C.:* 2001. A meta-analysis of epidemiologic studies of electric and magnetic fields and breast cancer in women and men. Bioelectromagnetics. 2001;Suppl 5: S. 05–19

[48a] Standard der Baubiologischen Messtechnik 2003 (SBM-2003); www.baubiologie.de, Institut für Baubiologie + Oekologie Neubeuern (IBN)

[49] IARC Working group on the evaluation of carcinogenic risks to humans non-ionizing radiation, Part 1: static and extremely low-frequency (ELF) electric and magnetic fields. IARC Monogr. Eval. Carcinog. Risks. Hum., 80: S. 1–395, 2002

[49a] Bundesgesetzblatt Jahrgang 1996 Teil I Nr. 66. 26. Verordnung zur Durchführung des Bundes-Immissionsschutzgesetzes (Verordnung über elektromagnetische Felder – 26. BImSchV) vom 16. Dezember 1996

[50] An evaluation of the possible risks from electric and magnetic fields (EMFs) from power lines, Internal Wiring, Electrical Occupations and appliance. California department of health; www.dhs.ca.gov/ehib/emf/RiskEvaluation/riskeval.html

[50a] The sanitary-epidemiological welfare of the population. Russia Federal Law from March 30th, 1999, no. 52-FZ

[51] BioInitiative Report: A Rationale for a Biologically-based Public Exposure Standard for Electromagnetic Fields (ELF and RF). Release Date: August 31, 2007. www.bioinitiative.org

[51a] Decreto del Presidente del Consiglio dei Ministri 8 Luglio 2003: Fissazione dei limiti di esposizione, dei valori di attenzione e degli obiettivi di qualita' per la protezione della popolazione ai campi elettrici e magnetici alla frequenza di rete (50 Hz) generati dagli elettrodotti; GU n. 200 del 29-8-2003

[52] *Lee, G. M.; Neutra, R. R.; Hristova, L.; Yost, M.; Hiatt, R. A.:* 2002. A nested case-control study of residential and personal magnetic field measures and miscarriages. Epidemiology. 2002 Jan;13(1): S. 21–31

[52a] Schweizer Verordnung über den Schutz vor nichtionisierender Strahlung (NISV) vom 23. Dezember 1999 (Stand am 1. Februar 2000) Nr. 814.710.

[53] *Li, D. K.; Odouli, R.; Wi, S.; Janevic, T.; Golditch, I.; Bracken, T. D.; Senior, R.; Rankin, R.; Iriye, R.:* 2002. A population-based prospective cohort study of personal exposure to magnetic fields during pregnancy and the risk of miscarriage. Epidemiology. 2002 Jan;13(1): S. 9–20

[53a] Decreto del Presidente del Consiglio dei Ministri 8 Luglio 2003: Fissazione dei limiti di esposizione, dei valori di attenzione e degli obiettivi di qualita' per la protezione della popolazione dalle esposizioni a campi elettrici, magnetici ed elettromagnetici generati a frequenze comprese tra 100 kHz e 300 GHz; GU n. 199 del 28-8-2003

[54] National Council on Radiation Protection and Measurements (NCRP). Draft Report of NCRP Scientific Committee 89–3 on Extremely Low Frequency Electric and Magnetic Fields, June 13, 1995. http://www.microwavenews.com/ncrp1.html

[55] ICNIRP: Guidelines for limiting exposure to time-varying electric, magnetic, and electromagnetic fields (up to 300 GHz). In: Health Physics Vol. 74, No 4, 1998; S. 494–522

[55a] Landessanitätsdirektion Salzburg: www.salzburg.gv.at/umweltmedizin

[56] National Institute of Environmental Health Sciences (NIEHS 1999). NIEHS Report on Health Effects from Exposure to Power-Line Frequency Electric and Magnetci Fields. NIH Publication No. 99–4493

[57] *Becker, R. B.:* Cross currents, the perils of electropollution, the promise of electromedicine. USA 1990

[58] *Heller, J. H.; Teixeira-Pinto, A. A.:* A new physical method of creating chromosomal aberrations. In: Nature No. 4665 March 28 (1959); S. 905–906

[59] *Sage, C.:* Übersicht über Studien zur Wirkung hochfrequenter Felder (mit Relevanz für die Mobilkommunikation und Daten). In: Tagungsband Internationale Konferenz Situierung von Mobilfunksendern – Wissenschaft & Öffentliche Gesundheit, Salzburg, 7.–8. Juni 2000; S. 93–108

[60] *Cherry, N.:* Probable health effects assotiated with base stations in communities: the need for health surveys. In: Tagungsband Internationale Konferenz Situierung von Mobilfunksendern – Wissenschaft & Öffentliche Gesundheit, Salzburg, 7.–8. Juni 2000; S. 195–236

[61] *Regel, S. J.; Negovetic, S.; Röösli, M.; Berdiñas, V.; Schuderer, J.; Huss, A.; Lott, U.; Kuster, N.; Achermann, P.*: 2006. UMTS base station-like exposure, well-being, and cognitive performance. Environ Health Perspect. Aug;114(8): S. 1270–1275

[62] *Zwamborn, A. P. M.; Vossen, S. H. J. A.; van Leersum, B. J. A. M.; Ouwens, M. A.; Mäkel, W. N.* (TNO Physics and Electronics Laboratory): Effects of global communication system radio-frequency fields on well being and cognitive functions of human subjects with and without subjective complaints; TNO-report FEL-03-C148, September 2003; www.ez.nl/beleid/home_ond/gsm/docs/TNO-FEL_REPORT_03148_Definitief.pdf

[63] *Eltiti, S.; Wallace, D.; Ridgewell, A.; Zougkou, K.; Russo, R.; Sepulveda, F.; Mirshekar-Syahkal, D.; Rasor, P.; Deeble, R.; Fox, E.:* 2007.

Does short-term exposure to mobile phone base station signals increase symptoms in individuals who report sensitivity to electromagnetic fields? A double-blind randomized provocation study. Environ Health Perspect. Nov;115(11): S. 1603–1608

[64] *Santini, R.; Santini, P.; Danze.; J. M.; Le Ruz, P.; Seigne, M.:* Study of the health of people living in the vicinity of mobile phone base stations: 1st influence of distance and sex. In: Pathol. Biol. 2002, 50; S. 369–373

[65] *Navarro, E. A.; Segura, J.; Portolés, M.; Gómez-Perretta de Mateo, C.:* The microwave syndrome: a preliminary study in Spain. In: Electromagnetic Biology and Medicine (formerly Electro- and Magnetobiology), Volume 22, Issue 2, (2003); S. 161–169

[66] *Hutter, H-P.; Moshammer, H.; Wallner, P.; Kundi, M.*: 2006, Subjective symptoms, sleeping problems, and cognitive performance in subjects living near mobile phone base stations; Occup. Environ. Med.;63; S. 307–313

[67] *Abdel-Rassoul, G.; El-Fateh, O. A.; Salem, M. A.; Michael, A.; Farahat, F.; El-Batanouny, M.; Salem, E.:* 2007. Neurobehavioral effects among inhabitants around mobile phone base stations. Neurotoxicology. Mar; 28(2): S. 434–440

[68] *Kundi, M.; Hutter, H. P.:* 2009. Mobile phone base stations – Effects on wellbeing and health. Pathophysiology. 2009 Aug;16(2–3): S. 123–135. Epub Mar 4.

[69] *Adlkofer, F.:* Vortragsmanuskript zur Veranstaltung „Mobilfunk und Gesundheit“ der Umwelt-Akademie München am 05.12.2003 in München; www.die-umwelt-akademie.de

[70] *Ruediger, H. W.:* 2009. Genotoxic effects of radiofrequency electromagnetic fields. Pathophysiology. Aug;16(2–3): S. 89–102. Epub 2009 Mar 13.

[71] *Salford, L.G.; Brun, A. E.; Eberhard, J. L.; Malmgren, L.; Perrson, B. R. R.:* Nerve cell damage in mammalian brain after exposure to microwaves from GSM mobile phones. In: Environ Health Perspect 111 (2003); S. 881–883; http://ehp.niehs.nih.gov/docs/2003/6039/abstract.html

[72] *Hardell, L.; Hallquist, A.; Hansson; Mild, K. H..; Carlberg, M.; Pahlson, A.; Lilja, A.:* Cellular and cordless telephones and the risk for brain tumours. In: European Journal of Cancer Prevention, 2002, 11, S. 377–386

[73] *Hardell, L.; Mild, K.H.; Carlberg, M.:* Further aspects on cellular and cordless telephones and brain tumours. In: Int. J. Oncol. 2003 Feb. 22(2); S. 399–407
[74] *Hardell L.; Carlberg M.; Hansson Mild, K. H.*: 2009.Epidemiological evidence for an association between use of wireless phones and tumor diseases. Pathophysiology. Aug;16(2–3): S. 113–122
[75] *Kundi, M.:* 2009. The controversy about a possible relationship between mobile phone use and cancer. Environ Health Perspect. Mar;117(3): S. 316–324. Epub 2008 Sep 26.
[76] *Myung, S. K.; Ju, W.; McDonnell, D. D.; Lee, YJ. .; Kazinets, G.; Cheng, C. T.; Moskowitz, J. M.:* 2009. Mobile phone use and risk of tumors: a meta-analysis. J Clin Oncol. 2009 Nov 20;27(33): S. 5565–5572. Epub 2009 Oct 13.
[77] *Agarwal, A.; Desai, N. R.; Makker, K.; Varghese, A.; Mouradi, R.; Sabanegh, E.; Sharma, R.:* 2009. Effects of radiofrequency electromagnetic waves (RF-EMW) from cellular phones on human ejaculated semen: an in vitro pilot study. Fertil Steril. Oct;92(4): S. 1318–1325
[78] *Desai, N. R.; Kesari, K. K.; Agarwal, A.:* 2009. Pathophysiology of cell phone radiation: oxidative stress and carcinogenesis with focus on male reproductive system. Reprod Biol Endocrinol. Oct 22; 7: S. 114
[79] *De Iuliis, G. N.; Newey, R. J.; King, B. V.; Aitken, R. J.:* 2009. Mobile phone radiation induces reactive oxygen species production and DNA damage in human spermatozoa in vitro. PLoS One. Jul 31;4(7): S. e6446
[80] Untersuchung athermischer Wirkungen elektromagnetischer Felder im Mobilfunkbereich (ATHEM), Forschungsbericht, Nummer 47, Allgemeine Unfallversicherungsanstalt, Wien 2009. http://esv-sva.sozvers.at/mediaDB/555261_R47.pdf
[81] www.bmg.gv.at/cms/home/attachments/1/9/2/CH1238/CMS1202111739767/osr-empfehlung_mobilfunk_stand_17.12.2010.pdf
[81a] www.iarc.fr/en/media-centre/pr/2011/pdfs/pr208_E.pdf
[81b] Resolution 1815 (2011)1 The potential dangers of electromagnetic fields and their effect on the environment http://assembly.coe.int/Mainf.asp?link=/Documents/AdoptedText/ta11/ERES1815.htm#P16_141

[82] EEA 2007: European Environment Agency, Radiation risk from everyday devices assessed; www.eea.europa.eu/highlights/radiation-risk-from-everyday-devices-assessed

[83] EU-Parlament 2008: European Parliament resolution of 2 April 2009 on health concerns associated with electromagnetic fields (2008/2211(INI)); www.europarl.europa.eu/sides/getDoc.do?pubRef=-//EP// TEXT+TA+P6-TA-2009-0216+0+DOC+XML+V0//EN

[83a] www.bruxellesenvironnement.be/Templates/Particuliers/informer.aspx?id=3550&langtype=2060&detail=tab3

[83b] www.bruxellesenvironnement.be/uploadedFiles/Contenu_du_site/Particuliers/02_Th%C3%A8mes/Ondes_%C3%A9lectromagn%C3%A9tiques/2010-06-30_AM_outil_simulation.pdf?langtype=2060

[84] *Maes, W.:* Institut für Baubiologie + Ökologie Neubeuern IBN: Ergänzung zum Standard der baubiologischen Messtechnik SBM-2008 – Baubiologische Richtwerte für Schlafbereiche; www.baubiologie.de/site/messtechnik/schlafbereiche.php

[85[Berufsverband Deutscher Baubiologen VDB e.V., www.baubiologie.net

Kapitel 3 und 4

[1] Arbeitsgemeinschaft Dermatologische Prävention – ADP e.V. (Hrsg.): Selbstverteidigung für Solariumgänger – So schützen Sie sich vor den Gefahren der künstlichen UV-Strahlung. ADP e.V., Postfach 10 07 45, 20005 Hamburg; www.unserehaut.de/docroot/pdf/level07/broschueren/selbstverteidigung-solariumgaenger.pdf

[2] *Schauer, M.:* Feldreduzierung in Gebäuden: Geschirmte Elektroinstallation, Abschirmung an Gebäuden und in Wohnungen; Fachbuchreihe de-Fachwissen; Hüthig & Pflaum Verlag GmbH & Co. Fachliteratur KG München/Heidelberg, 2012; ISBN 978-3-8101-0315-4

[2a] *Virnich, M.:* Strom auf'm Rohr kommt häufiger vor – Elektrische Fehl- und Ausgleichsströme auf Rohrsystemen. In: IKZ –Haustechnik 7/2012, S. 94–100; www.baubiologie-virnich.de/pdf/strom_aufm_Rohr.pdf

[3] *Bornkessel, Ch.; Kunisch, J.; Pamp, J.* (IMST – Institut für Mobil- und Satellitenfunktechnik GmbH): Elektromagnetische Felder in NRW – Untersuchung der Immissionen durch Mobilfunk Basisstationen,

Abschlussbericht zum AP 4 „Einfluss von Grenzwertverschärfungen auf die Gesamtimmission", erstellt für das Ministerium für Umwelt und Naturschutz, Landwirtschaft und Verbraucherschutz des Landes Nordrhein-Westfalen (MUNLV NRW); 18. März 2002; www.umwelt.nrw.de/umwelt/pdf/mobilfunk.pdf

[4] *Münzenberg, U.; Haumann, Th.* (Hrsg.: VDB e.V.): Die aktuelle „Hochfrequenzlandschaft" im Zeitalter des Mobilfunks – Dokumentation der Belastung der Anwohner durch exemplarische Mobilfunkmessungen in Gemeinden. In: „Energieversorgung & Mobilfunk", Tagungsband der 1. EMV-Tagung des Berufsverbandes Deutscher Baubiologen – VDB e.V., 19.–20. April 2002 im Öko-Zentrum NRW, Hamm; Im Verlag der Arbeitsgemeinschaft Ökologischer Forschungsinstitute (AGÖF) e.V., Springe-Eldagsen 2002, ISBN 3-930576-04-3; S. 57–68

[5] *Baldauf, M.; Herschlein, A; Wiesbeck, W.:* Schutzabstände in der Mobilkommunikation. In: Frequenz, Vol. 55, No. 11–12 (2001); S. 310–316

[6] *Virnich, M. H.:* Belastungen und Gesundheitsrisiken durch Mobilfunkanlagen. ImmoCom 2001, BBA (Berlin-Brandenburgische Akademie der Wohnungswirtschaft e.V.). Berlin: 2001. www.baubiologie.net

[7] *Virnich, M.:* EDGE – Eine neue Variante des GSM-Mobilfunks. In: Tagungsband der 6. EMV-Tagung „Energieversorgung und Mobilfunk" des Berufsverbandes Deutscher Baubiologen VDB e.V. am 23.–24.03.2007 in Fürth; www.baubiologie-virnich.de/pdf/EDGE-Signalcharakteristik.pdf

[8] *Virnich, M.:* TETRA und DMR – Eigener Digitalfunk für Behörden und Betriebe. In: Tagungsband 8. Rheinland-Pfälzisch-Hessisches Mobilfunksymposium des BUND (Bund für Umwelt und Naturschutz Deutschland) am 18. April 2009 in Mainz. www.baubiologie-virnich.de/pdf/TETRA_und_DMR/pdf

[9] *Virnich, M. H.:* Charakteristika von UMTS-Signalen. Energieversorgung & Mobilfunk – Tagungsband der 3. EMV-Tagung des Berufsverbandes Deutscher Baubiologen VDB e.V. am 01.–02. April 2004 in Würzburg. Fürth: Im Verlag des AnBUS e.V., 2004, S. 43–59 www.baubiologie-virnich.de/pdf/UMTS_Signalcharakteristik.pdf

[10] *Bornkessel, C.:* Messung der elektromagnetischen Immissionen von LTE-Basisstationen. In: EMF Spectrum, Vierteljährliche Information der Arbeitsgruppe EMF & Umwelt; wik – Wissenschaftliches Institut

für Infrastruktur und Kommunikationsdienste; Ausgabe 1/2011, April 2011; 2. Jg.; ISSN 2190-9393; S. 10–15

[11] *Virnich, M. H.:* Nach der Frequenzversteigerung 2010: Mit LTE in die 4. Mobilfunkgeneration. In: Tagungsband zum 10. Rheinland-Pfälzisch-Hessischen Mobilfunksymposium des BUND Landesverband Rheinland-Pfalz am 21. Mai 2012 in Mainz; www.baubiologie-virnich.de/pdf/LTE_Mobilfunkgeneration4.pdf

[12] *Sichla, F.:* Dezibel-Praxis – Richtig rechnen mit dB, dBm, dBµ, dBi, dBc und dBHz (mit 120 Aufgaben zur Selbstkontrolle); beam-Verlag Marburg 2007; www.beam-verlag.de/Dezibel-Praxis.pdf; ISBN 978-3-88976-056-2

[13] Berufsverband Deutscher Baubiologen VDB e.V.: VDB-Richtlinien – Band 1 / Physikalische Untersuchungen. Fürth: Im Verlag des AnBUS e.V., 2004

[14] *Bahmeier, G.:* Feldsonden für Kalibrierungszwecke und zur Bestimmung von Betrag und Richtung der elektrischen Feldstärke; Fortschritt-Berichte VDI, Reihe 8, Nr. 438, VDI-Verlag Düsseldorf, 1994

[15] *Elschenbroich, R.:* Realistische Messung niederfrequenter elektrischer Felder. In: Wohnung + Gesundheit, H. 6/1999, Nr. 91. Neubeuern: IBN – Institut für Baubiologie + Oekologie Neubeuern, S. 33–36, www.elschenbroich.com bzw. www. elschenbroich.com/el_mess/el_mess.htm

[16] *Zeisel, L.:* Ein Messverfahren zur Bestimmung der Körperbelastung durch das elektrische Wechselfeld bei tiefen Frequenzen. Windach: Eigenverlag, 1993

[17] *Maes, W.; Merkel, H.:* Anmerkungen zum Thema Körperstromdichte. In: Wohnung + Gesundheit, H. 6/1997, Nr. 83. Neubeuern: IBN – Institut für Baubiologie + Oekologie Neubeuern, S. 53–54

[18] *Douglas, A.:* Per Anhalter durch die Galaxis. Zweitausendeins/Rogner & Bernhard Verlags KG, 1981

[19] *Virnich, M. H.:* Bericht über Messungen niederfrequenter elektrischer Wechselfelder mit der körperbezogenen E-Feld-Messmethode – Entwicklung der theoretischen Basis, der Kalibrierverfahren und der Messmethodik (von der Landesgewerbeanstalt Bayern LGA gefördertes Projekt). Würzburg: Eigenverlag Martin Schauer, 2003

[20] *Virnich, M. H.; Bahmeier, G.:* Bericht über Messungen an E-Feldstärkemessgeräten für den Niederfrequenzbereich (von der Landesgewerbeanstalt Bayern LGA gefördertes Projekt). Würzburg: Eigenverlag Martin Schauer, 2002

[21] *Virnich, M. H., Schauer, M.:* Achtung, Abschirmdecke: Entspannt ist nicht entfeldet. In: de Der Elektro- und Gebäudetechniker, 11/2005; www.baubiologie-virnich.de/pdf/Achtung_Abschirmdecke.pdf

[22] *Virnich, M. H.:* Abnahmemessung für baubiologische Elektroinstallationen: Welches Messverfahren ist das richtige?; In: „Energieversorgung & Mobilfunk", Tagungsband der 4. EMV-Tagung des Berufsverbandes Deutscher Baubiologen VDB e.V., 14.–15. April 2005 in Attendorn; Im Verlag des ANBUS e.V. Fürth, 2005, ISBN 3-9808428-8-6; S. 55–62

[22a] *Virnich, M. H.:* Der Dreh mit dem Drehstrom. In: Wohnung + Gesundheit; H. 9/1997, Nr. 84; Neubeuren; IBN – Institut für Baubiologie + Oekologie Neubeuren, S. 32–35

[23] CD mit Geräuschbeispielen amplitudenmodulierter Sender. Dr.-Ing. Martin H. Virnich. Email: kontakt@baubiologie-virnich.de.

[24] *Honisch, N.; Lohner, F.; Maes, W.:* Breitbandmessgeräte für Funkwellen im Vergleich. In: Wohnung + Gesundheit, H. Frühjahr 2004, Nr. 110. Neubeuern: IBN – Institut für Baubiologie + Oekologie Neubeuern, S. 37–40

[25] Ehemaliges schweizer BUWAL (Bundesamt für Umwelt, Wald und Landschaft, seit 2006 umbenannt in BAFU: Bundesamt für Umwelt) und METAS (Bundesamt für Metrologie und Akkreditierung): Messempfehlung Mobilfunk-Basisstationen (GSM), Bern 2002

[26] *Bornkessel, Ch.; Neikes, M.; Schramm, A.* (IMST – Institut für Mobil- und Satellitenfunktechnik GmbH): Elektromagnetische Felder in NRW – Untersuchung der Immissionen durch Mobilfunk Basisstationen, Abschlussbericht „Untersuchung der Immissionen durch Mobilfunk Basisstationen", erstellt für das Ministerium für Umwelt und Naturschutz, Landwirtschaft und Verbraucherschutz des Landes Nordrhein-Westfalen (MUNLV NRW); 29. August 2002; www.umwelt.nrw.de/umwelt/pdf/immission_final.pdf

[27] Kathrein-Werke KG, Rosenheim: Kathrein-Mobilfunk-Antennen. CD-ROM, Version 6, Edition 03/02, No.: 9986-418

[28] *Bahmeier, G.:* Sensor für die Messung niederfrequenter elektrischer Felder – 3D-EFM. VDB-Workshop Potentialfreie Messung niederfrequenter elektrischer Wechselfelder – „Würfelseminar" am 09.10.2003 in Iphofen. Jesteburg: Berufsverband Deutscher Baubiologen VDB e.V., 2003

Kapitel 5

[1] Reference data for radio engineers, 6th Edition 1985. Indianapolis, Kansas City, New York: Howard W. Sams & Co. Inc., 1985, Subsidiary of ITT

[2] *Pauli, P.; Moldan, D.:* Reduzierung hochfrequenter Strahlung – Baustoffe und Abschirmmaterialien. 2. Auflage. Iphofen: Eigenverlag Dr.-Ing. Dietrich Moldan. Tel. 09323-8708-10, Fax 09323-8708-11, Email: info@drmoldan.de

Stichwortverzeichnis

Notizen

Notizen